U0182001

智能电网技术与装备丛书

智能全景系统理论及其现代电网应用

Intelligent Panoramic Systems Theories and Its Applications in Modern Power Grid

张晓华 等 著

科 学 出 版 社

北 京

内 容 简 介

本书系统性构建了智能全景系统基础理论及智能全景电网架构,开展了相关技术体系在现代电网的应用实践。重点阐述了互联大电网多元基础信息一体化实时感知、动态设备元件集测辨建模、在线超实时机电-电磁混合仿真、安全稳定态势量化评估及智能全景电网时空大数据平台支撑技术。基于先进大数据和人工智能技术研发的大电网在线综合动态安全稳定智能评估系统,既可应用于国家电网各级调控中心,也可推广应用于电力系统有关科研、规划及咨询等领域,还可以推广应用到智能交通、智能应急和智慧城市等工业物联网实时智能监控领域,具有广泛的应用前景和示范推广价值。

本书可供电力系统或其他行业从事物联网、大数据、人工智能、系统建设的相关人员学习参考,也可为应用数学、计算机、自动化、控制等领域的高校老师、学生、技术人员提供参考。

图书在版编目(CIP)数据

智能全景系统理论及其现代电网应用=Intelligent Panoramic Systems Theories and Its Applications in Modern Power Grid / 张晓华等著. —北京:科学出版社,2023.6

(智能电网技术与装备丛书)

ISBN 978-7-03-075318-2

Ⅰ. ①智… Ⅱ. ①张… Ⅲ. ①智能控制-电网 Ⅳ. ①TM76

中国国家版本馆CIP数据核字(2023)第052935号

责任编辑:范运年 / 责任校对:王萌萌
责任印制:师艳茹 / 封面设计:赫 健

科学出版社 出版
北京东黄城根北街 16 号
邮政编码:100717
http://www.sciencep.com

三河市春园印刷有限公司 印刷
科学出版社发行 各地新华书店经销

*

2023 年 6 月第 一 版　开本:720×1000 1/16
2023 年 6 月第一次印刷　印张:23 3/4
字数:478 000

定价:168.00 元
(如有印装质量问题,我社负责调换)

本书参编人员

张晓华

刘道伟　李柏青　冯长有　严剑峰

陈　磊　曾　沅　徐　伟　乔　颖　杨红英

徐得超　赵高尚　孙　冰　傅一苇　严明辉

"智能电网技术与装备丛书"序

国家重点研发计划由原来的"国家重点基础研究发展计划"（973 计划）、"国家高技术研究发展计划"（863 计划）、国家科技支撑计划、国际科技合作与交流专项、产业技术研究与开发基金和公益性行业科研专项等整合而成，是针对事关国计民生的重大社会公益性研究的计划。国家重点研发计划事关产业核心竞争力、整体自主创新能力和国家安全的战略性、基础性、前瞻性重大科学问题、重大共性关键技术和产品，为我国国民经济和社会发展主要领域提供持续性的支撑和引领。

"智能电网技术与装备"重点专项是国家重点研发计划第一批启动的重点专项，是国家创新驱动发展战略的重要组成部分。该专项通过各项目的实施和研究，持续推动智能电网领域技术创新，支撑能源结构清洁化转型和能源消费革命。该专项从基础研究、重大共性关键技术研究到典型应用示范，全链条创新设计、一体化组织实施，实现智能电网关键装备国产化。

"十三五"期间，智能电网专项重点研究大规模可再生能源并网消纳、大电网柔性互联、大规模用户供需互动用电、多能源互补的分布式供能与微网等关键技术，并对智能电网涉及的大规模长寿命低成本储能、高压大功率电力电子器件、先进电工材料以及能源互联网理论等基础理论与材料等开展基础研究，专项还部署了部分重大示范工程。"十三五"期间专项任务部署中基础理论研究项目占 24%；共性关键技术项目占 54%；应用示范任务项目占 22%。

"智能电网技术与装备"重点专项实施总体进展顺利，突破了一批事关产业核心竞争力的重大共性关键技术，研发了一批具有整体自主创新能力的装备，形成了一批应用示范带动和世界领先的技术成果。预期通过专项实施，可显著提升我国智能电网技术和装备的水平。

基于加强推广专项成果的良好愿景，工业和信息化部产业发展促进中心与科学出版社联合策划出版以智能电网专项优秀科技成果为基础的"智能电网技术与装备丛书"，丛书为承担重点专项的各位专家和工作人员提供一个展示的平台。出版著作是一个非常艰苦的过程，耗人、耗时，通常是几年磨一剑，在此感谢承担"智能电网技术与装备"重点专项的所有参与人员和为丛书出版做出贡献的作者和工作人员。我们期望将这套丛书做成智能电网领域权威的出版物！

　　我相信这套丛书的出版，将是我国智能电网领域技术发展的重要标志，不仅能供更多的电力行业从业人员学习和借鉴，也能促使更多的读者了解我国智能电网技术的发展和成就，共同推动我国智能电网领域的进步和发展。

2019 年 8 月 30 日

前　言

伴随着大数据、人工智能等战略新兴信息技术的发展，人类社会逐渐进入到万物互联的智能化时代，信息物理系统和网络强国已成为大国战略竞争的制高点。十九大报告特别指出，要加快建设科技强国、网络强国，发展先进制造业，推动互联网、大数据、人工智能和实体经济深度融合；加强国家创新体系建设，强化战略科技力量，拓展实施国家重大科技项目，为建设科技强国、网络强国、交通强国、数字中国、智慧社会提供有力支撑。

当前，随着智能电网、智能交通、智慧农业、智慧城市等智能产业的全面铺开，我国已基本建设成了多源化、全面化的行业综合信息化平台，不同行业的信息化、网络化、数字化、智能化呈现深度融合态势。然而，针对各类多元化、多尺度、多结构的大数据，各行业的核心业务在智能分析、精准决策与人机交互方面还缺少核心指导理念、系统理论体系和顶层框架结构，亟须发展和建立万物互联形态下的一种更加科学、通用、泛在的智慧社会智能分析与精准决策理论框架体系。

电网作为支撑社会和经济发展的电力物联网络重要核心基础，尤其以电网为骨干网架的能源互联网高度发展，现代电网属于网络规模最大、信息化水平最高、数字化程度最强的典型工业物联网。现代电网具有更加复杂的随机特性、多源大数据特性及多时间尺度动态特性，其安全分析和智能控制面临巨大挑战。基于先进大电网建模仿真、大数据和人工智能技术，现代电网已经初步建立了模型驱动和信息驱动融合的智能全景安全防御与控制体系。

为了更好地建设万物互联形态下现实各类社会系统的智能分析与精准决策大脑理论体系及生态系统，本书结合现代电网典型工业物联网形态特征、理论框架和技术体系，尤其在国家重点研发计划"互联大电网高性能分析和态势感知技术"项目研究成果基础上，从信息、物理和社会深度融合角度出发，提出并建立了适用于社会泛在互联网络的智能全景系统概念，以便实现社会实际系统的"全息状态感知、全态量化评估、全程精准控制、全域智能交互"，提升社会各行业及各场景的综合智能分析和控制水平。以此为基础，针对具有泛在工业物联网属性的现代电网，进一步提出了智能全景电网概念，部署了其宏观功能框架及关键技术体系，并从工程实用化角度，给出了智能全景电网的时空大数据平台架构及实施方案，为实现互联大电网智能态势评估和精准控制提供技术支撑。

本书以智能全景系统及智能全景电网为主线，首先系统性介绍了智能全景系统基础理论及智能全景电网架构体系，进而结合国家重点研发计划项目研究的原理、方法、技术、系统及应用成果，全面介绍了智能全景电网核心技术体系，最后对智能全景系统对外赋能、扩展应用及创新体系建设进行了展望。全书共分 9 章，各章基本概要如下。

第 1 章概述，主要介绍在万物互联、大数据、人工智能发展趋势下，智能全景系统提出的战略背景及意义。同时，介绍了现代电网发展基本概况，包括发展形态、面临挑战、仿真分析技术和智能调度防御体系等。

第 2 章主要介绍智能全景系统基础理论体系，包括智能全景系统概念、架构体系和基本形态，并分别从全息状态感知、全态量化评估、全程精准控制和全域智能交互四个层面，介绍了智能全景系统涉及的基础共性关键技术。

第 3 章主要介绍智能全景电网构架体系，包括智能全景电网的概念、功能框架、多维协调控制的内涵与原则、自动闭环控制与服务层次架构、基础理论框架、关键技术体系、时空大数据构建模式、循环递进式研究路线及创新应用。

第 4 章主要介绍多元基础信息一体化实时感知方法，包括全网同时断面生成、多源异构数据智能清洗及校正、电网运行智能状态估计技术、系统级特征事件快速检测和智能感知技术，以及多元基础信息一体化融合及主题化展示方法。

第 5 章主要介绍电网动态设备元件集测辨建模理论及技术，包括大规模可再生能源发电环节的测辨、交直流互联电网主导环节识别与参数测辨、复杂异构负荷环节分层聚合建模与动态校正，以及互联大电网仿真模型分块解耦与参数校正方法。

第 6 章主要介绍电网在线超实时机电-电磁混合仿真技术，包括针对典型故障面向多回直流详细控制保护装置的结构图数字仿真方法、适用于大规模大批量在线混合仿真的直流及其控保建模、多回直流机电-电磁混合在线仿真模型动态调整及自动初始化方法，以及面向大批量大规模机电-电磁混合仿真在线运行需求的并行计算方法。

第 7 章主要介绍信息驱动的电网安全稳定态势量化评估方法，包括电网正常态现状安全稳定在线评估、电网正常态预想故障安全稳定在线评估和电网故障态安全稳定评估方法。

第 8 章主要介绍智能全景电网大数据平台支撑技术与应用，包括智能全景电网时空大数据平台架构与接口规范、时空动力学行为智能认知框架、调控地图引擎框架、语音交互助手、虚拟推演及示范工程应用情况。

第 9 章主要从智能全景系统的智慧社会系统赋能、助力新型电力系统建设和打造协同创新生态体系等方面，展望了智能全景系统为科技强国、网络强国、人工智能及创新驱动国家战略贡献核心理念、发展模式和生态建设。

在信息化、网络化、数字化、智能化的万物互联社会发展模式下，智能全景系统是面向社会各行业智能应用的通用而泛化的概念和框架体系，可为社会各行业智能大脑架构设计和大数据平台建设提供通用指导思想，尤其由国家重点研发计划"互联大电网高性能分析和态势感知技术"项目研究成果支撑的智能全景电网理论方法和生态技术体系，可为实现信息驱动的智能交通、智慧农业、智能消防、智慧应急、智慧城市等各界社会系统的智能分析和精准决策提供理论技术体系参考及工程经验。

　　智能全景系统理论和智能全景电网概念由张晓华具体提出，本书由张晓华负责总体方向和指导工作，刘道伟负责体系架构设计工作，李柏青、冯长有负责协调管理工作。刘道伟负责第 1～第 3 章撰写，徐伟负责第 4 章撰写，曾沅负责第 5 章撰写，严剑峰负责第 6 章撰写，陈磊负责第 7 章撰写，乔颖负责第 8 章撰写，赵高尚负责第 9 章撰写，杨红英负责第 1 章、第 2 章中的部分内容撰写及统稿排版工作。项目承担单位负责人及核心骨干成员徐得超、孙冰、严明辉、陈绪江、李卫星、王琦、安军、唐宏伟、郑伟杰、负志皓、郭庆来、陆超、吴俊勇、史东宇等对本书做出了重要贡献，各单位参与研究和图书编写的研究生晁璞璞、傅一苇、李宗翰等协助完成了书中的方法、算例、绘图和文字输入等工作，感谢大家的协助和辛苦工作！在国家重点研发计划项目研究过程中，得到郭剑波院士、刘建明主任、闵勇教授、汤涌教授、荆勇教授的关心、指导和帮助，提升了项目组研究方法的先进性和成果实用性，在此致以诚挚的感谢和崇高的敬意！在本书编写过程中，还得到了许多同行的支持和帮助，在此一并表示衷心的感谢！

　　由于作者的理论水平和实践经验有限，书中难免有不当之处，恳请读者批评指正。

作　者

2023 年 1 月

目　　录

第1章 概　　述

1.1　背景与意义

随着新一代测量技术和信息技术的发展，人类社会逐渐进入万物互联、大数据和智能化时代。国际上多个国家将互联网及人工智能上升为国家战略，美国率先提出了信息物理系统(cyber-physical systems，CPS)的概念[1]，CPS 通过物理进程和计算机进程的交互融合，实现大型工程系统的实时感知、动态控制和信息服务[2,3]。随着不同行业信息化、数字化水平的提升，为了更好地提高数据的精细化利用和人机融合水平，国内外相继提出数字孪生体[4]和平行系统[5]的概念，并在不同行业进行了理论研究和示范应用[6,7]。

德国提出"工业 4.0"的概念，全面提升制造系统的灵活性、速度、生产力和质量，构建具有适应性、资源效率及人因工程学的智慧工厂。我国根据实际发展情况，提出了"中国制造 2025"国家战略，围绕控制系统、工业软件、工业网络、工业云服务和工业大数据平台等，加强信息物理系统的研发与应用，以实现制造强国的战略目标[8]。十九大报告特别指出，要加快建设科技强国、网络强国[9]，发展先进制造业，推动互联网、大数据、人工智能和实体经济深度融合；加强国家创新体系建设，强化战略科技力量，拓展实施国家重大科技项目，为建设科技强国、质量强国、航天强国、网络强国、交通强国、数字中国、智慧社会提供有力支撑。

信息时代极大地彰显了数据的价值，由此，大数据技术应运而生。2011 年，麦肯锡咨询公司将大数据定义为"大小超出了传统数据库软件工具的抓取、存储、管理和分析能力的数据群。"随后，IBM 公司(国际商用机器公司)概括了大数据的三大特点——大量化、多样化和快速化。2012 年，美国政府颁布《大数据研究与发展倡议》，并投资两亿美元以支持大数据相关技术的研发。2015 年 9 月，国务院印发《促进大数据发展行动纲要》，围绕大数据着手实施一系列研发应用工程。另外，IBM、谷歌、亚马逊、阿里巴巴等商业公司也纷纷推出了大数据解决方案。

目前，大数据技术不仅受到普遍关注，成为国际热门话题，而且相关技术不断取得突破，新产品新项目大量涌现。大数据已广泛应用于各行各业，成为政府、企业、社会组织以至于个人的重要生产组织决策资源。"大数据"成为 21 世纪继云计算、物联网后又一次颠覆性的技术变革，对国家、企业、团体、个人都将产生巨大影响。特别是大数据已和 5G、人工智能、工业互联网一起成为新型基础设施建设的重要领域，势必会迎来更广阔的发展前景。

早在 1956 年，人工智能就在美国达特茅斯大学召开的学术会议上被提出。然而，经过整整一个甲子的起伏反复，却始终没能形成产业发展。进入 2016 年，借着 AlphaGo 与李世石的人机世纪对战的契机，加上巨额资金的投入、技术的更替发展，以及众多国内外巨头的加速布局，AI 产业也逐步开始形成，人工智能再次掀起一波研究浪潮。人工智能尽管还处在产业发展早期阶段，却是确定不移的方向，人工智能进入到前所未有的黄金时代。2017 年 7 月，国务院印发《新一代人工智能发展规划》，标志着在我国人工智能已从行业层面被提升至国家战略层面。

当前，随着互联网、物联网、大数据、人工智能等新兴信息技术的发展，智能电网、智能交通、智慧医疗、智慧城市、智慧农业、智慧文旅等智慧产业的全面铺开，我国已基本建成多源化、全面化的行业综合信息云平台，不同行业的信息化、网络化、数字化呈现深度融合态势。智慧数字新基建给全球经济带来了新的活力，有效提升经济结构和工作效率，是拉动全球经济重新向上的核心引擎。

然而，纵观社会各行业数字化和智能化建设，大都侧重在由下而上的信息化平台建设及数字孪生技术研究，缺少自上而下的系统级科学顶层设计及智能生态系统建设，出现了侧重信息化重复建设及投资浪费、过多关注局部问题而对全局系统问题考虑不周的现象，加之缺少系统观、科学发展观和全景视角，不能满足核心业务智能化发展长远需求。特别是针对各类多元化、多尺度、多结构的大数据，各行业的核心业务在智能分析、精准决策方面，还缺少核心指导理念、系统理论体系和顶层框架结构，需要建立一种更加科学、通用、泛在的社会智能运维系统。

为了更好地应对社会泛在物联越来越高的数字化、网络化和智能化发展需求，指导具有复杂网络形态的现实各类社会系统智能分析与精准决策理论体系及大脑系统建设，亟须自上而下建立智能系统理论框架和生态技术体系，从而更系统科学地提升智能社会的综合智能分析和控制水平。为此，国家电网公司智能电网全景安全防御国家重点专项科研团队，从信息物理系统理念和人机融合角度出发，提出具有泛在互联网络的智能全景系统概念，以便实现社会实际系统的"全息状态感知、全态量化评估、全程精准控制、全域智能交互"，提升智能社会的综合智能分析和控制水平，为不同领域、不同行业的顶层智能大脑业务应用和系统平台建设提供通用指导思想[10]。

在"一带一路"倡议和"互联网+"战略指导下，为了有效应对全球能源供需矛盾、环境因素制约、新能源发电占比递增等问题，国家电网公司提出了全球能源互联网概念[11]，以全球能源战略视野提出建设以特高压电网为骨干网架、各级电网协调发展的坚强智能电网，推动能源资源在全国范围优化配置。全球能源互联网通过能源技术与信息技术的深度融合，形成以电力为核心，涵盖供电、供热、供冷、供气及电气化交通等的综合能源网络，属于典型的信息物理系统。全球能源互联网是世界上网络规模最大、信息化水平最高、数字化程度最强的典型工业物联网，其目标是保证能源互联网的灵活性、自治性、可靠性、经济性和安全性[12]。

2017 年 7 月，国务院印发《新一代人工智能发展规划》，指出"建设分布式高效能源互联网，形成支撑多能源协调互补、及时有效接入的新型能源网络，推广智能储能设施、智能用电设施，实现能源供需信息的实时匹配和智能化响应"。随着能源互联网的网络规模不断增大、新能源占比不断提升、电力电子化趋势不断增强、分布式储能规模化加大，现代电网将呈现出更加复杂的随机特性、多源大数据特性及多时间尺度动态特性[13]，其精细化建模仿真、特性智能认知、实时安全防御和精准智能调控面临巨大挑战。

因此，针对具有泛在工业物联网属性的现代电网，在智能全景系统概念基础上，进一步建立智能全景电网概念和宏观功能框架，部署信息驱动的复杂电网时空动力学行为智能认知基础理论及关键技术体系。面向国家电网各级调度控制中心，从工程实用化角度，研发智能全景电网时空大数据系统，为实现互联大电网智能态势评估和精准控制提供技术支撑。

1.2　现代电网发展概况

1.2.1　电网技术发展现状

近年来，随着新能源发电及直流输电等电力电子设备的大规模接入，我国电网形态发生了深刻变化。在电源侧，以风电、光伏发电为代表的新能源发电在我国电源装机中的占比逐年攀升，截至 2020 年底，我国电网中风电、光伏装机规模分别达 2.82 亿 kW 及 2.53 亿 kW，合计占全国发电总装机的比重达到 24.3%，局部地区如青海电网的新能源占比甚至高达 60.7%，电源结构发生巨大变化。在电网侧，大容量特高压直流输电通道不断增加，截至 2020 年底，我国在运特高压直流输电工程已达 16 回，其中新能源经特高压直流跨省跨区外送的规模已超过其总能力的 25%，联网形态发生明显变化。在负荷侧，分布式电源接入低电压等级电网的规模已超过 1 亿 kW，分布式发电持续增长，渗透率逐步增高，如山东电网的分布式光伏装机(10kV 及以下)已超过 1300 万 kW，最大出力已占高峰负荷的 10%以上，分布式发电的大规模接入使得负荷构成也发生了显著变化。我国目前已形成世界上规模最大的交直流互联电网，呈现出高比例新能源、高比例电力电子装备特性，运行方式快速变化，安全稳定特性日趋复杂，安全稳定运行风险不断加大，客观上对在线分析提出了更高要求，包括更加准确的基础数据、更加精准的仿真技术和更具时效的态势感知方法。

安全稳定是电网运行的首要任务。现代社会对电能的依赖程度日益提高，对大电网安全稳定运行和智能防控提出了更高的要求，需要发展和建立与之相适应的在线安全分析与控制支撑体系。随着中国电网进入特大型交直流互联电网的新时期，大区电网通过二十多条直流系统进行跨区互联，换流设备和控制系统自身性能的限制会带来运行约束。新能源波动和负荷特性变化使得电网运行状态和设备模型参数呈现明显时变特征，交直流互联电网形成后，特高压直流送受端系统相互作用、交直流系统相互耦合、特高压与超高压系统相互制约的问题更加明显。交直流互联和新能源等大量电力电子设备快速发展，使得互联电网的复杂程度和电力电子化特征愈发凸显，电网运行控制压力不断加大，对在线安全稳定分析的时效性、准确性和规模提出了更高要求。

经过了多年的发展，电网在线分析技术已经具备了深厚的技术和应用基础。2007 年国家电力调度控制中心建成了跨区互联电网动态稳定监控与预警系统，实现了电网计算分析由离线向在线的飞跃，于 2011 年完成了国家电网范围内全部省级以上电网推广应用，并进一步推广应用到了南方电网，有效支撑了特大电网多级调度控制业务一体化协调运行；南方电网也在大电网态势感知方面开展了多项前期研究；国外，在线评估技术最领先的美国 PJM 电网实现了小规模的在线暂态稳定和电压稳定分析，美国加州电网采用在线静态分析结论作为电力市场的运行依据。同时，离线分析技术也取得了巨大进步。2017 年底，新一代特高压交直流电网仿真平台建成投运。该平台建成了包含数模仿真、数字仿真、数据管理和模型研发四大部分的综合性仿真系统，其中包括电力领域内世界上最大的超算平台，是接入直流控保数量最多、规模最大的全电磁暂态数模混合实时仿真平台。

电网互联范围及新能源发电规模的不断扩大，增加了电网运行环境的不确定性和复杂性[14,15]。近年来国内外发生了多起大面积停电事故，造成了巨大的经济损失和不良社会影响[16-18]。这些事故暴露了现有电网在线安全防御系统存在的诸多问题，对运行环境下的大电网在线稳定态势评估与自适应防控提出了更加迫切的要求[19-22]。

智能电网重要建设目标之一就是利用先进的信息技术和自动化技术提高电网的可观性和实控性，确保电网运行更加安全、可靠、经济[23-25]。新一代智能电网调度技术支持系统实现了电网静态和动态信息的采集功能[26,27]，为基于广域时空量测信息的大电网稳定态势量化评估与自适应防控研究带来新的契机[28-35]。

目前国内外从事电网安全稳定分析相关研究的主要机构如表 1-1 和表 1-2 所示。

表 1-1 国外从事相关研究的主要机构

序号	机构名称	相关研究内容	相关研究成果	成果应用情况
1	美国 PJM 公司	(1)SCADA 系统 (2)拓扑处理及状态估计 (3)在线暂态分析和电压分析	(1)模拟及数字信号的实时双向传输和储存技术 (2)实时数据整合及自动调整技术 (3)小规模的在线暂态稳定评估技术和电压稳定分析	美国区域性 ISO(独立系统运营商),覆盖美国 13 个州及哥伦比亚特区
2	美国西北太平洋国家实验室	动态模型辨识与参数校验方法	发电机动态建模与参数校正技术	北美电力公司
3	加拿大曼尼托巴 RTDS 公司	电磁暂态并行计算算法	实时数字仿真仪(real time digital simulator)	广泛应用在电力生产企业、设备制造商以及高校,国内用户 60 余家
4	比利时列日大学	基于数据挖掘的电网静态、暂态安全分析	电网安全智能判别技术	主要集中于仿真辅助分析决策
5	加拿大 Powertech 实验室	电力系统动态安全评估	(1)潮流与短路分析工具 PSAT (2)电压安全评估工具 VSAT (3)暂态安全评估工具 TSAT (4)小信号分析工具 SSAT	(1) American Transmission Company (USA) (2) British Columbia Transmission Corporation (Canada) (3) 广西电网

表 1-2 国内从事相关研究的主要机构

序号	机构名称	相关研究内容	相关研究成果	成果应用情况
1	中国电力科学研究院有限公司	(1)大规模电网机电-电磁暂态并行算法 (2)电网在线安全稳定分析	(1)电力系统全数字实时仿真装置(advanced digtal power system simulator,ADPSS) (2)PSASP 电力系统在线动态安全评估系统	(1)广泛应用在国内电力行业和高校,目前用户 70 余家 (2)国调中心、华北、华中、东北、福建等二十多家省公司成功投入运行,在全国的占有率达 50%以上
2	国电南瑞科技股份有限公司	电网在线安全稳定分析	(1)智能电网调度控制系统电网在线安全分析应用 (2)自适应外部环境的大电网智能防御技术	南网总调、华东、西北、四川、广东等网省公司成功投入运行,在全国的占有率近 50%
3	北京科东电力控制系统有限责任公司	(1)智能电网调度控制系统平台 (2)调度控制系统可视化技术	(1)可支撑原 EMS 等 10 余套独立系统功能的支撑平台 (2)面向电网运行和管理的综合信息可视化技术	基于研究成果形成的智能电网调度控制系统已应用到国家电网公司系统内所有省级及以上调控中心和上百个地级调控中心
4	天津大学	非侵入式负荷分解与监测	非侵入式智能电表	在天津市电力公司实现应用
5	清华大学	基于大数据挖掘的安全运行特征选择与知识发现	(1)关键断面在线自动发现技术 (2)电网安全运行特征在线选择技术 (3)调控策略智能决策技术	在广东电网实现在线应用

1.2.2　电力系统仿真与分析

1. 机电-电磁暂态混合仿真现状

电力系统仿真计算是认知电力系统特性、支撑系统规划和运行控制的重要技术基础。随着新能源和直流输电快速发展，电力系统互联耦合更加紧密，电力电子化特征凸显，动态过程更加复杂，给传统电力系统仿真带来巨大挑战。机电暂态仿真无法精确仿真直流输电系统电磁暂态特性和非线性元件引起的波形畸变等过程；受限于建模复杂和计算量巨大，电磁暂态仿真难以用于大规模电网的快速实时仿真；因此，结合两者优点的机电－电磁暂态混合仿真技术受到业界关注。

机电-电磁暂态混合仿真技术研究已有 30 多年的历史。最早实现该功能的是德国西门子公司在 20 世纪 70 年代末开发的 NETOMAC（network torsion machine control）软件，通过网络分块实现交流系统的机电-电磁混合仿真。后来，德国 DIgSILENT GmbH 公司、美国 Mathworks 公司也相继推出了具备机电-电磁混合仿真功能的电力系统离线仿真软件，用于局部特定电网的电磁暂态特性分析。20世纪 90 年代以来，电磁暂态实时仿真装置开始发展，如加拿大 RTDS 公司的 RTDS、Opal-RT 公司的 RTLAB、魁北克水电公司的 HYPERSIM、法国电力公司的 ARENE 等。其中应用较为广泛的是 RTDS 和 RTLAB，主要关注电磁暂态仿真技术，而机电-电磁混合仿真技术较少涉及。

国内对机电-电磁混合仿真的研究起步较晚。中国电力科学研究院 2006 年研制出电力系统全数字仿真装置 ADPSS，可实现万节点级电网的机电-电磁暂态混合实时仿真，在混合仿真等关键技术上取得了理论创新和技术突破[36]，目前该产品覆盖了国家电网 80% 以上的电力科学研究院。此外，南方电网科学研究院与清华大学合作研究开发 "RTDS+并行计算机" 的电磁-机电混合实时仿真平台（simulation mixed real-time，SMRT）在混合仿真实时计算交互、算法和混合实时仿真平台等关键技术方面取得进展[37]。

机电-电磁暂态混合仿真除了必须具备机电暂态和电磁暂态仿真功能外，二者之间的接口处理技术十分关键。国内外学者针对混合仿真接口及其关键技术进行了深入分析，研究方向主要聚焦在接口位置选择、机电和电磁两侧的等值电路形式以及两侧的数据交互方式与转换、电磁侧的基波提取和数值稳定性、实时性等问题。接口位置选择方面，文献[38]～[40]在进行交直流电网混合仿真时将接口位置设定在换流器母线处；文献[41]、[42]则把接口位置延伸到交流系统内部，从而防止接口处的波形畸变过于严重，但增加了接口复杂性，降低了计算效率。在机电侧网络等值电路研究方面，文献[43]、[44]采用了与频率相关的等值阻抗电路形式，只需很小的计算代价就较好地解决了混合仿真中接口处波形畸变的问题；文献[45]、[46]中采用节点分裂算法解决了混合仿真中由接口引起的电磁暂态网络导纳矩阵不对称问题。

2. 混合仿真应用情况及发展趋势

电力系统机电-电磁混合仿真已在电力系统规划、运行、研究中得到应用，根据应用场合，可分为离线仿真和在线分析。

在离线仿真场合，机电-电磁混合仿真是国家标准《电力系统安全稳定导则》中开展大电网稳定性分析的推荐手段，目前已应用于国家电网方式计算，主要用于开展系统稳定性校核或者设备稳定性分析，以支撑电网正常运行。对于特定的专题分析，混合仿真可以应用于暂态过电压、过电流、谐振等非基波暂态过程，大功率电力电子装置的快速暂态和非正弦准稳态，保护系统的暂态特性等涉及的电磁特性分析。这种情况下特定电网须采用电磁暂态建模，与大规模电网机电暂态仿真构成混合仿真模型，相比局部电网的电磁暂态分析，混合仿真表现出更好的精度和效率。相比于离线仿真场合，机电-电磁混合仿真在在线分析领域尚属空白。

面向未来新型电力系统，更大规模新能源将接入电力系统，电源侧和负荷侧不确定性增大，海量电力电子设备特性通过电网交织耦合，电力系统建模、仿真和分析等面临更大挑战，电力系统仿真计算技术必将向精细化的全电磁暂态仿真方向发展。但受限于计算规模、精度及建模复杂性等诸多因素，这个过渡过程将花费较长时间。作为过渡过程中的机电-电磁混合仿真，既有计算效率优势和建模便利，又兼顾了局部电网仿真精度，是一个较好的替代仿真手段。

1.2.3 智能电网调度与防御体系发展概况

1. 智能电网调度系统建设情况

目前，随着信息、通信技术的高速发展，电力系统数据采集与监视控制系统(supervisory control and data acquisition，SCADA)和广域测量技术的快速发展，SCADA 作为能量管理系统中最重要的子系统，其数据采集与监控功能日趋完善。近年来国家电网公司推动的新一代智能电网调度技术支持系统已在全部省级以上电网公司推广应用，实现了特大电网多级调度控制业务一体化协调运作，特别是部署了世界范围内最大的广域测量系统(wide area measurement system，WAMS)应用体系，广域大电网的可观性及可控性水平大幅提高[47]。在此基础上，为保证电网的安全、可靠和经济运行，电力系统中设备级和系统级两大类自动控制及安全评估系统得以广泛实施[48]。

虽然智能电网完成了多源运行状态信息的数据采集平台建设，但现有的电网在线安全防御系统主要基于建模仿真和预想故障样本模式，其实质属于被动型预防控制[49]，还未实现基于实测数据的大电网精确分析、远程协调控制和动态自治功能，远没有达到大电网智能化管理和运营水平[50]。尤其是在可再生能源高渗透率及能源互联网发展趋势下，电网将呈现出更加复杂的随机特性、多源大数据特性及多时间尺度动态特性，大电网扰动冲击范围及协调控制难度增大。传统依赖建模仿真的预案式防控模式很难有效应对大电网这种复杂的运行环境，亟须建立一种响应信息驱动的大电网在线运行态势评估与自适应防控系统，以便有效解决大电网实际运行中的复杂运动工况及其动力学行为掌控问题[50]。

2. 智能电网系统级顶层设计需求

目前，全球范围内的智能电网规划和建设，在基础设施和信息技术支撑体系取得了质的飞跃，如更大规模、更多种类的新能源发电基地建立，特高压、交直流示范工程建设，更多的电力电子设备参与电网运行参数控制，更多的智能变电站投运或升级改造，更精细化的电网"源-网-荷-储"智能采集终端布局等，电网运行全景信息可实时地高度集成、共享和利用。

然而，智能电网的硬件、信息化建设成果与预期的高度智能化调控目标不相称，近年来国内外发生的多起电网运行事故尤其体现了这种不相称。究其本质原因主要是，电网作为一种特殊的网络型能量流动力系统，具有复杂的网络动力学行为，要实现大电网智能化实时态势感知[49]和精益化控制[50]，必须从电网运营角度顶层全局规划、设计智能设备和信息化支撑平台[51]，并建立完备的电网时空大数据智能服务架构[50,52]。

3. 智能电网调度与防御体系发展趋势

大数据已成为学术界和产业界共同关注的主题，越来越多的政府、企业等机构开始意识到数据正在成为重要的战略资源[53]。2013 年 3 月，中国电机工程学会信息化专委会发布《中国电力大数据发展白皮书》，诠释了电力大数据对整个行业的核心价值，指出大数据将为电力行业带来新的发展理念、管理体制和技术路线等方面的重大变革[54]。大数据侧重于挖掘事物间的相关关系，而建立在相关关系分析基础上的预测是其核心。因此，尤其对智能调度支持系统中的广域时空量测信息而言，大数据必将为大电网在线安全评估与防控带来新的机遇[55]。

当前，信息物理系统旨在通过集成计算、通信与控制技术的有机融合和深度协作，提升大型工程系统的智能化实时感知和高效协调控制能力，电网信息物理系统(grid cyber physical systems，GCPS)是 CPS(cyber physical system，信息物理系统)在电网领域的一个典型应用对象和场景，必将成为能源互联网发展趋势下的新一代能量管理与智能控制系统[51]。

为了应对大电网日益复杂的运行环境及快速增长的多源大数据挑战[56]，在结合现有大电网安全防控模式的基础上，进一步融合信息物理系统理念，以大数据和人工智能技术为支撑，建立和发展信息驱动的大电网智能全景安全防御与控制体系，并开展相关研究和工程实践工作，扩展电网广域时空量测信息挖掘深度和利用广度，提高大电网在线安全评估时效性和智能防控灵活性，以便实现大电网的"全景态势感知、广域协调控制、灵活高效服务"，提升大规模电网的多维度、立体化、全景式智能安全防御水平，助力碳达峰碳中和发展战略实施，为新型电力系统科技创新和发展建设提供关键技术支撑。

参 考 文 献

[1] Ravi A, Han T, Bruce M. Analysis of information flow security in cyber-physical systems[J]. International Journal of Critical Infrastructure Protection, 2010(3): 157-173.

[2] He H, Yan J. Cyber-physical attacks and defences in the smart grid: a survey[J]. IET Cyber-Physical Systems: Theory & Applications, 2016, 1(1): 13-27.

[3] Wei Y S, Li S Y. Water supply networks as cyber-physical systems and controllability analysis[J]. IEEE/CAA Journal of Automatica Sinica, 2015, 2(3): 313-319.

[4] Rosen R, Von Wichert G, Lo G, et al. About the importance of autonomy and digital twins for the future of manufacturing[J]. IFAC-Paper on Line, 2015, 48(3): 567-572.

[5] 王飞跃. 平行系统方法与复杂系统的管理与控制[J]. 控制与决策, 2004(5): 485-489.

[6] Wang F Y. Toward a revolution in transportation operations: AI for complex systems[J]. IEEE Intelligent Systems, 2009, 23(6): 8-13.

[7] Wang F Y. Back to the future: surrogates, mirror worlds, and parallel universes[J]. Intelligent Systems, IEEE, 2011, 26(1): 2-4.

[8] 黄群慧, 贺俊. 中国制造业的核心能力、功能定位与发展战略——兼评《中国制造2025》[J]. 中国工业经济, 2015, 6(2): 5-17.

[9] 总体布局统筹各方创新发展，努力把我国建设成为网络强国[N]. 人民日报, 2014-02-28(001).

[10] 张晓华, 刘道伟, 李柏青, 等. 智能全景系统概念及其在现代电网中的应用体系[J]. 中国电机工程学报, 2019, 39(10), 2885-2894.

[11] 刘振亚. 全球能源互联网[M]. 北京: 中国电力出版社, 2015.

[12] Zhang D, Qiu R. Research on big data applications in Global Energy Interconnection[J]. Global Energy Interconnection, 2018, 1(3): 352-357.

[13] 李柏青, 刘道伟, 秦晓辉, 等. 信息驱动的大电网全景安全防御概念及理论框架[J]. 中国电机工程学报, 2016, 36(21): 5796-5805.

[14] 朱方, 赵红光, 刘增煌, 等. 大区电网互联对电力系统动态稳定性的影响[J]. 中国电机工程学报, 2007, 27(1): 1-7.

[15] 张丽英, 叶廷路, 辛耀中, 等. 大规模风电接入电网的相关问题及措施[J]. 中国电机工程学报, 2010, 30(25): 1-9.

[16] 印永华, 郭剑波, 赵建军, 等. 美加"8·14"大停电事故初步分析以及应吸取的教训[J]. 电网技术, 2003, 27(10): 8-11, 16.

[17] 刘永奇, 谢开. 从调度角度分析8·14美加大停电[J]. 电网技术, 2004, 28(8): 10-15.

[18] 林伟芳, 孙华东, 汤涌, 等. 巴西"11·10"大停电事故分析及启示[J]. 电力系统自动化, 2010, 34(7): 1-5.

[19] 薛禹胜. 时空协调的大停电防御框架(一): 从孤立防线到综合防御[J]. 电力系统自动化, 2006, 30(1): 8-16.

[20] 薛禹胜. 时空协调的大停电防御框架(二): 广域信息、实时量化分析和自适应优化控制[J]. 电力系统自动化, 2006, 30(2): 1-10.

[21] 严剑峰, 于之虹, 田芳, 等. 电力系统在线动态安全评估和预警系统[J]. 中国电机工程学报, 2008, 28(34): 87-93.

[22] 郑超, 侯俊贤, 严剑峰, 等. 在线动态安全评估与预警系统的功能设计与实现[J]. 电网技术, 2010, 34(3): 55-60.

[23] 张伯明, 孙宏斌, 吴文传, 等. 智能电网控制中心技术的未来发展[J]. 电力系统自动化, 2009, 33(17): 21-28.

[24] 余贻鑫, 栾文鹏. 智能电网述评[J]. 中国电机工程学报, 2009, 29(34): 1-7.

[25] 刘俊勇, 沈晓东, 田立峰, 等. 智能电网下可视化技术的展望[J]. 电力自动化设备, 2010, 30(1): 7-13.

[26] 姚建国, 杨胜春, 单茂华. 面向未来互联电网的调度技术支持系统架构思考[J]. 电力系统自动化, 2013, 37(21): 52-59.

[27] 叶飞, 刘金波, 于宏文, 等. 智能电网调度技术支持系统值班告警的研发与应用[J]. 电网技术, 2014, 38(8): 2286-2290.

[28] 宋方方, 毕天姝, 杨奇逊. 基于暂态能量变化率的电力系统多摆稳定性判别新方法[J]. 中国电机工程学报, 2007, 27(16): 13-18.

[29] 谢欢, 张保会, 于广亮, 等. 基于轨迹几何特征的暂态不稳定识别[J]. 中国电机工程学报, 2008, 28(4): 16-22.

[30] 李琰, 周孝信, 周京阳. 基于广域测量测点降阶的系统受扰轨迹预测[J]. 中国电机工程学报, 2008, 28(10): 9-13.

[31] 汤涌, 林伟芳, 孙华东, 等. 基于戴维南等值跟踪的电压失稳和功角失稳的判别方法[J]. 中国电机工程学报, 2009, 29(25): 1-6.

[32] 刘道伟, 韩学山, 王勇, 等. 在线电力系统静态稳定域的研究及其应用[J]. 中国电机工程学报, 2009, 29(34): 42-49.

[33] 刘道伟, 韩学山, 韩力, 等. 实时环境下有功损耗及静态电压稳定裕度与功率因数角的关系[J]. 中国电机工程学报, 2010, 30(16): 38-46.

[34] 刘友波, 刘俊勇, Gareth T, 等. 面向同步相量轨迹簇规则的电力系统暂态稳定实时评估[J]. 中国电机工程学报, 2011, 31(16): 32-39.

[35] 马世英, 刘道伟, 吴萌, 等. 基于 WAMS 及机组对的电网暂态稳定态势在线量化评估方法[J]. 电网技术, 2013, 37(5): 1323-1328.

[36] 田芳, 李亚楼, 周孝信, 等. 电力系统全数字实时仿真装置[J]. 电网技术, 2008, 32(22): 17-22.

[37] 欧开健, 胡云, 梁旭, 等. 电磁机电混合实时仿真平台实用化技术研发与实现(一): 混合实时仿真数字量接口[J]. 南方电网技术, 2013, 7(6): 1-6.

[38] Heffernan M D, Turner K S, Arrillaga J, et al. Computation of AC-DC system disturbances-Parts I. Interactive coordination of generator and convertor transient models[J]. IEEE Trans on Power Apparatus and Systems, 1981, PAS-100(11): 4341-4348.

[39] Turner K S, Heffernan M D, Arnold C P, et al. Computation of AC-DC system disturbances-Parts II. Derivation of power frequency variables from convertor transient response[J]. IEEE Trans on Power Apparatus and Systems, 1981, PAS-100(11): 4349-4355.

[40] Turner K S, Heffernan M D, Arnold C P, et al. Computation of AC-DC system disturbances-Part III. Transient stability assessment[J]. IEEE Trans on Power Apparatus and Systems, 1981, PAS-100(11): 4356-4363.

[41] Reeve J, Adapa K. A new approach to dynamic analysis of AC networks incorporating detailed modeling of DC systems. Part I: principles and implementation[J]. IEEE Trans on Power Delivery, l988, 3(4): 2005-2011.

[42] Reeve J, Adapa K. A new approach to dynamic analysis of AC networks incorporating detailed modeling of DC systems. Part II: application to interaction of DC and weak AC systems[J]. IEEE Trans on Power Delivery, 1988, 3(4): 2012-2019.

[43] Arrillaga J, WastoN R, Arnold C P. Computer Modelling of Electrical Power Systems(second edition)[M]. New York: John Wiley & Sons. Ltd., 2001.

[44] Anderson G W J, Watson N R. A new hybrid algorithm for analysis of HVDC and FACTS systems[J]. IEEE Energy Management and Power Delivery, 1995, 2(21-23): 462-467.

[45] 岳程燕, 田芳, 周孝信, 等. 电力系统电磁暂态 – 机电暂态混合仿真接口实现[J]. 电网技术, 2006, 30(4): 6-10.

[46] 岳程燕, 田芳, 周孝信, 等. 电力系统电磁暂态 – 机电暂态混合仿真接口的应用[J]. 电网技术, 2006, 30(1): 1-5.

[47] 辛耀中, 石俊杰, 周京阳, 等. 智能电网调度控制系统现状与技术展望[J]. 电力系统自动化, 2015, 39(1): 2-8.

[48] 闪鑫, 戴则梅, 张哲, 等. 智能电网调度控制系统综合智能告警研究及应用[J]. 电力系统自动化, 2015, 39(1): 65-72.

[49] 杨胜春, 汤必强, 姚建国, 等. 基于态势感知的电网自动智能调度架构及关键技术[J]. 电网技术, 2014, 38(1): 33-39.

[50] 刘道伟, 张东霞, 孙华东, 等. 时空大数据环境下的大电网稳定态势量化评估与自适应防控体系构建[J]. 中国电机工程学报, 2015, 35(2): 268-276.

[51] 刘东, 盛万兴, 王云, 等. 电网信息物理系统的关键技术及其进展[J]. 中国电机工程学报, 2015, 35(14): 3522-3531.

[52] 毕艳冰, 蒋林, 王新军, 等. 面向服务的智能电网调度控制系统架构方案[J]. 电力系统自动化, 2015, 39(2): 92-99.

[53] 曲朝阳, 陈帅, 杨帆, 等. 基于云计算技术的电力大数据预处理属性约简方法[J]. 电力系统自动化, 2014, 38(8): 67-71.

[54] 中国电机工程学会电力信息化专委会. 中国电力大数据发展白皮书[M]. 北京: 中国电机工程学会电力信息化专委会, 2013.

[55] 宋亚奇, 周国亮, 朱永利. 智能电网大数据处理技术现状与挑战[J]. 电网技术, 2013, 37(4): 927-935.

[56] 张东霞, 苗新, 刘丽平, 等. 智能电网大数据技术发展研究[J]. 中国电机工程学报, 2015, 35(1): 2-12.

第2章　智能全景系统基础理论

为了更好地指导万物互联形态下各类现实社会系统的智能分析与精准决策大脑建设，本章从信息物理系统理念和人机融合角度出发，提出适用于社会泛在互联网络的智能全景系统(intelligent panoramic system，IPS)概念，形成智能全景理论体系，以便实现现实物理系统的"全息状态感知、全态量化评估、全程精准控制、全域智能交互"，提升智能社会的综合智能分析和控制水平[1]。

2.1　智能全景系统概念

2.1.1　基本定义

智能全景系统是指对应于某个可观测现实社会系统进行状态感知、全景模拟且智能控制的人工智能虚拟同步运行系统，可全景反映现实系统的实时与未来运行态势和控制策略[1]。

智能全景系统既是现实系统的虚拟景象，又是现实系统的真实反映，为现实系统的运行优化、安全控制、故障处置和持续改进提供虚拟现实场景和随意处置手段，可极限提高现实系统的可观性、可控性和可塑性。尤其对复杂系统而言，它是不可或缺的重要可视平台和深度剖析工具。

智能全景系统主要依托互联网、大数据、边缘计算、云计算、人工智能等先进技术建设和运行，实现真实物理空间、数字信息空间和人类社会空间的深度融合与实时交互，构建人、机、物、环、数等要素相互映射、适时交互、高效协同的时空立体赋能体系(图2-1)。

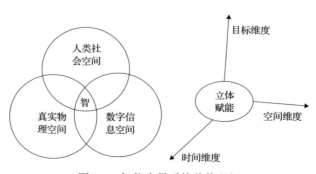

图2-1　智能全景系统价值空间

2.1.2 架构体系

智能全景系统主要包含全息状态感知、全态量化评估、全程精准控制、全域智能交互 4 大核心基本功能模块，以实现现实社会系统的实时态势评估与智能控制 (图 2-2)[1]。

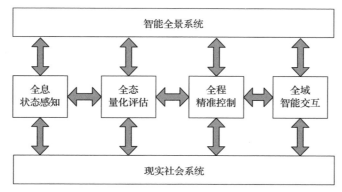

图 2-2 智能全景系统核心功能架构

(1)全息状态感知，主要采用先进的智能采集终端和信息通信技术，获得现实社会系统不同时间尺度运行状态、不同层级监控系统状态、相关结构化和非结构化社会环境等全面信息。

(2)全态量化评估，主要针对现实社会系统当前运行状态(实时态)、各种可能出现的潜在扰动事件(预想态)及未来演变趋势(未来态)3 种典型状态，分别进行综合安全水平、概率风险及演变趋势的精细化量化评估，以便精准掌握现实社会系统综合运行安全指数。

(3)全程精准控制，主要针对现实社会系统正常运行场景(事故前)、发生某种(事故中)及特殊事故发生后(事故后)的 3 种典型演变全过程，分别开展事故前以经济性为目标的预防控制，事故中以安全性为目标的紧急控制，遏制事件影响范围的进一步扩大。对于造成巨大影响范围的严重事件，需要进行科学、合理的事故后恢复控制。同时，针对全过程高精度实时测量信息，实现不同时间尺度和不同目标的精准化广域协同控制。

(4)全域智能交互，主要面向现实社会系统的科研、规划、分析、运维和管理人员，充分利用先进的虚拟现实、电子沙盘、组态推演、多屏互动、语音交互等多元化交互技术，可在多种区域空间，实现不同运行场景和不同时间尺度的人、机、物、环、数融合与智能交互。

在全息状态感知、全态量化评估、全程精准控制、全域智能交互基础上，通过空间地理信息与状态评估信息的叠加及展示技术，建立一个与现实物理系统动态运行实时同步的虚拟导向系统。该导向系统能够直观展现现实社会系统更加科学、合理、优化的目标状态和控制途径，实现现实社会系统的智能评估与科学决策。

2.2　智能全景系统形态

智能全景系统是针对某种可观测的现实物理系统，进行实时状态感知和全景模拟的虚拟同步智控系统。从研究对象的角度而言，智能全景系统的研究对象大多具有自组织性、复杂性、整体性、关联性、动态平衡性、等级结构性等复杂网络的基本形态。因此，为了深刻把握和灵活应用智能全景系统，极限提高真实物理系统的可观性、可控性和可塑性，就必须深入学习和认知复杂网络系统论，特别要了解复杂网络系统的基本概念、建模方法及时空动力学特性。从系统整体出发，研究系统整体和组成系统整体各要素的相互关系，从本质上把握网络系统整体的结构、功能、行为和动态，进而深刻理解智能全景系统形态[1]。

2.2.1　复杂网络系统基本概念

复杂网络是由大量不同属性节点和连边构成的错综复杂关系网络，现实世界中存在大量复杂网络，如通信网络、生物网络、科技网络、社会网络。可从不同角度对复杂网络进行划分，如根据边是否具有方向性将网络划分为无向网络和有向网络，根据边是否存在权值将网络划分为无权网络和权重网络等。

在实际应用中，常常用图来刻画复杂网络中节点的关联关系，最早将图论应用于实际网络问题可追溯到 1736 年欧拉关于柯尼斯堡七桥问题的研究[2]。由于各种类型的复杂网络都有其不同的特性，研究网络的拓扑结构对于了解网络的性质具有重要意义。本节将对常用的描述复杂网络拓扑结构的参量进行简单介绍。

1. 度及其分布

节点 v_i 的度用其邻边的数目 k_i 表示，在一定程度上反映了节点 v_i 在网络中的参与程度，节点的度越大，节点越重要。在有向图中，节点 v_i 的度包括出度 k_i^{out} 和入度 k_i^{in} 两部分，其中出度表示从节点 v_i 发出的边的数目，入度表示指向节点 v_i 的边的数目，节点 v_i 的度 $k_i = k_i^{out} + k_i^{in}$。在现实世界中的复杂网络中，度较小的节点在网络中的比例往往很大，而度较大的节点在网络中的比例往往很小，研究表明，现实网络大多具有幂指数形式的度分布，即 $P(k) \propto k^{-\gamma}$，其中 $P(k)$ 表示随机选择一个节点度为 k 的概率，γ 取值一般在 2～3[3]。

2. 平均路径长度

在一个由 n 个节点组成的系统中，网络中两个节点 v_i 和 v_j 间的距离 d_{ij} 定义为

两点间所有路径中连边的最少数目，任意两个节点间距离的最大值称为网络的直径 D ，即

$$D = \max_{i,j} d_{ij} \tag{2-1}$$

网络的平均路径长度 L 定义为所有节点对距离的平均值，即

$$L = \frac{1}{n^2} \sum_{i=1}^{n} \sum_{j=1}^{n} d_{ij} \tag{2-2}$$

3. 聚集系数

聚集系数用来衡量网络中节点之间集结成团的程度。对于图 2-3 左图中的节点 v_i ，分别与节点 v_j 和节点 v_k 相连，在实际网络中，节点 v_j 和节点 v_k 将有很大的概率也相连，即形成图 2-3 右图中的连接关系，这种性质在社交网络中尤为明显，即一个人的两个朋友有很大概率互相认识[4]。

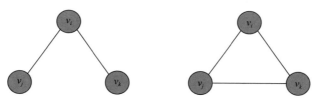

图 2-3　三元组与三角形的区别

在一个复杂网络中，假设与节点 v_i 相连的节点个数为 k_i ，则 v_i 与这 k_i 个节点能形成的三元组的个数为 $C_{k_i}^2 = \dfrac{k_i(k_i-1)}{2}$ ，假设这 k_i 个节点之间真实存在的边数为 E_i ，则节点 v_i 的聚集系数 C_i 定义为

$$C_i = \frac{2E_i}{k_i(k_i-1)} \tag{2-3}$$

该公式可以理解为

$$C_i = \frac{\text{与}v_i\text{相连三角形的数目}}{\text{与}v_i\text{相连三元组的数目}} \tag{2-4}$$

4. 介数中心性

介数中心性是一种衡量节点重要性的方法[5]，节点 v_i 的介数中心性 $c_b(v_i)$ 定义为

$$c_b(v_i) = \sum_{v_s \neq v_i \neq v_t} \frac{\sigma_{st}(v_i)}{\sigma_{st}} \tag{2-5}$$

式中，$\sigma_{st}(v_i)$ 表示所有从节点 v_s 到节点 v_t 的最短路径中经过节点 v_i 的路径数目；σ_{st} 表示所有从节点 v_s 到节点 v_t 的最短路径数目。

为避免随着图规模增大，节点介数中心性无限制增大，可对其进行归一化操作。在一个包含 N 个节点的网络里，共有 $\frac{(N-1)(N-2)}{2}$ 个不包含节点 v_i 的节点对，因而节点 v_i 归一化后的介数中心性 $c_b(v_i)$ 可表示为

$$c_b(v_i) = \frac{2\sum_{v_s \neq v_i \neq v_t} \frac{\sigma_{st}(v_i)}{\sigma_{st}}}{(N-1)(N-2)} \tag{2-6}$$

2.2.2 复杂网络系统建模方法

在对复杂网络进行建模时，要针对网络特性选择合适的建模方法。本节将对现有的几种经典的建模方法进行介绍。

1. 规则网络

规则网络是最简单的网络结构，在规则网络中，节点间全部按照某种规则互相联系。典型的规则网络包括全局耦合网络、最近邻耦合网络、星形耦合网络等，分别如图 2-4 所示。

(a) 全局耦合网络　　　(b) 最近邻耦合网络　　　(c) 星形耦合网络

图 2-4　全局耦合网络、最近邻耦合网络和星形耦合网络

在全局耦合网络中，每个节点都与其余所有节点相连；在最近邻耦合网络中，每个节点都与其左右各 $K/2$ 个节点相连，其中 K 为自定义的偶数；在星型耦合网络中，中心节点与其余所有节点相连，其余节点之间不相连。

2. 随机网络

随机网络和规则网络是网络的两种极端。在一个包含 N 个节点的网络中，任意两个节点之间以概率 p 进行连线，得到的网络即为随机网络。当 p 为 0 时，得

到的网络中所有节点均为孤立节点；当 p 为 1 时，得到的网络为全局耦合网络；当 p 介于 0 到 1 之间时，任意节点的度期望值为 $p(N-1)$，即模型的平均度 $\langle k \rangle = p(N-1)$。

在随机网络中，一个点的度为 k 的概率遵循二项式分布，即

$$P(k) = C_{N-1}^k p^k (1-p)^{N-1-k} \tag{2-7}$$

可以理解为，在除该点外的 $N-1$ 个节点中，有 k 个节点以概率 p 与该点相连，其余 $N-1-k$ 个节点以概率 $1-p$ 与该节点不相连。当 N 比较大时，二项式分布可被泊松分布取代[6]，即

$$P(k) = \frac{\mathrm{e}^{-pN}(pN)^k}{k!} \approx \frac{\mathrm{e}^{-\langle k \rangle}\langle k \rangle^k}{k!} \tag{2-8}$$

网络中的大部分节点的度在平均度 $\langle k \rangle$ 附近，度特别大和特别小的节点都比较少。

3. BA 无标度网络

在无标度网络提出之前，研究人员习惯将复杂网络视为随机网络。然而在 1998 年，Barabási 与 Albert 等合作进行一项关于万维网的研究时，发现网络的分布并非与随机网络一样有着均匀的分布，超过 80% 的网页只有很少的不超过 4 个超链接，而极少数网页拥有大量的超过 1000 个超链接，其度分布遵循幂律分布，即 $P(k) \propto k^{-\gamma}$ [7]。

BA 无标度网络的构建过程包含两部分。

（1）增长：网络的初始规模为 m_0，每次引入新的节点时，该节点与 $m(m<m_0)$ 个网络中已有的节点连接。

（2）优先连接：新的节点与网络中已有节点 v_i 的连接概率 p_i 与节点 v_i 的度 k_i 成正比，其中 $p_i = \dfrac{k_i}{\sum\limits_j k_j}$（$1 \leqslant i \leqslant N$，$N$ 为网络节点数）。

按照该过程构建得到的网络中，度大的节点与新的节点连接的概率更大，度小的节点与新的节点连接的概率更小，从而导致少部分节点具有很大的度，而大部分节点具有很小的度。

2.2.3　复杂网络系统动力学特性

本书所研究的是连续时间非线性动力学系统，公式通常表示为

$$\dot{x} = f(x,t;p), \quad t \in [t_0, \infty] \tag{2-9}$$

或者表示为映射

$$M : x \rightarrow (x, t; p), \quad t \in [t_0, \infty] \tag{2-10}$$

式中，$x = x(t)$ 为属于有界区域 $\Omega \in R^n$ 的系统的状态（向量）；p 为一个允许在规定有界区间 $I^m \in R^m (m \leqslant n)$ 内变化的系统参数向量。为方便起见，总是假设满足适定可解条件等必要条件，使系统（或映射）在任意适当给定的初始条件时具有唯一解。在本书中，一般不考虑非线性的反向过程，所以一般不讨论时间区间 $(-\infty, 0)$ 的情况。系统状态所属的整个空间 $R^n \subseteq [0, \infty]$ 称为状态空间。

考虑一个一般的二维自动化系统：

$$\begin{cases} \dot{x} = f(x, y) \\ \dot{y} = g(x, y) \end{cases} \tag{2-11}$$

从初始状态 (x_0, y_0) 开始，表示复杂网络系统的解轨迹或轨道[8]。为了区分一个解与产生它的系统状态，并表明它对初始条件的依赖性，初始状态为 (x_0, y_0) 的系统的解通常用 $\varphi_t(x_0, y_0)$ 表示，$\varphi_t (t \in [0, \infty])$ 满足 $\varphi_{t_1 + t_2} = \varphi_{t_1} \circ \varphi_{t_2}$。由于对于复杂网络的自治系统，两个不同的解轨迹在 x-y 平面上永远不会相互交叉，所以复杂网络自治系统的任何解 $\varphi_t(x, y)$ 都被视为具有不同初始条件的轨迹，称为平面中 x-y 的流。但是，为了简化本书中的符号，解 $\varphi_t(x_0, y_0)$ 一般不与其状态区分开来，即 $[x(t), y(t)]$ 表示两者，它满足 $[x(0), y(0)] = (x_0, y_0)$，除非另有说明。

在对应于不同初始条件的 x-y 平面中绘制的自治或非自治系统的所有可能解轨迹构成了系统解的相图。在这种情况下，与单变量动力系统的标准相平面（即 x-x 平面）相比，x-y 平面被称为广义相平面。在更高维的情况下，它被称为（广义的）相空间。系统如果存在平衡点或者稳定点，需要同时满足以下两个同质方程的解：

$$f = 0, g = 0 \tag{2-12}$$

一个平衡点通常用 (x^*, y^*) 或 $(\bar{x}, \bar{y})$ 来表示，如果从任何初始状态开始，系统所有的轨迹都接近它，则平衡是稳定的；如果附近的轨迹远离它，则说它是不稳定的。根据其稳定性，平衡可以被分为稳定或不稳定的节点、焦点、鞍点或中心。假设 λ_1 和 λ_2 是系统雅各布矩阵的特征值：

$$J = \begin{bmatrix} f_x & f_y \\ g_x & g_y \end{bmatrix} \tag{2-13}$$

式中，$f_x = \partial f / \partial x$ 和 $f_y = \partial f / \partial y$ 等都在 (x^*, y^*) 处评估，然后，由这两个特征值决定不同平衡及其稳定性。

定理（Grobman-Hartman）：如果 (x^*, y^*) 是非线性动力系统的双曲平衡点，那么非线性系统的动力学行为(拓扑学)与线性化系统的行为相同。

$$\begin{bmatrix} \dot{x} \\ \dot{y} \end{bmatrix} = J \begin{bmatrix} x \\ y \end{bmatrix} \tag{2-14}$$

该定理保证，对于双曲线情况下，人们可以研究线性化系统以代替非线性系统，即系统在平衡点 (x^*, y^*) 的一个(通常是小的)邻域内的局部动态行为。换句话说，存在一些同构图可以将非线性系统的轨迹转化为其线性化系统在平衡点附近(小邻域内)的轨迹。在这里，一个同构图或者一个同构体是一个连续的图，它的反向图如果存在，那么也是连续的。然而，对于非双曲情况，情况要复杂得多，上述定理通常是无效的。

一般来说，"动态行为"基本上包括所有可能的非线性现象，如稳定性和分岔、混沌和吸引子、平衡和极限循环。

2.3　全息状态感知

全息状态感知的核心是进行多元信息的融合管理，主要采用先进的智能传感与信息通信技术，获得现实社会系统不同时间尺度运行状态、不同层级监控系统状态、相关结构化和非结构化社会环境等全面信息，其重点是对多源时空基础数据，进行高质量、全方位的融合，从而为全景系统的实时态势感知与分析提供精准的信息数据支撑(如图 2-5)。

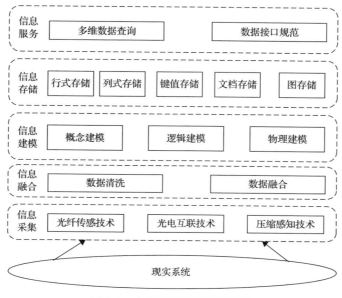

图 2-5　全息状态感知层次架构

2.3.1 信息采集

信息采集技术能够使整个智能全景系统获取更加准确、完备的量测数据，是构建智能全景系统的基础。海量多源的量测数据包含了用于提取和构建系统特征的关键信息，在一定程度上能够反映观测对象的物理特性，为后续数据分析提供数据支撑。目前，常见的采集技术包括光纤传感技术、光电互联技术以及压缩感知技术。

光纤传感技术：光纤传感是一种新兴的现代传感技术，具有灵敏度高、响应速度快及抗电磁干扰能力强等特点，在智能传感通信领域应用广泛，具有重要的地位[9]。通常将光纤传感划分为功能型和非功能型：非功能型简单易行，不依赖于特殊处理技术，目前处于实用化阶段；功能型传感要求条件复杂，目前仍处于研制阶段，但由于其灵敏度高等特点，是之后光纤传感主要发展方向[9]。利用光纤技术，可以实现对被观测对象各种物理量的感知，从而形成海量分布式传感网络，实现对被测量对象数据采集。

光电互联技术：光电互联技术是电气互联技术中一项典型的多学科、综合性工程技术，它是以光子科学与信息科学、机械工程科学、电子科学等学科为理论基础，利用材料、元器件、互联设计与工艺等技术将光源、互联通道、收发器等组成部分连成一体，彼此间高速传输信息，实现光电互联，利于进一步形成多物理量的一体化电互联技术及综合检测系统[10]。

压缩感知技术：压缩感知是基于应用数学的一种创新的信号获取及压缩处理技术，其基本处理流程是将采集的信号进行压缩处理得到可压缩信号，直接采集压缩后的信号并利用重构算法实现快速优质信号重建[11]。通常利用主元分析、K-svd 算法构造信号的稀疏表示，并设计随机采样方式，在此基础上根据随机测量矩阵和稀疏字典重构原信号。

2.3.2 信息融合

信息融合是对利用先进的信息采集技术获取到的信息进行多层次、多方面处理的过程，可对信息进行检测、结合、相关、估计和组合，以达到精确的状态估计(或身份估计)，以及完整、及时的态势评估和威胁估计[12]。通过信息融合，提高多元信息的准确性，为后续应用分析提供更加精准的状态信息。

数据清洗校正是信息融合不可缺少的数据预处理环节，缺失数据或数据异常会严重影响数据分析与评估准确性。数据清洗校正主要根据探索性分析后得到的结论，对缺失值、异常值及噪音数据进行处理，保证数据的完整性、准确性与一致性，为后续数据深层次分析提供高质量数据支撑。

数据插补是对缺失数据的一种处理方式。在随机数据缺失场景下，利用 k 近邻插补算法对缺失数据进行插补处理。在该方法中，对含缺失值的数据点做 k 邻近填充，计算含缺失值的数据点与其他不含缺失值的数据点的欧式距离，选出欧氏距离最近的 k 个数据点，再用选中的 k 个近邻的数据点对应的字段均值来填充数据中的空缺值，从而实现对缺失数据插补。其欧式距离的计算公式如下：

$$\text{dist} = \sqrt{(X_{01}-X_{i1})^2 + (X_{02}-X_{i2})^2 + \cdots + (X_{0n}-X_{in})^2} \tag{2-15}$$

式中，n 为数据维度；X_{0j} 为含缺失值的数据点的第 j 个维度的数值；X_{ij} 为未缺失数据点的第 j 个纬度的值，$1 \leqslant j \leqslant n$。

数据融合是信息融合的核心，贝叶斯（Bayes）估计、卡尔曼滤波（Kalman filtering，KF）及人工神经网络法是其常用方法[13]。

Bayes 估计将信息描述为概率分布，主要针对具有可加高斯噪声的不确定性信息进行融合，是融合静态环境中多传感器数据的一种常用方法[13]。如果随机向量 f 表示完成任务所需的有关环境的特征物，随机向量 d 表示通过传感器获得的数据信息，则信息融合问题的实质就是由数据 d 推导和估计环境 f。假设 $p(f, d)$ 为随机向量 f 和 d 的联合概率分布密度函数，则有

$$p(f,d) = p(f \mid d) \cdot p(d) = p(d \mid f) \cdot p(f) \tag{2-16}$$

式中，$p(f|d)$ 表示 f 关于 d 的条件概率密度函数；$p(d|f)$ 表示 d 关于 f 的条件概率密度函数；$p(d)$ 和 $p(f)$ 分别表示 d 和 f 的边缘分布密度函数。

当 d 已知时，由 d 推断 f，则可利用如下公式计算 $p(f|d)$，进而由数据 d 推导出环境 f，实现信息融合：

$$p(f \mid d) = p(d \mid f) \cdot p(f) / p(d) \tag{2-17}$$

卡尔曼滤波利用测量模型的统计特性，递推决定统计意义下最优融合数据合计，常用于实时融合动态的低层次冗余传感器数据[14]。如果系统具有线性动力学模型，且系统噪声和传感器噪声可用高斯分布的白噪声模型来表示，KF 则可为融合数据提供唯一的统计意义下的最优估计，同时，该方法的递推特性使其无需大量的数据存储和计算[12]。

基于人工神经网络的多传感器数据融合是信息融合领域的研究热点。此类方法的核心思路为：首先，根据系统应用需求及传感器数据融合的形式，选择网络拓扑结构；利用各传感器输入信息构建总体输入函数，并将其定义为相关网络单元的映射函数，通过神经网络与环境的交互作用将环境的统计规律反映到网络本身结构；对传感器输出信息进行学习、理解，确定权值的分配，完成知识获取信息融合，将输入数据向量转换成高层逻辑（符号）概念[13]，从而完成神经网络构建。

2.3.3　信息建模

信息建模是指对观测系统中各类数据进行抽象组织，构建信息表达形式，对数据中各类实体进行描述。信息建模大致分为三个阶段：一是概念建模阶段，将系统中各类数据抽象出各类实体，建立概念模型；二是逻辑建模阶段，将抽象出的实体进行细化，构建数据库存储结构；三是物理建模阶段，构建实体之间关联关系，创建相应的数据库对象，实现信息模型构建。

在复杂网络系统中，通常将实体与实体之间的关联关系用图的形式表达。将各类实体抽象为图中的顶点，各类实体之间的关联关系抽象为图中的边，顶点和边可以包含各种属性，其中属性可以是结构化数据、半结构化数据以及非结构化数据。图结构通常分为有向图和无向图。

有向图由 N 个有序三元组构成，实体之间的关联关系是有方向的。如图 2-6(a) 所示，有向图由节点集合 N 以及 N 上的关联关系 A 组成。在图中，节点集合 $N=$ {0,1,2,3,4}，关联关系 $A=${(1,2)，(1,5)，(2,3)，(3,4)，(3,5)，(4,2)，(5,1)，(5,2)，(5,4)}．

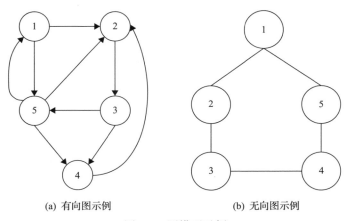

(a) 有向图示例　　　　　　　　　(b) 无向图示例

图 2-6　图模型示例

无向图与有向图相反，如图 2-6(b) 所示，它是由 N 个无序三元组构成，实体之间的关联关系没有方向。

除图结构之外，还需考虑对时序数据建模，时序数据反映了观测对象某个状态量在时间上的变化。通常时序数据模型包含三个重要部分，分别为主体、时间点和测量值。其中主体为被测量的对象，一个主体会拥有多个维度的属性；时间点为每个测量值的时标，通常利用一个时间戳属性来表示；一个主体可能有一个或多个测量值，每个测量值对应一个具体的指标。

2.3.4　信息存储

　　针对各类采集数据，通常采用多种数据库混合的分层存储方案，根据数据类型与使用场景，充分发挥各类数据库的技术优势，实现数据高效存储，提升数据查询效率(图 2-7)。

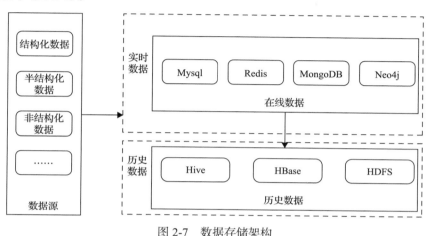

图 2-7　数据存储架构

　　根据数据类型可将数据存储模型分为五类，分别为行式存储模型、列式存储模型、键值存储模型、文件存储模型及图存储模型。

　　行式存储：行式存储主要存储关系型数据，将数据按行的形式存储在表中，常使用的数据库为 Mysql、Oracle。数据表中每个列都有名称与类型，且表中存储的数据应当满足表的定义。以行作为最小存储单元进行资源分配，适合数据量较少的应用场景，常用于事务型数据处理。但是在数据库高并发读写、海量数据的高效率存储和访问等场景下难以满足要求[15]。

　　键值存储：Key-Value 存储，简称 KV 存储，常使用的数据库为 Redis。它是 NoSQL 存储的一种方式，K 表示数据的标识，V 表示具体的属性值。键值存储适用于不涉及数据关联查询的场景，能有效减少读写磁盘的次数，相较于传统数据库拥有更好的读写性能。

　　文件存储：文件存储支持对非结构化数据的访问，相较于关系模型而言，文件存储没有固定的数据结构。针对具有固定结构的文件型数据，类如 JSON 文件、XML 文件，常使用 MongoDB 进行存储。针对不具有固定结构的文件，类如图片、视频，常使用 HDFS 进行存储。

　　图存储：图数据存储顶点和边的关联信息，常使用的数据库为 Neo4j、HugeGraph。图数据库通常用于复杂图结构的存储，例如知识图谱存储、交通网结构存储以及电网结构存储。常用的图数据库的查询语言为 Cypher、PGQL、

Gremlin 以及 G-CORE。

列式存储：列式存储主要存储结构化与半结构化数据，将数据以列的形式存储在表中，常使用的数据库为 HBase。列式数据库把一列中的数据值放在一起进行存储，由于查询需要读取的 Blocks 少，所以具有高性能查询速度。列式存储以流的方式在列中存储所有的数据，主要适用于海量数据的高效存储和访问场景[15]。针对海量时序数据，将对象 ID 与数据时标组合成行键，其中数据时标置于行键的字节低位，使得同一时刻数据在存储位置上连续，可以高效地按时间进行范围查询。

2.3.5　信息服务

信息服务是利用索引机制提高数据查询速度，并以接口的形式提供高性能信息检索，为后续深层次分析提供数据支撑。索引是一种用于数据快速查找的数据结构，哈希表、二分查找、分块查找也可以视为一种索引，这类索引的价值在于在较短的时间内获得最相关、最全、最深的数据集合。针对海量时序数据的关联查询场景，可借鉴倒排索引的思想来加速数据检索过程。倒排索引通常用来存储全文搜索下某个单词在一组数据中的存储位置的映射，是实现"单词-文档矩阵"的一种具体存储形式，可以根据单词快速获取包含这个单词的文档列表[16]。图 2-8 描述了倒排索引的原理。

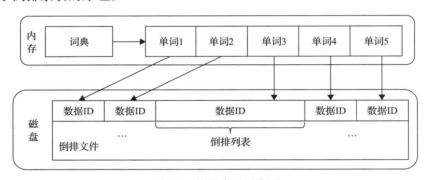

图 2-8　倒排索引示意图

如图 2-8 所示，倒排索引主要由"单词词典"和"倒排文件"两部分组成。单词词典存储在内存中，其每条索引项记录了单词本身信息以及指向对应"倒排列表"的指针。倒排文件存储在磁盘上，包含了所有单词的"倒排列表"。倒排列表则记录了某个单词所出现的所有文档的列表及其在对应文档中出现的位置，根据倒排列表，即可快速查询哪些文档包含某个单词[17]。通过将单词映射为键值型时序数据的值的内容，便可利用倒排索引快速获取数据项，从而加速了数据查询速度。

对于复杂网络系统来说，其数据具有时间与空间特性，以时间特性为主的时序数据以及以空间特性为主的图数据属于不同的数据组织模型。因此，跨越时间与空间维度的复杂查询便成为难点问题。解决这一问题的主要方法是对多模数据进行统一管理，利用关系映射表，将图数据转化为键值型数据，在此基础上实现数据查询。然而，基于这类思想的多时空维度的数据查询的性能仍待提高，多模数据的查询也成为信息服务中的一大热点研究方向。

2.4　全态量化评估

全态量化评估，主要针对现实社会系统当前运行状态(实时态)、各种可能出现的潜在扰动事件(预想态)及未来演变趋势(未来态)3 种典型状态，分别进行综合安全水平、概率风险及演变趋势的精细化量化评估，其核心是对复杂网络系统进行建模与分析，以便精准掌握现实社会系统综合运行安全指数。

2.4.1　实时态评估

1. 复杂网络可靠性评估指标

复杂网络可靠性评估指标是复杂网络可靠性评价的基本依据，是直观、数据化地展示出系统可靠性的关键。建立复杂网络的可靠性指标需要全面考量能够对复杂网络产生影响的各类因素[18]，包括内部因素、外部因素、拓扑结构和网络同步。针对以上因素，结合复杂网络的特点，构建如下评价指标，如图 2-9 所示。

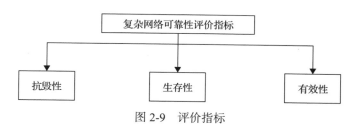

图 2-9　评价指标

1)抗毁性

抗毁性是指在经受了一定攻击破坏下复杂网络是否能够维持稳定的特性。衡量抗毁性需要由全网效能、连通系数、平均最短路径比、平均聚集系数比和介数来衡量。

(1)全网效能：网络中任意两点间的通路所需要最短时间的倒数与网络中节点间所有通路数目的比值为全网效能。如式(2-18)所示：

$$E(G)=\frac{\sum\limits_{i\neq j\in G}\varepsilon_{ij}}{N(N-1)}=\frac{1}{N(N-1)}\sum_{i\neq j\in G}\frac{1}{t_{ij}} \tag{2-18}$$

式中，G 为复杂网络中的所有点集；N 为网络节点数；ε_{ij} 为 i 点到 j 点通路的效能；t_{ij} 为从 i 点到 j 点通路的最短时间。

对网络的点或边通过不同的比例要素进行有针对的攻击，就能得到特定情况下的全网效能变化情况，而且可以得到在完全破坏下的网络稳定阈值，以评价某一复杂网络对攻击的耐受情况。

(2)连通系数[19]：连通系数就是指对各连通分支平均最短距离加权平均与连通分支数乘积的倒数，故连通分支数目越小，网络连通性越好，连通系数越大。定义如下：

$$C=\frac{1}{\omega\sum\limits_{i=1}^{\omega}\frac{N_i}{N}l_i} \tag{2-19}$$

式中，ω 为网络连通分支数；N_i 为第 i 个连通分支中节点数目；N 为网络中节点总数；l_i 为第 i 个连通分支的平均最短路径。

连通系数能够充分体现复杂网络在经受到节点的随机攻击下，其他全部子网络的分支和每个子网络的最短路径，能够充分代表复杂网络遭受攻击时的网络状况。

(3)平均最短路径比：通过无向无权图 $G=(V,E)$ 可以表示复杂网络，其中 V 是节点集合，E 为边集合，定义如下：

$$l_n=\langle d(V_n,E_n)\rangle=\frac{1}{N(N-1)}\sum_{v\in V_n}\sum_{w\in V_n}d(v,w) \tag{2-20}$$

式中，$n=0$ 时，l_0 为网络受到攻击前的平均最短路径长度；V_0 为网络受到攻击前的节点集合；E_0 为网络受到攻击前的边集合；$n=1$ 时，l_1 为网络受到攻击后的平均最短路径长度；V_1 为网络受到攻击后的节点集合；E_1 为网络受到攻击后的边集合；$d(v,w)$ 表示从节点 v 到节点 w 的最短路径长度。l_1/l_0 作为衡量网络攻击效果的尺度，简称为平均最短路径比。通过上式可以获得网络攻击前后的平均最短路径长度。

(4)平均聚集系数：i 为无向网络节点，k_i 为连接度，它与其他 k_i 个邻居节点相连接构成一个子网络(集群)。E_i 为节点 i 的 k_i 个邻居节点之间实际存在的边数，k_i 个邻居节点完全互相连接的总边数为 $k_i(k_i-1)/2$，节点 i 的聚集系数可定义为

$$C_i=\frac{2E_i}{k_i(k_i-1)} \tag{2-21}$$

平均聚集系数 C 为全部节点 i 的聚集系数的平均值，表明复杂网络的"聚集性质"，也可以衡量整个网络的连通性。

(5) 介数：通常分为节点介数和边介数。基于复杂网络最短路径之上，由节点 i 连接的最短路径的数目称为节点 i 的介数；由某条边连接的最短路径的数目称为这条边的介数。

$$C_B(V) = \sum_{W \neq W'} \frac{\sigma_{ww'}(v)}{\sigma_{ww'}} \tag{2-22}$$

式中，$\sigma_{ww'}$ 为 w 和 w' 之间的最短路径数，而 $\sigma_{ww'}(v)$ 表示过点 v 的 w 和 w' 的所有最短路径个数。

由式 (2-22) 可知，集中性比较高的节点，其介数往往较高。因此，移除集中性比较高的节点比移除连接边的数目大的节点更容易破坏网络性能。

2) 生存性

生存性体现了复杂网络在随机破坏下的可靠程度，是评价复杂网络可靠性的重要指标之一。与抗毁性不同，生存性是复杂网络对于点和边的策略攻击和随机攻击情况下所表现出的不同的反应。它们有着通用的指标，比如全网效能、连通系数等，但是也有些单独考量的指标，比如端端可靠度、K 端可靠度、全端可靠度等。

3) 有效性

有效性是一种针对业务可靠性的指标，能够代表复杂网络在某些网络部件失效下对网络业务满足要求的程度。有效性指标可分为网络吞吐量和传输时延的完成度指标。

(1) 吞吐量：指复杂网络某些点 (或边) 失效时整体能够满足业务性能需求的能力。这里选用指标——加权端到端连通概率作为吞吐量的测度。

$$P_c = \left(\sum_{ij \in n} R_{ij} P_{ij} \right) \Big/ R \tag{2-23}$$

式中，P_c 为加权连通概率；R_{ij} 为 i 节点到 j 节点的信息流；P_{ij} 为 i 节点到 j 节点的连通概率；n 为节点集合；R 为 R_{ij} 之和。

(2) 传输时延：传输时延指标是通过完成度来展示的[20]。最大延时度为 T_m，$D_{ij}(S_k, T_m)$ 表示在状态 S_k 时，由节点 i 传输到节点 j 的报文时延大于 T_m 的概率，$P(S_k)$ 为 S_k 状态下的连通概率。则网络节点 i 到节点 j 的完成度为

$$P_S = \sum_{S_k \in \Omega} [1 - D_{ij}(S_k, T_m)] P(S_k) \tag{2-24}$$

2. 网络时序数据量化分析方法

针对网络时序数据，综合考虑节点、连边的参数属性，可进行时空特性分析及评估，从而挖掘网络的内部特性，建立对网络的感性认识。本部分将主要介绍三种最常用的方法：相似性分析、相关性分析、聚类分析。

1) 相似性分析

相似性分析用来衡量不同样本间的相似程度。在机器学习中，有众多用于计算相似性的度量标准。针对不同的样本分布，度量标准的选取在一定程度上决定了效果的好坏。

欧氏距离是基于欧式空间中两点间的距离，是一种最简单最容易理解的度量标准。对于包含 n 个属性值的样本 X 和 Y，其欧式距离定义为

$$d(X,Y) = \sqrt{\sum_{i=1}^{n}(X_i - Y_i)^2} \tag{2-25}$$

曼哈顿距离也可用来计算相似度。曼哈顿距离在几何中指各点各向坐标差值的绝对值之和。对于包含 n 个属性值的样本 X 和 Y，曼哈顿距离定义为

$$d(X,Y) = \sum_{i=1}^{n}|X_i - Y_i| \tag{2-26}$$

余弦相似度也是一种很常见的衡量两个变量相似性的指标，通过两个向量之间的夹角来进行计算，具体公式为

$$\cos(X,Y) = \frac{\sum_{i=1}^{n}X_i Y_i}{\|X\|\|Y\|} \tag{2-27}$$

式中，$\|X\| = \sqrt{\sum_{i=1}^{n}X_i^2}$；$\|Y\| = \sqrt{\sum_{i=1}^{n}Y_i^2}$。

此外，还有一些方法也被用来做相似性分析，如切比雪夫距离、马氏距离等。

2) 相关性分析

相关性分析常用来衡量两个变量的密切程度。在统计学中，最常用的分析相关性关系的方法为皮尔逊相关方法，定义为两个变量 X 和 Y 的协方差和标准差的商，其具体公式为

$$\rho_{X,Y} = \frac{\mathrm{cov}(X,Y)}{\sigma_X \sigma_Y} = \frac{E[(X - \mu_X)(Y - \mu_Y)]}{\sigma_X \sigma_Y} \tag{2-28}$$

式中，μ_X、μ_Y 分别表示变量 X 和 Y 的均值；σ_X、σ_Y 分别表示变量 X 和 Y 的标准差。

在分析两个变量的相关性时，一般利用皮尔逊相关系数 r 来进行分析，计算公式为

$$r = \frac{\sum_{i=1}^{n}(X_i - \bar{X})(Y_i - \bar{Y})}{\sqrt{\sum_{i=1}^{n}(X_i - \bar{X})^2}\sqrt{\sum_{i=1}^{n}(Y_i - \bar{Y})^2}} \tag{2-29}$$

皮尔逊相关系数 r 取值范围为 $[-1,1]$。当 $r > 0$ 时，两个变量正相关，当 $r = 1$ 时，两个变量完全正相关；当 $r < 0$ 时，两个变量负相关，当 $r = -1$ 时，两个变量完全负相关；当 $r = 0$ 时，两个变量没有线性关系。

此外，还有一些方法也被用来做相关性分析，如 Spearmen 相关方法、肯德尔相关方法等。

3) 聚类分析

聚类是一种按照某种规则将数据划分为几个簇的方法，区别于分类问题，聚类问题是一种典型的无监督学习，只需把相似的数据聚集到一起即可，而并不关心数据所属的标签。

聚类算法主要可以分为以下几种：基于划分的聚类，如 k-means、bi-kmeans 等；基于密度的聚类，如 DBSCAN、OPTICS 等；层次聚类，如 Agglomerative、Divisive 等；此外，还有一些新方法如量子聚类、谱聚类等。在执行聚类操作前，通常需要先对数据进行预处理以及特征的选择和提取，以突出样本的特征，然后选择合适的距离函数进行相似度度量，作为簇划分的标准。对于得到的簇，大部分时候只有聚类结果，没有参考模型，只能用内部评价法来评价聚类的性能，其遵循的原则为簇内相似度越高，聚类质量越好；簇间相似度越低，聚类质量越好。

对于给定数据集 $D = \{x_1, x_2, \cdots, x_N\}$，聚类结果 $C = \{C_1, C_2, \cdots, C_K\}$，其中 C_k 表示属于类别 $k(1 \leq k \leq K)$ 的样本的集合，$\text{dist}(x,y)$ 表示数据 x 与数据 y 的距离，簇内相似度的评价指标主要为以下三个。

(1) 平均距离：

$$\text{avg}(C_k) = \frac{1}{|C_k|(|C_k|-1)} \sum_{x_i, x_j \in C_k} \text{dist}(x_i, x_j) \tag{2-30}$$

(2) 最大距离：

$$d_{\max}(C_k) = \max_{x_i, x_j \in C_k} \text{dist}(x_i, x_j) \tag{2-31}$$

(3) 簇的半径：

$$\text{diam}(C_k) = \sqrt{\frac{1}{|C_k|} \sum_{x_i \in C_k} [\text{dist}(x_i, \mu_k)]^2} \tag{2-32}$$

式中，$\mu_k = \dfrac{1}{|C_k|} \sum_{x_i \in C_k} x_i$。

簇间相似度的评价指标主要为以下两个。

(1)最小距离：

$$d_{\min}(C_k, C_l) = \min_{x_i \in C_k, x_j \in C_l} \text{dist}(x_i, x_j) \tag{2-33}$$

(2)类中心之间的距离：

$$d_{\text{cen}}(C_k, C_l) = \text{dist}(\mu_k, \mu_l) \tag{2-34}$$

式中，$\mu_l = \dfrac{1}{|C_l|} \sum_{x_i \in C_l} x_i$。

综合考虑簇内相似度和簇间相似度，常用的两种内部评价指标定义如下。

(1)DB 指数（Davies-Bouldin index，DBI）[21]，DBI 越小，聚类质量越高。

$$\text{DBI} = \frac{1}{K} \sum_{k=1}^{K} \max_{k \neq l} \frac{\text{avg}(C_k) + \text{avg}(C_l)}{d_{\text{cen}}(C_k, C_l)} \tag{2-35}$$

(2)Dunn 指数（Dunn index，DI）[22]，DI 越大，聚类质量越高。

$$\text{DI} = \min_{1 \leqslant k < l \leqslant K} \frac{d_{\min}(C_k, C_l)}{\max\limits_{1 \leqslant k \leqslant K} \text{diam}(C_k)} \tag{2-36}$$

2.4.2 预想态评估

预想态评估方法可根据简单的历史数据模型构建专业的物理模型。目前常见的预想态评估方法包括：①基于模型的预想态评估技术；②基于数据驱动的预想态评估技术；③基于概率统计的预想态评估技术[24]。

(1)基于模型的预想态方法假定可以获得对象系统精确的数学模型。这种方法基于已有历史数据，通过建立物理模型或随机过程建模，用来评估未来系统的稳定性。同时，可通过对系统历史数据演化机理的逐步深入研究，逐渐修正和调整模型参数以提高对象系统的状态评估精度[24]。目前主要算法包括灰色模型卡尔曼滤波、贝叶斯估计理论、粒子滤波等。

灰色模型 GM(1, 1) 为最基本的一次拟合参数模型，适用于具有较强指数规律的序列。系统过去与当前输入信号经过预处理构成特征矩阵，并将其作为灰色预测 GM(1, 1)模型的输入，则可利用

$$\frac{\mathrm{d}X^{(1)}}{\mathrm{d}t} + aX^{(1)} = b \tag{2-37}$$

预测和评估系统特征量的变化趋势。

贝叶斯网络为一个 3 元组 (G, V, P)，其中，G 为描述离散域变量关系的有向无环图，$V = [v_1, v_2, \cdots, v_n]$ 为离散变量集合，P 为变量在实例空间的联合概率分布。变量 $V = [v_1, v_2, \cdots, v_n]$ 与 G 中节点 S 存在一一对应关系，且有

$$P(v_1, v_2, \cdots, v_n) = \prod_i p(v_i \mid \mathrm{pa}_i) \tag{2-38}$$

式中，pa_i 为 v_i 的父节点，各变量满足 Markov 独立性条件。由贝叶斯网络评估时，首先利用先验知识构建贝叶斯网络，然后结合故障数据进行学习并得到后验贝叶斯网络，再预测推断系统状态。动态贝叶斯网络(DBN)结合静态网络和时间信息，可有效处理时序随机模型。

(2)如果不同信号引发的数据或依据统计得来的数据集，难以确定准确的数学模型，在预想状态评估时容易造成过大偏差，基于测试或者数据的评估技术成为预想状态评估的一种手段。典型的基于数据驱动的评估方法有人工神经网络、支持向量机、模糊系统和其他人工智能计算方法等。设系统有 m 个输入值 $x(t), x(t-1), \cdots, x(t-m+1)$ 和一个输出值 y，评估的表达式为

$$\overline{x}(t+1) = F[x(t), x(t-1), x(t-2), \cdots, x(t-m+1)] \tag{2-39}$$

式中，$\overline{x}(t+1)$ 就是输出值 y。实际中采用适合的智能算法通过用历史数据集训练网络，得到预测值 $x(t+1)$。

(3)如果无法确定一个完整的动态模型或给出输入和输出之间的系统微分方程，那么可以从过去历史数据的统计特性角度进行评估预测，这种方法称为基于概率统计的评估方法。基于概率的评估方法包括时间序列预测法、回归预测法、模糊逻辑等[24]。

2.4.3　时空趋势预测

时空预测是指针对某一系统，通过之前数据分析预测得到未发生情况下的时间和空间的状态。即将系统连续的和离散的时空数据提取并存储得到时空序列，针对时空序列数据进行建模、预测的一种方式。随着研究的深入，时空预测不再局限于地理空间，可以拓展到社会空间和虚拟空间上。时空预测有着广泛的实用场景，其在天气预报、交通预测、电力系统稳定预测等领域有着重要作用。与传统的时间序列预测和空间插值相比，时空预测能够在时间与空间维度上对其相互关联关系、依赖关系建模并预测。而现有的时空预测方法普遍分为三类：时空统

计、人工智能和物理模型[25](图2-10)。

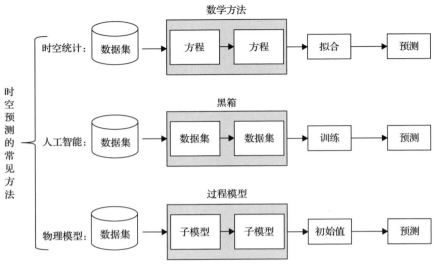

图 2-10 时空预测方法

（1）时空统计：这是一种基于数理统计的概念进行的预测方式[26]，以空间统计学和时间序列分析为基础，进行探索性的时空数据分析。常见时空统计模型有地理加权回归、时空自回归综合移动平均、时空克里金和贝叶斯最大熵。

（2）人工智能：常见的基于人工智能的时空预测方法是将卷积神经网络（CNN）与循环神经网络（RNN）相结合[27]，利用 CNN 的空间相关性，与 RNN 的时间序列特征，两者相互结合可构建复杂的时空关系模型。

图卷积[28]作为应用比较广泛的一种人工智能方法，最早起源于频谱理论，频谱理论将卷积定义为信号 x 和图核 Θ 的乘积：

$$\Theta *_g x = \Theta(L)x = \Theta(U\Lambda U^{\mathrm{T}})x = U\Theta(\Lambda)U^{\mathrm{T}}x \tag{2-40}$$

式中，图傅里叶基 $U \in R^{n\times n}$（n 为图的顶点个数）是归一化的图拉普拉斯矩阵 $L = I_n - D^{-\frac{1}{2}}WD^{\frac{1}{2}} = U\Lambda U^{\mathrm{T}} \in R^{n\times n}$（$I_n$ 是单位矩阵，$D \in R^{n\times n}$ 是对角矩阵，$D_{ii} = \sum_j W_{ij}$）的特征向量矩阵；Λ 为由图拉普拉斯矩阵 L 的特征值组成的对焦矩阵；图核 Θ 也是对角矩阵。

通常为了使图卷积运算复杂度降低而采取切比雪夫多项式和一阶多项式近似的方法：

$$\Theta *_g x = \Theta(L)x \approx \sum_{k=0}^{k-1} \theta_k T_k(\tilde{L})x \tag{2-41}$$

$$\Theta *_g x = \theta(I_n + D^{-\frac{1}{2}}WD^{-\frac{1}{2}})x = \theta(I_n + \tilde{D}^{-\frac{1}{2}}W\tilde{D}^{-\frac{1}{2}})x \tag{2-42}$$

将图卷积运算进行统一表达，对其进行泛化得到如下公式：

$$y_j = \sum_{i=1}^{C_i} \Theta_{i,j}(L)x_i \in R^n, \quad 1 \leqslant j \leqslant C_0 \tag{2-43}$$

（3）物理模型：基于物理机制的时空预测方法，其最大的优势是有良好的解释特性，即能很好地解释结果的合理性，但是相比于其他方法预测精度差、效果不理想。往往将物理模型与人工智能方法相结合得到高模拟和预测相对准确的模型。

伴随着人工智能技术的兴起，当今社会的时空预测模式也越发智能化。通过实时自动收集各种数据集、知识和规则来训练、强化和完善自身模型，而且在这个过程中能逐渐提高自己的训练能力，逐渐完成或接近实测结果。从收益角度看，智能时空预测能够为用户提供确定性、概率性、演绎性和结论性的信息，为之后的决策服务。

2.5　全程精准控制

全程精准控制，主要针对现实社会系统的演变全过程，开展事故前以经济性为目标的预防控制，事故中以安全性为目标的紧急控制，以遏制事件影响范围的进一步扩大。针对全过程高精度实时测量信息，实现不同时间尺度和不同目标的精准化广域协同控制。

2.5.1　稳态优化控制算法

智能全景系统的稳态模型可以表示为网络流模型，如图 2-11 所示。

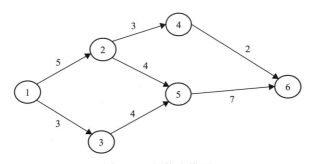

图 2-11　网络流模型

网络可以表示为一个有向图 $G=(V, E)$，其中 V 代表节点集，E 代表边集。网络流定义：网络中有唯一一个入度为零的源点 s 以及唯一一个出度为零的汇点 t，该图中的每一条边 (u, v) 都有一个非负的容量，记为 $c(u, v)$。另外，如果 (u, v) 不属于 E，即节点 u 和节点 v 之间不存在边，则通常认为 $c(u, v)=0$。该网络称为流网络或容量网络，记为 $G=(V, E, C)$[30]，其中，C 为各边容量的集合。一个网络流表示两个节点 u、v 之间的流量，记为 $f(u, v)$。

最大流问题是网络理论研究中的一个基本问题。在网络中流量最大的可行流称为网络的最大流，记为 f^*。

对一个流网络 $G=(V, E, C)$，流 f 具有下列 3 个性质。

(1) 容量限制：对所有的 $u, v \in V$，有 $f(u,v) \leqslant c(u,v)$。

(2) 反对称性：对所有的 $u, v \in V$，有 $f(u,v) = -f(v,u)$。

(3) 流守恒性：对所有的 $u \in V-\{s,t\}$，有 $\sum f(u,v)=0 (v \in V)$。

容量限制使得两个节点之间的网络流不能超过设定的容量；反对称性说明了从顶点 u 到顶点 v 的流是其反向流求负所得；而流守恒性说明了从非源点或非汇点的顶点出发的网络流之和为 0。最大流问题就是在不违背上述三个性质的基础上求出从源点 s 到汇点 t 的最大的流量值，这个流量值定义为从源点出发的总流量或是最后聚集到 t 的总流量。

最大流问题是一个特殊的线性规划问题，可以建立如下形式的线性规划数学模型：

$$\max V = f^*$$
$$\text{s.t.} \sum f_{ij} - f_{ji} = 0 \ (i \neq s, t)$$
$$\sum f_{ij} - f_{ji} = v(f) \ (i = s) \tag{2-44}$$
$$\sum f_{ij} - f_{ji} = -v(f) \ (i = t)$$

式中，$v(f)$ 称为这个可行流 f 的流量[31]。

求最大流的标号算法最早由福特和福克逊于 1956 年提出，称为 Ford-Fulkerson 算法[32]。在介绍 Ford-Fulkerson 算法之前，先引入三个重要概念和一个重要定理。

(1) 残留网络：选定一条可行流 f 之后其他并没有被选到的流，记为 $G(f)$。

(2) 增广路径：设 f 是一个可行流，p 是从 s 到 t 的一条路径，若 p 满足向前弧是非饱和弧，向后弧是非零流弧，则称 p 为（关于可行流 f）一条增广路径。

(3) 割：流网络 $G=(V,E,C)$，s、t 为源点和汇点，边集 E' 为 E 的子集，若将 E' 在 G 中删除，则将 G 划分为两个不连通的子图 $G1$、$G2$，则称 E' 为 G 的割，割将 G 的节点划分为 S 与 $T=V-S$ 两个子集，其中 S 为 $G1$ 的节点集，T 为 $G2$ 的节点集。若割所划分的两个节点子集，使 $s \in S, t \in T$，则该割被称为 s–t 割，记为割 (s, t)。

最大流最小割定理：如果 f 是具有源点 s 和汇点 t 的流网络 $G=(V, E, C)$ 中的一个流，则下列条件是等价的。

(1) f^* 是 G 的一个最大流。

(2) 残留网络 $G(f^*)$ 不包含增广路径。

(3) 对 G 的某个割 (s, t)，有 $\left| f^* \right| = c(s, t)$。

Ford-Fulkerson 算法是一种迭代方法。开始时，对所有 $u, v \in V$ 有 $f(u, v) = 0$，即初始状态时所有流的值为 0。每次迭代，通过在 G 上寻找一条增广路径来增加流量值，直到增广路径都被找出为止。通过最大流最小割定理，可以证明在算法终止时，Ford-Fulkerson 算法可产生出最大流。

2.5.2　扰动紧急控制算法

紧急控制是指当某一系统发生扰动后，系统无法满足运行需求，采取使系统能够维持或恢复到某一可运行状态且该状态不会出现严重波动的手段或过程。

复杂网络特点是涵盖广泛、拥有很复杂的非线性系统，需要很高的实时性，因而需要尽可能简化信息并且尽量就近采集信息，而且需要采用非线性理论为依据。通过状态评估后的信息，对系统进行紧急控制[33]。下面分别论述两种紧急控制的数学模型：大规模动力学系统降阶模型和自适应鲁棒优化算法。

1. 大规模动力学系统的降阶模型

大规模动力学系统是通过数学手段，将模型由高阶转化为低阶，由繁化简，而且需要简化以后能够达到相同的结果的一种数学处理过程。通过这种方式能够充分简化设计过程，而且还能够节约计算力。通常有如下几种降阶方法。

(1) 集结法：通过对状态变量进行聚合，运用比较少的数目来表达系统的模型[34]。

状态方程为

$$\dot{X} = AX + BU \tag{2-45}$$

式中，X、U、A、B 分别为系统的状态向量、输入向量、状态矩阵和输入矩阵。

集结变量为

$$\tilde{X} = UX \tag{2-46}$$

式中，$U \in R^{\tilde{n} \times n}(\tilde{n} < n)$ 为集结矩阵，且满足

$$\tilde{A}U = UA \tag{2-47}$$

$$\tilde{B} = UB \tag{2-48}$$

得到降阶的 $\tilde{n}$ 阶状态方程：

$$\dot{\tilde{X}} = \tilde{A}\tilde{X} + \tilde{B}U \tag{2-49}$$

(2) 摄动方法：这种方法主要通过对模型内确定的相互耦合作用因素进行忽略，通过这种方式来进行近似。主要分为弱耦合与强耦合。

奇异摄动[35]系统如下，ε 为小参数：

$$\begin{aligned} \dot{x}_1(t) &= A_1 x_1(t) + A_{12} x_2(t) + B_1 u(t) \\ \varepsilon \dot{x}_2(t) &= A_{21} x_1(t) + A_2 x_2(t) + B_2 u(t) \end{aligned} \tag{2-50}$$

如果 A_2 非奇异，当 $\varepsilon \to 0$ 时，上式变为

$$\begin{aligned} \dot{\tilde{x}}_1(t) &= (A_1 - A_{12} A_2^{-1} A_{21})\tilde{x}_1 + (B_1 - A_{12} A_2^{-1} B_2)\tilde{u} \\ \tilde{x}_2(t) &= -A_2^{-1} A_{21} \tilde{x}_1 - A_2^{-1} B_2 \tilde{u} \end{aligned} \tag{2-51}$$

式 (2-51) 即为摄动方法所得到的简化模型。

2. 自适应鲁棒优化方法（轨迹跟踪自适应）

由于复杂网络特性，伴随着工况和环境的变化，系统往往呈现的是非线性和随机干扰，这会导致系统发散。因此，通过具有较强的鲁棒性的模糊随机优化算法，以便快速高效地计算网络真实扰动轨迹下的预防控制策略，防止网络失去稳定。

自适应鲁棒控制[36]首先要从鲁棒控制器开始，使具有鲁棒性的控制器具有自适应的特点才能达到自适应控制。

设广义输出 $X(k)$ 为

$$X(k) = E(z^{-1})\varepsilon(k) + z^{-d} Q(z^{-1})\eta(k) \tag{2-52}$$

式中，z^{-1} 为后移算子；k 为控制步长；$\varepsilon(k)$ 为小参数用以控制；$\eta(k)$ 为辅助信号；d 为纯时延。

$E(z^{-1})$ 为一稳定多项式，适当选取 $E(z^{-1})$、$Q(z^{-1})$ 使

$$E(z^{-1})B(z^{-1}) + Q(z^{-1})A(z^{-1}) = T(z^{-1}) \tag{2-53}$$

式中，$T(z^{-1})$ 为所希望的稳定多项式，简化并将多项式中算子 z^{-1} 省略。

可得

$$AX(k) = z^{-d}(EB + QA)\eta(k) + ED\gamma(k) - E\Delta A_m D y_n(k) \tag{2-54}$$

经过转化得

$$\tilde{A}X(k) = z^{-d}\tilde{B}\eta(k) + \tilde{C}\gamma(k) - E\Delta A_m Dy_n(k) \tag{2-55}$$

从上式得到扩展系统，如果选择 E,Q 能够使 $\tilde{B}$ 维持稳定，则该式为最小相位系统，则 $X(k+d)$ 广义输出的预报值为

$$X(k+d|k) = \frac{\tilde{G}\tilde{B}}{\tilde{C}}\eta(k) + \frac{\tilde{F}}{\tilde{C}}X(k) - \frac{\tilde{G}}{\tilde{C}}E\Delta A_m Dy_n(k+d) \tag{2-56}$$

定义广义输出误差和估计误差如下式：

$$\begin{aligned} e'(k) &= X(k) - R(z^{-1})y_n(k) \\ \xi(k) &= X(k) - X(k|k-d) \end{aligned} \tag{2-57}$$

式中，控制辅助信号为

$$R(z^{-1})y_n(k+d) = X(k+d|k) \tag{2-58}$$

通过自适应鲁棒优化方法能够提取较少的新变量，通过这些较少的新变量能够达到原来那些变量的近似结构，说明该方法对于优化有显著效果。

2.5.3　智能控制模式

近几年，由于机器学习和人工智能的快速发展，数据驱动的智能控制模式逐渐引起了越来越多的关注[37]。相比于经典的控制方法，数据驱动方法通过挖掘数据中的规律来更新迭代控制模型，往往不依赖具体物理对象的具体动力学模型。智能控制方法主要包括(无模型)强化学习、迭代学习控制、自适应控制等。上述技术在数据生成过程、考虑的系统动力学类别和控制目标方面有所不同。

1. 迭代学习控制

迭代学习控制(iterative learning control, ILC)的基本思想是在重复执行任务的多次过程中在线记录数据，通过不断试验提高跟踪精度，用于细化和优化控制模型[38]。ILC 是一种有自我更新(或学习)能力的前馈控制，通过记录学习前面任务的跟踪误差来减少后面的跟踪误差。

迭代学习控制的核心是"可重复性"和"记忆"。可重复性指控制对象在多次实验中动态保持一致；记忆指第 $k+1$ 次的控制输入能利用前面 k 次的实验信息。迭代学习控制分为开环学习控制和闭环学习控制。开环学习的控制方法是，第 $k+1$ 次输入是第 k 次控制信号和第 k 次的跟踪误差的校正项：

$$u_{k+1}(t) = L[u_k(t), e_k(t)] \qquad (2\text{-}59)$$

闭环学习控制的方法是，第 $k+1$ 次输入是第 k 次控制信号和第 $k+1$ 次的跟踪误差的校正项：

$$u_{k+1}(t) = L[u_k(t), e_{k+1}(t)] \qquad (2\text{-}60)$$

式中，L 是线性或者非线性算子。

不同于 PID 控制器利用当前及相邻时刻偏差信息计算控制指令的机制，迭代学习控制可以利用多个历史迭代步（$j-1, j-2, \cdots$）中"未来时刻"（$k+1, k+2, \cdots$）的偏差信息来计算当前迭代步 j 中 k 时刻的控制指令。这种区别使得迭代学习控制能够对某种有规律的干扰或不确定性进行提前补偿，从而有效克服了 PID 控制器的不足。迭代学习控制自从 20 世纪 70～80 年代被提出以来，得到了广泛研究和实际应用[39]。然而，对于并不严格满足同样条件下重复执行同一个任务的应用场合，或者存在非重复性、随机干扰/噪声或复杂非线性系统，迭代学习控制作为一种开环控制架构，并不具备相关反馈及参数辨识机制来处理这些问题。此时，迭代学习控制需要和其他反馈、鲁棒或者自适应控制框架等进行融合以达到理想控制效果。

2. 自适应控制

自适应控制通常指系统按照环境的变化调整自身行为，使得其在新的或者已经改变了的环境下达到最佳性能。这类对环境变化具有适应能力的控制系统称为自适应控制系统。在自适应控制中，控制器结构固定，通常会利用采集的数据对部分控制参数进行优化，以适应环境的变化。

自适应控制的对象通常是具有一定程度的不确定性的系统。这里的不确定性是指描述被控对象及其环境的数学模型中包含一些未知的或随机的因素。和常规的反馈控制和最优控制方法类似，自适应控制也是一种基于数学模型的控制方法。它们的不同点在于自适应控制所依赖的关于模型和扰动的先验知识通常比较少，主要在系统的运行过程中收集信息，使模型不断完善。

3. 强化学习控制

强化学习通过和环境进行动态交互获取经验并利用经验学习控制策略[40]（图 2-12）。

强化学习中通常包括环境与智能体两部分。智能体表示被控制的对象，可以通过观察到的结果在某种控制策略下执行动作。在每个时刻，智能体先观察状态，根据状态通过控制策略得到动作并执行，最后接收奖励信号，并基于奖励信号优化策略。

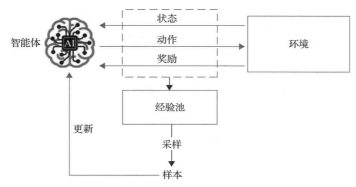

图 2-12 强化学习基本模型

强化学习过程通常表示成一个马尔可夫决策过程(MDP)。MDP 的一个重要性质就是马尔可夫性(又称作无后效性),也就是指系统的下个状态只与当前状态和动作有关,而与更早之前的状态和动作无关。

一个马尔可夫决策过程由一个四元组构成:MDP=(S, A, P, r)。其中 S 表示状态集,A 表示一组动作,P 表示状态转移概率。具体来说,$P(s,a)$ 表示的是在当前 $s \in S$ 状态下,经过 $a \in A$ 作用后,会转移到的其他状态的概率分布。r 是回报函数(又称奖励函数)。如果状态 s 经过动作 a 转移到了下个状态 s',那么回报函数可记为 $r(s'|s,a)$。如果 (s,a) 对应的下个状态 s' 是唯一的,那么回报函数也可以记为 $r(s,a)$。Q 值函数表示为状态 s 下选择动作 a 所能够获得的长期累积回报:

$$Q^{\pi}(s,a) = r(s,a) + E_{s' \sim p(s,a), a' \sim \pi(s)}[r(s',a')] \tag{2-61}$$

该值的大小代表动作 a 的好坏。Q 值函数满足贝尔曼方程,γ 为衰减系数:

$$Q(s,a) = \sum_{s'} P(s' \mid s,a)[r(s,a) + \gamma \max Q(s',a')] \tag{2-62}$$

通过贝尔曼方程更新每个状态-动作对下的 Q 值函数,可以得到最优策略为状态 s 下使 $Q(s,a)$ 最大的动作 a。

强化学习在状态转移 P 较为简单的场景取得了不错的效果,例如围棋。但是,现实中的控制问题往往都比较复杂,状态空间和动作空间维数很大。近年来,随着深度学习的大放异彩,很多人开始了深度学习与强化学习的结合研究。谷歌 DeepMind 团队首先将有强大表征能力的深度学习与具有决策能力的强化学习相结合[41],形成了人工智能领域新的研究热点,即深度强化学习(DRL)[42]。

以上每种数据驱动方法都有其自身的局限性和优点,这在很大程度上取决于预期的应用领域。

2.6　全域智能交互

　　全域智能交互主要面向现实社会系统的科研、规划、分析、运维和管理人员，充分利用先进的虚拟现实、电子沙盘、组态推演、多屏互动、语音交互等多元化交互技术，可在多种区域空间，实现不同运行场景和不同时间尺度的人、机、物、环、数融合与智能交互。

　　自然用户界面与多通道人机交互技术对实现全域智能交互，支持人与系统随时、随地灵活互动至关重要，是智能全景系统实现友好服务的关键基础理论。通过引入自然用户界面与多通道人机交互技术，一方面，可使用户便捷获取更高质量、更全面的系统信息，有助于用户参与全景系统的智能分析与决策；另一方面，也使机器能够更好地理解用户意图，从而为智能全景系统人机协同的分析与决策提供有力支撑[43]。

2.6.1　全域交互模式

　　全域智能交互主要面向现实社会系统的科研、规划、分析和管理人员，通过多种交互设备采集人的指令信号，融合环境、数据、情感与生理等多种外界条件，智能识别人的主观意图和潜在意图，在不同场景下自动匹配满足工作人员的不同需求，并由控制层进行交互指令的协同统一、安全校验等工作，保障智能全景系统的高效、协同与智能化的运行，提升有关工作人员的工作效率。全域智能交互的示意图如图 2-13 所示。

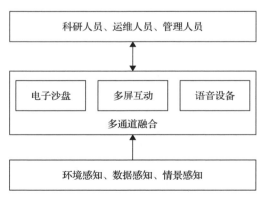

图 2-13　全域智能交互的示意图

　　当前的交互方式主要有以下几种。

　　(1)大屏展示：工作人员可通过大屏查看当前系统信息，通过直观、清晰的可视化展示形式提高工作人员对智能全景系统当前状态信息的认知。

(2)触控交互：工作人员通过触控设备向机器发送最终指令，触控交互会受制于空间，但效率相对较高。

(3)手势交互：工作人员可利用给定的手势动作，对当前系统的运行状态进行查询，并对系统进行相关调控操作。

(4)语音交互：工作人员可向目标系统发送语音指令，了解当前系统运行状况。利用语音识别技术，在对工作人员语音进行识别的基础上，实现对给定询问与控制命令的实时语义理解；基于语义理解信息，利用知识库信息匹配，实现有关智能系统运行状态的智能问答以及语音指令的自动响应。

(5)眼动交互：通过捕捉工作人员的眼部运动，实现工作人员与智能全景系统的交互。工作人员利用眼球追踪技术设备能进行直接翻页、确认等人机交互功能。例如，通过追踪工作人员的眼球动作方向和动作，可以打开/关闭信息页面等操作，通过眨眼等动作可以执行确认指令等功能。同时，还可通过眼球交互测定工作人员的工作状态，例如是否存在、是否集中注意力、眼神是否聚焦、意识是否清醒等。

(6)虚拟现实技术(virtual reality，VR)：一种可以创建和体验虚拟世界的计算机仿真系统，它利用计算机生成一种模拟环境，使用户沉浸到该环境中。虚拟现实技术就是利用现实生活中的数据，通过计算机技术产生的电子信号，将其与各种输出设备结合，使其转化为能够让人们感受到的现象，这些现象可以是现实中真真切切的物体，也可以是我们肉眼所看不到的物质，通过三维模型表现出来[44]。

(7)电子沙盘：通过计算机网络系统模拟企业运营的软件。电子沙盘具有展示内容广、设计手法精湛、展示手段先进、科技含量高等特点。结合多媒体软件技术、触摸屏技术、触控一体机生产技术、电路智能控制技术，将静态模型与多媒体触摸屏互动结合起来[45]。

(8)多屏互动：运用闪联协议、Miracast 协议等，通过 Wifi 网络连接，在不同多媒体终端上(如常见基于不同操作系统的不同智能终端设备，如手机、电视等)，可进行多媒体内容的传输、解析、展示、控制等一系列操作，可以在不同平台设备上同时共享展示内容。

不同的交互方式适用于不同的场景，同时在交互效率、学习成本上也会存在差异。智能全景系统的全域智能交互，不仅提供自然的用户界面、多种交互方式，同时也提供多种交互方式的融合。

2.6.2　核心关键技术

交互技术是实现全域智能交互的基础，支撑多种类型的交互模式，下面对三类关键的交互技术进行介绍。

1. 地理信息系统(geographic information system, GIS)[46]技术

可视化大屏是智能全景系统必不可少的一部分,是工作人员了解智能全景系统当前状态信息最基础的方式,其中 GIS 技术是关键技术之一。

智能全景系统地图引擎使用墨卡托投影,将经纬度转化为二维直角坐标系中平面坐标(x, y),根据(x, y)在直角坐标系中精确定位站点位置,页面中使用 Canvas 坐标系统进行标注绘制。在二维绘图环境中的坐标系统默认情况下与窗口坐标系统相同,它以 Canvas 的左上角为坐标原点,沿 x 轴向右为正值,沿 y 轴向下为正值。可以对坐标系统进行坐标变换,包含平移缩放及旋转。

拓扑结构的绘制基于二次贝塞尔曲线原理,贝塞尔曲线是应用于二维图形应用程序的数学曲线[47]。同理,在三维绘图环境中,以 WebGL 画布中心为原点,在 x 轴 y 轴交叉的平面绘制基本二维图形后在 z 方向进行拉伸,使地图由平面图形变为立体形状,为了使三维地图更加逼真,对三维地图进行地貌贴图;同时拓扑结构也由二维平面线段变为三维立体曲线,这时需要使用三次贝塞尔曲线定义起始点、终止点和两个控制点绘制拓扑结构。

智能全景系统地图引擎地图的分区展示,利用区域边缘经纬度坐标进行各个边缘点的定位,将各个点按顺序连成线,将起始点和终止点连接即可形成一个区域范围面。地图引擎地图的分层下钻利用图层的更新与标注的更新实现。当地图下钻时,所有图层的标注位置进行重新绘制。首先移除当前所有图层,然后判断用户选择查看的区域名,请求所选区域的经纬度信息,重新进行图层的绘制。添加动画图层的同时,需打开动画的定时任务,使动画效果继续显示。

2. 语音交互技术

语音交互主要分为四个部分:自动语音识别(automatic speech recognition, ASR)、自然语言语义理解(natural language understanding, NLU)、自然语言生成及文字转语音[48]。

自动语音识别是以语音为研究对象,通过语音信号处理和模式识别让机器自动识别和理解人类口述的语音[48]。语音识别涉及声学、语音学、语言学、信息理论、模式识别理论以及神经生物学等学科[48]。语音识别系统包括特征提取、模式匹配、参考模式库等三个基本单元,是一种典型的模式识别系统[49]。

语音识别系统的工作原理为:首先对输入的语音进行预处理,并进行语音特征的提取,构建语音识别所需的模板。在识别过程中,可根据语音识别模型,将存储的语音模板与输入的语音信号特征进行比较,匹配出一系列最优的语音模板,进而根据所选模板的定义,获得语音识别结果[48]。特征的选择、语音模型质量、模板准确性均是影响语音识别质量的直接因素。

自然语言生成是一种语言技术,其主要目的是构建能够"写"的软件系统的技术,即能够用汉语、英语等人类语言生成解释、摘要、叙述等。自然语言生成主要分为 6 个步骤:①内容确定,自然语言生成系统需要决定正在构建的文本中应该包含哪些信息;②文本结构,根据步骤①的顺序合理组织文本顺序;③句子聚合,将步骤②的多个句子构建生成一个更加流畅容易阅读的句子;④语法化:通过在各种信息间添加连接词使步骤③的句子更加自然完整;⑤参考表达式生成,识别内容的领域并使用该领域词汇使句子表达内容信息更加准确;⑥语言实现,将所有已确定的单词短语组合成一个结构良好的完整句子。

语音转换包括文本分析、韵律建模与语音合成三大模块[7]。其中,语音合成是语音转换中最基本、最重要的模块,根据韵律建模的结果,从原始语音库中取出相应的语音基元,利用特定的语音合成技术对语音基元进行韵律特性的调整与修改,最终合成出符合要求的语音[50]。

3. 模式识别

模式识别就是用计算的方法根据样本的特征将样本划分到一定的类别中去。随着计算机技术的发展,人类有可能研究复杂的信息处理过程,其过程的一个重要形式是生命体对环境及客体的识别。模式识别以图像处理、计算机视觉、语音语言信息处理、生物认证、类脑智能等为主要研究方向,研究人类模式识别的机理以及有效的计算方法与应用场景[49]。

模式识别也可以称为模式分类,首先要将被识别的对象进行数字化处理,变换为适于计算机处理的数字信息[51];数字化处理产生的数据信息可能是很大量的,因而需要对数据进行校验和预处理,防止干扰信息进入;然后选取最能代表识别目标的特征进行特征提取,尽可能减少冗余信息;然后对于提取的特征采用对应的决策和数理函数等方法,也包括基于大量数据特征的深度学习方法,对目标完成识别和分类。

2.6.3 多通道融合协同

多通道融合协同是指进行多个通道的融合交互,它综合采用视觉、语音、手势、眼神、表情等新的交互通道、设备和交互技术,通过整合来自多个通道的、精确的和不精确的输入来捕捉用户的交互意图,使用户利用多个通道以自然提高人机交互的自然性和高效性[52],实现人与系统的协同工作。典型的交互通道如下。

(1)手势交互:用户可利用手势动作,对系统运行状态进行查询,对系统进行相关控制操作(图 2-14)。

(2)语音交互:如图 2-15 所示,利用语音识别技术,在对用户语音进行识别的基础上,利用领域知识图谱,实现对给定询问与控制命令的实时语义理解;基于语义理解信息，利用知识库信息匹配，实现智能问答以及控制命令的自动响应。

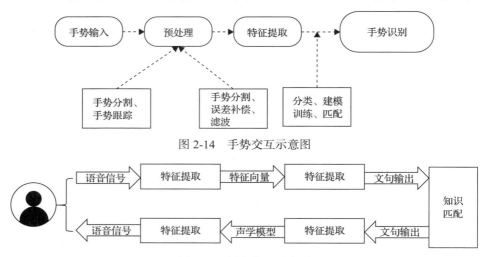

图 2-14　手势交互示意图

图 2-15　语音交互示意图

通过不同通道的融合，可大幅度降低用户的操作负荷，极大地增加了交互的自然性和高效性。

多通道融合协同框架主要涵盖多通道感知与输入、多通道信号处理与融合、信息与反馈呈现三个层面。其中，感知与输入层支持手势触控、语音等交互信号输入通道；多通道信号处理与融合层基于感知层数据进行全通道交互信息融合，利用时空相关的全通道交互信息融合模型，支持任务情景感知的多通道选择优化与交互原语融合，提升用户对情景变化的实时感认知能力；信息与反馈呈现层支持视觉（AR 显示、曲面显示）、听觉（三维语音）及触觉反馈呈现，支持环境与任务态势驱动的自适应信息呈现。

具体来说，在感知与输入层，麦克风、触屏等输入设备用于实时采集用户的音频、触控轨迹等信号，并实时输入到处理与融合层进行通道交互信息处理、解析与融合。

处理与融合层包括信号处理与特征提取、交互原语特征融合及交互语义融合三个阶段。首先在信号处理与特征提取阶段，针对各通道信号分别进行基于滤波方法的信号增强与降噪处理、基于人耳听觉特征模型的特征提取与识别，分别获得各通道交互原语候选项。其次，在交互原语特征融合阶段，结合交互场景的特点，利用情境感知的主辅通道选择与优化技术，计算出不同通道的候选优先级，进而以优先级高的通道为主通道，围绕交互任务原语模型，将不同通道交互原语候选项进行特征融合，产生若干待语义融合的交互任务。采用格代数运算方法实现不同通道交互原语候选项的特征级融合，并为各通道识别结构的可信度提供标识。最后在语义融合阶段，在分析用户多通道交互行为的基础上，建立场景感知的在线自适应调整交互任务原语约束，以适应不同应用任务的需求。利用交互任务原语约束，采用基于先验知识约束的深度学习网络，对候选融合任务进行跨通道纠错及互补融合处理，进而得到交互语义(指令)，并输入到相应的业务应用。

在反馈呈现层，业务应用接收指令并执行相应业务逻辑，产生反馈并将结果以不同的适合的通道，如图形、颜色或声音呈现给用户。

以下以电网调控为例，简述智能全景系统中，融合语音、文本的多通道交互过程。在该场景中，调度员可以通过键盘、鼠标及语音三种输入方式进行操作，操作结果反馈到可视化界面上。调度员可进行的操作包括电网数据查询，电网知识问询，以及电网调度决策。其主要过程如下。

(1)首先可定义调度员的指令集。语音机器人的语音引擎，可解析出调度员语音指令的语义。

(2)在此基础上，对调度员的语音指令进行基于关键词的意图理解，同时，将调度员通过键盘、鼠标输入的文本性指令进行融合，形成调度员的指令，并通过信息系统将指令下发给物理系统(或智库)。

多通道人机交互方案示意图如图 2-16 所示。

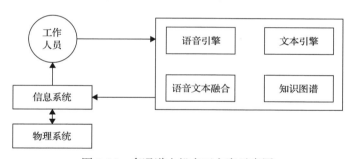

图 2-16　多通道人机交互方案示意图

2.7　本 章 小 结

针对万物互联趋势下具有复杂网络形态的现实各类社会物理系统的智能分析与精准决策大脑建设，本章从信息物理系统理念和人机融合视角，提出适用于社会泛在互联网络的智能全景系统概念，给出了其基本定义与核心架构，并详细阐述了智能全景系统的基础理论体系。结合复杂网络理论，揭示了智能全景系统的基本形态特征。同时，围绕全息状态感知、全态量化评估、全程精准控制与全域智能交互四大核心功能，深入阐述了智能全景系统的基础理论方法与核心关键技术。

智能全景系统涵盖了现实各类社会物理系统的全信息流和全业务流，可全面包含适应万物互联场景的多源信息融合、虚拟数字孪生、时空大数据平台、量化态势评估、精准协同控制、渐进智能进化、自然人机交互等综合信息化处理技术，为现实社会物理系统的运行优化、安全控制、事故处置和持续改进提供虚拟现实场景和灵活处置手段，提升各类社会物理系统的建模仿真、智能分析和控制水平，为不同领域、不同行业的顶层智能大脑业务应用和系统平台建设提供通用指导思想。

参 考 文 献

[1] 张晓华, 刘道伟, 李柏青, 等. 智能全景系统概念及其在现代电网中的应用体系[J]. 中国电机工程学报, 2019, 39(10). 2885-2894.

[2] Barnett J H. Early writings on graph theory: Euler circuits and the Königsberg bridge problem[J]. MAA Notes, 2005, 74: 197-208.

[3] Newman M E J. The structure and function of complex networks[J]. SIAM Review, 2003, 45(2): 167-256.

[4] Eggemann N, Noble S D. The clustering coefficient of a scale-free random graph[J]. Discrete Applied Mathematics. 2009, 159(10): 953-965.

[5] Landherr A, Friedl B, Heidemann J. A critical review of centrality measures in social networks[J]. Business & Information Systems Engineering, 2010, 2(6): 371-385.

[6] Neumann P. Über den Median der Binomial- and Poissonverteilung[J]. Wissenschaftliche Zeitschrift der Technischen Universität Dresden. 1966, 19: 29-33.

[7] Barabási A L, Albert R. Emergence of scaling in random networks[J]. Science, 1999, 286(5439): 509-512.

[8] Donner R V, Heitzig J, Donges J F, et al. The geometry of chaotic dynamics-A complex network perspective[J]. The European Physical Journal B, 2011, 84(4): 653-672.

[9] 董孝义. 光纤传感技术[J]. 压电与声光, 1992(1): 9-13.

[10] 周德俭, 吴兆华. 光电互联技术及其发展[J]. 桂林电子科技大学学报, 2011, 31(4): 7.

[11] 张桂珊, 肖刚, 戴卓智, 等. 压缩感知技术及其在 MRI 上的应用[J]. 磁共振成像, 2013, 4(4): 7.

[12] 潘莹. 基于目标识别的几种信息融合算法研究[D]. 哈尔滨: 哈尔滨工业大学, 2007.

[13] 刘洲洲. 基于 Kalman 滤波的多传感器信息融合研究[J]. 电子设计工程, 2013, 21(11): 116-117, 123.

[14] 周芳, 韩立岩. 多源信息融合技术[C]// 中国航空学会制导与引信专业信息网学术交流会. 无锡: 2005.

[15] 李超, 张明博, 邢春晓, 等. 列存储数据库关键技术综述[J]. 计算机科学, 2010, 37(12): 8.

[16] 阿卜杜杰力力·热合麦提. 跨场景时尚图像的在线提取[J]. 智能计算机与应用, 2020, 10(10): 14-18.

[17] 孟庆昕. 异地多源数据一致性智能查询[J]. 现代计算机, 2019(24): 30-32.

[18] 杨孝平, 尹春华. 复杂网络可靠性评价指标[J]. 北京信息科技大学学报(自然科学版), 2010, 25(3): 92-96.

[19] 李飞, 马捷中, 朱培灿, 等. 复杂网络可靠性评价方法综述[J]. 测控技术, 2017, 36(4): 1-5.

[20] 高歌. 考虑节点重要度评价指标变化的典型交通网络的连通可靠性研究[D]. 北京: 北京交通大学, 2019.

[21] Davies D L, Bouldin D W. A cluster separation measure[J]. IEEE Transactions on Pattern Analysis and Machine Intelligence, 1979(2): 224-227.

[22] Dunn J C. A fuzzy relative of the ISODATA process and its use in detecting compact well-separated clusters[J]. Journal of Cybernetics, 1973, 3(3): 32-57.

[23] 孙强, 岳继光. 基于不确定性的故障预测方法综述[J]. 控制与决策, 2014, 29(5): 769-778.

[24] 马硕, 焦现炜, 田柯文, 等. 故障预测技术发展与分类[J]. 四川兵工学报, 2013, 34(2): 92-95.

[25] Xu L, Chen N C, Chen Z Q, et al. Spatiotemporal forecasting in earth system science: Methods, uncertainties, predictability and future directions[J]. Earth-Science Reviews, 2021, 222: 103828.

[26] 黎维, 陶蔚, 周星宇, 等. 时空序列预测方法综述[J]. 计算机应用研究, 2020, 37(10): 2881-2888.

[27] Xiao G N, Wang R N, Zhang C Q, et al. Demand prediction for a public bike sharing program based on spatio-temporal graph convolutional networks[J]. Multimedia Tools and Applications, 2020, DOI: 10.1007/S11042-020-08803-y.

[28] 徐冰冰, 岑科廷, 黄俊杰, 等. 图卷积神经网络综述[J]. 计算机学报, 2020, 43(5): 755-780.

[29] 贾兴, 孙海义. 复杂网络同步控制方法研究综述[J]. 动力系统与控制, 2018, 7(4): 318-327.

[30] Ravindra K A, Thomos L M, James B O. Network Flows: Theory, Algorithms, and Applications. Englewood: Prentice Press, 1993.

[31] Goldberg A V, Tarjan R E. A New Approach to the Maximum Flow Problem[C]//Proceedings of the Eighteenth Annual ACM Symposium on Theory of Computing, 1986: 136-146.

[32] Ford D R, Fulkerson D R. Flows in Networks[M]. Princeton: Princeton University Press, 1962.

[33] 张启人. 大系统模型降阶理论[J]. 信息与控制, 1980(4): 2-25.

[34] 王炎生, 陈宗基. 基于系统矩阵实 Schur 分解的集结法模型降阶[J]. 自动化学报, 1996(5): 597-600.

[35] 孟庆松. 高阶系统的奇异摄动模型的平衡降阶[J]. 自动化技术与应用, 2006(5): 13-15.

[36] 周旭东, 王国栋, 刘相华. 鲁棒性模型自适应方法[J]. 东北大学学报, 2001(6): 643-645.

[37] Bristow D A. M Tharayil. A survey of iterative learning control[J]. IEEE Control Systems Magazine, 2006(3): 96-114.

[38] Ahn H S, Chen Y Q, Moore K L. Iterative learning control: Brief survey and categorization[J]. Systems Man and Cybernetics, 2007(6): 1099-1121.

[39] 冯纯伯. 关于自适应控制理论的发展[J]. 机器人, 1982, 4(2): 14-19.

[40] Sutton R S, Barto A G. Reinforcement Learning: An Introduction[M]. London: The MIT Presss, 1988.

[41] Mnih V, Kavukcuoglu K, Silver D, et al. Human-level control through deep reinforcement learning[J]. Nature, 2015, 518(7540): 529-533.

[42] Wang Z, Schaul T, Hessel M, et al. Dueling network architectures for deep reinforcement learning[C]//International conference on machine learning. PMLR, 2016.

[43] 丁金虎, 吴祐昕. 自然用户界面用户体验设计研究[J]. 设计, 2019, 32(23): 65-67.

[44] 刘卓. 虚拟现实家装系统的设计与实现[D]. 南京: 东南大学, 2019.

[45] 王金涛. 园林规划设计中基于 AutoCAD 设计的电子沙盘应用分析[J]. 电子测试, 2014(18): 1-3.

[46] 刘灿由. 电子海图云服务关键技术研究与实践[D]. 郑州: 解放军信息工程大学, 2013.

[47] 张祖媛. 贝塞尔曲线的几何构型[J]. 四川工业学院学报, 1998(4): 33-36.

[48] 语音识别技术在手机中的应用[J]. 卫星电视与宽带多媒体, 2011(7): 36-39.

[49] 黄子君, 张亮. 语音识别技术及应用综述[J]. 江西教育学院学报, 2010, 31(3): 44-46.

[50] 皮丹艾合买提·帕尔哈提, 木尼拉·吐尔洪. 维吾尔语基于音素的波形拼接语音合成技术[J]. 科技资讯, 2011(3): 5.

[51] 吴华锋, 王芳. 模式识别在图像处理中的应用研究[J]. 卫星电视与宽带多媒体, 2020(1): 37-38.

[52] 张嘉. 新媒体监管数据可视化系统的设计与实现[J]. 数字通信世界, 2021(6): 8-9.

第3章　智能全景电网架构与技术体系

电网是世界上网络规模最大、信息化水平最高、数字化程度最强的典型工业物联网，其目标是保证电能供需的灵活性、自治性、可靠性、经济性和安全性。随着交直流互联规模增大、电力电子化水平增强、新能源占比提升，现代电网呈现出更加复杂的随机特性、多源大数据特性及多时间尺度动态特性，其安全分析和智能控制面临巨大挑战，需要依托先进大数据和人工智能技术，建立信息驱动的大电网智能全景安全防御与控制体系。

针对具有泛在工业物联网属性的现代电网，在智能全景系统概念和框架体系思想指导下，以信息驱动的复杂电网时空动力学行为智能认知与协同控制为核心主线，进一步建立智能全景电网(intelligent panoramic grid，IPG)概念[1]，明确其宏观功能框架及智能调控大脑内核，需要建立信息驱动的复杂电网时空动力学行为智能认知与协同控制基础理论体系及关键技术体系。面向国家电网各级调度控制中心，从工程实用化角度出发，需要建立智能全景电网的时空大数据平台架构，并逐步实施建设，为实现互联大电网智能态势评估和精准控制提供技术支撑。

3.1　基本概念及功能框架

3.1.1　基本概念

在智能全景系统理念下，智能全景电网集成先进的实时状态感知、动态测辨建模、高效混合仿真、量化态势评估、精准协同控制、智能人机交互等技术，实现互联大电网能源供需的实时匹配、动态优化、安全防御、系统自治、智能响应和高效服务。在大数据、人工智能时代，智能全景电网必将成为新一代能源互联网智能发展趋势下的新形态[1]。

3.1.2　功能框架

智能全景电网主要面向调度运行人员，同样具备全息状态感知、全态量化评估、全程精准控制和全域智能交互四大核心顶层应用功能。智能全景电网功能框架如图 3-1 所示。

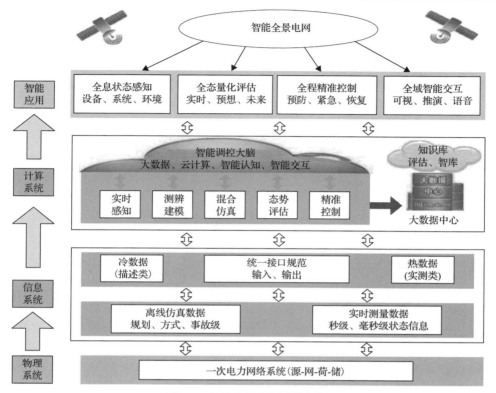

图 3-1　智能全景电网功能框架

全息状态感知，主要包含电网发、输、配、用、储各环节设备级层面的状态信息及其监控系统运行状态的实时感知，以及各类系统级层面的控制系统运行状态实时感知等[2]，同时还包含各类社会、气象等与电网直接或间接关联的环境信息感知等。

全态量化评估，主要采用仿真分析和信息驱动两种模式相结合，以实现电网在不同时间尺度、空间尺度下的不同稳定问题(静态、动态、暂态等)安全稳定态势量化评估。评估对象主要包含实时运行状态(实时态)、各类预想方式或故障集(预想态)以及未来演变趋势(未来态)3大场景。还将进一步建立综合反映电网安全稳定水平及设备全生命周期健康指数的实用化量化评价指标体系，方便调度运行人员及设备维护人员直观、精准掌握电网真实运行态势。

全程精准控制，同样采用仿真分析和信息驱动两种模式相结合，主要针对电网实际运行及故障演变过程，采用故障前以经济性为主导的优化预防控制、故障中以安全性为主导的紧急协同控制和故障后恢复控制策略，确保电网真实运行场景下的全过程安全经济运行。在全态量化评估基础上，在线快速识别主控"源–

网-荷"对象及其时空关联关系，建立自适应在线广域协同控制数学模型。并采用广义灵敏度技术及高性能鲁棒优化算法，实现大电网全过程精准化广域协同控制，提升大电网安全经济综合运行水平和抵御风险能力。同时，在电网设备全生命周期实时监视和评估基础上，实现电网智能设备养护与维修。

全域智能交互，主要面向各级调度指挥中心的调度运行人员，充分利用先进的地理信息引擎和可视化渲染技术，实时、同步、直观展示电网优化的目标靶向系统。另外，采用先进的电子沙盘、多屏互动和语音等人机交互技术，实现调度运行人员与实际电网的智能灵活交互与组态模拟推演，提高调度员对大电网运动特性的深刻认知与掌控能力。

3.1.3　建设目标

在多源状态信息采集、高度集成、高速双向通信的信息平台支撑基础上，采用先进的电网时空大数据关联分析、多维量化分析、多层次互动协调控制理论，实现大型能源互联系统安全、经济、可靠、高效、清洁、友好与互动的能源利用和增值服务；构建一个以电网作为主要能量流载体、化石能源与可再生能源相互融合、集中式和分布式互补、供需双向互动、能源全生命周期管理和优化配置的新一代能量管理系统；将能量流、信息流和业务流高度融合和统一，实现大电网的全景态势感知和自适应协调控制。

3.1.4　智能调控大脑

智能全景电网的核心是智能调控大脑，主要包含以下基本功能模块。

(1) 全新的电网智能调控时空大数据支撑平台，主要具备离线仿真批处理功能，支撑电网预想态分析和动态行为智能认知样本空间制造；同时，还要具备大规模、高并发大电网广域测量时空序列信息的实时高性能流处理功能[3]。

(2) 智能全景电网的核心计算引擎，主要包含多元基础信息一体化实时感知、动态设备元件和虚拟等效模型的测辨建模、在线超实时机电和电磁混合仿真、不同运行场景下的安全稳定态势量化评估、动态跟踪运行轨迹的广域协同控制；另外，还包含复杂大电网时空动力学行为的智能认知及有关算法集成等。

(3) 多源信息融合与统一接口规范。对电网各类系统的描述类信息、规划数据、方式数据及运行数据进行融合与统一。针对大数据平台框架，制定两个重要的数据接口规范，一是电网多源时空数据的导入接口标准，另一个是各类电网分析算法的统一数据交互接口规范，以此形成便于电网不同形态时空大数据的后期学习、挖掘和分析的通用数据格式与接口规范。

3.2　多维协调控制的内涵与原则

3.2.1　多维协调控制的内涵

大电网具有复杂的时空动力学行为，用信息贯通大电网时间、空间和目标 3 个维度之间的相互关联关系，以电网"源–网–荷"三大要素作为整体协调控制对象，实现大电网系统级、多维度、立体化综合安全防御，其内涵如图 3-2 所示。

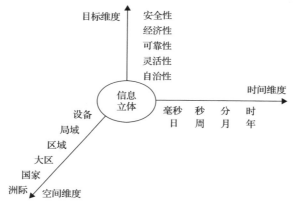

图 3-2　多维度协调控制示意图

在时间维度，主要针对电网设备自身的时间响应特性及运行状态信息的时间序列特性(连续性和惯性)，电网不同设备、区域及全局具有不同时间尺度(毫秒、秒、分、时等)的动态响应及惯性特征，其动态过程具有多时间尺度特性。

在空间维度，主要针对电网地理位置及其电气状态量的空间分布特性，涉及电网"源–网–荷"(点–线–面)中每一环节，不同个体之间由于能量交换而具有复杂的耦合关系，且在网络中所扮演角色差异巨大。

在目标维度，针对实现大电网的安全、经济、可靠、灵活、自治等多目标自趋优智能控制需求，控制目标、方法及对象不仅考虑电网各元件自身物理特性，还要有机兼顾复杂能源互联系统的整体网络动力学行为、时空关联特性及环境友好性。

3.2.2　多层次互动协调控制原则

多维协调控制的对象不仅考虑电网物理设备之间的空间协调，同时还要兼顾复杂能源互联系统的能量传播非线性动态响应时间连续特性，主要体现为广义"源–网–荷"(包括源与荷直供模式)各环节之间的多层次互动协调，以便提供大电网整体运动性能的解决方案，如图 3-3 所示。

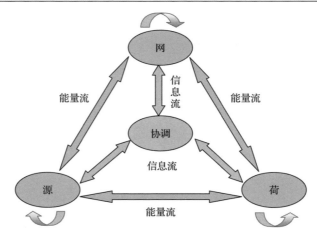

图 3-3　"源–网–荷"多层次互动协调控制

从图 3-3 可以看出，广义"源–网–荷"多层次互动协调主要包含三者之间的交互协调以及三者自身的协调，将全面形成源网协调、网荷协调、源荷互动、源源互补、网网互助、荷荷相融的多层次互动协调模式，通过利用电网时空轨迹信息，实现广域多维度、多层次互动协调控制的虚拟化建模及计算。

3.3　自动闭环控制与服务层次架构

3.3.1　自动闭环控制

智能全景电网将电网作为一个有机的整体复杂能量流网络系统，其核心功能是利用信息流控制能量流，其系统级自动控制原理如图 3-4 所示。在不同运行工况及协调控制目标指导下，控制对象将涉及源、网、荷的不同层面和占比。因此，自动控制对象根据实际运行工况宏观抽象为广义的"源-网-荷"虚拟有机整体，这个虚拟的"源-网-荷"整体成分及相互作用关系大小将由实际工况在线识别。

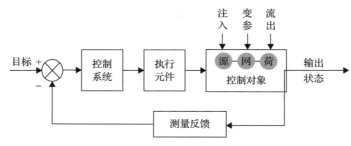

图 3-4　电网系统级智能控制原理图

图 3-4 中为了达到能源安全、经济、高效、灵活的智能化利用及控制目标，需要根据电网自身拓扑结构及载荷状态给出合理的控制量，并通过执行元件对控制对象进行控制。从电网整体角度来看，主要控制环节包含电源侧的注入量、负荷侧的流出量以及各种网络侧的参数改变(拓扑结构、输电走廊参数等)。

3.3.2　整体服务层次

智能全景电网整体服务层次框架如图 3-5 所示。图 3-5 中，物理空间以大电网为主要载体，存在"源-网-荷"之间相互输送的能量流(隐含经济流)，"源"包含火电、风电、太阳能发电等电源，"网"包含主网、配网、微网等，"荷"包含各类耗能系统、用电负荷等。信息流主要指电网中各种智能采集终端的量测信息，以及对这些多源信息的分析与处理结果等。

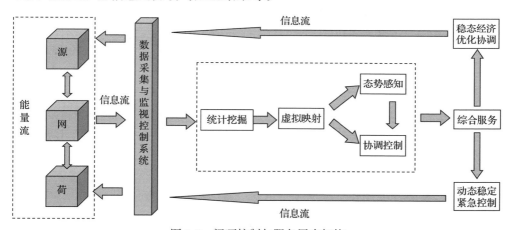

图 3-5　闭环控制与服务层次架构

自动闭环控制过程主要包括对多源运行状态数据的统计挖掘、虚拟映射、态势感知、协调控制及综合服务 5 个环节。

(1)统计挖掘。主要利用数据统计分析与挖掘技术，对大电网广域时空量测信息进行运动规律分析，同时引入大数据技术实现大电网广域时空序列信息的高性能分析与处理，为后期的电网态势评估与决策提供指导信息和平台支撑。如对时空序列信息进行基础的时空关联性分析、趋势预测等，并采用流式计算、内存计算等技术提高时空序列信息处理速度。

(2)虚拟映射。要实现信息驱动的大电网实时运行态势评估，需要针对大电网时空序列信息及具体运动场景，抓住主要问题特征并最大限度地简化抽象出等效替代评估模型；同时，要实现动态跟踪时空序列的大电网自适应广域协调控制，需要根据态势评估及时空轨迹预测结果，在线识别主控"源-网-荷"虚拟协调控制对象。

(3)态势感知。在大规模复杂电网运行环境中，针对电网时空序列量测信息，对主要安全要素进行抽象提取，认识、理解和把握电网当前运行状况，并对电网未来的运动趋势进行预测和掌握，使得对大电网运动行为的掌控由被动变为主动。

(4)协调控制。是本体系的核心环节，主要根据态势感知环节识别电网薄弱环节和主控虚拟"源-网-荷"控制对象，融入电网时空序列中的时空关联特性和惯性特征，建立电网时空协调控制模型；根据电网的实际运行状态，侧重加强系统控制模型中的安全和经济、灵活和可靠的协调，空间维度和时间维度的协调，以及时空互补协调；从大系统全局优化角度，时空协调控制建模中考虑能量流与信息流的协调；自适应定量给出多维协调控制策略，必要时抑制电网扰动传播或隔离危险环节。

(5)综合服务。主要包括态势感知结果可视化展示及协调控制策略闭环反馈给调控主站；通过各类可视化技术，向调度运行人员直观展示电网当前运行态势的量化评估结果、薄弱环节、协调控制策略以及预警信息等；具有人工干预控制等功能，以便融入专家经验知识，实现"人-机-网"之间的协调和互动。

3.4　基础理论框架

互联大电网在形态上属于天然复杂网络，具有更加复杂的非线性网络动力学特性[4]，同时，也具有更加复杂的非线性随机特性、多源大数据特性及多时间尺度动态特性。大数据、人工智能技术有助于挖掘和表征这种复杂电网行为。因此，要实现大数据驱动的智能全景电网，既需要在理论上进行纵深研究，构建大电网时空动力学行为智能认知、多维态势评估、协同控制理论与方法体系，还需要在关键技术上开展信息驱动的互联大电网在线安全稳定态势智能评估与广域自适应协同控制等实用化算法和关键技术研究，进而为实际工程应用奠定基础。

智能全景电网理论体系及关键技术框架如图 3-6 所示。

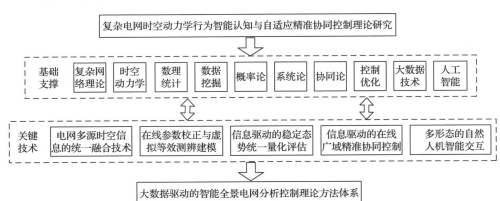

图 3-6　智能全景电网理论体系及关键技术框架

3.4.1　基础理论范畴

首先，由于电网是一种具有明确拓扑连接关系的典型复杂能量传输网络，加之电网各元件自身不同的非线性动态特性，所以电网既具有复杂网络的诸多特性，还具有更加复杂的非线性网络动力学特性。需要进一步学习和融合相关的复杂网络理论、非线性动力学理论、数理统计及数据挖掘等基础理论，深入研究和把握复杂能源网络的时空动力学行为；其次，为了从全局优化角度实现电网的智能调控，还需加强有关系统论、协调论及鲁棒优化等理论研究；最后，要实现信息流智能控制能量流，最大挑战是广域时空量测信息的高效分析与处理，必须引入有关大数据平台框架和流式数据处理技术。

3.4.2　电网时空动力学行为特性

1. 基于能量流的电网运动特性统一分析模型

电网运行的核心是能量流在空间（"源-网-荷"）分布和时间演变尺度下表现的复杂动力学行为。电网稳态稳定(空间属性)本质是确定"源-网-荷"分布下的网络最大流问题，动态稳定(时间属性)本质是外界注入扰动能量能否被电网安全消纳的能量转化问题，理解能量流的来源、转移及消纳过程是实现电网统一稳定分析的核心。

关键科学问题：衡量电网整体稳态输电能力的最大流分析模型，基于能量流的大电网动态稳定统一分析模型，反映电网扰动时空传播特性的动态模型。

2. 大电网整体运行特性多维量化分析

大电网由于"源-网-荷"互动而具有复杂的时空动力学行为，从信息流角度来看包含稳态和动态两种典型运行场景，两种场景之间具有时空关联特性。同时电网运行的整体目标是稳定性和经济性，并且稳定性涉及多个层面，需要建立多维量化分析方法。

关键科学问题：电网稳态拓扑结构、最大流边界刻画及量化指标，动态过程演变机制、能量转化映射及量化指标，扰动在电网中的时空传播机理及影响域度量准则，宏观稳定性和经济性相对关系简约表达，整体运行特性的综合量化指标体系。

3. 大电网多维协调运行和控制

多维协调运行：在电网状态综合评估基础上辨识潜在的风险及薄弱环节，利用综合量化评估指标对电网"源-网-荷"参量灵敏度运行方式进行微调。

多维协调控制：根据电网实际运行场景，综合考虑空间分解协调、多时间尺度协调及多目标协调要素,从电网整体角度进行"源-网-荷"互动多维协调控制。

关键科学问题:大电网运行环境下的风险评估及薄弱环节辨识,综合量化指标对运行方式的灵敏度数学表达,节点间耦合作用权重定义,局部与全局相互影响作用表现形式,计及时空互补特性的多维协调控制建模及策略设计。

3.4.3 电网时空序列智能挖掘

1. 基于时空序列的大电网等效虚拟映射

为了满足大电网智能监控的时效性要求,构建适用于电网运行态势快速评估的简化虚拟等效模型,建立反映大电网扰动传播特性及影响域的时空关联特性模型。为了有效预测电网未来运行趋势,构建时空一体化的时空预测模型。为了实现大电网自适应协调控制,需要快速识别广义的"源-网-荷"主控对象。

关键科学问题:大电网稳态和动态稳定态势在线评估等效模型及参数辨识,反映电网载荷水平及相互作用的时空关联特性测度形式,融合大电网多元复杂因子的时空预测模型,主控"源-网-荷"在线识别及关联关系数学表达。

2. 基于时空序列的大电网全景态势感知

电网运行状态可根据场景简单分为实时态、风险态和未来态。实时态感知直接针对时空序列信息,对电网当前状态进行多维综合评价,进而识别电网薄弱环节或定位扰动源及影响域。风险态感知根据电网实时态势感知结果,进行综合分析和判断电网的稳定裕度风险、扰动风险及失稳风险等。未来态势感知是在实时态势感知基础上结合时空序列预测,进而预测电网未来状态发展趋势。

关键科学问题:时空序列的平稳性分析及主要特征量甄选,时空序列异常模式探测、离群点分析,计及不确定因素的时空趋势预测,基于聚类、分类方法的扰动影响域识别,全景态势综合量化评估指标的筛选和聚合。

3. 基于时空序列的大电网自愈控制

研究信息驱动的自适应多维协调控制层次架构及功能定位,明确大电网"源-网-荷"各环节中的协调防控职责及可操作性。由于电网具有复杂的随机扰动和动态时变特性,需要在全景态势感知基础上,在线识别广域"源-网-荷"协调控制对象,自适应定量给出多维协调控制策略,必要时抑制电网扰动传播或隔离危险环节。

关键科学问题:大电网时空序列(流式信息)高性能处理,扰动、故障自动诊断与恢复,在线网络拓扑优化重构,多维协调控制目标轨迹的在线确定及动态修正,自适应控制与鲁棒优化算法。

3.5 关键技术体系

智能全景电网的研究，关键在于解决基于信息驱动的复杂大电网动态特性分析和认知问题，通过引入人工智能技术从海量信息中认知系统的动态特性，实现信息驱动的电网特性智能认知模式。其关键技术主要包括 6 个方面：电网多源时空信息的统一融合技术、在线参数校正与虚拟等效测辨建模、在线机电-电磁暂态混合仿真、信息驱动的稳定态势统一量化评估、信息驱动的广域协同精准控制和多形态的自然人机友好交互，这 6 项关键技术共同构成大数据驱动的智能全景电网理论和方法体系。

3.5.1 电网多源时空信息的统一融合技术

为了有效跟踪电网的实时运行工况，实现智能电网的全景感知，需针对电网仿真数据、实测数据乃至外部环境信息等多源时空基础数据，进行高质量、全方位的融合。因此，本节提出电网多源时空信息的统一融合技术，该技术是将得到的基础数据源进行实时地统一融合处理[5]，并完成基础时空信息的自适应补缺和异常数据校正，为全景智能电网的实时感知分析提供精准的信息数据支撑，具体信息如图 3-7 所示。

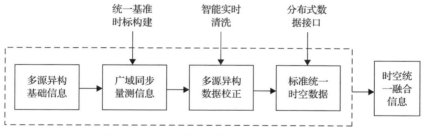

图 3-7 电网多源时空信息的统一融合技术

主要包括 3 个方面的关键技术问题：①统一基准时标构建技术，对电网多源跨区时空信息进行配准、联合及滤波，使不同目标的量测信息同步到同一基准时钟下，解决广域测量环境下信息数据不同步问题；②多源时空数据智能清洗技术，实现对多源时空数据实时智能清洗，完成基础量测信息的自适应补缺和异常数据校正[6]；③多源时空数据统一分布式存储技术，根据不同的数据类型及需求响应，提供具有高容错、高可靠、高吞吐率的统一数据存储方式，为全景智能电网实时感知及算法分析提供全面而精准的统一数据标准格式，并采用分布式存储管理提高电网时空数据的理解和处理效率。

3.5.2 在线参数校正与虚拟等效测辨建模

电力系统动态设备元件集的在线测辨建模[7]是提升大电网数值仿真精度的必备条件，同时也是实现智能全景电网统一稳定态势评估的基础。动态设备元件集的模型参数在线测辨由于新能源接入、运行方式复杂多变等问题而变得愈加困难，故需结合电网实际运行场景，在多元基础信息一体化实时感知基础上，进行分时段、分层级、分类别的在线参数校正与虚拟等效测辨建模。图 3-8 给出了设备元件集在线测辨建模框架。

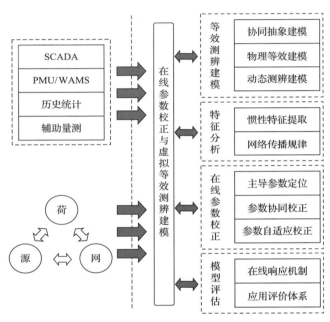

图 3-8　在线参数校正与虚拟等效测辨建模

主要研究 4 个方面的关键技术：①研究大电网虚拟等效测辨建模，包括考虑关联规则和聚合分析的虚拟源网荷协同抽象建模、基于测辨分析的真实物理系统等效建模、大电网等效阻抗动态测辨；②基于大数据时间序列分析的宏观惯性特征提取及其网络传播规律；③支撑大电网统一量化评估的模型参数校正方法，包括面向多元靶向定位需求的主导参数精准定位、考虑复杂动态耦合特性的源网荷参数协同校正、基于时空数据融合的参数自适应校正；④从等效模型评估的角度，研究模型在线测辨响应机制及应用有效性评价体系。

3.5.3 在线机电-电磁暂态混合仿真

现代中国电网已重构为特大型交直流混联电网，主要通过直流系统进行跨区互联，电力电子化特征愈发凸显，电网稳定特性面临深刻变化。由于大量的含离散高频开关动作的电力电子变流器的存在，传统基于大步长机电暂态时域仿真的在线动态安全分析（dynamic security analysis，DSA）已难以满足交直流电网在线分析需求，亟须在线机电-电磁混合仿真技术，支撑电力电子控制特性的动态特性在线分析。在线机电-电磁暂态混合仿真在机电暂态仿真的动态安全评估系统基础上，引入直流输电系统电磁暂态模型，增加机电-电磁暂态混合仿真功能，从而实现交直流耦合背景下直流输电系统电磁特性分析，其系统架构如图 3-9 所示。

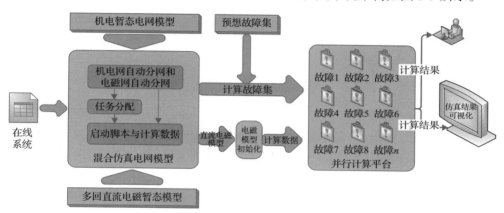

图 3-9　在线机电-电磁暂态混合仿真系统架构

　　主要涉及 4 个方面的关键技术：①研究直流输电控保系统结构图建模与仿真方法，实现复杂详细控保系统可扩展可重用建模；②针对在线运行状态变化，研究多回直流机电-电磁混合仿真模型动态调整及自动初始化方法，实现混合仿真快速平稳启动；③针对大规模电网机电-电磁暂态混合仿真边界点多、计算耦合紧密而导致并行计算效率低的问题，研究混合仿真边界点计算解耦和电磁暂态模型网络自动分网方法，提高并行效率；④面向预想故障集带来的大批量机电-电磁暂态混合仿真计算任务，研究大批量分网并行的混合仿真任务调度与计算资源分配算法以及大批量计算过程优化技术，提高在线分析系统资源利用水平。

3.5.4　信息驱动的稳定态势统一量化评估

　　电网是一个大型非自治非线性网络型动力系统，在任何运行场景下，源-网-荷三者的相互耦合、共同作用呈现出统一的对外运行特性，反映为电力网络复杂的时空动力学效应及行为。因此，基于非线性统一稳定机理的深刻认知及知识表征是实现大电网在线稳定统一量化评估的核心。面对当前大电网安全稳定分析的严峻形势，需深度结合电网仿真和大数据分析手段，揭示电网不平衡能量的消纳特性及最大能量流的时空分布规律，实现信息驱动的稳定态势统一量化评估，其系统架构如图 3-10 所示。

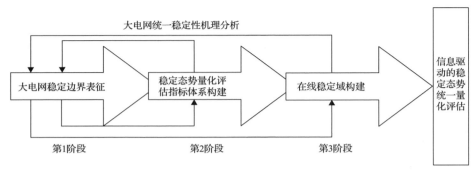

图 3-10　信息驱动的稳定态势统一量化评估系统架构

　　主要涉及 4 个方面的关键技术：①非线性统一稳定机理的认知与分析，研究复杂电网最大能量流的传输特性和不平衡能量的消纳能力；②针对复杂场景下的稳定边界特征提取[8]，研究临界状态电气量数值统计特征挖掘、自组织边界特性演化机制、多时空尺度的边界特性表征方法；③面向智能全景电网的全态量化评估需求，建立因果分析与关联分析协同的统一量化评估体系，结合仿真分析和信息驱动两种模式，构建精细化电网态势评估指标及设备健康指数；④基于非线性统一稳定理论的在线稳定域构建[9]，包括融合时空轨迹分析及数理统计规律的扰动影响域识别和计及边界特性的稳定域刻画。

3.5.5　信息驱动的在线广域协同精准控制

　　电网作为复杂网络型非线性能量传输系统，必然有其自身的运动特征和群体行为[10]。为了充分利用电网广域时空轨迹信息及其自身的网络特征，需结合实际运行场景，在全景态势感知基础上，综合考虑复杂电网的时空关联特性、多时间尺度动态特性及多目标优化等要素，明确大电网"源-网-荷"各环节中的互动协调防控职责及可操作性评价，进行在线广域协同精准控制，其业务流如图 3-11 所示。

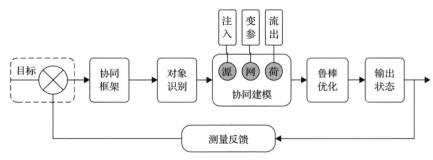

图 3-11　广域协同精准控制业务流图

主要涉及 4 个方面的关键技术：①综合考虑随机扰动特性、动态时变特性及能量流分布规律，研究结合轨迹灵敏度技术[11]的主控"源-网-荷"目标在线检测、对象精准辨识、轨迹动态追踪及修正；②研究基于关联分析技术的主控"源-网-荷"对象协同控制规则提取，包括主控对象内在时空关联关系的测度形式、多维关联描述的约束规则、协同控制关联的最优路径导航；③针对复杂场景下的大电网在线安全防御，研究结合对象辨识及关联规则的等效虚拟协同建模方法，保证全局动态稳定的协同控制模型优化及浓缩虚拟模型的可信度评价机制；④从电网实时安全防控角度考虑，研究具有工况自适应性的在线快速鲁棒优化算法[12]，通过计及控制需求的模糊量转化、运行经验的规则库构建和安全知识的模糊推理，快速高效生成真实扰动下的安全防控策略。

3.5.6　多形态的自然人机友好交互

多形态的自然人机交互[13]是智能全景电网实现友好服务的关键。通过引入先进的智能交互技术，使用户获得高信息量、全方位的友好服务。智能全景交互示意图如图 3-12 所示。

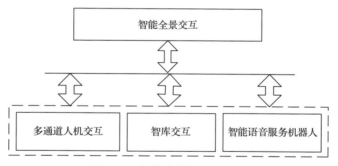

图 3-12　智能全景交互示意图

主要关键技术问题包括：①通过多通道人机交互技术，结合调度员的业务特征，利用多通道人机交互技术、意图理解等技术，为其提供自然的人机交互方式，使调度员可以用自然的方式与智能全景信息系统进行交流，从而完成对大电网的调度与控制。②智库交互技术[14]，作为多通道人机交互的基础，智库交互同时具备独立的人机交互应用。调度员通过可视化界面，能够对智库进行控制并使用各种服务。智库交互系统结合调度员的部门、岗位等特征，根据部门岗位的不同，为调度员提供不同的交互界面，通过前端界面采集到的指令，在后台进行逻辑处理和运算，并将结果反馈给可视化界面，完成人机交互。③智能语音服务机器人[15]，该技术是调度员通过机器人的语音采集系统，对机器人下达指令，并通过机器人的语音转换识别算法，识别调度员的意图，在后台做出查询或者计算，并通过语音播报或屏幕显示的方式做出回应，完成人机交互。

3.6　时空大数据构建模式

3.6.1　电网广域时空大数据的内涵

智能电网调度技术支持系统利用全球定位系统(global position system，GPS)同步授时功能,实现大电网运行状态信息的广域时空统一测量(数据采集频率达到毫秒级)，每个相量测量装置(phasor measurement unit，PMU)安装点可以同时测量多个电网部件的运行状态时序信息，信息量大且增长很快。每个 PMU 量测信息具有自相关性及惯性，且由于电网客观存在的拓扑连接及其电磁作用关系，多个 PMU 量测信息之间具有直接或间接的关联性。因此，智能电网调度技术支持系统汇集的广域时空量测信息具有大数据应有的结构性和关联性特征，且该信息在长时间序列(天、月、年)上的累积更能体现电网时空关联特性，具有非常大的挖掘和利用价值。

为了深度挖掘和高效利用大电网广域时空大数据，实现轨迹型大电网在线安全评估与自适应防控，必须针对具体的运行场景和稳定防控问题，使电网时空大数据"活起来"。站在电网运行状态完全可观角度，抓住影响电网稳定的关键因素及主导环节，深度挖掘电网固有的时空关联特性信息，对大电网进行反映射虚拟等效简化建模，并根据实际运行场景自适应匹配防控策略。这需要综合灵活运用多学科的方法，包括聚类、预测、并行等技术，同时需要拥有对各类技术及软、硬件的高度集成和协同运作能力。

因此,大电网运行意义上的广域时空大数据不仅仅是量测和通信技术的进步，更涉及大电网在线安全防控未来思维模式和研究方法的重大变革。主要体现为要逐渐摆脱对传统建模和仿真的依赖，一切以电网实际响应信息的时空关联特性为核心、自适应跟踪轨迹控制为手段，实现大电网"在线评估、实时防控"的智能化监控目标。

3.6.2　时空大数据构建模式

从实际工程需求和大数据的高度来看，电网广域时空序列属于典型的时空大数据，其核心价值在于时间、空间、对象之间的复杂动态关联关系，对这种关联关系及动态演化规律的表达和准确度量，是实现大电网全景安全防御的关键。解决电网全景安全防御面临的挑战，需要研究一种全新的大电网时空大数据应用模式，以便更好地用于海量、高维、实时信息的规则发现、规律提取和趋势预测。智能全景电网时空大数据构建模式如图 3-13 所示。

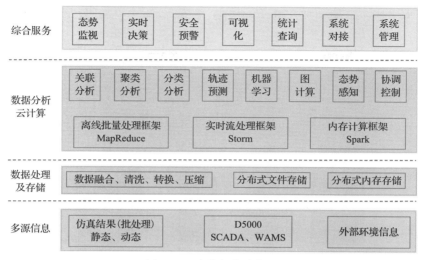

图 3-13　大数据构建模式

该模式总体上采用云计算大数据体系架构，确保基础支撑平台的技术先进性，主要分为多源信息、数据处理与存储、数据分析云计算、综合服务四大功能层次。

（1）多源信息。主要来自各种不同类型、不同场景的电网仿真信息（静态、动态或暂态），以便为电网运动特性分析及控制算法研究、测试提供更全面、丰富的样本。电网自动化系统采集的电网运行信息及外在环境信息，用来评估电网实际运行态势，并挖掘电网自身网络行为和外界环境之间的关联关系。

（2）数据处理与存储。对电网各类仿真、实测及外界环境信息进行融合、清洗、转换和压缩，为电网全景态势感知及广域协调控制算法提供全面而精确统一的数据标准格式，同时采用分布式（文件、内存）存储和管理提高电网时空大数据的理解和处理效率。

（3）数据分析云计算。针对电网时空轨迹大数据，在利用常规经典轨迹模式挖掘（关联、聚类、分类、预测）方法以外，进一步结合机器学习、图计算等方法，揭示电网的时空动力学运行特性及演变规律。在此基础上，实现电网态势感知及广域协调控制各类算法。为了支撑电网时空大数据高效能的分析和计算，采用MapReduce、Storm、Spark 分布式并行计算框架，以便适应离线批处理、流计算及内存计算等大型计算场景要求。

（4）综合服务。主要实现电网全景安全防御系统的态势监视、实时决策、安全预警、可视化等主要业务功能，同时还可以实现历史信息统计分析与查询、与其他外在分析、监控系统平台对接，以便形成闭环控制或综合服务信息发布

功能。为了便于系统的算法升级和维护，还应具有平台各类集群的监控和管理
功能。

3.6.3 硬件结构

硬件结构如图 3-14 所示，主要包括调度管理服务器、数据整合服务器、大数
据处理并行集群、计算集群、历史数据服务器和人机交互工作站。

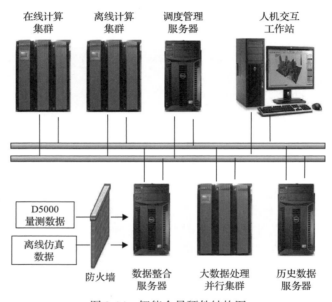

图 3-14　智能全景硬件结构图

调度管理服务器、大数据处理并行集群、计算服务器及人机交互工作站之间
的任务协调和信息交互，是智能全景电网在线连续运转的枢纽。

数据整合服务器主要接收智能电网调度技术支持系统中的电网实际量测信
息，或者各种预想故障集的时域仿真结果，将它们整合成特定格式的电网运行大
数据。同时，为计算服务器提供底层输入数据(文本或数据库形式)，并发送给调
度管理服务器及历史数据服务器。

大数据处理并行集群实现电网运行大数据的分析和处理功能，分为离线和在
线两种模式。离线模式主要针对电网某一月份、季度或年份的广域量测历史信息
或者预想故障集的仿真结果进行统计分析，挖掘电网运行信息的时空关联特性。
在线模式主要利用大数据中的一些特有流计算、图计算、内存计算等，实现对大
电网广域时空量测信息的快速分析与处理。

计算集群主要实现基于广域响应信息的大电网稳定态势评估及自适应防御控

制策略计算，分为离线和在线两种模式。离线计算集群主要对广域量测的历史信息或者各种预想故障集仿真结果进行相关理论研究及算法测试。在线计算服务器主要实现对广域量测信息的快速稳定态势评估及自适应防控策略计算，以满足电网在线安全防控的要求。计算集群在运行中接收调度管理服务器的指令和输入数据再开始计算，并将计算结果返回给调度服务器，以供可视化展示及分析结果历史数据等。

历史数据服务器主要接收大数据分析、稳定态势评估及辅助决策等结果，并保存关键的电网原始数据，以供后续对事故进行反演和分析，同时也供人机交互工作站对历史信息进行查询。

人机交互工作站主要从用户使用角度对系统应用进行管理和设置，并实现分析结果的直观可视化展示。

3.6.4　软件结构

智能全景电网的软件结构如图 3-15 所示，主要包括多响应信息源数据整合、大数据处理与分析、稳态评估与决策、动态评估与决策、调度运行管理、历史数据管理、人机交互平台、自动控制系统对接[16-19]，各部分功能如下所述。

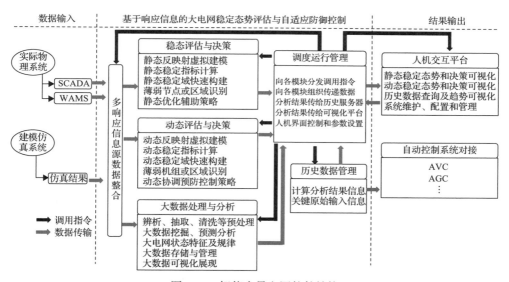

图 3-15　智能全景电网软件结构

（1）多信息源数据整合[16]主要是将智能电网调度技术支持系统中的实际运行量测信息（如状态估计数据文件和广域量测数据），或者各种仿真模拟结果，转化为特定的数据格式，以便为电网运行大数据挖掘及稳定态势评估与决策提供底层基础数据。

(2)大数据处理与分析主要对收集的大电网海量运行量测信息进行高效的辨析、抽取、清洗等预处理。采用高效的大数据挖掘算法、预测性分析及可视化等技术，给出电网运行信息的时空关联特性及其动态变化规律，为基于广域时空信息的大电网实时监控建模及方法研究提供指导方向，并将挖掘出的信息和知识可视化展示，让用户直观感受到结果。同时结合流式计算、图计算及内存计算等大数据计算模式对广域信息进行快速高效的实时分析与管理。

(3)稳态评估与决策主要针对电网稳态或准稳态工况下的响应信息，实现电网静态稳定态势快速评估与自适应防控所需要的反映射虚拟建模及其参数辨识。在此基础上，实现在线静态稳定裕度指标计算和静态稳定域构建，进而实现电网静态稳定薄弱环节或区域的在线识别，并对薄弱节点或区域实时匹配优化控制策略，确保电网在良好的稳态平衡点运行。

(4)动态评估与决策主要针对电网动态或大扰动工况下的响应信息，实现电网动态稳定态势快速评估与自适应防控所需要的反映射虚拟建模及其参数辨识。在此基础上，实现在线动态稳定裕度指标计算和动态稳定域构建，进而实现薄弱机组或区域的在线识别，并跟踪电网运行轨迹，对薄弱的机组或区域自适应给出广域协调预防控制策略，使电网向良好的平衡点过渡。

(5)调度运行管理实现人机交互平台、多响应信息源数据整合、大数据处理、稳态评估与决策、动态评估与决策、历史数据管理及与自动控制系统间的调用指令，负责交互各功能模块所需的基础数据或计算结果，并接收人机界面对不同计算模块的参数设置等。

(6)历史数据管理主要接收各计算模块的分析结果，并存储在指定的路径，以满足人机交互工作站历史查询和趋势分析功能。可有选择地对原始整合信息进行存储，以便后续事故反演研究或分析。历史数据存储可采用文件或数据库两种形式，或者两种形式共存。

(7)人机交互平台主要实现电网当前稳定态势评估、自适应防控策略及广域时空量测信息的大数据统计分析结果的动态可视化展示功能，为使用人员提供直观有价值的决策参考信息，同时提供方便的系统维护、配置和管理界面。

(8)自动控制系统对接主要将自适应防控策略转发给现有的一些自动控制系统，以便借助该类系统的信息通道和执行单元实现电网闭环控制功能。

3.6.5 大数据平台建设

基于广域时空信息的智能全景电网大数据平台系统集成如图 3-16 所示，其总体功能为针对电网广域时空信息(该信息可以是智能电网调度技术支持系统的实际量测信息，也可以是各种预想故障集的时域仿真结果），集成大数据处理与分析平台，在线快速挖掘电网稳定特征及评估稳定态势。面向不同的运行场景及对应的稳定问题，实现大电网简化反映射虚拟建模及其参数跟踪辨识，以此为基础实现轨迹型的自适应广域协调控制。最终将电网在线安全评估及防控策略在人机界面可视化展示，并借助现有的自动控制系统实现闭环控制。

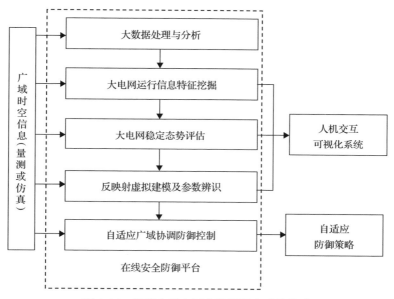

图 3-16　智能全景电网大数据平台系统集成

　　为提高智能全景电网的时效性，需要建立高效的大数据分析与管理平台，可采用服务器集群提升大数据服务器整体计算能力的解决方案。结合目前主流的 Hadoop、Spark 和 Storm 三大分布式计算系统相关技术，研发针对广域时空信息的大电网稳定态势量化评估与自适应防御系统集成，并具有离线式和在线式两种应用模式。

　　针对大电网多源异构数据的需求，打造信息驱动的智能全景电网大数据平台，向下联合硬件集群，向上提供电网业务应用的智能分析与计算支撑。该大数据平台涉及电力系统多种运行场景、多时间尺度、多控制目标、多资源协同等复杂性问题，重点解决大电网调度规则库整合、复杂时空动力学行为认知、自适应智能协同控制、大数据支撑平台集成和语音灵活交互等方面问题。由此设计的大数据平台架构如图 3-17 所示。该模式总体上采用云计算大数据体系架构，确保基础支撑平台的技术先进性，主要分为信息融合、信息存储、智能认知、综合管理、人机交互五大功能层次。

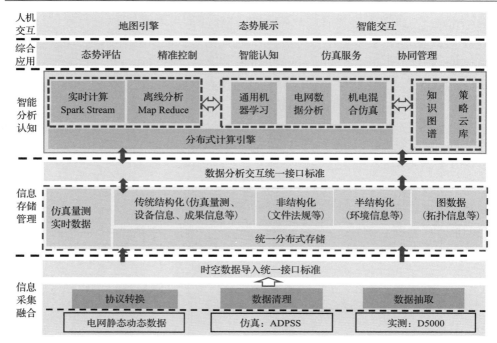

图 3-17　智能全景电网大数据平台架构

3.7　循环递进式研究路线

紧密围绕智能全景电网相关理论研究和工程实践工作，拟采用的循环递进式研究路线如图 3-18 所示。

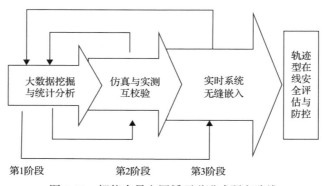

图 3-18　智能全景电网循环递进式研究路线

第 1 阶段：大数据挖掘与统计分析。本阶段主要采用大数据挖掘与统计分析方法，挖掘现有大量电网广域量测历史信息或各种预想故障集的时域仿真结果时空关联特性,研究并测试有关流式计算、图计算、内存计算及并行算法,为后续工作开展给出方向性指导。

第 2 阶段:仿真与实测互校验。本阶段主要将各种基于建模仿真结果的研究方法推广到实际工程,利用电网实际量测信息对所提方法的实用性和有效性进行校验,并给出其工况适用性及合理性评价。在此过程中,不断发现并解决新的工程实用性问题,进而实现理论研究与工程实践相结合的递进式发展,最终提升轨迹型大电网在线稳定态势评估与自适应防控系统的工程实用性和鲁棒性。

第 3 阶段:实时系统无缝嵌入。本阶段主要是采用流式计算、图计算、内存计算及并行化算法等技术手段,将前两阶段比较成熟的轨迹型大电网在线稳定态势评估与自适应防控方法无缝嵌入到现有智能电网调度技术支持系统,以便快速高效地对大电网广域量测信息进行实时分析与决策,最终达到“在线评估、实时防控”的大电网智能化在线安全防御目标。

3.8　智能全景电网应用

本章通过智能全景系统理论体系引出智能全景电网的概念,建立精细仿真模式和快速信息驱动模式协同的大电网安全稳定智能分析体系,完成大电网在线综合安全稳定态势智能评估系统(智能全景电网系统)。该系统采用了考虑复杂电网动态运行过程影响的多元基础信息一体化实时感知方法、互联大电网动态设备元件集的关键环节模型测辨、模型参数精度评价、提高互联大电网动态仿真精度的模型参数校正方法、机电-电磁模型自适应调整和高鲁棒性电磁状态自动初始化方法和多时间尺度暂态融合建模和接口设计方法、复杂大电网电力系统主导稳定动态特征提取及安全稳定评估模型构建方法和基于复杂网络及机器学习的大电网拓扑结构属性、动力学演变规律及临界边界特性的表征五个系统方法,实现了复杂电网基础信息的时空特性感知与融合校正技术、面向大规模交直流互联电网的在线超实时机电-电磁混合仿真技术、信息驱动的电网安全稳定动态特征提取及态势评估技术三个关键技术。三个创新应用如下。

1. 适应时变运行状态和分层设备模型的时空关联规则挖掘

分别从时间维度和空间维度构建多源异构量测数据的映射关系,提出异常量测数据和关键模型参数的在线辨识方法,提升大电网在线仿真分析和稳定态势快速评估精度。①考虑源网荷动态变化及量测不同时性的影响,通过时空和因果关联分析实现基础量测信息和状态信息的自适应补缺及异常数据校正。②采用海量多源数据及量测时变误差模式下的状态感知模型,实现数据与模型融合驱动的电网精准感知。③基于电网异常运行特征事件的感知要素模型和多时间/空间关联性分析方法，揭示电网特征事件的多时空演化机制，实现电网异常运行特征事件实时检测和溯源分析。④针对互联大电网元件仿真模型在线应用时的准确性问题，考虑源-网-荷等不同方面解析设备元件集呈现出的分布分层的复杂动态耦合特性，提出大规模可再生能源发电环节、交直流互联输电关键环节以及复杂异构负荷环节的多颗粒度分层建模与参数测辨方法。⑤面向系统高性能分析和态势感知的要求，建立模型测辨修正的双向层级链路，提出主导参数溯源与修正及自适应校正的方法，实现多源数据驱动的互联电网分布设备特性认知与模型参数动态校正。

2. 灵活建模的自适应高性能机电-电磁混合仿真技术

提出机电-电磁在线超实时混合的在线应用方法，攻克机电-电磁谐波分量失真难题，建立大批量细粒度并行效率优化架构，实现大电网在线超实时混合仿真。①实现适用于在线的支持详细直流的混合仿真电磁模型动态调整与自动初始化技术。②基于解析信号与移频分析法，提出适用于在线分析的交直流大电网多时间尺度融合建模方法、混合仿真接口设计和时序控制算法，解决机电-电磁谐波分量失真等问题。③提出与并行体系结构深度适配的大型电磁暂态网络机电-电磁混合并行模型与算法，以算法特征分析和计算模式辨识为切入点，实现大型直流控保电磁模型仿真多层面、细粒度优化。④设计构建能够满足大批量分网并行在线超实时仿真运行需求的并行资源调度框架，将深度神经网络与传统偏微分方程解法相结合实现提高拟合效率与准确度。⑤将多层感知机与Logistic分类应用于故障筛选拟合，实现大规模电网的多节点批量典型故障筛选及在线智能呈现。

3. 信息驱动的大电网安全稳定态势量化评估及智能认知

针对传统电网安全稳定分析技术不能有效支撑实时电网运行的问题，提出信息驱动的大电网安全稳定态势量化评估及智能认知方法，提高在线安全稳定分析的时效性和智能化水平。①结合类脑智能理论，提出大电网时空动力学特性的智能认知理论与方法，实现大电网拓扑结构属性、动力学演变规律及临界边界特性的深层挖掘与分析。②采用机理分析和数据挖掘协同的方法提取主导稳定动态特征，基于多源海量数据和智能挖掘算法，分别构建基于稳态量测的正常态、基于动态量测的故障态安全稳定评估模型，实现基于量测的电网稳定态势在线评估。③面向大电网智能调控需求，提出多时间尺度的大数据并行处理与智能分析体系框架，为大电网综合动态安全稳定智能评估提供高效的数据服务。④构建电网智能调控知识库，提出面向复杂电网智能调度的人机协同与自然交互方法，实现调度员与智能调度知识库的协同互动。⑤基于高性能分布式架构，构建集海量大电网数据处理与分析、电网态势评估分析与智能认知算法、安全稳定态势可视化及人机协同与交互于一体的在线安全稳定态势智能评估系统，实现电网安全稳定态势秒级评估。

所搭建系统以信息物理系统和人机融合为目标，以互联大电网为核心，主要采用"模型驱动"和"信息驱动"两大互补模式，集成了先进的全息状态感知、动态测辨建模、精确电网孪生、量化态势评估、精准协同控制、智能人机交互等技术，实现互联大电网安全态势智能评估与主动防御，是智能全景概念在电网系统应用的典型案例。我们将在第 4～7 章详细介绍多元基础信息一体化实时感知、电网动态设备元件集测辨建模、电网在线超实时机电-电磁混合仿真技术、信息驱动的电网安全稳定态势量化评估，并在第 8 章给出智能全景电网平台支撑技术与应用。

3.9　本　章　小　结

本章以现代电网为例，在智能全景系统概念基础上，提出构建智能全景电网的概念，详细阐明智能全景电网的功能框架及四大核心业务功能基本内容，指出智能调度大脑的核心功能模块定位。其次，以信息驱动的复杂电网时空动力学行为智能认知与协同控制为目标，系统性部署了相应的理论体系，明确了核心关键技术及有关研究内容。最后，给出智能全景电网的时空大数据平台功能框架及建设实施方案，为实现互联大电网的智能分析和精准控制提供平台支撑。

智能全景电网为实现信息驱动的大电网智能安全防御工程建设提供框架指导和技术支撑。同时，它有助于进一步提高电网各类方式、规划、仿真数据的智能分析水平和效率，还可为智能电网新的科研和实验室建设提供基础工具。

参 考 文 献

[1] 张晓华, 刘道伟, 李柏青, 等. 智能全景系统概念及其在现代电网中的应用体系[J]. 中国电机工程学报, 2019, 39(10): 2885-2894.

[2] 李柏青, 刘道伟, 秦晓辉, 等. 信息驱动的大电网全景安全防御概念及理论框架[J]. 中国电机工程学报, 2016, 36(21): 5796-5805.

[3] 蔡宇, 赵国锋, 郭航. 实时流处理系统 Storm 的调度优化综述[J]. 计算机应用研究, 2018, 35(9): 2567-2573.

[4] 汪小帆, 李翔, 陈关荣. 复杂网络理论及其应用[M]. 北京: 清华大学出版社.

[5] 李从善, 刘天琪, 李兴源, 等. 用于电力系统状态估计的 WAMS/SCADA 混合量测数据融合方法[J]. 高电压技术, 2013, 39(11): 2686-2691.

[6] 刘福国, 王学同, 苏相河, 等. 基于系统测量冗余的电厂异常运行数据检测与校正[J]. 中国电机工程学报, 2003(7): 204-207.

[7] 赵俊华, 文福拴, 薛禹胜, 等. 电力信息物理融合系统的建模分析与控制研究框架[J]. 电力系统自动化, 2011, 35(16): 1-8.

[8] 刘辉, 闵勇, 张毅威, 等. 电力系统暂态稳定域近似边界可信域及其扩展[J]. 中国电机工程学报, 2008, 28(31): 9-14.

[9] 刘道伟, 韩学山, 王勇, 等. 在线电力系统静态稳定域的研究及其应用[J]. 中国电机工程学报, 2009, 29(34): 42-49.

[10] 楚天广, 杨正东, 邓魁英, 等. 群体动力学与协调控制研究中的若干问题[J]. 控制理论与应用, 2010, 27(1): 86-93.

[11] Hiskens I A, Pai M A. Trajectory sensitivity analysis of hybrid systems[J]. IEEE Trans on Circuits and Systems-I: Fundamental Theory and Applications, 2000, 47(2): 204-220.

[12] 马浩淼, 高勇, 杨媛, 等. 双馈风力发电低电压穿越撬棒阻值模糊优化[J]. 中国电机工程学报, 2012, 32(34): 17-23, 4.

[13] 程乐峰, 余涛, 张孝顺, 等. 信息-物理-社会融合的智慧能源调度机器人及其知识自动化: 框架、技术与挑战[J]. 中国电机工程学报, 2018, 38(1): 25-40.

[14] 陈升, 孟漫. 智库影响力及其影响机理研究——基于 39 个中国智库样本的实证研究[J]. 科学研究, 2015, 33(9): 1305-1312.

[15] 周璐璐, 邓江洪. 一种机器人智能语音识别算法研究[J]. 计算机测量与控制, 2014, 22(10): 3267-3269, 3273.

[16] 韩笑, 狄方春, 刘广一, 等. 应用智能电网统一数据模型的大数据应用架构及其实践[J]. 电网技术, 2016, 40(10): 3206-3212.

[17] Wu X D, Zhu X Q, Wu G Q, et al. Data mining with big data[J]. IEEE Trans on Knowledge and Data Engineering, 2014, 26(1): 97-107.

[18] Tolle K M, Tansley D S W, Hey A J G. The fourth paradigm data-intensive scientific discovery[J]. Proceedings of the IEEE, 2011, 99(8): 1334-1337.

[19] 马平川, 沈沉, 陈颖, 等. 基于伪量测型协调变量的分布式状态估计算法[J]. 中国电机工程学报, 2014, 34(19): 3170-3177.

第4章 多元基础信息一体化实时感知

特高压直流的快速发展和新能源装机的快速增加，使得电网的运行方式和故障形态日趋复杂。发电侧和负荷侧存在较强的不确定性，新能源快速波动和冲击型负荷导致正常态下电网运行方式快速变化；局部故障影响全局化，受端电网局部短路故障导致送端电网联络线功率波动，易使电网解列，甚至造成送、受端电网稳定破坏。现有技术通过全网状态估计形成在线安全分析的基础潮流，难以满足复杂电网特性对基础信息实时感知的要求。在准确性方面，广域数据采集时延较长，在新能源、负荷快速波动的情况下，量测值和真实值之间的偏差增大，状态估计结果难以反映电网的真实状态；在时效性方面，从数据采集到获取全网状态估计结果的时间为分钟级，直接采用全网状态估计结果进行安全稳定分析显然无法满足时效性的要求；为了分析局部短路故障发生后电网的动态特性，需要采用跨区电网的动态量测数据进行特征事件的溯源分析。

国内电网实行分级管理，各级调度机构以不同传输方式，将采集数据上送到各级调控中心。调度自动化系统通过接受层层转发的采集数据，形成全网采集量测数据。量测数据不带时标，因而在数据采集、传输、转发等过程会产生时延，从而引入量测时延误差。另外，面对海量电力数据，智能构建数据清洗规则，辨识不良量测数据，实现对海量数据进行智能清洗，对基础量测信息进行自适应补缺及异常数据校正，也是提高基础量测数据质量的重要环节。

现有状态估计模块假设电网模型参数已知和误差为正态分布，但是实际情况中误差具有非高斯时变特征及参数不确定性，这都会降低电网动态过程的实时估计精度。从信息论的角度解释，利用历史断面量测和估计结果可以采用更多的信息消除不确定性。通过挖掘电网运行状态与历史运行数据的内在时空关联特性，筛选与当前断面运行状态相似的多个断面，与当前估计结果进行交叉验证，实现数据-物理模型协同驱动的电网精准感知，基于误差分布类型选择相应的鲁棒状态估计方法，实现自适应鲁棒估计。因此，可通过动态过程实时估计，利用大数据和机器学习等技术从历史结果中挖掘误差模式等知识，进一步降低潮流误差。

现有的调度监控系统一般沿用调度自动化系统对监控信息的处理方式，采用直接的原生数据处理表达方式。该方式由于仅将信息直接表达，调控人员被大量数据淹没，不利于对电网的有效调度监控，从而导致难以在短时间内判断事故原因，容易错失处理事故的良机。特别是在局部故障影响全局化的条件下，各级调控人员只能够掌握调管范围内的报警事件，难以根据事件产生的原因采取有效的应对措施。因此，需要通过系统级事件检测和溯源，基于仿真案例得到描述特征事件的感知要素，建立特征事件要素演化模型，基于多源在线数据进行特征事件实时检测与关键特性实时挖掘，以实现特征事件的溯源分析。

不同的电网运行状态，调度运行人员关心的电网运行重点不同。例如，夏季大负荷期间需要自动监视各网省发输电平衡情况、重点地区电压水平，电力、电量创新高情况；节假日等小负荷期间需要监视电压等高线，电网平衡能力和各省、区域旋备情况。再如，故障期间需要掌握故障类别、安控动作情况、负荷损失、故障影响等，判断保护、安全自动装置是否正确动作。因此，通过电网动态场景感知及主题化表达，一是实现上述场景的动态感知和运行场景的自动切换；二是实现某一类运行场景下关键要素的自动搜索和主题化展示。

针对上述问题，本章将从以下几个部分展开论述。

(1)通过基于统一时钟构建的全网同时断面生成技术和考虑基础信息时空关联性的多元异构数据智能清洗及校正技术，实现了基础量测数据质量提升。

(2)通过基于计及误差时变特征及参数不确定性的电网运行状态智能估计技术，实现了状态估计的速度和精度提升。

(3)通过跨区电网系统级的特征事件快速检测和智能感知，实现直流多馈入地区换相失败、交直流互联大电网功率振荡、新能源高渗透率地区风电场脱网等事件的溯源分析。

(4)通过多元信息提取及一体化融合、动态运行场景感知技术及动态场景可视化展示，实现多元基础信息的一体化融合及主题化展示，满足大电网一体化运行监控的需要。

4.1　量测数据治理

部署在各个厂站端的远程终端单元(remote terminal unit，RTU)将量测数据经调度数据网传送给电网调控中心主站。调度中心主站的前置服务器接收到实测数据，将数据初步处理后，通过消息总线将数据传输到数据采集与监视控制(SCADA)系统应用服务器，电网能量管理系统(energy management system，EMS)基于 SCADA 系统采集的实时数据，提供状态估计计算结果。各级调度中心主站除接受本级调度所调管的子站上送的数据信息，还可以以数据通信方式接受下级调度主站转发数据信息，也可以向上级调度中心转发本调度中心信息。

为了解决量测数据全网同时性问题，利用调度主站机器已经对时的特点，本节提出一种全网同时断面构造方法。针对多断面时刻广域量测数据使用需求，提出一种考虑 RTU 时延的广域量测数据汇集方法。为保证系统状态估计结果的可观测性和可靠性，优先保障可观测性强的监视节点量测的实时性，选取用于构建全网同时断面的基础数据。基于带时标量测数据，通过检测与辨识的方法处理不良数据，为状态估计提供高质量基础数据。

4.1.1　量测量时标评估方法

对稳态量测进行时标标记的理想方式是在量测数据的源头打上时标，即在站端测控装置开始就给数据打上时标。但是，实现这种方式需要对大量变电站进行升级改造，包括量测时标设置、远动协议修改和支持统一时标量测的 SCADA[1]。

因此，本节在分析子站侧稳态量测时延和调度数据网传输时延的基础上，提出在 SCADA 系统进行前置时标标记的技术方案，将子站侧测控装置采集和主站侧前置采集时间作为待评估的量测汇集时间；在直流功率调整、设备操作或负荷爬坡过程中，利用量测数据数值的唯一性特点，建立含时标相量测量单元(PMU)量测与无时标 RTU 量测的映射关系，根据 RTU 量测对应 PMU 量测时标和 SCADA前置的报文接收时标，在线评估量测汇集时间。

1. 稳态量测时标标记和处理机制

1)子站数据采集延时分析

随着智能变电站电子式互感器和合并单元的应用，变电站过程层网络采样已取代了传统的通过电缆采样方式。变电站量测数据经由合并单元后送至测控装置进行处理，形成有效数据后上送网关以及后台系统。网络采样所涉及的各个环节包括时钟同步延时、合并单元数据采集延时和网络传输延时。

在变电站网络拓扑确定的情况下，子站内量测的时延基本不变，根据《智能变电站监控系统技术规范》(DL/T 1403—2015)，模拟量信息响应时间不大于 2s，状态量变化响应时间不大于 1s。

2)调度数据网传输延时分析

电力调度数据网采用双平面方式构建，通过对全网的统一规划，全面满足调度业务的实时性、可靠性、安全性要求，实现可持续发展。调度数据网采用分层网络结构，具体分为骨干网和接入网两级网络，国调、网调、省调、地调节点组成骨干网，各级调度直调厂站组成相应接入网，县调(区调)纳入地调接入网络。骨干网和接入网内部均按核心层、骨干汇聚层和接入层进行分层设计，核心层为网络业务的交汇中心。根据《电力调度数据网技术规范》(DL/T 1403—2015)，自治系统内任意接入层节点至所属调度节点的网络时延应控制在 100ms 内；实际测试结果表明由传输负载变化导致的时延变化不大于 30ms。

3)基于前置报文接收时间的时标标记

根据稳态量测的汇集时间的分析，在子站和调度数据网配置不变的情况下，各级调度通过子站直采的量测时延基本不变。在汇集时间相同的条件下，遥测量按变化量上送是导致广域量测不同时的主要原因。因此，可以将汇集时间作为参数配置到调度自动化系统，当 SCADA 前置接收到报文时，利用主站的时标对稳态量测进行时标标记，通过简单的数学运算得到稳态量测的采集时标。图 4-1 给出了基于前置报文接收时间的时标标记示意图。

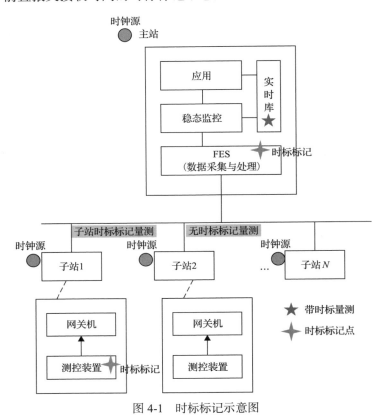

图 4-1　时标标记示意图

在对子站直采数据进行时标标记的基础上，各级调度将含时标的稳态量测转发至上级调度，从而避免评估后续转发过程中出现的量测延时。

2. 动态变化过程中的汇集时间动态评估

当电网的动态变化过程出现直流功率调整、负荷爬坡、发电机出力调整或拓扑变化时，支路功率、节点电压和节点注入等电气量具有唯一性，如图 4-2 所示。

将 PMU 动态量测数据和 RTU 动态量测数据进行映射的步骤如下。

(1)根据设定时间窗口从 SCADA 系统中获取监视厂站的支路功率、节点电压和节点注入等电气量。

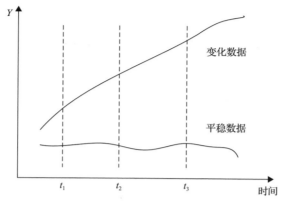

图 4-2　平稳数据和变化数据对比

（2）按设定的门槛值筛选满足单调变化的电气量及变化范围，从电网广域监测（WAMS）系统中筛选出数据在该范围内的动态量测。

（3）根据数值的唯一性确定 RTU 稳态量测对应的 PMU 动态量测，从而得到稳态量测的精确时标。

（4）根据报文接收时标和精确时间计算量测汇集时间。

根据量测汇集时间的动态评估结果，针对离线配置参数不准确的情况，自动更新调度自动化系统中的配置参数。

若系统量测值发生变化，远动系统可以低于 0.5s 的频率向控制中心发送一次数据，WAMS 系统的数据采集周期一般为 40ms。为了满足变化量门槛值要求，时间窗口不应小于 60s。其中，各电气量单调变化的门槛值可以根据额定值按一定比例设置。以发电机有功为例，可以根据机组的爬坡率设置变化比例，当有功变化量超过该比例时，认为该量测可以用于汇集时间动态评估。

4.1.2　全网同时断面构建方法

调度自动化系统为获得全网采集量测数据，往往根据通信条件采用不同传输方式，不同传输方式造成同一时刻获得的数据有采集时差。直接采集的变电站量测数据时差在 3s 以内，而其他控制中心的量测数据需要通过 EMS 交换获得，因而时差也大得多。从其他控制中心获得数据一般有两种方式：一种是实时转发遥测、遥信数据，这种传输方式一般有 10~30s 的延时；另一种传输方式，是在其他控制中心 EMS 中完成状态估计后，传输完整的状态估计结果作为实时遥测遥信数据，这种传输方式一般会有几分钟的延时。

在常规状态估计中，数据误差被认为是量测引起的，采集时差引起的误差也作为量测误差处理。但在互联系统中，尽管电网处于缓慢变化过程中，但由于参加计算的量测数据很多，在多种通信方式并存条件下，较大数据时差造成的量测误差就不可忽视，它们可能会对状态估计结果产生严重影响。与此同时，国内电网实行分级管理，各级 EMS 维护自己管辖范围的电网模型和数据，外网模型和数据只能通过 EMS 间的数据交换获得，这种数据交换的延时也不可忽视。

厂站端的 RTU 采集实测数据后，经过调度数据网传送到本机调控中心主站，如图 4-3 所示。非本级调度中心管辖范围的量测数据则通过下级调度机构转发的形式接收量测数据，如图 4-4 所示。

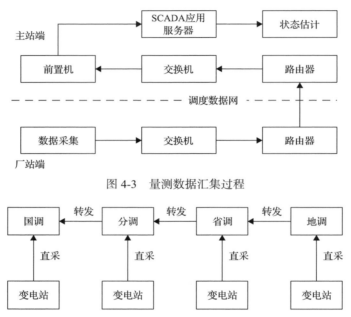

图 4-3　量测数据汇集过程

图 4-4　多级调度数据汇集

现有调度主站 D5000 系统接收到子站上送 RTU 数据后，将处理后最新时间的量测数据更新到后台数据库，不保存 RTU 实际采集时间和调度主站数据更新时间。RTU 数据在采集、传输到调度主站过程中存在时延，但现有的实时库仅保存更新后的量测数据，未保存量测数据的更新时刻、时延信息。由于各量测量的 RTU 数据采集时间与调度主站数据库存储时间之间的时延不一致，尤其是部分量测数据长时间未上送等情况下，广域量测数据的时标不同时问题表现突出，进而对高级应用功能计算的实时性和准确性带来影响。

基于每个量测数据接收时间和时延，可以得到 RTU 数据实际采集时间，量测数据及时间信息一起保存到实时库中。当系统大部分关键节点量测数据已更新，选择当前时间作为断面时刻，然后根据量测更新节点调整量测更新较慢的节点，从而得到整合后全网同时断面，为后续状态估计计算提供高质量的基础数据。

1. 考虑 RTU 时延的量测数据汇集方法

1) 带时标量测数据存储结构设计

RTU 数据以周期性召唤或变化量的方式上送，主站接收到量测信息，将处理后最新时间的量测数据更新到后台实时库，未保存时间信息。为了在调度主站保存一段时间的量测数据，需要增加量测数据时间信息的保存。

表 4-1 比较了量测数据更新时存储和固定时间间隔方式存储两种存储方式。对于量测数据更新时存储方式，调度主站接收到新的 RTU 数据上送后，根据调度主站接收时间和量测数据时延，得到 RTU 量测数据的采集时间，然后将 RTU 量测数据及采集时间一起存储到实时库。由于 RTU 数据更新时刻为离散分布，需要从数据库中读取指定时刻量测数据不方便。对于固定时间间隔方式存储，仅保存固定时刻(例如每 5s 一个点)的量测数据即可，无须单独存储时刻，该方式数据读取方便，但数据存储时需要做一定处理。

表 4-1　量测数据存储方式比较

保存形式	量测数据更新时存储	固定时间间隔方式存储
保存方法	RTU 数据上送后保存量测数据和采集时间 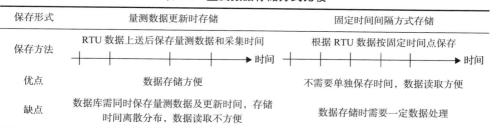	根据 RTU 数据按固定时间点保存
优点	数据存储方便	不需要单独保存时间，数据读取方便
缺点	数据库需同时保存量测数据及更新时间，存储时间离散分布，数据读取不方便	数据存储时需要一定数据处理

RTU 量测数据是一个包含多设备、多电气量、多个时刻的三维数据结构。综合比较两种存储方式优缺点，选择固定时间间隔存储方式作为全网同时断面的数据存储方式。这样，可将三维数据结构转化成二维数据结构(图 4-5)。

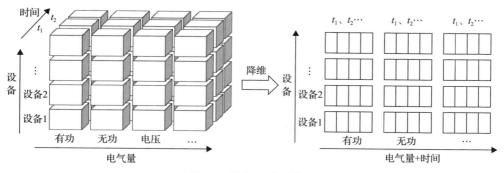

图 4-5　数据结构示意图

为了满足全网同时断面生成要求，量测数据的保存时间窗口应大于最大时延，数据间隔与时延相近。

2) 带时标量测数据存储时序转换方法[2]

基于现有 D5000 实时库设备表保存方式，通过不同类型的设备表保存不同类型(包括断路器、刀闸、发电机、负荷、母线、容抗器、交流线段、变压器绕组、换流器、直流线段)的设备。每类设备的电气量由保存一个点扩展到 n 个点，构成广域量测数据集合 $X = \{x_0, x_1, \cdots, x_i, \cdots, x_{n-1}\}$，其中 x_i 表示第 i 个电气量量测数据。广域量测数据可分为遥信量和遥测量，遥信量指断路器、刀闸的开合状态，遥测量指有功、无功、电压、电流、相角。

i 为广域量测数据在调度主站数据存储点序号，为非负整数，取值范围[0，$n-1$]，$n-1$ 为最大数据存储点序号。每个广域量测数据 x_i 对应一个调度主站实时库时间系统的固定的存储时刻，第 i 个存储时刻取值范围为 0 时 0 分 0 秒~23 时 59 分 59 秒。n 个广域量测数据最大保存时长为 t_n，单位为 s，优选 120s。

相邻两个广域量测数据对应一个固定的时刻间隔 Δt，Δt 大于广域量测数据最大时延时间，设置为 2~10 以内 60 的约数，单位为 s，优选 5s。

RTU 数据采集时间 t_j 与调度主站数据存储点序号转换，t_j 的采集时间表示为 m 分 s 秒，对应转换的调度主站数据存储点序号 j，序号 j 求取公式如下：

$$j = \frac{(60m + s) \bmod t_n}{\Delta t} \tag{4-1}$$

式中，t_n 为 n 个广域量测数据最大保存时长；Δt 为时刻间隔；mod 表示取模运算。

根据时间变化，在数据最大保存时长周期内，按照 0~$n-1$ 对应的存储时刻顺序进行量测量存储；到下一数据存储周期后，重新按照 0~$n-1$ 对应的存储时刻顺序进行量测量存储。通过循环存储方式，保存最近 t_n 时长的量测数据。

3) 广域量测数据汇集方法[3]

根据量测数据不同类型、RTU 数据采集时间 t_j 转换结果，将 RTU 量测数据汇集到调度主站实时库。当数据采集时间为 t_j 时，调度主站根据 RTU 量测数据进行广域量测数据汇集，实时库集合 X 按图 4-6 步骤更新量测数据。

2. 考虑网络可观测性的量测数据断面时刻选取

系统的可观测性、数值稳定性与精确的估计结果是实时状态估计充分发挥作用的重要保证[4]。然而，随着电网发展和电力市场的推进，电力系统运行的复杂程度日益增大，经常会遇到一个或几个节点数据完全缺失的情况，造成状态估计不能很好地发挥作用。因此，为保证系统状态估计结果的可观测性和可靠性，需要优先保障可观测性强的监视节点量测的实时性。

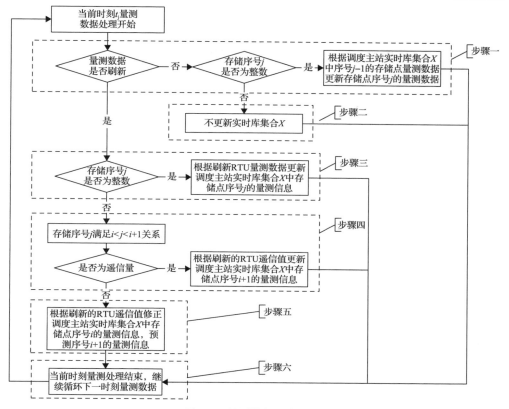

图 4-6　量测数据汇集方法

　　由于"电气介数"能反映出具有较高介数的节点或支路，在网络中承担着较多的信息或物质交换工作，并为大多数信息或物质流量所通过，故其故障对网络的功能必然产生重大影响，因而电气介数很关键，经常被用于关键线路与节点的识别[5]。该方法基于电路方程，克服了加权介数模型假设母线间潮流只沿最短路径流动的不足，能有效反映各"发电-负荷"节点对线路与节点的真实利用情况，其物理背景更符合电力系统特点且可考虑不同发电容量及负荷水平的影响。

　　根据式(4-2)和式(4-3)计算得到节点 n 的电气介数。

$$B_e(n) = \sum_{i \in G, j \in L} \sqrt{W_i W_j} \, B_{e,ij}(n) \tag{4-2}$$

$$B_{e,ij}(n) = \frac{1}{2} \sum_m \left| I_{ij}(m,n) \right| \tag{4-3}$$

式中，G 为发电节点集合；L 为负荷节点集合；W_i 为发电节点权重，取该台发电机的额定容量占所有发电机总额定容量的比值；W_j 为负荷节点权重，取该负荷节点实际负荷量占总负荷量的比值；$B_{e,ij}(n)$ 为"发电-负荷"节点对 (i,j) 间引入注入电流后节点 n 上通过的电流衡量功率传输对节点的占用情况；m 为所有与 n 有支路相连的节点；$I_{ij}(m,n)$ 为节点对 (i,j) 在支路 $m-n$ 上引起的电流。

计算得到节点电气介数，数值越大证明其越关键。结合"一半一半"原则，将节点分为关键节点与一般节点，前 50%为关键节点，其余为一般节点。

所得全网关键监视节点中，当量测数据已更新的节点百分比达到限值 k_u，选取当前时刻作为全网同时断面基准时刻。其中，k_u 为量测数据更新完成百分比，可根据工程经验选取，一般可选择 90%。

4.1.3　量测数据清洗校正

如果电力系统的测量信息误差不大，测量系统的配置适当，则用一般的状态估计算法就可以得到满意的实时数据，但如果调度中心收到的远动测量数据具有异常大的误差，则常规的状态估计算法无法奏效。电力系统中测量系统的标准误差 σ 大约为正常测量范围的 0.5%～2%，当误差大于 $\pm 3\sigma$ 的测量值就可称为不良数据（或称为坏数据），实际系统中一般把大于 $\pm(6\sim7)\sigma$ 以上的数据作为不良数据。在电力系统中，当出现不良数据时，需要通过检测与辨识的方法来处理，才能满足状态估计计算对测量数据的要求[6]。

电力系统接收到的不良数据有以下两大类：一是自动化系统引起的，如测量与传送系统受到较大的随机干扰、测量与传送系统出现的偶然故障、电力系统快速变化中各测点间的非同时测量，或者数据采集系统中某一数据通道的暂时性中断，这将造成数据不真实；二是类似某些工业负荷的突发性偶然波动等的特殊事件，使得数据的本来规律被各种"假象"覆盖。配电负荷基数小，波动大，由此可见，负荷波动大并不意味着一定包含不良数据，而看似平稳的负荷也可能含有某些不良数据。通常的数据预处理技术往往侧重于研究一种数据规律，由此可能产生一些漏判及误判的情况。本节叙述了三种数据清洗矫正的方法和适用场景。

1. 基于分段拟合模型的单测点不良数据辨识

已知数据可以表示为 (x_i, y_i)，$i=1, 2, 3, \cdots, n$，采用一阶连续分段曲线拟合方法对数据进行处理。根据数据的分布特点，确定每段拟合曲线所用的原始数据个数为 q_1。按以下步骤对数据进行分段拟合。

(1)拟合函数一般为多项式函数，在一定范围内，连续函数可用多项式任意逼近，因此取第一段拟合数据为 (x_i, y_i)，$i=1, 2, 3, \cdots, q_1$，确定拟合曲线的表达式 $f_1(x)$ 的形式为

$$f_1(x) = \sum_{j=0}^{t} a_j^{(1)} x^j \tag{4-4}$$

式中，t 为曲线拟合的次数，其值由经验值确定；$a_0^{(1)}, a_1^{(1)}, \cdots, a_t^{(1)}$ 为待定的回归系数。

(2)将拟合后的曲线进行离散，若曲线的表达式为 $f_1(x)$，设定离散弧长为 s，则对于拟合曲线 $f_1(x)$，以 $(x_1, f_1(x))$ 为起始点进行离散，得到离散点 (x_{l_1}, y_{l_1}), $l_1 = 1, 2, 3, \cdots, n_1$。

(3)取数据集 (x_{l_1}, y_{l_1}) 和 (x_i, y_i)，$l_1 = n_1 - 4, n_1 - 3, \cdots, n_1$，$i = q_1, q_1 + 1, \cdots, 2q_1$，并对 (x_{n_1-4}, y_{n_1-4}) 做加权处理，一般选择加权 $\frac{1}{5} q_1$ 次，即重复使用 $\frac{1}{5} q_1$ 次点 (x_{n_1-4}, y_{n_1-4})，对加权之后的数据进行拟合，其拟合曲线可表示为 $f_2(x)$。

(4)同理，对于拟合曲线 $f_2(x)$，以 $(x_{n_1-4}, f_2(x_{n_1-4}))$ 为起始点进行离散，得到离散点 (x_{l_2}, y_{l_2}), $l_2 = 1, 2, 3, \cdots, n_2$，$l_2 = 1, 2, 3, \cdots, n_2$。

(5)对于得到的离散点数据 (x_{l_1}, y_{l_1}), $l_1 = 1, 2, 3, \cdots, n_1$ 和 (x_{l_2}, y_{l_2}), $l_2 = 1, 2, 3, \cdots, n_2$，其中 (x_{l_1}, y_{l_1})、$l_1 = n_1 - 4, n_1 - 3, \cdots, n_1$ 和 (x_{l_2}, y_{l_2}), $l_2 = 1, 2, 3, 4, 5$ 是两段拟合曲线的重合部分，将这段数据用插值曲线表示，实现两分段拟合曲线的一阶连续。以 (x_{l_1-3}, y_{l_1-3}) 和 (x_4, y_4) 为插值曲线的两个端点，确定两分段拟合曲线连接部分插值曲线的形式为 $Q = \alpha_1 x^3 + \alpha_2 x^2 + \alpha_3 x + \alpha_4$，则其应当满足端点条件(即端点位置、端点的单位切向量)，记

$$\begin{cases} H(x_j) = y_j \\ H'(x_j) = m_j, \qquad j = 0, 1 \end{cases} \tag{4-5}$$

可以证明，满足上式插值条件的三次 Hermite 插值函数是存在且唯一的。具体约束条件为

$$\begin{cases} \left.\dfrac{\partial Q}{\partial x}\right|_{x=x_{n_1-3}} = \left.\dfrac{\partial f_1(x)}{\partial x}\right|_{x=x_{n_1-3}} \\[2mm] \left.\dfrac{\partial^2 Q}{\partial x^2}\right|_{x=x_4} = \left.\dfrac{\partial^2 f_2(x)}{\partial x^2}\right|_{x=x_4} \\[2mm] y_{n_1-3} = \alpha_1 x_{n_1-3}^3 + \alpha_2 x_{n_1-3}^2 + \alpha_3 x_{n_1-3} + \alpha_4 \\[1mm] y_4 = \alpha_1 x_4^3 + \alpha_2 x_4^2 + \alpha_3 x_4 + \alpha_4 \end{cases} \tag{4-6}$$

通过以上约束条件，求出插值曲线的系数 $\alpha_1, \alpha_2, \alpha_3, \alpha_4$，由于插值曲线在端点

处一阶连续，所以可以实现两分段拟合曲线的光滑连接。

　　按照上述步骤，逐段进行处理，可以得到一条整体较为光滑且与所给数据点整体走势较为相符的连续曲线。使用分段拟合模型对江苏中央门变下中 2579 线有功功率进行模拟，随机生成噪声数据，对某些量测数据点进行修改，如图 4-7 中圆圈所示，有功的基准是 305MV·A，阈值为 2%。使用分段拟合模型辨识不良数据，图 4-7 中方框标出的是不良数据点，有些圆圈的点由于变化量较小，没有达到不良数据的阈值。

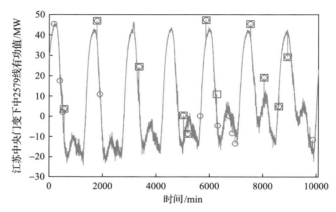

图 4-7　基于分段拟合模型的不良数据辨识

　　基于趋势拟合模型的不良数据辨识方法，是通过构建多项式拟合和最优估计模型，得到量测数据的拟合函数，把离散量测数据样本转化成连续信号，进而得到量测变量在各采样时刻对应的拟合值，从而实现不良数据点辨识。该方法可以有效辨识网络中由数据突变或冲击性负荷造成的单点不良数据。

　　2. 基于周期性灰色系统的连续不良数据辨识

　　灰色模型的构建分为五步，即思想开发、因素分析、量化、动态化及优化。

　　在灰色系统模型中 GM(1,1) 是最常见的，也是最核心的模型。该模型是一个包含单变量的微分方程模型，目前广泛应用于电力负荷的预测。G(1,1)模型首先对序列进行累加生成（AGO），然后用典型曲线进行趋势逼近，达到预测的目的。设 $x^{(0)}=(x^{(0)}(1), x^{(0)}(2),\cdots, x^{(0)}(n))$ 为原始数列，n 为数列元素的个数。那么灰色系统的一次累加生成数列表示为 $x^{(1)}=(x^{(1)}(1), x^{(1)}(2), \cdots, x^{(1)}(n))$，其中 $x^{(1)}(k)=\sum_{i=0}^{k} x^{(0)}(i)$，$k=1, 2,\cdots,n$，建立一阶微分方程拟合灰色系统为

$$\frac{\mathrm{d}x^{(1)}(t)}{\mathrm{d}t} + ax^{(1)}(t) = b \tag{4-7}$$

对于离散系统，求解上述方程可以得到第 $k+1$ 个累加序列的估计值为

$$\hat{x}^{(1)}(k+1) = \left[x^{(0)}(1) - \frac{b}{a}\right]\mathrm{e}^{-ak} + \frac{b}{a} \qquad (4\text{-}8)$$

由上式可知，$x^{(0)}(k+1)$ 的预测值 $\hat{x}^{(0)}(k+1)$ 为

$$\hat{x}^{(0)}(k+1) = \hat{x}^{(1)}(k+1) - \hat{x}^{(1)}(k) \qquad (4\text{-}9)$$

以江苏中央门变下中 2579 线有功功率为例，在 6800～6900min 时刻之间生成一个连续的不良数据段，通过周期性灰色系统对原始数据拟合生成黑色的点，然后再对黑色点进行分段趋势拟合得到拟合曲线，从而实现对连续不良数据段的判断，如图 4-8 所示。

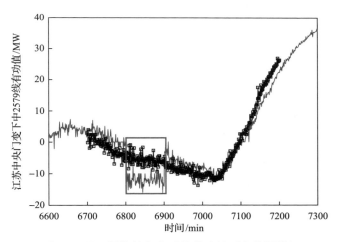

图 4-8　基于周期性灰色系统的连续不良数据辨识

如果直接使用上一节分段拟合模型进行不良数据辨识，分段区间很小的话拟合曲线可以较好地拟合不良数据点，从而不能对不良数据进行识别，如果分段区间过大的话，那么拟合曲线是一个大范围的拟合曲线，并不能完全有效地对合格数据进行判断。因此，引入了周期性的灰色系统进行分析，该方法可以有效地利用数据的周期性，以及数据最近的相关点进行数据点预测，实现一段时间范围内的量测数据逐点预测，然后通过这些预测点进行趋势拟合，得到拟合曲线用来辨识异常数据区间。此方法针对站内量测数据不刷新或区域量测数据上传延时有较好的辨识效果。

3. 基于多尺度深度残差网络的时间序列异常数据校正

电网测量数据在时间上存在一定的周期性或很强的递进关系，而传统的机器

学习算法没有考虑到数据在时间上的关联性。我们选用深度学习算法中的门控循环单元(GRU)神经网络来建模电网数据。利用门控循环单元，结合残差块，构建多尺度残差门控循环单元网络。整体网络结构如图 4-9 所示。首先输入数据经过多尺度卷积核提取低级特征，将提取到的低阶特征按照通道拼接到一起；然后利用残差块构建的深度网络提取高阶特征，此时提取到的特征表达能力局限于卷积核的大小，不能体现时间上的依赖关系，再引入 GRU，构建时间上的关联关系，并输出预测特征图；最后利用全连接操作，将预测特征图转化为输出值。

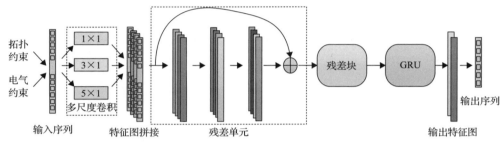

图 4-9　多尺度残差 GRU 神经网络结构图

1)训练数据准备

首先将电网支路参数中的电气量和该支路的环境变量结合，依据时间序列拼接为向量数据；然后利用滑动窗口进行数据训练和标签数据采样，考虑到电网支路参数的时间依赖和网络 GRU 的性能，训练数据滑动采样窗口长度为 500 个数值点，标签数据滑动采样窗口长度为 50 个数值点。验证集输入数据和表情的采样方式与训练集的一样。

2)训练过程

在网络训练阶段，依据不同的任务需求并结合实际情况，可以设置不同尺寸的输入和输出。输入数据经过网络提取特征后获得输出序列，然后利用该输出序列和标签序列构建损失函数，损失函数使用均方差损失，利用梯度下降对损失函数进行求导，并反向传播更新整个网络的参数。使用训练好的网络预测时，保证输入的尺寸和训练时一致，输入加载好权重的多尺度残差门控循环单元网络，获得预测输出序列。

3)算例分析

为验证所提算法的有效性，采用某地区电网母线量测数据，并收集电网地区温度数据，考虑环境影响和电气量约束，引入 GRU 神经网络来建模电网量测数据，有效表征了电网量测数据的周期性和时间递进关系，从而实现量测异常数据的校正，如图 4-10、图 4-11 所示。

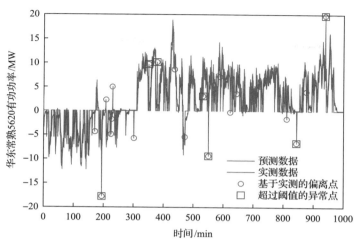

图 4-10　单点的异常数据判断

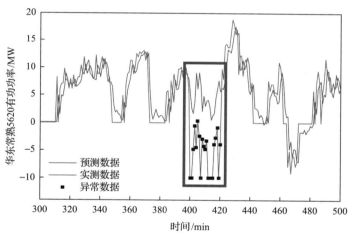

图 4-11　异常数据区间的判断

4.2　智能状态估计

　　传统的电力网络分析与优化问题往往以电力系统基本定律为基础，建立完整的电力系统物理模型，如电力系统潮流计算模型。随后通过给定边界条件，如系统负荷水平，可再生能源出力及拓扑参数等，以数值计算或优化求解为手段，得到电力系统运行数据，如一些节点的电压相角、线路潮流的有功和无功功率等。因此，传统的电力网络分析与优化问题，如潮流计算、规划调度、市场模拟及电压控制等大多是模型到数据的计算问题。状态估计是能量管理系统的重要组成部分，它利用量测冗余度减小量测误差，获取电力系统当前运行状态的最优估计值。目前，基于物理模型的传统状态估计方法已被广泛应用于实际电网中。随着现代电力系统的迅猛发展，电网结构和运行方式日益复杂，传统状态估计方法的计算模型复杂、计算时间长，容易出现迭代次数过多甚至无法收敛的现象，从而导致状态估计精度显著下降，难以满足实际工程的需求。电力系统运行数据经数据治理后呈现出海量多源的特性，然而传统状态估计方法并未充分挖掘历史数据中的有效信息，因而如何充分利用已有信息，最大限度地提高电力统状态估计的计算精度和效率是当前面临的主要问题。

基于数据驱动方法进行电力系统分析是当下智能电网建设的核心战略需求，数据驱动方法通过分析历史数据的时空关联特性，进而建立多断面数据驱动模型，能够有效提高状态估计的精度和收敛性。因此，基于数据驱动的状态估计方法已成为当前状态估计领域的研究热点。深度学习是当前大数据领域的关键技术，作为数据驱动的一种重要实现方法，其精确度已远远超过传统浅层的机器学习模型。将深度学习技术引入电力系统，有助于解决电力系统高维复杂数据的挖掘及特征提取难题，并且可以弥补传统机器学习方法在实际应用中的训练数据不足、泛化能力差等问题。

针对大规模电力系统状态估计问题，本节提出基于数据驱动的快速状态估计和基于数据–模型融合驱动的智能状态估计方法。该方法以节点电压幅值和支路首末端相角差作为神经网络的输出变量，在离线阶段对支路功率量测和输出变量进行相关性分析，筛选出强相关量测作为深度神经网络的特征输入，并利用历史断面量测数据、状态估计结果以及添加噪声的增广量测数据样本对深度学习网络进行离线训练，有效提高模型精度和鲁棒性；在线应用阶段，当电力系统的实时量测更新时，将强相关量测输入已建立的状态估计模型中，快速获得系统的状态估计结果。

4.2.1 数据驱动的快速状态估计

随着信息与通信技术迅猛发展，全球数据量呈现爆炸式增长。面对海量、复杂的数据，人们日益发现其是人类发展的重要经济资产，有效的数据分析与挖掘将推动企业乃至整个社会的高效、可持续发展[7]。基于数据驱动方法进行电力系统分析亦满足当下智能电网建设的核心战略需求，因而本节提出基于数据驱动的快速实时状态感知技术，通过分析历史数据的时空关联特性，进而建立多断面数据驱动模型，能够有效提高状态估计的精度和收敛性，以期快速获得较为精确的实时状态估计值，具体流程如图 4-12 所示。

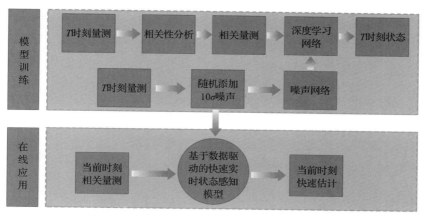

图 4-12　基于数据驱动的快速实时状态感知流程

1. 输入特征筛选

考虑到电网中量测数据规模较大，若将所有量测数据全部作为深度学习网络的特征输入，一方面将会导致深度神经网络 (deep neural net-works, DNN) 的学习效率大大降低，估计速度难以达到在线应用的要求；另一方面大量相关性很低的特征输入，可能会导致 DNN 出现过拟合现象，影响网络的估计精度。因此，本节基于量测与状态变量进行相关性分析，筛选与状态变量强相关的量测作为 DNN 网络的特征输入[8]。

由于电力系统功率方程可以近似为状态变量的线性方程，所以节点状态与相应量测之间有较强的线性相关性，可以选择统计学中应用最为广泛的 Pearson 相关系数作为量测相关性指标：

$$R(X,Y) = \frac{\sum_{i=1}^{n}(X_i - \bar{X})(Y_i - \bar{Y})}{\sqrt{\sum_{i=1}^{n}(X_i - \bar{X})^2}\sqrt{\sum_{i=1}^{n}(Y_i - \bar{Y})^2}} \tag{4-10}$$

统计学中一般定义相关系数绝对值 $0.7 \leqslant |R| \leqslant 1$ 为强相关，因而本节选取 $|R| \geqslant 0.7$ 的量测作为强相关量测输入 DNN 网络。

2. 快速状态估计模型

本方法基于 DNN，DNN 由输入层、输出层以及多个隐含层全连接构成，其结构如图 4-13 所示[9]。

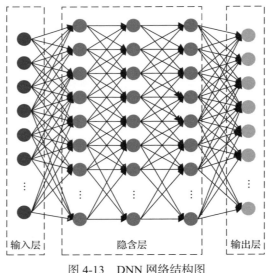

图 4-13　DNN 网络结构图

DNN 的数学原理包括前向传播和反向传播，两部分交替进行。前向传播阶段，隐含层将前一层的输出作为后一层的输入。

$$b_k^L = \sum_{i=0}^{n} w_{ik}^L \cdot a_i^{L-1} + d_k^L \tag{4-11}$$

$$a_k^L = f(b_k^L) \tag{4-12}$$

式中，b_k^L 代表 DNN 第 L 层第 k 个神经元激活前的输出；a_k^L 代表 DNN 第 L 层第 k 个神经元激活后的输出；w_{ik}^L 代表 a_i^{L-1} 到 b_k^L 的线性传递系数；d_k^L 代表 b_k^L 前向传播函数的偏倚常数；$f(\cdot)$ 为激活函数，一般选择 sigmoid 函数，即

$$f(x) = \frac{1}{1 + \mathrm{e}^{-x}} \tag{4-13}$$

DNN 的反向传播通过随机梯度下降（stochastic gradient descent，SGD）迭代优化，使损失函数取到极小值，从而求得网络的最佳参数，包括线性传递系数 w 和偏置常数 d。损失函数通常选取均方误差函数。

3. IEEE9 节点系统算例测试

在如图 4-14 所示的 IEEE9 节点系统中进行仿真测试。测试数据为 IEEE9 节点系统 3200 个断面的仿真数据，根据电网实际运行的负荷曲线仿真得到多断面潮流数据，对多断面潮流数据添加量测噪声，获取各节点对应的节点电压量测及支

路功率量测，并进行加权最小二乘(weighted least square，WLS)估计。使用 DNN 进行离线训练，训练样本为前 3000 个断面数据，输入为断面全部量测数据，输出为断面对应的 WLS 估计结果。测试样本为后 200 个断面数据，系统调用训练完成的 DNN 网络，输入当前时刻的量测即可得到当前时刻的快速状态感知结果，即各节点的电压幅值与相角，并与潮流真值进行对比。

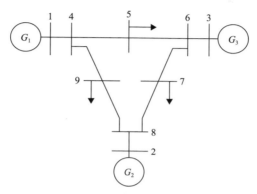

图 4-14　IEEE9 节点系统图

测试在量测噪声为高斯白噪声和 5σ 噪声两种情况下进行，测试结果如下。

1)量测噪声为高斯白噪声

以节点 6 的电压幅值和相角估计为例，其绝对误差如图 4-15、图 4-16 所示。快速状态感知的各节点电压幅值和相角估计结果如表 4-2 所示。WLS 估计的各节点电压幅值和相角估计结果如表 4-3 所示。

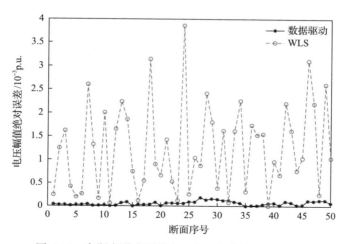

图 4-15　高斯白噪声下节点 6 电压幅值估计绝对误差

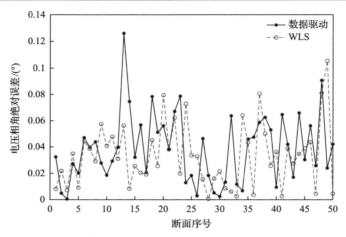

图 4-16　高斯白噪声下节点 6 电压相角估计绝对误差

表 4-2　高斯白噪声快速状态感知估计结果

节点序号	幅值误差/p.u.		相角误差/(°)	
	平均误差	最大误差	平均误差	最大误差
1	0.00012	0.00020	—	—
2	0.00042	0.00055	0.05775	0.16593
3	0.00012	0.00028	0.06682	0.20248
4	0.00046	0.00125	0.03846	0.12094
5	0.00043	0.00226	0.05491	0.16069
6	0.00007	0.00041	0.05314	0.19541
7	0.00050	0.00105	0.05595	0.20979
8	0.00012	0.00068	0.04850	0.16366
9	0.00076	0.00236	0.07408	0.26619
全网均值	0.00033	0.00100	0.05620	0.18564

表 4-3　高斯白噪声 WLS 估计结果

节点序号	幅值误差/p.u.		相角误差/(°)	
	平均误差	最大误差	平均误差	最大误差
1	0.00118	0.00417	—	—
2	0.00121	0.00436	0.03818	0.16433
3	0.00120	0.00418	0.03161	0.12372
4	0.00118	0.00424	0.01545	0.08308
5	0.00118	0.00419	0.02046	0.09049
6	0.00118	0.00411	0.02835	0.10542
7	0.00120	0.00419	0.02957	0.10522
8	0.00120	0.00432	0.03091	0.13149

续表

节点序号	幅值误差/p.u.		相角误差/(°)	
	平均误差	最大误差	平均误差	最大误差
9	0.00122	0.00409	0.02151	0.10437
全网均值	0.00119	0.00421	0.02701	0.11351

2) 量测噪声为 5σ 噪声

在支路 1 的首端有功无功量测、末端有功无功量测，支路 4 的首端有功量测，支路 7 的末端有功无功量测加 5σ 噪声，以节点 6 的电压幅值和相角估计为例，其绝对误差如图 4-17、图 4-18 所示。

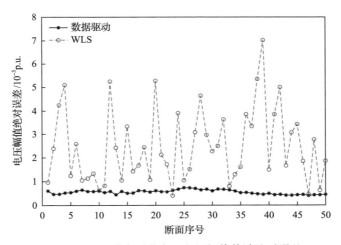

图 4-17　5σ 噪声下节点 6 电压幅值估计绝对误差

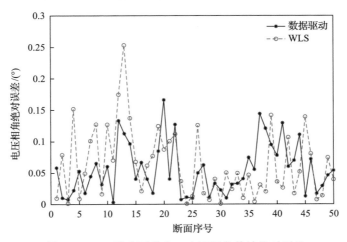

图 4-18　5σ 噪声下节点 6 电压相角估计绝对误差

快速状态感知各节点电压幅值和相角估计结果如表 4-4 所示。

表 4-4　5σ 噪声下快速状态感知估计结果

节点序号	幅值误差/p.u.		相角误差/(°)	
	平均误差	最大误差	平均误差	最大误差
1	0.00012	0.00030	—	—
2	0.00028	0.00051	0.06814	0.24632
3	0.00012	0.00031	0.06473	0.22412
4	0.00043	0.00141	0.04920	0.17728
5	0.00057	0.00161	0.06485	0.19802
6	0.00049	0.00076	0.06560	0.22439
7	0.00027	0.00074	0.10977	0.28036
8	0.00055	0.00079	0.05883	0.20577
9	0.00103	0.00260	0.08243	0.27803
全网均值	0.00043	0.00100	0.07044	0.22929

WLS 估计各节点电压幅值和相角估计结果如表 4-5 所示。

表 4-5　5σ 噪声下 WLS 估计结果

节点序号	幅值误差/p.u.		相角误差/(°)	
	平均误差	最大误差	平均误差	最大误差
1	0.00269	0.00859	—	—
2	0.00217	0.00690	0.08390	0.37800
3	0.00218	0.00706	0.07161	0.36546
4	0.00260	0.00841	0.05821	0.36369
5	0.00250	0.00795	0.06138	0.41405
6	0.00218	0.00702	0.07016	0.39210
7	0.00217	0.00686	0.07245	0.41632
8	0.00218	0.00685	0.07495	0.39372
9	0.00256	0.00853	0.06278	0.42259
全网均值	0.00236	0.00757	0.06943	0.39324

4. 江苏电网测试分析

在江苏电网实际算例中进行测试，测试数据为江苏电网 3200 个断面的实际运行数据，数据源文件为江苏电网实际运行每 15min 一次的 QS 文件。按照支路名称搜索江苏电网中拓扑不变的区域，确定该区域内的线路连接关系及线路参数。挑选江苏电网中部分 500kV 网架的典型节点，获取其在各断面的电压幅值量测及所在支路的功率量测。训练过程和模型输入、输出的生成方式与本节 IEEE9 系统训练过程相同。最后在线应用阶段可以得到当前时刻的快速状态感知结果，即各节点的电压幅值和相角。

　　以节点 1(华东阳城厂.525.2)的电压幅值和相角估计为例，其估计结果如图4-19 所示。

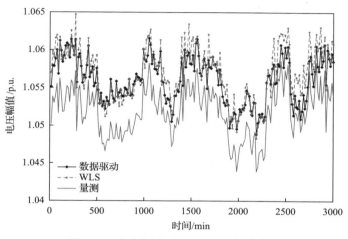

图 4-19　华东阳城厂 525.2 电压幅值估计

　　基于 WLS 的全量测快速状态感知，在量测仅包含高斯白噪声时，电压幅值估计精度明显高于传统 WLS 估计，电压相角估计精度略低于 WLS 估计；在量测中有部分 5σ 噪声时，电压幅值估计精度仍明显高于传统 WLS 估计，电压相角估计精度与 WLS 估计结果相当。因此，所提出的基于 WLS 的全量测快速状态感知与WLS 估计相比具有较好的估计精度和抗差能力，所提方法的计算效率和计算时间与传统 WLS 估计相比有很大的优势。基于 WLS 的全量测快速状态感知中大量的网络训练工作可以离线完成，在线应用阶段可以多线程并行处理，因而网络规模的扩大并不会增加其估计时间。

　　基于 WLS 的全量测快速状态感知，由于使用全量测进行训练，模型的计算效率有所欠缺，且大量的相关性很低的量测使得模型容易出现过拟合的情况，因而考虑先对量测进行相关性分析，利用相关系数来辨识强相关量测，提高模型的计算效率和估计精度。基于 WLS 的全量测快速状态感知，作为点估计并未考虑各节点电压向量间的关系，由于支路功率与首末端电压相角差紧密相关，而上述状态感知方法仅估计节点电压相角，作差后与真值相比误差较大，所以考虑用支路首末端相角差代替节点电压相角，作为 DNN 网络输出。

　　由于电网量测数据中不可避免存在量测粗差，如何在量测粗差存在的条件下精准估计电力系统状态引起了国内外的广泛研究，状态估计的鲁棒性即是对这方面的研究。其中应用最多的是加权最小绝对值(weighted least about value,WLAV)状态估计。近年来抗差状态估计一直是国内外的一个热点研究方向,早在 20 世纪 70 年代发展的非二次准则方法计算时间较长,受当时硬件技术的限制,未得到广泛的应用。相比于最小二乘法,WLAV 的优势在于其受量测粗差的影响小,存在较大量测粗差时也能精准地估计电力系统状态,然而制约抗差状态估计在电力系统中应用最大的问题在于其求解效率低,难以满足电力系统状态估计的实时性要求。在本节中,只需在离线阶段利用 WLAV 估计结果对 DNN 网络进行训练,可以避免上述效率问题,而且能使得估计精度提高,并具有较强的鲁棒性。

　　本节使用 DNN 进行离线训练,训练样本为历史断面数据,输入为历史断面强相关的量测数据,输出为历史断面对应的 WLAV 估计结果。在线应用阶段,系统调用训练完成的 DNN 网络,输入当前时刻的量测即可得到当前时刻的快速状态感知结果,即各节点的电压幅值与各支路的首末端相角差,再对相角差做一个简单的最小二乘回归即可得到各节点电压相角值。

4.2.2　数据-模型融合驱动的智能状态估计

　　数据驱动的状态估计的应用主要还存在两方面问题,一是负荷水平的变化,二是运行方式的变化。负荷水平的变化主要导致学习样本不够全面,估计精度降低,这一问题可以通过增量学习(incremental learning)解决[10, 11]。随着人工智能和机器学习的发展,人们开发了很多机器学习算法。这些算法大部分都是批量学习(batch learning)模式,即假设在训练之前所有训练样本一次都可以得到,学习这些样本之后,学习过程就终止了,不再学习新的知识。然而在实际应用中,训练样本通常不可能一次全部得到,而是随着时间逐步得到的,并且样本反映的信息也可能随着时间产生变化。如果新样本到达后要重新学习全部数据,需要消耗大量时间和空间,因而批量学习的算法不能满足这种需求。只有增量学习算法可以渐进地进行知识更新,且能修正和加强以前的知识,使得更新后的知识能适应新到达的数据,而不必重新对全部数据进行学习。增量学习降低了对时间和空间的需求,更能满足实际要求。许多作者甚至将增量学习等同于在线学习(online learning)[10]。这里,引用 Robipolikar 对增量学习算法的定义,即一个增量学习算法应同时具有以下特点。

　　(1)可以从新数据中学习到新知识。

　　(2)学习新知识的同时保存以前学习到的大部分知识。

　　(3)以前用于训练的样本不需要重复处理。

　　(4)每次只有一个新的样本用于学习。

　　运行方式的变化,主要导致模型的特征输入发生变化,使得模型不可用,针对这一问题可以通过迁移学习解决。迁移学习(transfer learning)顾名思义就是把已训练好的模型参数迁移到新的模型来帮助新模型训练。考虑到大部分数据或任务是存在相关性的，因而通过迁移学习我们可以将已经学到的模型参数（也可理解为模型学到的知识）通过某种方式来分享给新模型，从而加快并优化模型的学习效率，不用像大多数网络那样从零学起[12]。迁移学习的特点如下。

（1）用已有的知识对另一相关领域问题进行求解。

（2）解决目标领域中仅有少量有标签样本数据甚至没有学习样本的问题。

（3）如何减少源域与目标域之间的特征差异。

1. 异构迁移学习

异构迁移学习通过将异构的两域转换到一个潜在的公共子空间，或将源域直接转换到目标域，或将目标域转换到源域的方式，实现异构数据之间的知识迁移。异构迁移学习在异构的源域与目标域之间架起连接桥梁，不需要训练数据与测试数据有同样的分布，让机器学习能拓展到更多的应用场景中。本节采用基于稀疏特征变换函数的无监督异构域自适应（heterogeneous domain augmentation，HDA）技术[12]。

假设 D_s 和 D_t 分别为具有不同特征空间的源域和目标域，在源域 D_s 中有 n_s 个标记样本 (X_s, Y_s)，其中 $X_s \in R^{n_s \times d_s}$ 是特征矩阵，$Y_s \in \{0,1\}^{n_s \times L}$ 是标签矩阵，而在目标域 D_t 中我们只有 n_t 个未标签样本 $X_t \in R^{n_t \times d_t}$，并且需要预测它在源域相同标签空间中的未知标签矩阵 $Y_t \in \{0,1\}^{n_t \times L}$，假设有少量 n_p 个平行样本 (X_s^0, X_t^0)，未标签的平行样本在源域和目标域的特征空间中的特征表达式可以建立跨域连接，采用这种方式相较于获取目标域的样本标签代价更小更便捷，基于特征函数变换的 HDA 方法示意图如图 4-20 所示[12]。

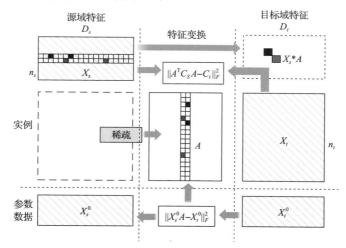

图 4-20　无监督稀疏特征变换示意图

假设可以通过一个变换矩阵 $A \subseteq R^{d_s \times d_t}$ 将源域变换到目标域,线性变换方程可以表示为 $f: X_s \to X_t$,对于平行样本,有 $f(X_s^0) = X_s^0 A$,我们希望这是对 X_t^0 的一个较好近似从而使得方差最小,得到如下转换学习问题:

$$\min_A \left\| X_s^0 A - X_t^0 \right\|_F^2 \tag{4-14}$$

式中, $\|\cdot\|_F^2$ 为范数矩阵,这个学习方程只考虑了平行样本,忽略了两域中大量的未平行数据。

为了建立跨域差异,基于原始目标域特征分布,采用二阶匹配策略进行变换特征分布的排列,得到 HDA 的特征分布排列函数:

$$\min_A \left\| A^T C_s A - C_t \right\|_F^2 \tag{4-15}$$

源特征协方差矩阵 $C_s \in R^{d_s \times d_s}$ 从源域数据 X_s 的非平行样本中计算得到,目标域协方差矩阵 $C_t \in R^{d_t \times d_t}$ 从目标域数据 X_t 的非平行样本中计算得到, A 为线性化转换矩阵。

为了确保特征转换的有效性和跨域分布差异最小化,将式(4-14)和式(4-15)两个损失函数进行整合,从而得到基于特征变换函数的异构学习模型:

$$\min_A \left\| A^T C_s A - C_t \right\|_F^2 + \alpha \left\| X_s^0 A - X_t^0 \right\|_F^2 \tag{4-16}$$

式中, α 是平衡两个损失函数的权重因子。

由于源域特征众多,非正则化的全线性转换过程中可能会发生过拟合,编码噪声或捕获无意识跨域特征,通过稀疏正则化混合范式将原转换问题变为稀疏形式:

$$\|A\|_{p,q} = \left[\sum_{j=1}^{d_t} \left[\sum_{i=1}^{d_s} \left| A_{i,j} \right|^p \right]^{q/p} \right]^{1/q} \tag{4-17}$$

不同的 (p, q) 值,会生成不同的正则化表达式,经过稀疏特征转换后的 HDA 模型可以表示为

$$\min_A \frac{1}{2} \left\| A^T C_s A - C_t \right\|_F^2 + \frac{\alpha}{2} \left\| X_s^0 A - X_t^0 \right\|_F^2 + \frac{\gamma}{q} \|A\|_{p,q}^q \tag{4-18}$$

式中, γ 为稀疏正则化权重因子,原问题转换为一个稀疏正则化优化问题,再通

过交替方向乘子法(alternating direction method of multipliers，ADMM)进行求解。

ADMM 主要用于求解具有可分离变量的优化问题。两变量标准 ADMM 形式如下：

$$\begin{cases} \min f(x) + g(y) \\ \text{s.t. } Ax + By - c = 0 \end{cases} \tag{4-19}$$

式中，f 和 g 为实数值凸函数；x 和 y 为优化向量，$x \in R^n, y \in R^m$；A、B、c 为耦合系数矩阵，$A \in R^{p \times n}, B \in R^{p \times m}, c \in R^p$。其增广拉格朗日函数形式为

$$L_p(x, y, \lambda) = f(x) + g(y) + \lambda^{\mathrm{T}}(Ax + By - c) + \frac{\rho}{2}\|Ax + By - c\|_2^2 \tag{4-20}$$

式中，$\lambda \in R^p$ 为对偶变量；$\rho > 0$ 为惩罚参数。

ADMM 通过交替过程依次求解 x 和 y，然后更新对偶变量直至收敛，具体迭代步骤如下：

$$\begin{cases} x^{k+1} = \underset{x}{\arg\min}\, L_\rho(x, y^k, \lambda^k) \\ y^{k+1} = \underset{y}{\arg\min}\, L_\rho(x^{k+1}, y, \lambda^k) \\ \lambda^{k+1} = \lambda^k + \rho(Ax^{k+1} + By^{k+1} - c) \end{cases} \tag{4-21}$$

式中，k 为迭代步数。

为获得简洁的表达形式，令 $u = (1-\rho)/\lambda$，则式(4-21)可以转换为

$$\begin{cases} x^{k+1} = \underset{x}{\arg\min}(f(x) + \frac{\rho}{2}\|Ax + By^k - c + u^k\|_2^2) \\ y^{k+1} = \underset{y}{\arg\min}(g(y) + \frac{\rho}{2}\|Ax^{k+1} + By - c + u^k\|_2^2) \\ u^{k+1} = u^k + (Ax^{k+1} + By^{k+1} - c) \end{cases} \tag{4-22}$$

标准 ADMM 也可以扩展到多个可分离变量的优化问题。类似于两变量标准 ADMM 求解过程，多个变量按照事先安排的顺序，将前一变量迭代更新后的结果代入下一变量的计算过程，再依次进行交替迭代。

2. 江苏电网测试分析

测试实例为江苏电网，当江苏华电通州燃机 18.2 等节点投入运行时，系统节

点数由 1389 增加至 1397，量测数由 9974 增加至 10006。网络拓扑发生变化时，新增量测的迁移学习估计结果对比如表 4-6 所示。

表 4-6　迁移学习估计结果

新增量测	量测值	WLAV 估计值	迁移学习结果
1	7.04047	7.13816	7.08041
2	−0.80291	−0.80291	−0.82747
3	−6.94555	−6.94555	−6.88916
4	−1.06149	−1.06149	−0.96571
5	6.98339	7.10679	7.03157
6	−0.73949	−0.7395	−0.73711
7	−6.87578	−6.91327	−6.84085
8	−1.10577	−1.12253	−1.11955
9	7.53521	7.51092	7.69028
10	−0.84731	−0.84764	−0.82423
⋮	⋮	⋮	⋮

以新增量测 1 为例，拓扑变化后各断面的迁移学习结果与实际输入的特征值对比如图 4-21 所示。

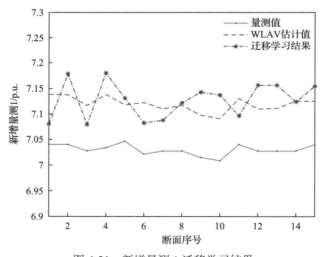

图 4-21　新增量测 1 迁移学习结果

基于异构迁移学习可以得到拓扑变化后的特征输入，进而通过数据-物理模型协同驱动的精准静态状态估计技术得到实时估计值。以江苏华电通州燃机 18.2 为例，其估计结果如图 4-22 所示。

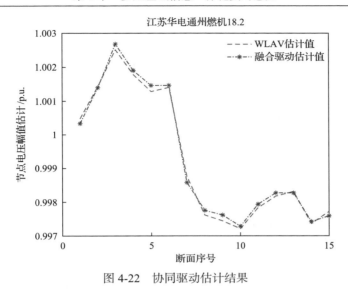

图 4-22　协同驱动估计结果

由数据-物理模型协同驱动的精准静态状态估计结果可以看出,其结果与传统的基于 WLAV 的估计结果比较接近,该方法能有效解决数据驱动状态估计中拓扑变化的问题。

4.3　系统级特征事件智能感知

为了解决我国电力资源与电力负荷的空间分布不均衡问题,我国建立了交直流互联大电网,实现了西电东送及跨区支撑等目标。然而,这一电网环境也为故障的跨区域传播创造了条件[13]。传统的区域性电网问题通过电网以光速传播,可能形成全局性问题,造成严重危害。因此,实现电网中这类事件的快速检测与溯源对于维护电网安全稳定具有重要意义。这类可能由局部问题演化为全局问题的事件,称之为系统性特征事件。在电网调控层面,快速获取全局特征事件信息对于紧急决策与控制具有重要意义。

现有工程应用中,部分特征事件的检测可以在线进行,然而事件溯源大多依靠事后分析,对事件的起因、发展、传播路径和后果进行研判评估。对于系统性特征事件,其整体过程可能涉及多个区域电网,因而需要建立全局数据智能分析框架,进行在线实时监测。实际电网中的量测体系不断完善,通信技术逐步提高,为在线特征事件溯源提供了物质基础[14]。

然而,实际电网每年新增数据均在 PB 级别,如何在海量数据中提取出与特征事件关联性强的量化指标是需要研究的问题[15]。在系统级特征事件发生时,由于复杂过程因素多、波动大且反应机理复杂,从而无法建立精确的数学模型,所以传统的故障诊断方法很难取得令人满意的结果。

基于海量数据和机理复杂两个问题，本节提出的解决方案为构建特征事件的指标体系，从海量数据中提取关键信息；利用数据驱动的人工智能模型，构建电网特征事件的溯源模型。

在特征事件指标体系构建中，基于各种类型事件的不同特性构建关键指标用于事件检测，包括直接量测结果与二次计算指标等。众多关键特征共同构建的指标集能够为判别模型提供特征事件的核心信息，包括事件类型、严重程度和故障诱因等。通过大量离线仿真，构建各类事件的样本集用于事件溯源模型的训练，在批量仿真中，设置各类运行方式及事件参数，形成多样化的样本空间，提高模型泛化能力。

在特征事件溯源模型构建中，分析不同特征事件的智能感知需求，将其转化为离散型的分类问题或是连续型的回归问题。选择适当的人工智能算法，无须建立精确的数学模型，通过输入的特征指标体系获取知识、规则，利用大量故障样本集对分类器进行训练，从而实现系统级特征事件的快速检测及溯源。

基于上述方法，本书针对三类典型系统级特征事件进行智能感知研究，分别为直流换相失败、功率振荡和新能源脱网。三类事件在电网中属于风险较大的跨区系统级事件，因而对于事件的起因、定位和后续态势分析具有迫切实际需求。对于换相失败事件，分析事件的起因和故障位置。对于功率振荡，需要对振荡类型进行判断，然后对振荡中心进行定位。对于新能源脱网，需要对故障诱因进行辨别，其次需要准确定位初始故障位置。以上三类事件的智能感知研究将在下面三小节分别展开。

4.3.1　直流多馈入地区换相失败

随着直流输电工程的快速建设，我国华东、华南等负荷中心地区形成了典型的多馈入直流系统，其中华东电网截至 2018 年底共馈入 11 回直流，直流的密集接入在有效缓解用电压力的同时，也给电力系统的安全稳定运行带来了新的挑战[16]。

换相失败是传统直流系统的典型故障，通常情况下，一次换相失败后直流系统能自行恢复，但对于如图 4-23 所示的多馈入直流系统及大区交直流混联电网，换相失败故障对电网的扰动呈现全局化特点。若多回直流同时出现换相失败，即使能在一次换相失败后自行恢复，其对送、受端交流系统造成的影响也不容忽视。

1. 直流换相失败故障指标体系

以我国华东电网作为研究对象，在 BPA 中对直流多馈入的华东地区受端电网进行换相失败仿真。设置华东范围内 525kV 和 1050kV 电压等级的三相短路故障。

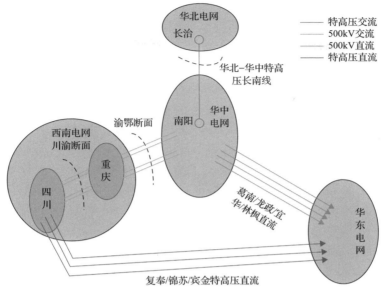

图 4-23　典型直流互联区域格局

在 2018 夏高运行方式下，设置故障持续时间从 3 周波到 8 周波的预想故障集，如表 4-7 所示。

表 4-7　三相短路故障位置

区域	母线名称
上海	三林，亭卫，静安，杨高，顾路，杨行，徐行，黄渡，南桥，新余，泗泾
苏北	旗杰，潘荡，滨响，凤城，仲洋，双草，丰汇，伊芦，上河，高邮
南京	安澜，双泗，三堡，东明，阳城，任庄，龙湖，岱山，姚湖，秋藤，秦淮，上党，访仙，晋陵，江都，龙王，东善，张家
苏州	武南，车坊，木渎，吴江，阳羡，岷珠，惠泉，熟南，石牌，昆南，梅里
浙江	兰亭，舜江，河姆，凤仪，苍岩，古越，乔司，仁和，涌潮，双龙，万象，永康，丹溪，吴宁，夏金，信安，芝堰，仙居，回浦，宁海，塘岭

以受端换流站熄弧角为判断指标，熄弧角小于 7°认为发生换相失败，对所有仿真样本进行统计，并基于直流换相失败的物理机理构建特征时间指标集，包括表 4-7 中所有母线位置的电压、所有换流站交流侧和直流侧电压，直流线路输电功率，换流站无功投入容量和熄弧角等。上述指标对于直流换相过程影响较大，适合作为特征事件检测与溯源的指标集。

2. 直流换相失败故障溯源与定位

本节展示对直流系统换相失败多种初始影响因素的识别，包括交流系统故障、谐波窜入和直流控保故障。利用 PSCAD 进行电磁暂态仿真，获取三种因素导致换相失败的故障数据，通过机器学习实现自动判别初始故障因素。对于交流系统故障引起换相失败这一最为常见的因素，通过 BPA 进行华东电网的大量仿真，设置多种运行方式和故障参数，模拟实际换相失败故障的样本空间。

为了对换相失败进行初始故障类型溯源，对短路故障、谐波和直流控保系统故障三种常见类型的故障进行判别。在 PSCAD 中，构建 CIGRE 系统的直流换相失败场景，记录故障后系统各参数波形，用于人工智能算法训练与测试，实现故障后立即根据量测波形判别故障类型。不同因素导致换相失败，其母线电压具有明显差异，故采用母线电压有效值作为三种故障分类的特征值，将 0～3s 内电压数据生成特征向量。分别将三种类型的向量进行标注，形成数据样本。

采用"10 折交叉验证"进行训练与测试，采用的人工智能方法为极限学习机，该算法对于模式识别问题具有较强解决能力，测试结果如表 4-8 所示。

表 4-8　换相失败因素分类结果

故障类型	三相短路/%	交流谐波/%	控制故障/%
三相短路	97.5	1.9	0.6
交流谐波	0.9	98.6	0.5
控制故障	0.4	0.1	99.5

表 4-8 中主对角线为分类的正确率，其他为误分类的情况。其中触发角错误分类正确率最高为 99.5%，其原因可能是触发角错误的电压波形中，电压低点区别于其他两种故障类型，相对较高。而短路故障和谐波窜入电压趋势大致相同，区别在于电压波形中是否叠加谐波电压。从表 4-8 中三相短路和交流谐波的误判进行分析，也能得到类似的结论。三相短路导致的换相失败有 1.9%被误判为交流谐波，而仅有 0.6%被误判为触发错误。这一数据对比表明，极限学习机将三相短路和交流谐波视作较为相似的样本。同理，交流谐波的误判样本也验证了这一推断。

此外，算例中故障类型分类平均耗时仅为 0.007 秒，能够满足电网调控实时性的要求。因此，本方法能够根据换相失败后的交流母线电压数据准确快速确定初始故障类型。

在三种导致换相失败的故障中，交流系统的短路故障最为常见。在判断出故障类型为交流系统短路故障后，需要进一步确定短路位置。为了对换相失败的初始短路故障位置进行溯源，基于华东电网 2018 夏高典型运行方式，在 BPA 中进行批量仿真，获取溯源数据集，样本集情况如表 4-9 所示。首先，在 BPA-华东电网模型中 1050kV 和 500kV 电压等级电网，设置 71 条母线的三相短路故障，故障后 10～18ms 故障切除，记录故障前中后的仿真数据，并调整电网的整体负荷水平、局部线路拓扑及故障切除时间等，共获取 1420 组仿真数据。

表 4-9　换相失败因素分类结果　　　　　　　　　　（单位：个）

区域	母线数量	样本数量	换相失败
上海	11	220	212
苏北	10	200	189
南京	18	360	347
苏南	11	220	205
浙江	21	420	394

对换相失败进行溯源，分为两个阶段，分别是故障因素的溯源与交流系统故障定位，均采用极限学习机算法实现。利用已有样本进行监督分类学习，训练出能够故障溯源的因素判别与定位模型。

图 4-24 中排名前 60 位的特征作为提取结果，主要包括母线电压、发电机无功功率和直流熄弧角等。将经过特征提取的样本通过 ELM 进行训练，测试结果如表 4-10 所示。

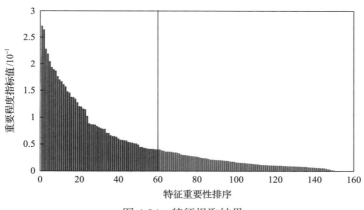

图 4-24　特征提取结果

表 4-10　短路位置定位测试结果

区域	上海/%	苏北/%	南京/%	苏南/%	浙江/%
上海	97.3	0.2	0.5	1.2	0.8
苏北	0.6	98.5	0.7	0.2	0
南京	0.1	1.3	97.6	0.7	0.3
苏南	0.1	0	0.3	98.7	0.9
浙江	0.4	0	0	0.3	99.3

由表 4-10 中结果可以发现，各区域短路故障定位准确率均在 97%以上。因此，在判断出初始故障类型为交流系统短路故障后，本书方法能够进一步判断出短路

区域。算例中，单次定位平均需要 0.012s，能够满足调控时间尺度的要求。

通常情况下，直流发生单次换相失败后能够自行恢复正常运行，不会对交直流系统稳定性造成较大的影响。但若直流系统出现连续的换相失败，可能会给送受端系统带来较大影响。选取各仿真的故障切除时刻数据作为机器学习输入，预测是否发生直流闭锁，准确率达到 87%。

4.3.2　交直流互联电网功率振荡

快速检测和抑制功率振荡是保证电力系统安全运行的重要工作。电力系统功率振荡(也称机电振荡、低频振荡)是指：电力系统受到扰动时，并列运行的同步发电机的转子间的相对摇摆，导致系统中出现功率、电压、功角等电气量不同程度振荡的现象。引起低频振荡的原因主要有两种，一种是由电力系统阻尼不足而导致的负阻尼振荡，另一种则是由电力系统中存在持续周期性的扰动而导致的强迫功率振荡。在实际电力系统中发生的负阻尼振荡与强迫功率振荡，常常由于波形的相似性，难以辨别其振荡类型，因而对振荡类型判别的研究一直以来受到广泛的关注和重视。对低频振荡类型进行快速准确地辨识，不仅有助于及时确定产生低频振荡现象的具体原因，也可以为电力运行工作人员对于相应控制措施的采取及实施提供依据。因此，为维持电网的安全、稳定、可靠运行，对于电力系统低频振荡类型辨识的研究有着极其重要的现实意义。

1. 功率振荡判定量化指标体系

强迫振荡是由系统中存在的周期性扰动源引起的振荡现象。而且当扰动源的振荡频率与系统的固有频率接近时，由于共振作用，强迫振荡的振幅明显增大。强迫振荡由于具有启振快、振荡期间幅值基本相等、以及当扰动源切除后振荡快速衰减等特点，需要快速定位和消除强迫振荡扰动源，以达到抑制振荡的目标。

根据功率振荡波形特性构建如下指标。

1) 时域和频域指标

构造多个典型时频域统计量作为候选特征，包括常用的均值、标准差、均方根指标，高阶统计量歪度、峭度指标，以及典型波形描述指标如波形指标、脉冲指标等 24 个指标。

2) 能量指标

通过计算电力系统的暂态能量函数，计算其时域指标、频域指标和能量时空分布熵作为能量指标。

3) 相关性指标

相关性指标包括两部分：互相关特征指标和自相关特征指标。本节分别取互相关函数与自相关函数在延时不为 0 时的最大值作为描述振荡特征的相关性指标，并选择低频振荡电压波动最剧烈的节点作为互相关函数计算的参考节点。

4) 复杂度指标

采用样本熵来反映振荡信号的复杂度。

5) 模态指标

将振荡信号的频率和阻尼比作为模态指标对低频振荡进行描述。

2. 低频功率振荡检测

基于所提出的低频功率振荡特征，本节提出一种基于多维特征及 ReliefF-mRMR 的低频振荡类型识别方法，其兼具 ReliefF 算法效率高与 mRMR 算法能够减少特征子集冗余度的优势。基于多维特征及 ReliefF-mRMR 的低频振荡类型识别方法流程示意图如图 4-25 所示，具体步骤如下。

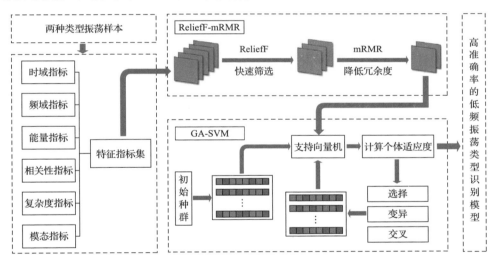

图 4-25　基于多维特征及 ReliefF-mRMR 的低频振荡类型识别方法流程

(1) 充分考虑扰动源特性、系统运行条件、阻尼水平、噪声等多种影响因素，对两种类型低频振荡进行批量仿真，获得数据样本；

(2) 计算样本的包括时域、频域、能量、相关性、复杂度和模态六个方面的特征指标集；

(3) 对特征指标集使用 ReliefF-mRMR 方法进行特征选择，得到特征子集；

(4) 使用 GA-SVM 对得到的特征子集进行训练，得到低频振荡类型识别模型；

(5) 将未知类型的振荡数据特征指标输入到识别模型中，对其振荡类型进行识别。

　　结果分析：对两种低频振荡起振时段波形和振荡稳定时段波形分别验证模型的准确率。振荡类型识别模型准确率见表 4-11。

表 4-11　识别模型准确率

录波数据类型	普通 SVM 准确率/%	GA-SVM 准确率/%
起振波形	94	100
稳态波形	92	99

　　针对负阻尼振荡阻尼比接近于 0 时，其波形与强迫功率振荡类似的情况，使用振荡类型识别模型对其振荡类型进行判别。经测试，对于负阻尼振荡阻尼比接近于 0 的波形数据，使用该方法依然可以识别其为负阻尼振荡。

　　在 New England 发生的实际强迫功率振荡和华东电网发生的负阻尼振荡，波形如图 4-26 和图 4-27 所示。经对所提方法测试，判别结果与实际一致。

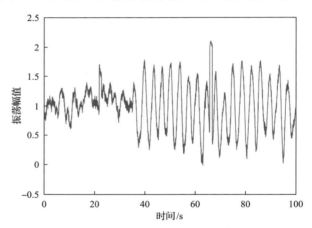

图 4-26　ISO 新英格兰电网发生强迫功率振荡波形图

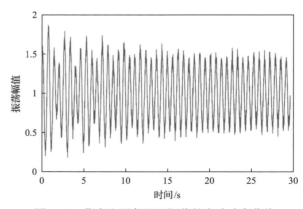

图 4-27　华东电网负阻尼振荡的有功功率曲线

3. 功率振荡扰动源定位

强迫振荡扰动源的准确定位是消除强迫振荡、恢复电力系统正常运行的关键。本节提出一种基于平滑伪 Wigner-Ville 分布(SPWVD)图像和深度迁移学习的强迫振荡扰动源定位方法。首先对强迫振荡信号采用 SPWVD 方法以图像形式表征全网强迫振荡特征信息，然后通过深度迁移学习将其他领域的图像识别知识迁移到电力系统领域[17]，挖掘振荡图像与扰动源位置之间的联系，在保证训练准确度的同时，提升神经网络训练效率。方法步骤如下。

(1)获取强迫振荡样本中全网各发电机的有功功率振荡信号 X_i(i=1, 2, …, N)。

(2)将归一化后的振荡信号采用 SPWVD 进行变换，得到各发电机振荡信号能量的时频分布。

(3)对各发电机的时频分布进行排列，获取表征整个电力系统振荡信息的 SPWVD 矩阵。

(4)采用线性映射的图像生成方法将矩阵进行图像化处理，并通过调整图像像素获取定位图像。

(5)冻结前 P 层卷积神经网络，设置训练的超参数，包括 Epoch、Mini_Batch、学习率等，对步骤(4)形成的图像使用预训练的卷积神经网络迁移学习，验证生成模型的离线准确率。

(6)判断模型离线定位准确率是否达到期望阈值，若没达到，返回步骤(5)减少卷积神经网络冻结层数 P，重新进行训练，直至达到所期望的模型准确率阈值，得到强迫振荡扰动源定位模型。

(7)针对实际发生的强迫振荡，获取 PMU 振荡数据，并依据步骤(1)~(4)的方法形成图像，输入到强迫振荡扰动源定位模型定位扰动源所在位置。

考虑扰动所在发电机位置、扰动输入类型、扰动频率、扰动幅值和负荷水平等参数的变化，在不同发电机的原动机转矩或励磁系统的输入上施加不同大小和频率的正弦扰动激发强迫振荡，从而构造强迫振荡样本。此外，在综合考虑模型的训练准确率和效率的情况下，选择冻结前 10 层 VGG16 网络作为以下仿真的预训练网络，训练生成的网络即为强迫振荡定位模型。定位模型判别结果的混淆矩阵如图 4-28 所示。

综上所述，对全网振荡数据采用 SPWVD 分析并进行图像化处理，可以有效降低振荡波形中的冗余数据，并能将复杂的强迫扰动源定位问题转化为图像识别问题，从而便于具有强大图像识别能力的卷积神经网络进行处理，保证了训练准确率。此外，本方法还通过采用预训练的卷积神经网络进行迁移学习，相比不进行迁移，可以在保证较高的定位准确度的条件下，提高训练效率，而且相比传统机器学习算法，还具有准确度高和无须特征工程的优势。

	1	2	3	4	5	6	7	8	9	10	11	12	13	14	15	16	17	18	19	20	21	22	23	24	25	26	27	28	29
1	97.0	0.2	1.9	0.2	0	0	0.6	0	0	0	0	0	0	0	0	0	0	0	0	0	0	0	0	0	0	0	0	0	0
2	0.9	95.8	0.7	2.6	0	0	0	0	0	0	0	0	0	0	0	0	0	0	0	0	0	0	0	0	0	0	0	0	0
3	0	0	100	0	0	0	0	0	0	0	0	0	0	0	0	0	0	0	0	0	0	0	0	0	0	0	0	0	0
4	0	3.4	1.2	95.3	0	0	0	0	0	0	0	0	0	0	0	0	0	0	0	0	0	0	0	0	0	0	0	0	0
5	0	0	0	0	100	0	0	0	0	0	0	0	0	0	0	0	0	0	0	0	0	0	0	0	0	0	0	0	0
6	0	0	0	0	0	100	0	0	0	0	0	0	0	0	0	0	0	0	0	0	0	0	0	0	0	0	0	0	0
7	0.8	0	2.2	0	0	0.4	96.6	0	0	0	0	0	0	0	0	0	0	0	0	0	0	0	0	0	0	0	0	0	0
8	0.2	0	0	0	0	0	0	95.4	3.1	0.2	0	0	0	0	0	0.2	0.8	0	0	0	0	0	0	0	0	0	0	0	0
9	0.5	0	0	0	0	0.3	0	0	98.9	0	0	0	0	0	0	0.3	0	0	0	0	0	0	0	0	0	0	0	0	0
10	0	0	0	0	0	0	0	0	0	100	100	0	0	0	0	0	0	0	0	0	0	0	0	0	0	0	0	0	0
11	0	0	0	0	0	0.4	0	0	0.2	98.1	0	0	0	0	0	0	0	0	0	0	0	0	0	0.2	0	1.0	0	0	0
12	0	0	0	0	0	0	0	0	0	0	99.8	0	0	0	0.2	0	0	0	0	0	0	0	0	0	0	0	0	0	0
13	0	0	0	0	0	0.2	0	0	0	0	0.2	0	98.3	0	0	0	0	0	0	0	0	0	0	0	0	0	0	1.3	0
14	0	0	0	0	0	0	0	0	0	0	0	0.2	0.2	99.6	0	0	0	0	0	0	0	0	0	0	0	0	0	0	0
15	0.6	0	0	0	0	0	3.4	0	0	0.3	0.9	0	94.5	0	0	0	0	0	0	0	0	0	0	0	0	0	0	0.3	0
16	1.1	0.9	0.2	0	0	0.4	0	0	0	0	0.4	0	1.3	92.1	2.2	0.2	0	0	0	0	0	0.2	0	0.4	0	0	0.4		
17	0	0	0	0	0	0	0	0	0	0	0	0	0	0.5	1.3	97.0	0.8	0	0	0	0	0.5	0	0	0	0	0	0	0
18	0	0	0	0	0	0	0	2.7	1.7	0	0	0	0.2	0	0.2	0.2	1.2	93.1	0	0	0	0	0	0.2	0	0.2	0	0	0
19	0	0	0	0	0	0	0	0	0	0	0	0	0	0	0.2	0	99.6	0	0	0.2	0	0	0	0	0	0	0	0	0
20	0	0	0	0	0	0	0	0	0	0	0	0	0	0	0.4	0	0	96.7	0.2	1.9	0.2	0.4	0	0	0	0	0	0	0
21	0	0	0	0	0	0	0	0	0	0	0	0	0	0	0	0	0	0	0	0.4	98.4	1.2	0	0	0	0	0	0	0
22	0	0	0	0	0	0	0	0	0	0	0	0	0	0.2	0.2	0	0	0.9	0	98.4	0	0	0.2	0	0	0	0	0	0
23	0	0	0	0	0	0	0	0	0	0	0	0	0	0	0	0	0	0	0	0	0	100	0	0	0	0	0	0	0
24	0	0	0	0	0	0.2	0	0	0	0	0	0	0	0	0	0	0	0	0	0	0	99.2	0.4	0	0.2	0	0	0	0
25	0	0	0	0	0	0	0	0	0	0	0	0	0	0	0	0	0	0	0	0	0	0	0.9	99.1	0	0	0	0	0
26	0	0	0	0	0	0	0	0	0	0	0	0	0	0	0	0	0	0	0	0	0	0	0	100	0	0	0	0	0
27	0	0	0	0	0	0	0	0	0	0	0	0	0	0	0	0	0	0	0	0	0.7	2.0	0.5	96.8	0	0			
28	0	0	0	0	0	0	0	0	2.3	0	0	0	0	0	0	0	0	0	0	0.5	0.2	0	0	95.5	1.6			
29	0	0	0	0	0	0	0	0	0.2	0	0	0	0	0	0.4	0	0	0	0	0	0	0	0	0	0	0	99.3		

图 4-28　定位模型混淆矩阵

4.3.3 新能源高渗透率地区风电场脱网

我国风能资源与负荷在地理上呈逆向分布，风电基地通常先进行大规模集中开发再通过高压输电线路连接至负荷中心。虽然风能资源得到了有效利用，但是集群风电的并网点电压支撑能力减弱，易受到外界扰动的影响，从而引发风电机组大规模脱网[18]。风电机组脱网包括低电压脱网和高电压脱网。目前，风电机组均具备一定的低电压穿越能力，降低了风电机组低电压脱网的频率。然而，由于缺少针对抑制风电机组高电压脱网的研究，风电机组高电压脱网事件时有发生。导致风电机组高电压脱网的原因主要有以下三种。

(1)在风电场中的部分风电机组因三相短路故障而脱网后，无功补偿设备因不能自动投切而造成无功过剩，系统电压升高，最终导致临近的风电机组高电压脱网。

(2)在高压直流输电线路发生直流换相失败故障后，直流系统内的大量无功涌入交流系统，造成送端母线电压升高，导致相邻的风电机组因高电压保护而脱网。

(3)在高压直流输电线路发生直流闭锁故障后，其无功补偿装置和送端的交流电源发出的无功大量盈余，造成送端母线电压升高，诱发附近的风电机组高电压脱网。

在实际电网中，由以上三种原因导致的高电压脱网风电机组的机械量、电气量变化区间存在重合，难以准确区分导致风电机组高电压脱网的故障类型。因此，有必要对导致风电机组高电压脱网的故障类型进行有效区分，为电网运行维护人员采取相应措施提供依据，及时缩小风电机组高电压脱网的规模，以降低其对电网及用户的负面影响。

1. 风电机组脱网功率指标体系

近年来，AI(artificial intelligence)方法逐渐兴起，该方法无须建立精确的数学模型，只需通过输入的特征指标体系获取知识、规则，对分类器进行训练，就可实现事件的快速分类。因此，可将 AI 方法应用于风电机组高电压脱网故障溯源。根据 PSASP 暂态稳定仿真的输出电气量和机械量，得到 13 个反映风电场高电压脱网特性的指标。

1)风电机组输出有功功率最大变化量 ΔP_e

$$\Delta P_e = (P_{emax} - P_{emin}) / P_{enom} \tag{4-23}$$

式中，P_{emax} 为风电机组在暂态时的最大输出有功功率；P_{emin} 为风电机组在暂态时的最小输出有功功率；P_{enom} 为风电机组输出有功功率的额定值。

2)风机转子角速度最大变化量 $\Delta \omega_g$

$$\Delta \omega_g = (\omega_{gmax} - \omega_{gmin}) \times 1000 \tag{4-24}$$

式中，ω_{gmax} 为风机转子角速度在暂态时的最大值；ω_{gmin} 为风机转子角速度在暂态时的最小值。

3)风轮转速最大变化量 $\Delta \omega_t$

$$\Delta \omega_t = (\omega_{tmax} - \omega_{tmin}) \times 1000 \tag{4-25}$$

式中，ω_{tmax}、ω_{tmin} 分别为风轮转速暂态时的最大值、最小值。

4) 风电场输出无功功率最大变化量 ΔQ_e

$$\Delta Q_e = (Q_{emax} - Q_{emin}) \times n \qquad (4\text{-}26)$$

式中，Q_{emax} 为风电机组在暂态时的最大输出无功功率；Q_{emin} 为风电机组在暂态时的最小输出无功功率；n 为风电机组输出无功功率在暂态时从极小值变化到极大值的次数。

5) 风机暂态电势变化量 $\Delta E'$

$$\Delta E' = \sum_{i=1}^{n} |E_i'| \qquad (4\text{-}27)$$

式中，$|E_i'|$ 为每半波的峰值的绝对值。

6) 风机端电流最大变化量 ΔI_t

$$\Delta I_t = (I_{tmax} - I_{tmin}) / I_{tnom} \qquad (4\text{-}28)$$

式中，I_{tmax} 为风机在暂态时的最大端电流；I_{tmin} 为风机在暂态时的最小端电流；I_{tnom} 为风机机端电流的额定值。

7) 风机机端电压最大变化量 ΔU_t

$$\Delta U_t = (U_{tmax} - U_{tmin}) / U_{tnom} \qquad (4\text{-}29)$$

式中，U_{tmax} 为风机在暂态时的最大端电压；U_{tmin} 为风机在暂态时的最小端电压；U_{tnom} 为风机端电压的额定值。

8) 风电场并网点母线电压最大变化量 ΔU_{bus}

$$\Delta U_{bus} = (U_{busmax} - U_{busmin}) / U_{busnom} \qquad (4\text{-}30)$$

式中，U_{busmax} 为暂态时的风电场并网点母线电压最大值；U_{busmin} 为暂态时的风电场并网点母线电压最小值；U_{busnom} 为暂态时的风电场并网点母线电压额定值。

9) 风机桨距角最大变化量 $\Delta \theta_1$

$$\Delta \theta_1 = (\theta_{1max} - \theta_{1min}) / \theta_{1nom} \qquad (4\text{-}31)$$

式中，θ_{1max} 为暂态时风机桨距角的最大值；θ_{1min} 为暂态时风机桨距角的最小值；θ_{1nom} 为暂态时风机桨距角的额定值。

10) 风机机械功率最大变化量 ΔP_m

$$\Delta P_m = (P_{mmax} - P_{mmin}) / P_{mnom} \qquad (4\text{-}32)$$

式中，P_{mmax} 为暂态时风机机械功率的最大值；P_{mmin} 为暂态时风机机械功率的最小值；P_{mnom} 为暂态时风机机械功率的额定值。

11) 风机滑差最大变化量 ΔS

$$\Delta S = (S_{max} - S_{min}) / S_{nom} \tag{4-33}$$

式中，S_{max} 为暂态时风机的滑差最大值；S_{min} 为暂态时风机的滑差最小值；S_{nom} 为风机的滑差额定值。

12) 风电场并网点母线电压功角变化量 $\Delta\theta_2$

$$\Delta\theta_2 = (\theta_{2max} - \theta_{2min}) / \theta_{2nom} \tag{4-34}$$

式中，θ_{2max} 为风电场并网点母线电压功角的最大值；θ_{2min} 为风电场并网点母线电压功角的最小值；θ_{2nom} 为风电场并网点母线电压功角的额定值。

13) 风电场无功补偿变化量 ΔQ_{SVC}

$$\Delta Q_{SVC} = (Q_{SVCmax} - Q_{SVCmin}) / Q_{SVCnom} \tag{4-35}$$

式中，Q_{SVCmax} 为暂态时风电场并网点母线上无功补偿量最大值；Q_{SVCmin} 为暂态时风电场并网点母线上无功补偿量最小值；Q_{SVCnom} 为暂态时风电场并网点母线上无功补偿量最大值。

在这 13 个指标中，ΔP_e、ΔI_t、V_t、ΔU_{bus}、$\Delta\theta_1$、ΔP_m、ΔS、$\Delta\theta_2$、ΔQ_{SVC} 以比值的形式来反映变化程度；$\Delta\omega_g$ 和 $\Delta\omega_t$ 分别将风机转子角速度和风轮转速的最大值与最小值之差放大了 1000 倍，从而突出这两个量在不同故障场景下的变化差异；ΔQ_e 计及了风电场无功功率在暂态时从最小值变化到最大值的次数；$\Delta E'$是风电场在暂态时的每半波电势峰值之和，从而突出不同故障场景下的变化区别。

2. 风电机组高电压脱网故障溯源与定位

基于上述特征集，本节提出脱网事件溯源模型，考虑的风电机组高电压脱网故障包括单重故障和多重故障。其中，单重故障包括直流失败故障、直流闭锁失败故障、三相短路故障。多重故障包括双重三相短路故障、三相短路+换相失败故障、三相短路+直流闭锁故障。在 PSASP 中，对各故障场景参数进行设定，获取单重故障和多重故障场景下脱网风机的输出数据。

基于单重故障场景下的数据，将第 i 组风电场高电压脱网的 13 个指标存储到 1*13 的向量 x_i $(i=1,2,3,\cdots,n)$ 中，则 n 组指标数据汇总为 $X_1 = \{x_1, x_2, \cdots, x_n\}$。记第 i 次风电场高电压脱网的故障类别为 y_i，发生直流换相失败故障时，$y_i=1$；发生直流闭锁失败故障时，$y_i=2$；发生三相短路故障时，$y_i=3$，则对应 X_1 的 n 组故障

类别汇总为 $Y_1 = \{y_1, y_2, \cdots, y_n\}$，从而单重故障场景下的数据样本存储为 $S_1 = [X_1 Y_1]$。同理，基于多重故障场景下的数据，m 组指标数据可汇总为 $X_2 = \{x_1, x_2, \cdots, x_m\}$，对应 X_2 的 m 组故障类别汇总为 $Y_2 = \{y_1, y_2, \cdots, y_m\}$，从而多重故障场景下的数据样本存储为 $S_2 = [X_2 Y_2]$。

在获取数据样本之后，选择支持向量机对风电场脱网故障进行溯源。由于训练样本中的指标很多，若不进行筛选，则支持向量机进行故障溯源的时间会大幅增加。由于 SU-mRMR 法既能保留指标数据的特征，又能有效降低指标数据的冗余，通过该方法筛选出的特征指标能够很好地反映风电场高电压脱网故障特性，同时提高了支持向量机的故障溯源效率。

采用互信息法得到 13 个指标、故障类别的互信息量后，分别计算各自对应的 SU 值，可有效避免互信息量易偏向的问题，SU 值计算公式如下：

$$SU(x, y) = \frac{2I(x, y)}{H(x) + H(y)} \tag{4-36}$$

式中，x 为第 i 项指标；y 表示为第 $l(l = 1, 2, \cdots, 13, l \neq i)$ 项指标或故障类别 Y。$H(x)$ 和 $H(y)$ 分别为事件 x 和事件 y 的边缘熵，$H(x)$ 的计算公式如下：

$$H(x) = \sum_x [\ln p(x)] p(x) \tag{4-37}$$

在采用 SU 值及最大相关最小冗余(SU-mRMR)法从该指标体系中提取出特征指标集后，将训练样本输入经过粒子群优化参数后的支持向量机(PSO-SVM)进行故障溯源训练，再将测试样本输入经过训练后的支持向量机中，从而获取采用支持向量机进行风电场脱网故障溯源的准确率。基于 PSO 法优化 SVM 参数的示意图如图 4-29 所示。

采用 10 折交叉验证策略选取训练和测试样本，单重故障场景下的数据样本 S_1 为 360 组，10 组风电场高压脱网单重故障判断结果如图 4-30 所示，分别以 A1、A2、A3 表示直流换相失败故障、直流闭锁故障、三相短路故障。这 10 组单重故障判断中，有 8 组单重故障判断的准确率达到了 97.22%，仅出现 1 组故障判断错误的情况；剩余 2 组单重故障判断的准确率为 94.44%，出现了 2 组故障判断错误的情况。这 10 组单重故障判断的平均准确率为 96.67%。

单重故障溯源具体结果分布如表 4-12 所示，表中列举了 3 种故障类型的识别结果。以换相失败为例，换相失败样本总计 120 例，其中 116 例准确识别为换相失败，2 例误判为直流闭锁，2 例误判为三相短路。

其中一组风电场高压脱网单重故障判断准确率如表 4-13 所示。

采用 10 折交叉验证策略选取训练和测试样本，多重故障场景下的数据样本 S_2 为 500 组，10 组风电场高压脱网多重故障判断结果如图 4-31 所示。

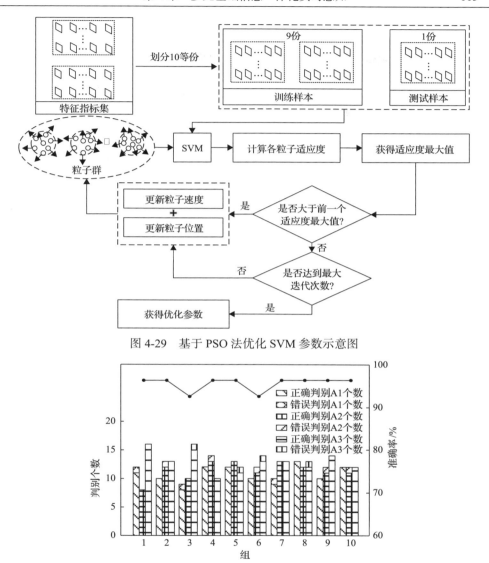

图 4-29 基于 PSO 法优化 SVM 参数示意图

图 4-30 风电场高压脱网单重故障判断汇总

表 4-12 风电场高压脱网单重故障溯源结果分布

混淆矩阵		识别故障结果			识别正确率
		换相失败	直流闭锁	三相短路	
真实故障	换相失败	116/120	2/120	2/120	96.67%
	直流闭锁	3/80	75/80	2/80	93.75%
	三相短路	2/160	1/160	157/160	98.13%
平均正确率		96.67%			

表 4-13　单组风电场高压脱网单重故障判断准确率

故障	数量/个	成功数/个	准确率/%
换相失败	12	11	91.67
直流闭锁	8	8	100
三相短路	16	16	100
平均准确率/%		97.22	

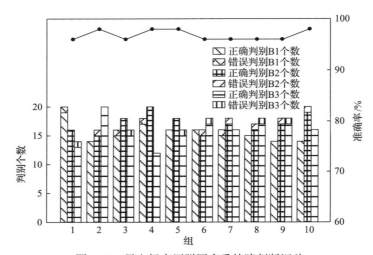

图 4-31　风电场高压脱网多重故障判断汇总

图 4-31 中，B1 表示双重三相短路故障，B2 表示三相短路+直流换相失败故障，B3 表示三相短路+直流闭锁故障。10 组多重故障判断中，有 4 组多重故障判断的准确率达到了 98%，有 6 组多重故障判断的准确率为 96%。这 10 组多重故障判断的平均准确率为 96.8%。

多重故障溯源具体结果分布如表 4-14 所示，表中列举了 3 种连锁故障链的识别结果。以 B1 故障链为例，B1 样本总计 280 例，其中 275 例准确识别为 B1，2 例误判为 B2，3 例误判为 B3。

表 4-14　风电场高压脱网多重故障溯源结果分布

混淆矩阵		识别故障结果			识别正确率
		B1	B2	B3	
真实故障	B1	275/280	2/280	3/280	98.21%
	B2	2/120	116/120	2/120	96.67%
	B3	5/100	2/100	93/100	93.00%
平均正确率			96.80%		

其中一组风电场高压脱网单重故障判断准确率如表 4-15 所示。

表 4-15　单组风电场高压脱网单重故障判断准确率

故障	数量/例	成功数/例	准确率/%
B1	20	19	95.00
B2	16	16	100
B3	14	13	92.86
平均准确率/%		97.22	

在通过支持向量机输出故障溯源结果之后,可根据电网保护设备的数据对故障发生位置进行定位,具体定位方法如下。当支持向量机判断出引发风电场高电压脱网的故障为直流换相失败时,可根据直流换相失败发生时的特征-直流电流大于阀侧电流,对比直流线路保护设备记录的直流电流和阀侧电流,即可实现换相失败故障点的定位;当支持向量机判断出引发风电场高电压脱网的故障为直流闭锁时,可根据直流闭锁发生时的特征-送端和受端不存在耦合关系,检测直流线路保护设备记录的直流电流异常值,即可实现直流闭锁故障点的定位;当支持向量机判断出引发风电场高电压脱网的故障为三相短路时,可根据三相短路发生时的特征-三相短路处的母线电压为 0,检测电网保护设备记录的母线电压异常值,即可实现三相短路故障点的定位。

4.4　多元基础信息一体化融合及主题化展示

随着特高压交直流混联大电网快速发展,大电网联系更加紧密,局部故障影响全局化,大电网运行的一体化特征凸显,全局监视、全网防控的需求日益突出[19]。目前,智能电网调度控制系统针对高级应用的类型显示相应的图形人机画面,在电网运行监控时,调度运行人员需要调阅切换各应用的人机画面,获取应用的电网数据。这种凭经验调阅画面的方式无法直观地浏览相互关联的多元基础信息,难以满足大电网一体化运行监控的需要。

本节通过对多元信息可视化技术在电网调控系统的研究,将主题化的、相互关联的多元基础信息自动呈现在运行场景中。研究主要分为三个部分:信息的一体化,将电网运行的多元基础信息一体化融合展示;信息的智能化,分析多元信息及电网运行特征事件,完成动态运行场景的感知;信息的主题化,基于运行场景,将一体化信息围绕主题自动关联展示。

4.4.1　多元信息一体化融合

电网多元基础信息包含稳态信息、动态信息、应用计算结果、外部环境信息等，可反映电网运行的实时一、二次信息[20]。多元信息的一体化融合是将电网运行信息关联到人机画面图元，各图元不再是数据孤岛，其关联设备图元的多元信息可以联动融合展示。

在智能调度控制系统中，人机界面图元主要分为基本图元、电气图元、标志图元和综合图元四类。电气图元包括开关、刀闸、母线、线路、变压器、发电机等，与数据库设备表中对应的记录关联；标志图元包括潮流符号、状态、动态数据、工况、标志牌等，通过设备关键字检索数据库，与该设备相应的设备数据关联。图元间彼此独立，绑定的数据也只是孤立地刷新，无法联动展现一体化的运行状态。

设计电力设备多元图模对象，通过其多元信息属性，提取电网运行数据和分析计算结果，通过其图模属性与视图展示层的图元建立连接。这样不仅将可视化展示层与后台分析计算数据分离，而且能够全方位获取设备的多元基础信息。电网运行时，基于网络拓扑分析，可以动态获取图模对象所关联的其他电力设备多元图模对象，构建一体化融合展示模型，如图 4-32 所示。

电力设备多元图模对象一体化融合展示的流程如图 4-33 所示。当用户首次调阅人机画面时，如虚线箭头所示，人机控制处理器接收画面请求，通过模型委托调用电力设备多元图模对象。图模对象提取相应的多元基础信息，返回数据后绘制视图。

当电网运行时，设备的多元基础信息实时发生变化。如黑色箭头所示，此设备的多元图模对象自动感知，通知前端视图图元刷新数据，同时向关联设备对象广播更新消息。人机控制处理器根据融合展示规则制定策略，提取关联设备对象的图模数据，通知视图层更新。视图层基于融合策略，一体化展示关联设备图元的多元信息。融合展示规则库可以根据用户需求和专家经验添加，通过用户行为的机器学习进行优化完善。

融合展示的规则，是在某种场景下，设备及其关联设备可以一体化融合展示的运行状态及数据。举例来说，对于运行监视场景，可以根据融合展示规则提取此设备的稳态、检修及设备所在区域的天气等信息，在设备线路上融合展示稳态数据和检修概况，辅助风动、覆冰、雷雨等图形化天气提示，帮助调度人员更好地监视；对于电网地图圈选区域场景，可以融合展示此区域所有厂站总和的计算分析结果，并结合历史数据，帮助调度人员对该圈选区域内的设备网有快速直观的了解。

4.4.2　动态运行场景感知技术

信息的智能化，就是将各类电网信息进行综合分析和计算，提供调度辅助决策信息[2]。动态运行场景感知技术，通过分析电网故障、异常报警等电网运行特征事件以及实时数据、应用计算结果等多元信息，结合场景规则库，动态判定运行场景。

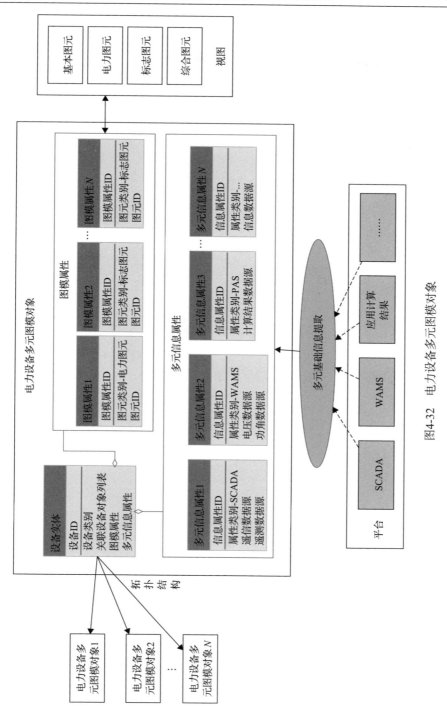

图4-32　电力设备多元图模对象

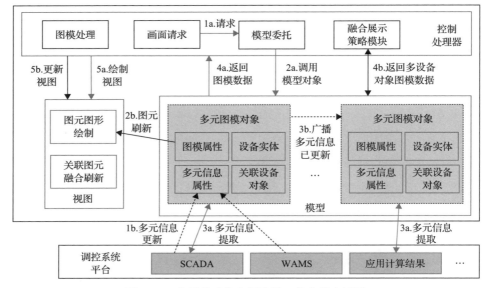

图 4-33　多元基础信息提取及一体化融合展示

当电网运行状态发生变化时，运用前述的电网特征分析方法，基于电网运行特征事件和多元基础信息进行分析。根据场景规则库中的适用规则逐一判断，如果匹配成功则完成动态运行场景判定；如果匹配失败，则保持原场景不变，如图 4-34 所示。

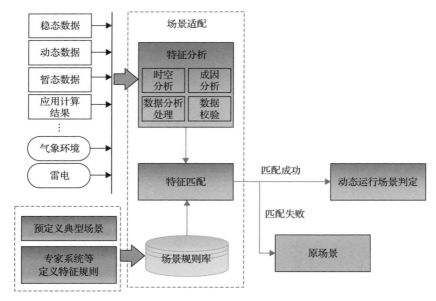

图 4-34　动态运行场景判定

1. 特征分析

特征分析就是识别电网多元信息特征，关联电网故障和异常报警，结合电网模型和应用计算结果，完成数据分析处理、数据校验、时空关联分析和成因分析。

电网运行故障发生时，故障设备的电压、电流、有功潮流、无功潮流、功角等发生急剧变化，多元信息会有所反映。比如稳态数据的断路器的变位信息、厂站的事故总信号动作信息、设备遥测变化信息等，接线方式不同、故障前运行情况的不同以及断路器动作情况不同等，则在故障发生时的电网运行特征表现也不同。多个设备被从电网中切除，其在调度主站中的状态由运行转为退出。退出运行的多个设备位于同一厂站或相邻厂站，在空间上存在关联，由于保护装置动作的快速性，多个设备的退出在时间上存在关联性，这些都是特征分析的依据[21]。

1) 数据分析处理

汇聚处理稳态数据和动态数据等信息；通过稳态监控的拓扑分析判断设备运行状态，记录设备运行状态变化信息，判定单一设备故障；分类分级报警信息，判定综合智能报警。

2) 时空关联性分析

通过局部电网拓扑分析技术，获取设备间的连接关系，包括发电机和变压器、变压器和母线、母线和线路的连接关系，判断发生故障、异常的元件是否具备空间关联性。

对不同电网事件描述信息进行分析，确认开关变位时间和设备状态变化时间，判断是否具有时间关联性。

依据网络拓扑关系和电气距离，搜索故障发生时段内各个节点是否有故障报警和电压跌落信号，并对其发生时序进行判断，以确定故障的先后关系，最后依相关规则进行分析排除，判定单一设备故障、综合智能报警或系统级报警等。

3) 成因分析

根据安控策略、安控动作信息、继电保护动作信息、灵敏度分析结果，分析元件故障和电网运行异常的原因，实现断路器拒动、死区故障等情况的故障分析和报警关联。

4) 数据校验

当数据采集、数据传输环节出现问题时，主站侧部分数据可能在短时间发生跳变，对设备状态判断产生干扰，这时可能出现站内大量设备状态变为退出运行的情况。通过同故障情况下的数据变化情况进行对比，两者的特征是存在区别的，故障时仅是断路器发生变位，导致相连的变压器、母线、线路等设备从电网隔离出来；而数据质量问题引起的信号变化不具备逻辑联系，并且覆盖到刀闸状态的变化。数据校验可以根据两种情况的数据特征进行数据质量判断及过滤。

举例来说，刀闸校验可以防止因厂站跳数而引起的设备误报警。刀闸校验通过检查设备关联刀闸的状态来评估设备跳闸的真实性，通常情况下厂站跳数也会发送刀闸分闸信号，如果刀闸与断路器的分闸信号间隔时间相近，刀闸校验将会过滤，否则会导致设备误报。

2. 场景规则库

场景规则库来自两种方式，一种是根据调控人员定制的一些电网运行典型场景（如迎峰度夏、汛期、断面监视等），基于相关时空环境要素与电网业务，配置判定规则。

另一种是利用专家系统、贝叶斯网络等电网运行特征综合分析方法，定义特征规则及匹配方式。特征规则由具有丰富电网运行分析经验的专家，对各种接线方式下各类设备不同故障情况下多元数据的特征进行归纳，在此基础上，对电网历史故障时多元数据实际特征进行分析，提取电网故障前后相关设备的信息单元和故障分析结果，建立关联规则。

3. 特征匹配

对于场景特征规则的匹配，利用递归算法按照既定的逻辑进行遍历，规则的逻辑顺序关系存在于规则的相互嵌套当中，通过深度优先搜索最大化展开嵌套规则，获得满足条件的动态运行场景。

4.4.3　多元信息主题化展示

信息的主题化，就是基于智能辨识的运行场景，以主题为指引，将处理某一特定任务所需要的相互关联的信息组织在一起联合展示。

1. 运行场景动态切换及主题化展示

当电网运行监控时，调度人员往往需要根据电网实时运行状态，调阅关联的画面，这些相关性要依赖电网运行时的特征事件才能确定，但目前在智能电网调度控制系统中，人机画面的展示场景是根据用户需求预先设计完成的，无法动态调整。

根据电网实时运行状态智能辨识场景，基于运行特征事件，自动关联主题化信息展示单元，这样可以更好地满足调度人员电网监视的实时需求。如图 4-35 所示，电网运行特征事件可识别为设备级报警、系统级报警和辅助决策信息等类型，通过动态运行场景感知技术判定场景，在场景中根据主题，自动构建关联的信息展示单元，信息展示单元智能匹配图元图形组件，完成场景的动态切换。利用组态化技术，可以自由组建满足 CIM/G 规范的场景展示方案，支持多元信息的一体化融合及画面间信息联动更新。

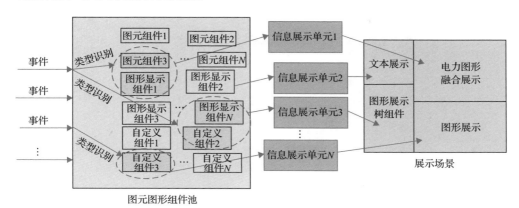

图 4-35　场景动态切换

例如，当线路跳闸特征事件发生后，会引发场景动态变换及主题化展示。线路短路故障发生时，动态运行场景感知技术判定为报警场景，主题为跳闸报警，主题化信息展示单元自动关联线路故障报警定位画面、稳态监控的线路跳闸信息、事故前后的量测值和厂站图等。随后收到功率波动特征事件，动态运行场景感知技术识别在线扰动故障，定位扰动因素，辨识为报警场景，主题为功率波动报警。主题化信息展示单元自动关联功率波动报警画面及功率波动曲线等信息。

结合多元基础信息一体化融合展示技术，稳态数据的设备故障和动态数据的扰动可以在潮流图中融合展示，更为快速直观地提供报警信息。

2. 多元信息可视化展示平台

多元信息可视化展示平台的软件架构如图 4-36 所示。人机交互终端基于统一网关服务访问服务端的人机交互服务，获取系统中图形、文件、数据等各类资源。服务端的图形发布服务可以提供更为高效的主题化展示内容。人机交互终端通过可视化组件、场景切换和组态化等功能模块，实现场景画面动态切换及一体化融合展示。

1）可视化组件

多元基础信息各主要数据类型，包括电网模型数据、遥信遥测数据、应用计算结果、报警预警信息、天气等外部信息等通过相关的图形化表达方法，可以智能匹配相应的图元图件组件。

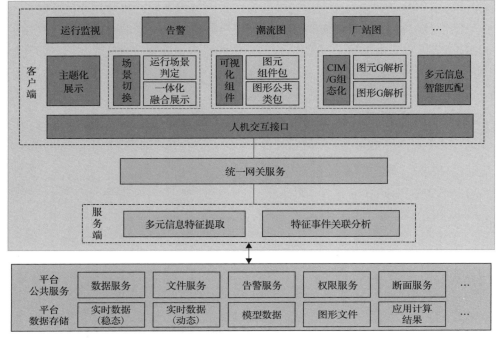

图 4-36　多元信息可视化展示平台软件架构

可视化展示平台充分考虑使用者的需求，开发可视化图元组件，提高信息的综合识别效率。对于电网模型数据，包括发电厂、变电站、线路等电器元件的设备信息及拓扑信息，可以采用电气潮流图或地理潮流图表达，匹配潮流图组件；也可以采用潮流图结合厂站信息的可视化拼接技术,匹配潮流图+厂站图组件的自定义组合。对于遥信数据(开关、刀闸、保护等的状态信息)，可以在潮流图上以圆点或矩形表达。遥测数据(有功、无功、电压、电流等各种电气量信息)中的电压可以利用等高线表达，而有功、无功和电流信息可以在潮流图上用流动的箭头表达。以上都可以智能匹配相应的图元图形组件。

对于应用计算结果，包括各类应用经过复杂计算得到的分析统计结果，如状态估计合格率、稳定裕度等，可以利用饼图、棒图等显示变化前后的数值，根据信息展示单元智能匹配单个图元或组合图元图形组件。

对于报警预警信息，包括设备故障、系统异常和计划偏差等电力系统运行的行为和状态异常的信息，需要异常信息突出展现，可以采用潮流图挂牌展示，自动匹配相关报警的挂牌图元。如果信息展示单元中需要对多报警源综合信息展示，将根据报警源自动匹配表格、树、曲线等图元组件。对辅助决策的数据进行关联展示时，例如天气等外部信息，可以根据天气自动匹配台风、覆冰等自定义图形组件。

2) 组态化技术

组态化的方法，就是用可视化的方式完成画面中组件的自由搭建、组件间通信和后台数据的灵活获取。基于图形界面的 CIM/G 生成工具即人机画面设计器，封装 CIM/G 扩展规范支持的电气设备、GUI 组件等图元作为基本组件，它们都可以被自由地拖拽摆放到场景中。

设计器可以自由配置图元组件的外观样式、人机事件处理和功能逻辑。当人机操作或图元数据发生变化时，相关的人机事件处理脚本会自动执行，完成参数传递、逻辑处理、服务访问等功能。

3) 服务化架构

人机交互接口与全局服务通信，定位至人机网关服务。人机网关服务部署在服务端，为人机交互终端提供服务访问的统一入口。

当监测到某些服务发生异常无法访问时，人机交互接口会与全局服务管理通信，定位切换至其他相应的服务实例，实现无缝透明的访问，提高系统的稳定性。人机交互终端可以在任意位置，获得全局人机服务的定位，按需访问广域人机交互服务。

4.5　本章小结

本章通过构建全网同时断面，保证了基础量测数据的同时性；通过对异常量测数据清洗校正，提升基础量测数据准确性。在此基础上，通过数据驱动的快速估计和数据-模型融合驱动的智能状态估计，提升状态估计的速度和精度。通过直流多馈入地区换相失败、交直流互联大电网功率振荡、新能源高渗透率地区风电场脱网等事件的溯源分析，实现跨区电网系统级的特征事件快速检测和智能感知。通过多元基础信息的一体化融合及主题化展示，满足大电网一体化运行监控的需要。

参 考 文 献

[1] 薛禹胜. 时空协调的大停电防御框架(二)广域信息、在线量化分析和自适应优化控制[J]. 电力系统自动化, 2006(2): 1-10.

[2] 严明辉, 徐伟, 周海锋, 等. 考虑广域量测时延的 RTU 数据处理方法与装置[P]. CN110827170A, 2020-02-21.

[3] 徐伟, 严明辉, 周海锋, 等. 考虑广域量测时延的 RTU 全网同时断面生成方法及系统[P]. CN110971492A, 2020-04-07.

[4] 阎欣, 单渊达, 沈兵兵, 等. 电力系统可观察性分析及测点布置[J]. 电力系统自动化, 1997(5): 40-43, 48.

[5] 徐岩, 郅静. 基于改进节点电气介数的电网关键节点辨识[J]. 电力系统及其自动化学报, 2017, 29(9): 107-113.

[6] Lu M, Que L Y, Jin X Q, et al. Time series power anomaly detection based on Light Gradient Boosting Machine[C]. 2021 International Conference on Artificial Intelligence, Big Data and Algorithms (CAIBDA): 5-8.

[7] 刘晟源，林振智，李金城，等. 电力系统态势感知技术研究综述与展望[J]. 电力系统自动化, 2020, 44(3): 229-239.

[8] 王向东，黄朝晖，武剑，等. 人工智能技术在电力系统状态估计的应用研究[J]. 自动化与仪器仪表, 2020, 4(3): 179-183.

[9] Mosbah H, El-Hawary M E. Optimized neural network parameters using stochastic fractal technique to compensate kalman filter for power system-tracking-state estimation[J]. IEEE Transactions on Neural Networks and Learning Systems, 2019, 30(2): 379-388.

[10] Xia B Z, Cui D Y, Sun Z, et al. State of charge estimation of lithium-ion batteries using optimized Levenberg-Marquardt wavelet neural network[J]. Energy, 2018, 153(5): 694-705.

[11] 刘晓莉，曾祥晖，黄翊阳，等. 联合粒子滤波和卷积神经网络的电力系统状态估计方法[J]. 电网技术, 2020, 44(9): 3361-3367.

[12] Ren C, Xu Y. Transfer learning-based power system online dynamic security assessment: Using one model to assess many unlearned faults[J]. IEEE Transactions on Power Systems, 2020, 35(1): 821-824.

[13] 刘雨濛，顾雪平，王涛. 计及传播路径的电力系统连锁故障多阶段阻断控制[J]. 电力自动化设备, 2021, 41(12): 151-157.

[14] 张晓华，徐伟，吴峰，等. 交直流混联电网连锁故障特征事件智能溯源及预测方法[J]. 电力系统自动化, 2021, 45(10): 17-24.

[15] 薛禹胜，赖业宁. 大能源思维与大数据思维的融合(一)大数据与电力大数据[J]. 电力系统自动化, 2016, 40(1): 1-8.

[16] 邵瑶，汤涌，郭小江，等. 2015 年特高压规划电网华北和华东地区多馈入直流输电系统的换相失败分析[J]. 电网技术, 2011, 35(10): 9-15.

[17] Shin H C, Roth H R, Gao M, et al. Deep convolutional neural networks for computer-aided detection: CNN architectures, dataset characteristics and transfer learning[J]. IEEE Transactions on Medical Imaging, 2016, 35(5): 1285-1298.

[18] 孟凡成，郭琦，康宏伟，等. 计及集中式和分布式新能源的电力系统连锁故障模拟[J]. 高电压技术, 2022, 48(1): 189-201.

[19] 许洪强，姚建国，於益军，等. 支撑一体化大电网的调度控制系统架构及关键技术[J]. 电力系统自动化, 2018, 42(6): 1-8.

[20] 沈国辉，孙丽卿，游大宁，等. 智能调度系统信息综合可视化方法[J]. 电力系统保护与控制, 2014, 42(13): 129-134.

[21] 刘瑞叶，李卫星，李峰，等. 电网运行异常的状态特征与趋势指标[J]. 电力系统自动化, 2013, 37(20): 47-53.

第5章　电网动态设备元件集测辨建模

随着电网调度一体化深入，实时仿真和在线安全稳定分析对系统元件模型和参数的精度提出了更高要求。传统电源、交流输电系统的元件模型测辨技术已较为成熟，但新能源大量接入以及柔性直流输电等新技术快速发展，使得电力系统模型测辨更加复杂和困难。电力系统元件模型参数通常是在出厂前由厂家经由离线试验获得，并未考虑元件在线运行时模型参数可能发生变化，且电力设备长期运行也有可能导致运行参数与出厂参数的不一致；此外，某些元件特别是新能源场站、聚合负荷也难以用统一的模型准确描述。国内外多次事故后复现和大扰动实验结果都表明，基于现有固定模型和参数的数值仿真结果与实测数据在某些场景下存在明显偏差，从而严重影响了数值仿真结果的可信度及电力系统安全分析水平。以广域量测系统(WAMS)为代表的数据采集与信息管理系统，为电力系统模型在线测辨提供了扰动更为细致和来源更为丰富的运行信息，为提高模型精度提供了重要的数据支持。然而如何校验数据的正确性和时效性，保证测辨结果的可靠性仍有待解决。

基于源、网、荷呈现的设备分布分层的特点，本章分别介绍可再生能源发电环节、复杂异构负荷环节、交直流混联输电环节的模型测辨方法，以及系统整体的耦合特性分析与参数校正方法。对待辨识的元件模型，利用特征量分析与误差溯源提取模型主导参数，通过多源靶向建模校正实现源-网-荷关键设备元件集模型测辨。

5.1　可再生能源发电模型测辨

随着全球能源和环境问题的日益突出，风力和光伏发电由于其清洁、灵活、可持续等优点在电网中所占的比例越来越高[1,2]。可再生能源发电集群已经形成，机组台数多且运行工况差异性大，对每台机组都单独建模，不仅会大大增加仿真运算规模，延长仿真运算时间，还会使其有效性和准确性面临极大的挑战[3]。另外，风光能源的随机和波动特性，使得其模型呈现明显时变特征，在线分析沿用传统离线仿真模型，制约了分析的准确性。

本节以可再生能源电站为研究对象，计及机组动态行为、机组间复杂动态交互作用和集电网络耗散作用的综合影响，建立有效的场站聚合等值模型，介绍不同量测数据完备程度下的新能源场站测辨建模理论与方法，为互联大电网高性能仿真分析提供有效的模型支撑。主要内容包括以下三个部分：可再生能源电站等值模型的结构测辨、可再生能源电站等值模型的参数测辨、电站测辨等值模型的验证分析。

模型的结构测辨，将针对不同风光发电机组类型，揭示机组在不同工况下的暂态响应特性及机组间的复杂动态交互作用，解析影响新能源场站模型精度的关键因素及其机理，提出计及机组动态行为、机组间复杂动态交互作用和集电网络综合影响的新能源场站机电/电磁暂态模型结构的测辨方法。

模型的参数测辨，将针对不同的模型结构，揭示模型参数对新能源场站机电/电磁暂态特性的作用途径及影响机理，建立模型参数和新能源场站机电/电磁暂态特性之间的映射关系，识别新能源场站机电/电磁暂态测辨模型的主导参数；针对不同运行工况和应用需求，解析测辨模型主导参数的可辨识性，结合测辨模型的参数和其机电/电磁暂态特性之间的映射关系，提出模型参数的测辨方法。

模型的验证分析，将针对不同运行工况和应用需求，评估在线量测数据用以建立新能源场站测辨模型的完备性；提出量测数据缺失情况下，新能源场站测辨模型的在线生成方法，建立评价模型准确度的指标体系，形成大规模可再生能源发电环节的测辨建模方案。

5.1.1　等值模型结构测辨

1. 可再生能源电站的拓扑结构

本小节将针对某实际双馈型风电场和光伏电站的拓扑结构，分析其汇集模式，介绍可再生能源电站的主要组成模块及响应特性的主导影响因素。

1) 风电场

某实际双馈型风电场的拓扑如图 5-1 所示，该风电场内有 33 台 1.5MW 的机

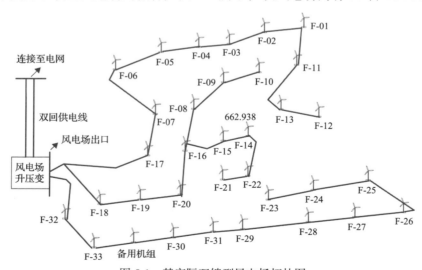

图 5-1　某实际双馈型风电场拓扑图

组及 1 台备用机组，备用机组正常情况下不工作。风电机组经机端变压器升压后，通过集电网络相连，经三条支路汇集至风电场升压站，其中第一条支路上连接有 11 台机组，第二条支路上连接有 11 台机组，第三条支路上连接有 12 台机组。

2）光伏电站

我国某光伏电站结构如图 5-2 所示，该光伏电站由 100 个 0.5MW 的单极式光伏发电单元组成，每两个单元并联后，经机端变压器升压，通过集电网络相连，经 10 条支路汇集至升压站，每条支路汇集 10 个光伏发电单元。

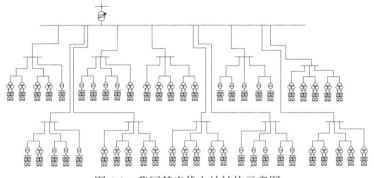

图 5-2　我国某光伏电站结构示意图

综合图 5-1 和图 5-2 可以看出，可再生能源电站主要由机组（含机端变压器）和集电网络两部分组成，其容量一般远小于一台大型火电机组，其模型阶数和容量的严重不匹配将使电力系统的实时仿真分析效率大大下降[4]。为满足可再生能源电站的并网仿真需要，在确保并网特性尽可能一致的前提下，建立能够兼顾计算量和计算精度的可再生能源电站等值模型，是研究其接入电力系统暂态仿真亟待解决的关键问题[5,6]。

2. 可再生能源电站等值模型概述

可再生能源电站主要由机组（含机端变压器）和集电网络两部分组成，其聚合等值模型如图 5-3 所示，同样包括两部分：等值机（由机组聚合而成）和集电网络等值阻抗（由集电网络聚合而成）。可再生能源电站的等值建模方法分为单机等值和多机等值两种方法。单机等值是将整个场站等值为一台机组，取平均风速/光照或等值风速/光照作为等值机的输入，这种方法计算简单，是世界电子电路理事会（world electronic circuits council，WECC）及国际电工委员会（international electrotechnical commission，IEC）常用的机组聚合方案[7]。但该方法无法表征可再生能源电站内各机组动态行为的差异，尤其是当机组间的运行工况差异较大时，会出现较大的等值误差[8,9]。本节将介绍多机等值建模方法，即将场站内的机组按照一定规则分为多个机群，每个机群内的机组等值为一台等值机组，所涉及的集电网络分别等值为相应的阻抗[10,11]，共同表征等值前的详细可再生能源电站。

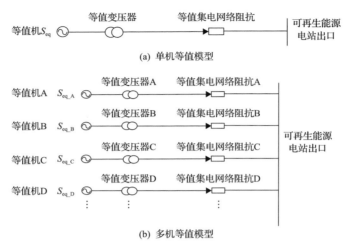

(a) 单机等值模型

(b) 多机等值模型

图 5-3　可再生能源电站的等值模型示意图

由图 5-3 可以看出，建立可再生能源电站的聚合等值模型，需要对其等值模型的结构和参数进行测辨。结构测辨的目标是确定等值前场站的分群情况和等值机台数，参数测辨的目标是确定等值机的本体参数、运行参数和集电网络的等值阻抗参数。

3. 可再生能源发电机组的故障响应特性分析

可再生能源电站等值前后出口处故障响应特性的接近程度，是衡量其聚合等值模型性能的最重要的指标。因此，解析可再生能源机组在故障穿越期间的功率响应特性是对电站测辨等值建模的前提。

以双馈型风电机组为例，本小节在 MATLAB/Simulink 仿真平台建立了如图 5-4 所示的单机故障穿越响应特性测试平台，将机组与无穷大系统相连，风速从切入风速（3m/s），每隔 0.1m/s 增加至切出风速（25m/s），并网点处三相对称短路接地故障开始于 70s，清除于 70.1s，电压跌落至 0.3p.u.。测得的有功暂态响应如图 5-5 所示，每一条曲线对应一个风速下的仿真结果。

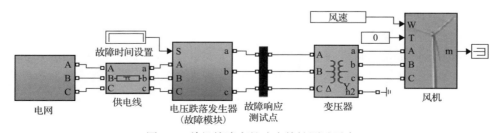

图 5-4　单机故障穿越响应特性测试平台

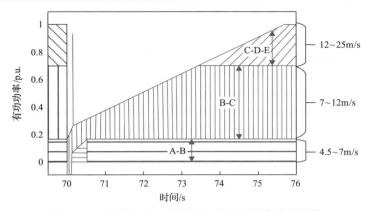

图 5-5　风电机组在不同风速下的有功暂态响应曲线

由图 5-5 可以看出，在相同电压跌落情况下，工作于不同风速的风电机组的有功功率响应曲线具有明显的差异。工作于启动区（4.5～7m/s）、最大功率跟踪（maximum power point tracking，MPPT）区（7～12m/s）和恒转速恒功率区（12～25m/s）的风电机组具有明显的聚群特性。故障清除后，风机的有功功率经历一定时间的向下和向上过冲后，按照斜率恢复到初始值，具有较强的渐变特性。当斜率设定一致时，低风速的风电机组可以很快地达到稳态值，而高风速的风电机组需要较长的时间。

4. 可再生能源电站等值模型的结构测辨

根据双馈型风电机组和光伏发电单元在不同工况下响应特性的聚群特性，本节提出可再生能源电站等值模型的结构测辨方法，用以对工作于不同工况下的机组进行分群，确定电站等值模型的等值机台数。

以双馈型风电场为例，介绍可再生能源电站等值模型的结构测辨方法的原理。根据双馈型风电机组在不同风速下的功率响应曲线，工作于启动区（A-B 区）和恒转速恒功率区的风电机组由于其转速跨度较小，有功功率的 LVRT 故障响应曲线具有聚群特性，可以分别归为一群，即分别等值为一台风电机组。而工作于最大功率跟踪区的风电机组，虽然转速跨度较大，但功率的 LVRT 故障响应曲线无明显差异，可以初步归为一群，等值为另一台风电机组。为验证推论的正确性，以如图 5-1 所示的某实际风电场为研究对象，假定风电场的风速分别均匀分布于 A-B 区、C-D-E 区和 B-C 区，并分别命名为场景 1、场景 2 和场景 3。场景 1、场景 2 和场景 3 的等值效果如图 5-6 所示。

由图 5-6 可知，场景 1 和场景 2 的单机等值模型的功率响应特性和等值前的风电场的详细模型一致，表明工作于启动区、恒转速恒功率区的风电机组可以各自等值为一台等值机组。而工作于场景 3（MPPT 区）的风电机组的单机等值精度

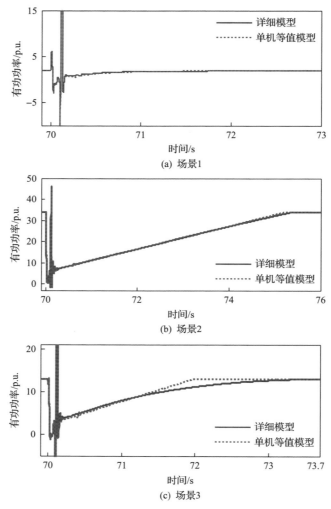

图 5-6 不同风速场景下的单机等值效果

较差,研究表明,将工作于 MPPT 区的风电机组以其单机等值风速(等于该群内所有风电机组出力之和的平均功率所对应的等效风速)为界分成两群,其等值精度较高,并通过多组实际风速数据进行了验证。

综上,本节提出双馈型风电场的实用化四机分群策略。如图 5-7 所示,分割点风速分别为 MPPT 区的起点、终点和所有工作于 MPPT 状态的机组的单机等值风速。当实际风速场景缺失某分群对应的风速时,相应的等值机自动消失,计算分析时相当于断开相应的等值机。

以上为可再生能源电站等值模型的结构测辨原理,即分群原理。等值机的结构的详细程度可以按需求选取电磁暂态或机电暂态等值模型,与建立的机组模型

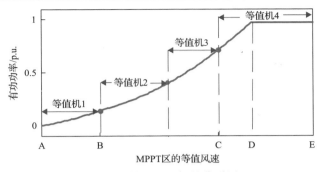

图 5-7　双馈型风电场的分群原理

保持一致，本节不再赘述。实际应用时，可根据可再生能源电站内各机组的稳态有功功率，结合图 5-7 的分群指标，对其进行分群，每群对应一台等值机和一个集电网络等值阻抗，即可确定可再生能源电站的等值模型结构。

5.1.2　等值模型参数测辨

1. 等值机的运行参数

可再生能源电站等值模型的参数主要包括等值机的本体参数、运行参数和集电网络的等值参数。对于风电场和光伏电站，等值机的运行参数指的主要指其输入风速和光照强度。假设第 k 群包含 m 台机组，第 k 群等值成的等值机的等值风速或光照强度可以表示为

$$x_{\text{eq}} = f^{-1}\left(\frac{1}{m}\sum_{i=1}^{m} P_i \right) \tag{5-1}$$

式中，x_{eq} 为等值机后的等值风速或光照强度；f^{-1} 为风电机组或光伏发电单元的功率特性曲线对应的函数；P_i 为第 i 台机组的有功功率。

2. 等值机的本体参数

等值机的本体参数包括其发电机参数、轴系参数、机端变压器参数和控制器参数，均可采用容量加权法计算。当场站内机组的型号相同时，等值机控制器参数与机组的控制器参数相同，其余参数的计算过程可以简化如下。

等值机组发电机参数的计算公式为

$$\begin{cases} S_{\text{eq}} = \displaystyle\sum_{i=1}^{m} S_i \\ x_{\text{Meq}} = \dfrac{x_{\text{M}}}{m}, x_{\text{s\_eq}} = \dfrac{x_{\text{s}}}{m}, x_{\text{r\_eq}} = \dfrac{x_{\text{r}}}{m}, r_{\text{s\_eq}} = \dfrac{r_{\text{s}}}{m}, r_{\text{r\_eq}} = \dfrac{r_{\text{r}}}{m} \end{cases} \tag{5-2}$$

式中，m 为等值前同群的风电机组台数；S 为单台发电机容量；x_M 为发电机激磁电抗；x_s、x_r 为发电机定子电抗和转子电抗；r_s、r_r 为发电机定子电阻和转子电阻；下标"eq"代表等值机。

等值机组发电机参数的计算公式为

$$H_{eq} = \frac{1}{m}\sum_{i=1}^{m}H_i, \quad K_{eq} = \frac{1}{m}\sum_{i=1}^{m}K_i, \quad D_{eq} = \frac{1}{m}\sum_{i=1}^{m}D_i \tag{5-3}$$

式中，H 为惯量常数；K 为轴系刚度系数；D 为轴系阻尼系数。

变压器参数的计算公式为

$$S_{Teq} = \sum_{i=1}^{m}S_{Ti}, \quad Z_{Teq} = \frac{\sum_{i=1}^{m}Z_{Ti}}{m} \tag{5-4}$$

式中，S_{Ti} 为变压器 i 的容量；Z_{Ti} 为变压器 i 的阻抗。

3. 集电网络的等值参数测辨

本小节以等值前后节点注入功率和电流不变的原则进行等效，提出可再生能源电站多机等值时集电网络动态等值参数的快速计算方法。假设某具有 m 行 n 列机组的可再生能源电站等值前、后的结构如图 5-8 所示。

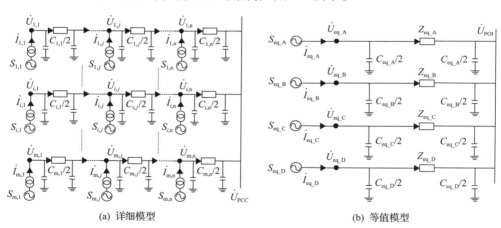

(a) 详细模型　　　　　　　　　　　　(b) 等值模型

图 5-8　某可再生能源电站的结构示意图（m 行 n 列）

以第 A 群机组对应等值机的集电网络等值参数为例，等值前、后，等值机对应的等值功率和等值电流不变，即等值机的注入功率和注入电流分别等于等值前各机组的注入功率和注入电流之和。则第 A 群机组聚合成的等值机对应的等值功率和等值电流可表示为

$$\begin{cases} S_{\text{eq\_A}}(t) = \sum_{i \in A} S_i(t) \\ \dot{I}_{\text{eq\_A}}(t) = \sum_{i \in A} \dot{I}_i(t) = \left[\sum_{i \in A} \frac{S_i(t)}{\dot{U}_i(t)} \right]^* \end{cases} \tag{5-5}$$

根据欧姆定律，第 A 群机组聚合成的等值机对应的等值阻抗可表示为

$$Z_{\text{eq\_A}}(t) = \frac{\dot{U}_{\text{eq\_A}}(t) - \dot{U}_{\text{POI}}(t)}{\dot{I}_{\text{eq\_A}}(t) + \dot{I}_{\text{Ceq\_A}}(t)} \tag{5-6}$$

式中，$\dot{U}_{\text{eq\_A}}$ 为第 A 群机组聚合成的等值机对应的电压；$\dot{U}_{\text{POI}}$ 为电站公共连接点处的电压。

$$\dot{U}_{\text{eq\_A}}(t) = \frac{\sum_{i \in A} S_i(t)}{\left[\sum_{i \in A} \dot{I}_i(t) \right]^*} \tag{5-7}$$

$\dot{I}_{\text{Ceq\_A}}$ 等于第 A 群机组对应集电网络所有对地电容电流之和的一半，可表示为

$$\dot{I}_{\text{Ceq\_A}}(t) = \sum_{i \in A} \dot{I}_{C_i}(t) = \mathrm{j}\omega \sum_{i \in A} \frac{C_i}{2} \dot{U}_i(t) \tag{5-8}$$

对应等值电缆阻抗 $Z_{\text{eq\_A}}$ 的电阻 $R_{\text{eq\_A}}$ 和感抗 $X_{\text{eq\_A}}$ 分别为

$$\begin{cases} R_{\text{eq\_A}}(t) = \mathrm{Re}\left[Z_{\text{eq\_A}}(t) \right] \\ X_{\text{eq\_A}}(t) = \mathrm{Im}\left[Z_{\text{eq\_A}}(t) \right] \end{cases} \tag{5-9}$$

即可得到第 A 群机组聚合成的等值机对应的集电网络的等值电阻和等值电感。等值电容的计算步骤如下。

等值前，第 A 群机组对应集电网络对地电容的无功损耗可以表示为

$$Q_{\text{loss\_A}} = \sum_{i \in A} \left(C_i \left| \dot{U}_i(t) \right|^2 + \frac{C_i}{4} \left| \dot{U}_{i+1}(t) \right|^2 \right) \tag{5-10}$$

等值后，第 A 群机组聚合而成的等值机对应的集电网络对地电容的无功损耗可以表示为

$$Q_{\text{loss\_A}} = \frac{C_{\text{eq\_A}}}{4} \left| \dot{U}_{\text{eq\_A}}(t) \right|^2 + \frac{C_{\text{eq\_A}}}{4} \left| \dot{U}_{\text{POI}}(t) \right|^2 \tag{5-11}$$

根据等值前、后集电网络对地电容引起的无功损耗相等，可以求出第 A 群机组聚合成的等值机对应的集电网络的等值电容为

$$C_{\text{eq\_A}}(t) = \frac{\sum_{i \in A} \left(C_i \left| \dot{U}_i(t) \right|^2 + C_i \left| \dot{U}_{i+1}(t) \right|^2 \right)}{\left| \dot{U}_{\text{eq\_A}}(t) \right|^2 + \left| \dot{U}_{\text{POI}}(t) \right|^2} \tag{5-12}$$

至此，可以计算出第 A 群机组聚合成的等值机对应的集电网络的全部等值参数。

5.1.3 等值模型验证分析

1. 信息全息情况

进行等值模型的测辨前，需事先建立精确的机组模型，按照 5.1.1 节的分析方法，离线仿真获得机组全工况下的故障响应特性及分群指标，其余流程如下。

首先，根据场站的运行信息，获得各机组的运行功率；其次，根据分群指标，确定机组的分群情况及等值机台数，测辨出可再生能源电站的模型结构；然后，按照式（5-1）计算等值机的运行参数，通过容量加权法计算等值机的本体参数，根据提出的注入电流等效法，计算集电网络等值参数，即可确定可再生能源电站的模型参数；最后，生成等值模型后，即可对比可再生能源电站等值模型和详细模型在并网点的响应特性，观测其等值效果。

1）双馈型风电场等值模型的验证分析

以图 5-1 所示的风电场为研究对象，从实际风速数据中选取如图 5-9 所示的30 组风速数据。随机选取第 6 组风速的计算结果进行展示，风电场的出口处于 70s 发生三相接地短路故障，70.1s 故障清除，电压跌落至 0.0p.u.附近。第 6 组风速对应的分割点分别为 7m/s、9.5343m/s、12m/s，仿真结果如图 5-10 所示。图中，DM、

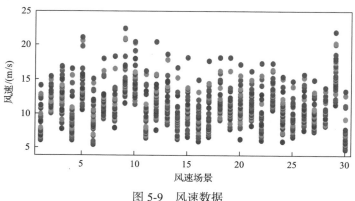

图 5-9　风速数据

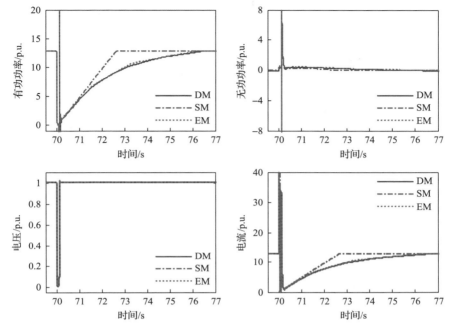

图 5-10　采用第 6 组风速数据时各模型的等值效果对比

SM 和 EM 分别代表基于 MATLAB 建立的详细风电场模型、传统单机等值模型和本节提出的测辨等值模型。

由图 5-10 可知，采用所提出的测辨等值方法可以明显提高传统单机等值模型的精度，风电场出口处的有功功率、无功功率、电压和电流曲线能够很好地跟踪详细风电场模型。

2）光伏电站等值模型的验证分析

基于图 5-2 所示的某光伏电站，选取的实测工作场景数据如图 5-11 所示。电压跌落至 0.3p.u.时，第 3 组的等值效果如图 5-12 所示。

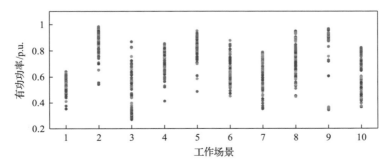

图 5-11　光伏实测数据中十组不同的工作场景

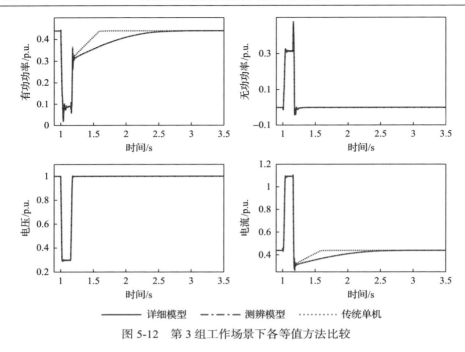

图 5-12　第 3 组工作场景下各等值方法比较

　　由图 5-12 可知，采用提出的测辨等值方法可以明显提高传统单机等值模型的等值精度，光伏电站出口处的有功、无功、电压和电流的动态行为的跟踪效果均较好。

2. 信息缺失情况

　　在实际运行中，可再生能源电站各机组的实时运行信息较难获得。可再生能源电站等值模型测辨需要的参数如下。

　　可再生能源电站的运行信息：各机组的有功功率(或风速/光照强度)、无功功率、电压，电站出口处(并网点)的有功功率、无功功率、电压。可再生能源电站各机组的本体参数：风力机参数、发电机参数、轴系参数、光伏电池板参数、控制器参数等；可再生能源电站的集电网络参数：各机组间的电路型号和参数。

　　其中，可再生能源电站运行信息中各机组的功率和电压信息较难获得，需要通过数据采集，建立能够可再生能源电站的历史出力场景数据库，根据场站并网点的量测数据和场站的历史运行数据，匹配出每台机组的运行信息，其余流程与信息全息情况下相同，如图 5-13 所示。

　　以风电场为例，首先利用季节和风速特征进行场景分类，并进行数据预处理后建立相应的历史场景数据库；接着将历史场景数据库中的场景代入神经网络训练，建立风电场"出站口功率-典型机组风速"模型、"典型机组风速-每台机组风

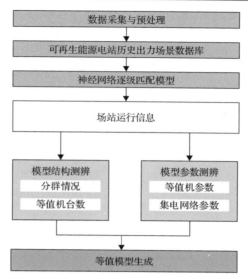

图 5-13　信息缺失情况下的测辨流程示意图

速"模型、"机组风速-机组功率"模型；最后采用逐级匹配方法，根据风电场出站口处的电气量匹配机组的电气量，具体流程如图 5-14 所示。

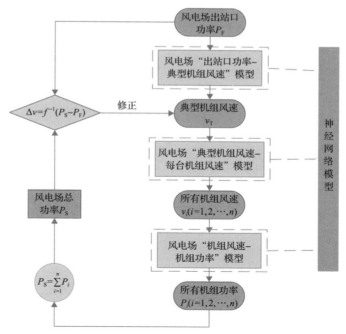

图 5-14　风电场神经网络模型的逐级匹配流程

针对某实际风电集群(71 台机组)，本节建立如图 5-15 所示的 PSASP 动态仿真模型，其在机组运行信息缺失情况下的等值效果如图 5-16 所示。

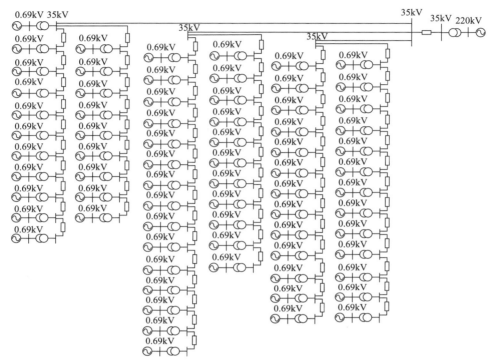

图 5-15　某实际风电集群的 PSASP 动态仿真模型

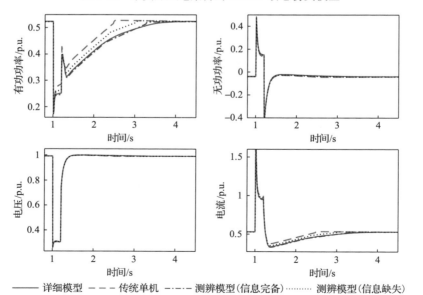

图 5-16　信息缺失情况下，某实际风电集群的等值效果对比

由图 5-16 可知，所提出的可再生能源电站测辨方法在信息缺失情况下，对于风力发电集群，依然可以维持较好的等值效果，精度较传统单机等值模型有了较大的改善。

5.2 电网主导环节模型测辨

电力系统仿真模型作为电网分析与控制的基础，其精度直接影响电网控制策略的制定与执行。随着高压输电系统的不断建设，区域电网间的联络增强，以及新能源等电力电子化设备的大规模并网，现代电力系统的动态特性越发复杂，这也对电力系统仿真模型的准确性提出更高的要求[12,13]。

历史上多起大停电事故的经验表明，若不经调整，预先离线确定的电力系统模型往往不够准确，仿真结果与实际存在较大差异，无法准确反演分析事故特性[14,15]。不合适的模型与模型参数是造成电力系统仿真误差的关键原因，而模型与参数的不准确则主要源于在建模时为兼顾仿真效率进行的结构等效及模型化简，以及离线环境下辨识的参数难以反映电网元件在在线运行工况下的变化。

针对模型与参数的不准确问题，得益于仿真技术的快速发展，电磁仿真技术的应用使得电网模型中的关键元件可以采用更为详尽的电磁暂态模型，从而有效降低了模型导致的仿真误差。但这也使得模型更加复杂，且随着电网调度一体化深入，实时仿真和在线安全稳定分析对系统元件模型和参数的精度提出了更高要求，也对电力系统模型的参数辨识方法提出了更高的要求。

输电网参数是各种电网分析软件的基础，但输电网参数往往存在一些错误或偏差[16]。以直流输电系统为例，目前，直流输电系统元件的模型参数通常是在出厂前由厂家经离线试验获得，并未考虑元件在线运行时参数可能发生变化，同时电力设备长期运行也有可能导致运行参数与出厂参数不一致；此外，在电力系统仿真软件中常用一套通用直流模型来仿真不同的直流输电系统，造成目前使用的直流输电系统仿真模型和参数与实际系统可能存在一定误差[17,18]。因此，有必要对输电系统模型进行参数辨识。

5.2.1 电网主导环节识别

1. 直流输电模型与交流输电线路模型

由于其电力电子化特点以及由多个控制环节组成的复杂控制系统，直流输电系统模型参数数量超过 100 个。对所有的参数进行辨识一方面并无必要，另一方面将导致维数灾难，降低了测辨的速度与精度。因此，在进行直流模型参数测辨前，首先需要识别在不同场景下模型的关键环节与主导参数，从而对主导参数进行辨识，以保证直流输电模型测辨的准确性与时效性。

直流输电系统主要由换流站(整流站和逆变站)、直流线路、交流侧和直流侧的电力滤波器、无功补偿装置、换流变压器、直流电抗器以及保护、控制装置等构成。其中换流站是直流输电系统的核心,用以完成交流和直流之间的变换。

电力系统分析综合程序(power system analysis synthesis program, PSASP)中提供了若干种两端直流输电系统的模型,包括具有实际调节器的准稳态模型(1 型和5 型)。由于 5 型直流输电模型调节器中含最小触发角控制、换相失败预测控制等在内的详细控制环节,所以在实际电力系统仿真中被广泛使用,已基本替代了 1型直流输电系统[19]。图 5-17 给出直流输电系统等值电路。

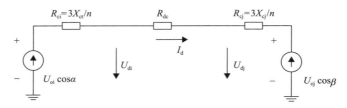

图 5-17　直流输电系统等值电路

5 型直流输电系统模型中换流器(包括整流器和逆变器)本身的暂态过程忽略不计,以稳态方程式表示;考虑直流输电调节系统的作用,调节器动态特性用微分方程描述;考虑直流输电线路电流变化的动态过程,列出直流线路的微分方程。为了更确切地描述直流输电的特殊功能和某些重要的自身特点,还需进一步增加模拟功能,如直流线路短路故障及再启动、直流系统低压限电流、交流故障引起直流换相失败等。由于直流系统中换流过程十分复杂快速,而在暂态稳定计算所考虑的时间范围内又不可能详细模拟快速变化的电磁暂态过程,所以对诸如不对称故障对换流阀工作的影响、逆变器的换相失败等现象在程序中不可能详细模拟。PSASP 中 5 型模型的系统模型总体结构如图 5-18 所示,共包含 9 个控制模块:主

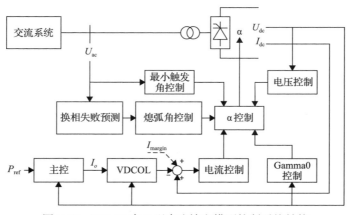

图 5-18　PSASP 中 5 型直流输电模型控制系统结构

控制、低电压限电流控制(voltage dependent current order limiter，VDCOL)、电流控制、换相失败预测、熄弧角控制、最小 α 控制(最小触发角控制)、电压控制、Gamma0 控制以及 α 控制模块[17,19,20]。

交流输电线路模型的分布参数等值电路由无数个单元串联形成，结构复杂且难以精确计算。考虑到在大电网分析中往往更关心线路两端的电压、功率，因而在仿真中常使用以 Π 型等值电路为代表的集中参数等值模型[21,22]。Π 型等值电路参数主要有线路电导 g、线路电纳 b、线路两端充电电容 y_c，线路参数 g、b、y_c 均参与潮流计算，与潮流计算结果密切相关，是交流输电线路的主导参数。

2. 关键环节与主导参数识别

对 PSASP 中直流模型参数进行分类，将其划分为设备参数(20 个，如直流线路电阻、平波电抗器电抗等)，控制器参数(30 个，如增益、时间常数等)，设定参数(73 个，如直流额定电压、传输功率、每极桥数等)[19]。其中，由于设备参数实时参与直流输电模型的仿真，所以设备参数全部作为主导参数需要进行辨识。设定参数由于是对直流输电系统基本结构及特性的描述，可由实际直流输电系统情况直接设置，无须参与辨识。而对于控制参数，由于直流输电系统在不同运行场景下并不会一直启动所有的控制环节，所以需要识别不同场景下的关键环节，并对关键环节中的主导参数进行辨识。依据各控制环节启动条件，可得到直流控制系统关键环节判据如表 5-1 所示。

表 5-1　PSASP 中 5 型直流控制环节启动判据

控制环节	关键环节判据	控制环节	关键环节判据
主控	一直启用	最小触发角控制	$U_{ac\_R}<K_{1\_ra}$
VDCOL 控制	$U_d<U_{dhigh}$	换相失败预测控制	$U_{ac\_1}<K_{\_ck}$
定电流控制	一直启用	熄弧角控制	一直启用
定电压控制	一直启用	γ_0 控制	$U_d<0.6\mathrm{p.u.}$
α 控制	一直启用		

在确定关键环节后，可以进一步确定关键环节中的主导参数。灵敏度对于参数辨识的难易度具有重要影响[23]，时域灵敏度的大小反映了输入变量对参数辨识的影响。参数时域灵敏度较大，对仿真响应曲线的影响也较大，可作为主导参数，需要进行辨识；而对于难辨识的参数，其时域灵敏度较小，对于仿真响应曲线的影响也较小，可以作为辅助参数，参数值可选用典型值。电力系统轨迹灵敏度的计算方法有多种，对于大规模电力系统来说，由于系统复杂、方程阶次高，常采用数值差分方法。为了提高数值计算精度，可以采用中值法计算导数，则计算轨迹灵敏度(相对值)为

$$\frac{\partial[y_i(\boldsymbol{\theta},k)/y_{i0}]}{\partial[\theta_j/\theta_{j0}]} = \lim_{\Delta\theta_j \to 0} \frac{[y_i(\theta_1,\cdots,\theta_j+\Delta\theta_j,\cdots,\theta_m,k)-y_i(\theta_1,\cdots,\theta_j-\Delta\theta_j,\cdots,\theta_m,k)]/y_{i0}}{2\Delta\theta_j/\theta_{j0}}$$

$$(5\text{-}13)$$

式中，y_i 为系统中第 i 个变量的轨迹；θ_j 为系统中第 j 个参数；m 为参数总数；k 为时间采样点；θ_{j0} 为参数 θ_j 的给定值；y_{i0} 为 y_i 对应的稳态值。

为了比较各参数的灵敏度的大小，计算轨迹灵敏度的绝对值的平均值为

$$A_{ij} = \frac{1}{K}\sum_{k=1}^{K}\left|\frac{\partial[y_i(\boldsymbol{\theta},k)/y_{i0}]}{\partial[\theta_j/\theta_{j0}]}\right| \qquad (5\text{-}14)$$

式中，K 为轨迹灵敏度的总点数，即时间长度除以时间步长。

如果轨迹 y_i 对参数 θ_j 比较灵敏，即相应的轨迹灵敏度比较大，θ_j 对响应轨迹 y_i 的影响较大，可认为 θ_j 是主导参数，且比较容易辨识；与之相反，如果参数 θ_j 对测量的所有响应轨迹几乎没有影响，则该参数为辅助参数，且不容易被辨识。

为了验证直流输电系统模型测辨关键环节与主导参数识别，并作为下一步参数辨识的基础，基于 PSASP 仿真平台 EPRI-36 节点交直流混联系统设计不同故障场景进行直流系统模型参数测辨。

EPRI-36 节点交直流混联系统如图 5-19 所示，系统总容量 2600MW，共包含 8 台同步发电机，分为 220kV 与 500kV 两个不同电压等级的交流电网，并在 220kV 交流电网中，于 33 号、34 号节点间接入了直流输电系统。该直流输电系统额定电压 250kV、额定传输功率 150MW，整流侧桥数为 2，通过一台容量 300MV·A

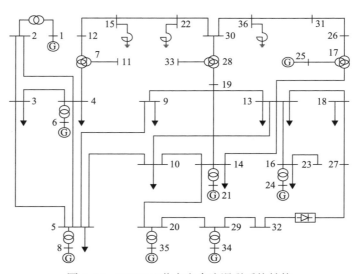

图 5-19　EPRI-36 节点交直流混联系统结构

的变压器连接至 32 号节点，无功补偿容量 50Mvar；逆变侧桥数为 2，通过一台 300MV·A 的变压器连接至 27 号节点，无功补偿容量 50Mvar。

为了研究在多主导参数下的参数辨识效果，设置场景如下：于直流输电系统逆变侧附近的 16 号母线处设置三相接地短路故障，故障持续时间 10ms，减小短路接地电阻至 0.005p.u.以激发更多的控制环节。在该场景下对直流输电系统控制系统关键环节中参数进行灵敏度分析，分析结果如表 5-2 所示。

表 5-2　测试场景主导参数识别结果　　　　　　　　　　（单位：p.u.）

控制环节	参数名	参数灵敏度		控制环节	参数名	参数灵敏度	
		整流侧	逆变侧			整流侧	逆变侧
熄弧角控制	最大触发角控制增益	0.0	2146.87	定电流控制	定电流控制电流滤波时间常数	0.0	0.0
	最大触发角控制时间常数	0.0	706.67		定电流控制总增益	0.0	0.0
定电压控制	定电压控制比例增益	0.0	0.0		定电流控制比例增益	201.01	1551.15
	定电压控制积分时间常数	0.0	0.0		定电流控制积分时间常数	13293.92	5123.69
最小触发角控制	角度下降速率			换相失败预测控制	换相失败预测增益	15131.25	3485.60
γ_0 控制	γ_0 控制启动延时时间	0.0	0.0		换相失败预测启动电压阈值	31157.18	0.0
VDCOL	电压上升滤波时间常数	28062.26	79198.66		换相失败预测角度下降时间常数	0.0	0.0
	电压下降滤波时间常数	3603.25	2585.12				

直流输电系统控制器主导参数共 13 个——VDCOL 电压上升滤波时间常数、VDCOL 电压下降滤波时间常数、定电流控制比例增益、定电流控制积分时间常数、换相失败预测增益、换相失败预测启动电压阈值、最大触发角控制增益、最大触发角控制时间常数。再采用灵敏度计算方法在该场景下对直流输电系统设备参数进行灵敏度分析，分析结果如表 5-3 所示。

表 5-3　测试场景设备参数灵敏度分析结果　　　　　　　　（单位：p.u.）

设备参数	灵敏度	设备参数	灵敏度
I 侧接地引线电阻	0	单极 I 侧平波电抗器电感	8.562
I 侧接地引线电感	0	单极 J 侧平波电抗器电感	8.573
J 侧接地引线电阻	0	I 侧换流变压器铜损电阻	0

续表

设备参数	灵敏度	设备参数	灵敏度
J 侧接地引线电感	0	I 侧换流变压器漏抗	135.284
单极直流线路电阻	29.521	J 侧换流变压器铜损电阻	0
单极直流线路电感	32.605	J 侧换流变压器漏抗	160.096
I 侧接地极电阻	0	I 侧交流母线补偿电容器滤波器单极容量	0
J 侧接地极电阻	0	J 侧交流母线补偿电容器滤波器单极容量	0

由表 5-3 可见,在直流输电系统设备参数中主导参数有 6 个,分别为单极直流线路电阻、单极直流线路电感、单极 I 侧平波电抗器电感、单极 J 侧平波电抗器电感、I 侧换流变压器漏抗值以及 J 侧换流变压器漏抗值。

5.2.2　直流输电模型测辨

1. 设备主导参数辨识

5 型直流输电模型等值电路如图 5-20 所示,其暂态过程中描述各状态变量变化的微分方程可列写为

$$\frac{\mathrm{d}I_{\mathrm{d}}}{\mathrm{d}t} = \frac{1}{L_{\mathrm{si}} + L_{\mathrm{l}} + L_{\mathrm{sj}}}\left|U_{\mathrm{oi}}\cos\alpha - U_{\mathrm{oj}}\cos\beta - (R_{\mathrm{ci}} + R_{\mathrm{l}} + R_{\mathrm{cj}})I_{\mathrm{d}}\right| \tag{5-15}$$

式中,I_{d} 为直流电流;R_{l} 为直流传输线电阻;L_{l} 为直流传输线电感;U_{oi}、U_{oj} 分别为整流侧、逆变侧换流变压器二次侧电压;α、β 分别为整流侧触发角与逆变侧提前触发角;R_{ci}、R_{cj} 分别为两侧换相电阻、接地引线电阻、接地电阻之和;L_{si}、L_{sj} 分别为两侧平波电抗器电感、接地引线电感之和。

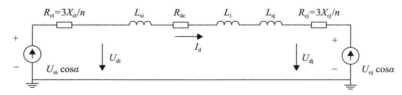

图 5-20　5 型直流输电模型等值电路

对于直流输电系统而言,可量测量为交流侧电压 U_{aci}、U_{acj},直流侧电压 U_{di}、U_{dj},直流电流 I_{d},整流侧触发角 α,逆变侧提前触发角 β;待测辨参数为直流传输线电阻 R_{l}、直流传输线电感 L_{l},两侧换相电阻、接地引线电阻、接地电阻之和 R_{ci}、R_{cj},两侧平波电抗器电感、接地引线电感之和 L_{si}、L_{sj}。

设采样间隔 T 较小,则可将式 (5-15) 所示微分方程离散化为

$$\begin{cases} I_{\mathrm{d}}(k+1)=\left(-\dfrac{R}{L}T+1\right)I_{\mathrm{d}}(k)+\dfrac{T}{L}\left[U_{\mathrm{oi}}(k)\cos\alpha(k)-U_{\mathrm{oj}}(k)\cos\beta(k)\right] \\ R=R_{\mathrm{l}}+R_{\mathrm{ci}}+R_{\mathrm{cj}},\ L=L_{\mathrm{l}}+L_{\mathrm{ci}}+L_{\mathrm{cj}} \end{cases} \tag{5-16}$$

式中，$U_{\mathrm{oi}}(k)$、$U_{\mathrm{oj}}(k)$ 可由交流侧电压 U_{aci}、U_{acj} 求出。定义

$$\begin{cases} u(k)=\left[U_{\mathrm{oi}}(k)\cos\alpha(k)-U_{\mathrm{oj}}(k)\cos\beta(k)\right] \\ A=-\dfrac{R}{L}T+1,\ \ B=\dfrac{T}{L} \end{cases} \tag{5-17}$$

则对于 $0,1,2,\cdots,N$ 个采样点，可将其改写为向量格式，有

$$Y=X\times P \tag{5-18}$$

$$\begin{aligned} Y&=\left[I_{\mathrm{d}}(1),I_{\mathrm{d}}(2),\cdots,I_{\mathrm{d}}(N)\right]^{\mathrm{T}} \\ X&=\begin{bmatrix} I_{\mathrm{d}}(0) & I_{\mathrm{d}}(1) & \cdots & I_{\mathrm{d}}(N-1) \\ u(0) & u(1) & \cdots & u(N-1) \end{bmatrix}^{\mathrm{T}} \\ P&=\left[A,B\right]^{\mathrm{T}} \end{aligned} \tag{5-19}$$

则可根据最小二乘法，估计 A、B 的值，再带回式(5-17)可求得 L、R。

假设直流电压量测点位于平波电抗器出口外，整流侧直流电压为 U_{di}，逆变侧直流电压为 U_{dj}，则在 i 侧 $U_{\mathrm{oi}}\cos\alpha$ 与 U_{di} 间有

$$I_{\mathrm{d}}(k+1)=\left(-\dfrac{R_{\mathrm{ci}}}{L_{\mathrm{ci}}}T+1\right)I_{\mathrm{d}}(k)+\dfrac{T}{L_{\mathrm{ci}}}\left[U_{\mathrm{oi}}(k)\cos\alpha(k)-U_{\mathrm{di}}(k)\right] \tag{5-20}$$

式(5-20)可通过式(5-17)～式(5-19)的变换采用最小二乘法求解 L_{ci}、R_{ci} 及 X_{ti}。j 侧参数同理可求。则直流线路电阻 R_{l}、线路电感 L_{l} 为

$$\begin{cases} R_{\mathrm{l}}=R-R_{\mathrm{ci}}-R_{\mathrm{cj}} \\ L_{\mathrm{l}}=L-L_{\mathrm{ci}}-L_{\mathrm{cj}} \end{cases} \tag{5-21}$$

采用上述方法，在测试场景下，设备参数测辨结果如表 5-4 所示。可见，基于最小二乘法可以有效辨识直流输电系统设备主导参数。

表 5-4　直流输电系统设备参数辨识结果

参数名	实际值	测辨值	参数名	实际值	测辨值
线路电阻 R/Ω	5	4.995	线路电感 L/mH	593.6	592.778
i 侧平波电抗器电感 $L_{\mathrm{si}}/\mathrm{mH}$	300	301.035	i 侧换流变漏抗 $X_{\mathrm{ti}}/\%$	18	18.1527
j 侧平波电抗器电感 $L_{\mathrm{sj}}/\mathrm{mH}$	300	303.175	j 侧换流变漏抗 $X_{\mathrm{tj}}/\%$	18	18.887

2. 控制器主导参数辨识

不同于输电设备，直流输电系统的控制系统内部结构复杂，控制环节众多，且在不同场景下启动环节不一致，无法统一用一个微分方程进行描述。同时由于不同控制环节间传递的控制变量不可观测，仅可根据直流输电系统的电压、电流等响应曲线来测辨控制系统中的主导参数，控制系统整体可观性差，无法使用最小二乘法进行参数辨识。虽然可以采用群体智能算法进行控制器参数测辨，但由于在辨识过程中需重复调用仿真，计算量较大，难以实现在线应用。为提高直流模型参数辨识速度，应对可能出现的直流实测数据不足的情况，并充分利用计算资源，本节提出基于模式匹配-参数校正的直流输电模型参数辨识方法。

该方法通过记录进化类算法中生成的以及蒙特卡罗法补充的仿真样本形成直流模型场景库，使用聚类算法对场景库中的样本进行聚类，构建直流模型模式库，图 5-21 展示了模式库中不同模式的直流电压响应。基于所构建的直流模型模式库，采用式 (5-22) 的综合指标作为评价指标，对待测辨直流响应进行模式匹配，匹配出典型模式参数。基于匹配后的典型模式参数，采用式 (5-23) 的数值方法计算各参数对于综合指标的梯度，通过梯度下降法对主导参数进行进一步辨识来校正典型参数误差，以提升辨识精度。该方法的一般流程如图 5-22 所示。

$$F = a_1 \sum_{t=1}^{n} \frac{|P(t) - P_0(t)|}{P_N \times n} + a_2 \sum_{t=1}^{n} \frac{|U(t) - U_0(t)|}{U_N \times n} + a_3 \sum_{t=1}^{n} \frac{|I(t) - I_0(t)|}{I_N \times n} \qquad (5\text{-}22)$$

$$\frac{\partial [F(\boldsymbol{\theta}, k)]}{\partial [\theta_j]} = \lim_{\Delta \theta_j \to 0} \frac{F(\theta_1, \cdots, \theta_j + \Delta \theta_j, \cdots, \theta_m) - F(\theta_1, \cdots, \theta_j - \Delta \theta_j, \cdots, \theta_m)}{2 \Delta \theta_j} \qquad (5\text{-}23)$$

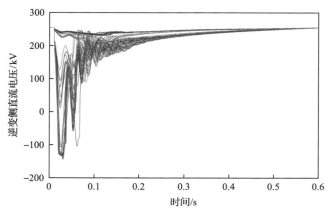

图 5-21　直流模式库各模式电压响应轨迹

图 5-22　基于模式匹配-参数校正的主导参数快速匹配方法

　　基于所构建的模式库，采用待测响应与模式响应间相关系数作为评价指标，对待测辨直流响应进行模式匹配。

　　图 5-23 展示了不同匹配效果的各类直流响应与对照响应的对比情况，可以发现该方法在部分场景下辨识精度较好，但存在匹配误差较大的情况，有待下一步参数校正以提高辨识精度。

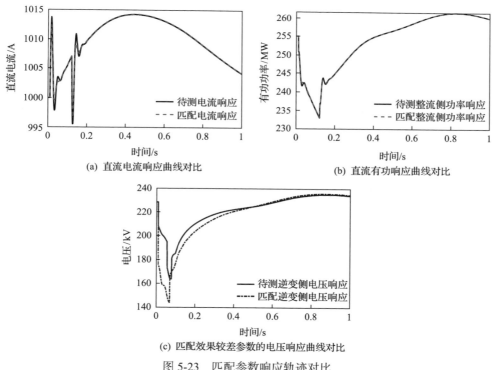

图 5-23　匹配参数响应轨迹对比

　　基于模式匹配-参数校正方法，在匹配出的典型模式参数的基础上，进行进一步的参数校正，测试效果如图 5-24 所示。结果表明，该方法在典型参数基础上有效降低了辨识误差，匹配-校正方法相比于匹配方法，具有更接近于实际模型的响应拟合效果。

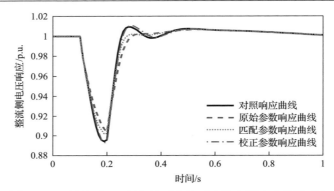

图 5-24　匹配方法、匹配–校正方法对应的电压响应曲线对比

5.2.3　交流输电模型测辨

1. 输电线路模型参数辨识方法

交流输电线路参数测辨的目的是利用在实际交流输电系统中量测精度较高的节点电压、功率数据对交流输电系统参数进行测辨。对于线路两端潮流方程进行变换，有

$$
\begin{cases}
P_{ij}+P_{ji}=\left(U_i^2+U_j^2\right)g-2U_iU_jg\cos\theta_{ij} \\
P_{ij}-P_{ji}=\left(U_i^2-U_j^2\right)g-2U_iU_jb\sin\theta_{ij} \\
Q_{ij}+Q_{ji}=-\left(U_i^2+U_j^2\right)(b+y_c)+2U_iU_jb\cos\theta_{ij} \\
Q_{ij}-Q_{ji}=-\left(U_i^2-U_j^2\right)(b+y_c)-2U_iU_jg\sin\theta_{ij}
\end{cases}
\tag{5-24}
$$

设

$$
\begin{aligned}
&a_1 \triangleq U_i^2+U_j^2, \quad a_2 \triangleq U_i^2-U_j^2, \quad a_3 \triangleq U_iU_j, \\
&b_1 \triangleq P_{ij}+P_{ji}, \quad b_2 \triangleq P_{ij}-P_{ji}, \quad b_3 \triangleq Q_{ij}+Q_{ji}, \quad b_4 \triangleq Q_{ij}-Q_{ji}, \\
&x_1 \triangleq g, \quad x_2 \triangleq b, \quad x_3 \triangleq y_c, \quad x_4 \triangleq \theta_{ij}
\end{aligned}
\tag{5-25}
$$

式中，a_1、a_2、b_1、b_2 均可由量测量计算获得，则式(5-24)改写为

$$
\begin{cases}
f_1(x)=a_1x_1-2a_3x_1\cos x_4-b_1=0 \\
f_2(x)=a_2x_1-2a_3x_2\sin x_4-b_2=0 \\
f_3(x)=a_1x_2+a_1x_3-2a_3x_2\cos x_4+b_3=0 \\
f_4(x)=a_2x_2+a_2x_3+2a_3x_1\sin x_4+b_4=0
\end{cases}
\tag{5-26}
$$

经过上述变换，将所求参数辨识问题转化为求解式(5-26)的解，记为

$$f(x) = \begin{bmatrix} f_1(x) & f_2(x) & f_3(x) & f_4(x) \end{bmatrix}^{\mathrm{T}}, \quad x = [x_1, x_2, x_3, x_4]^{\mathrm{T}} \tag{5-27}$$

采用牛顿法求解式(5-26)，有

$$\begin{aligned} f\left[x^{(k)}\right] &= f'\left[x^{(k)}\right] \mathrm{d}x^{(k)} \\ x^{(k+1)} &= x^{(k)} - \mathrm{d}x^{(k)} \end{aligned} \tag{5-28}$$

式中，$f'(x)$ 为函数向量的雅可比矩阵。选取参数典型值为初值，采用牛顿法即可求得交流线路参数值。

2. 线路参数全局辨识方法

对于一个 n 个节点、l 条支路、c 个网孔的交流输电系统，设全网各节点均安装电压量测，则其待确定的状态变量、待辨识参数数量与约束方程数量如表 5-5 所示。

表 5-5　全网待求变量与条件约束数量统计

名称		数量
状态变量与待辨识参数	线路电导 g_{ij}	l
	线路电纳 b_{ij}	l
	线路充电电容 y_{cij}	l
	支路注入有功 P_{ij}	$2l$
	支路注入无功 Q_{ij}	$2l$
	节点注入有功 P_i	n
	节点注入无功 Q_i	n
	支路两端相角差 θ_{ij}	l
约束方程数量	线路潮流方程	$4l$
	节点功率方程	$2n$
	网孔相角约束	c

由表 5-5 可知，若需求出所有变量，共需补充 $4l-c$ 个量测量，假设每个节点的注入有功、无功可量测($2n$)，每条支路的一端装设功率量测装置($2l$)，则共减少 $2l+2n$ 个变量，仍缺少 $2l-2n-c$ 个观测量。由网络支路数、节点数与基圈数关系可知，$l-n=c-1$，故仍缺少 $c-2$ 个观测量。当 $c \leqslant 2$ 时，无需再增加量测量即可实现全参数辨识；当 $c > 2$ 时，可以对 $c-2$ 个基圈再增加一个量测量，即可完成交流输电系统的参数辨识。

假设对 $c-2$ 个基圈，再增加一个有功量测量，给出全交流输电系统参数辨识方法的观测条件如表 5-6 所示。

表 5-6　全网交流线路可观测的状态变量数量

名称	数量
节点电压幅值 V_i	n
节点注入有功 P_i	n
节点注入无功 Q_i	n
支路单端注入有功 P_{ij}	$2l-1$
支路单端注入无功 Q_{ij}	l
总计	$3n+3l-1$

依据上述观测条件，假设全网量测为 n 个节点电压幅值、$2n$ 个节点注入功率、$l+n+1$ 个支路注入功率，假设支路注入有功变量为 y_1，线路支路注入无功变量为 y_2。则约束函数可描述如下。

(1) 对于支路 ij，有修改后的线路潮流式 (5-26)。

(2) 对于网孔，有环路相角方程：

$$g_k(x_4) = \sum_{i \in \Phi} x_{4,i} = 0 \tag{5-29}$$

(3) 对于节点，有节点注入功率方程 $h_i(y) = [h_{i,1}(y_1), h_{i,2}(y_2)]^{\mathrm{T}}$：

$$\begin{cases} h_{i,1}(y_1) = \sum y_{1ij} + \sum P_{ij} - P_i = 0 \\ h_{i,2}(y_2) = \sum y_{2ij} + \sum Q_{ij} - Q_i = 0 \end{cases} \tag{5-30}$$

综合式 (5-29)、式 (5-30) 各方程并联立，则求取全网观测量即为求联立后的方程组 $\mathrm{FGH}(x,y) = [f^1(x), f^2(x), \cdots, f^l(x), g_1(x), g_2(x), \cdots, g_c(x), h^1(y), h^2(y), \cdots, h^n(y)]^{\mathrm{T}} = 0$ 的解。采用牛顿法有

$$\begin{cases} \mathrm{dFGH}\left[x^{(k)}, y^{(k)}\right] = \mathrm{FGH}'\left[x^{(k)}, y^{(k)}\right] \begin{bmatrix} \mathrm{d}x^{(k)} \\ \mathrm{d}y^{(k)} \end{bmatrix} \\ \begin{bmatrix} x^{(k+1)} \\ y^{(k+1)} \end{bmatrix} = \begin{bmatrix} x^{(k)} \\ y^{(k)} \end{bmatrix} - \begin{bmatrix} \mathrm{d}x^{(k)} \\ \mathrm{d}y^{(k)} \end{bmatrix} \end{cases} \tag{5-31}$$

FGH' 为 FGH 的雅可比矩阵，将上式写为矩阵形式有

$$
\begin{bmatrix} \mathrm{d}f(x,y) \\ \mathrm{d}g(x) \\ \mathrm{d}h(y) \end{bmatrix} = \begin{bmatrix} \partial f / \partial x & \partial f / \partial y \\ \partial g / \partial x & 0 \\ 0 & \partial h / \partial y \end{bmatrix} \begin{bmatrix} \mathrm{d}x \\ \mathrm{d}y \end{bmatrix} = \begin{bmatrix} J_{11} & J_{12} \\ J_{21} & 0 \\ 0 & J_{32} \end{bmatrix} \begin{bmatrix} \mathrm{d}x \\ \mathrm{d}y \end{bmatrix} \tag{5-32}
$$

由于交流输电系统参数辨识的主要目的是识别支路参数，而不关注支路两端相角差。因此，可忽略环路相角约束，并在增补的 c–2 个有功量测量的基础上，再增补 c 个量测量，并进一步化简。假设共新增有功、无功量测量 $2(c-1)$ 个，则在此假设下，联立方程组 $\mathrm{FGH}(x,y)$ 退化为 $\mathrm{FH}(x,y) = [f^1(x), f^2(x), \cdots, f^l(x), h^1(y), h^2(y), \cdots, h^n(y)]^{\mathrm{T}} = 0$，新的联立方程组 $\mathrm{FH}(x,y)=0$ 的牛顿法可描述为

$$
\begin{cases} \mathrm{dFH}\left[x^{(k)}, y^{(k)}\right] = \mathrm{FH}'\left[x^{(k)}, y^{(k)}\right] \begin{bmatrix} \mathrm{d}x^{(k)} \\ \mathrm{d}y^{(k)} \end{bmatrix} \\ \begin{bmatrix} x^{(k+1)} \\ y^{(k+1)} \end{bmatrix} = \begin{bmatrix} x^{(k)} \\ y^{(k)} \end{bmatrix} - \begin{bmatrix} \mathrm{d}x^{(k)} \\ \mathrm{d}y^{(k)} \end{bmatrix} \end{cases} \tag{5-33}
$$

FH' 为 FH 的雅可比矩阵，将上式写为矩阵形式有

$$
\begin{bmatrix} \mathrm{d}f(x,y) \\ \mathrm{d}h(y) \end{bmatrix} = \begin{bmatrix} \partial f / \partial x & \partial f / \partial y \\ 0 & \partial h / \partial y \end{bmatrix} \begin{bmatrix} \mathrm{d}x \\ \mathrm{d}y \end{bmatrix} = \begin{bmatrix} J'_{11} & J'_{12} \\ 0 & J'_{22} \end{bmatrix} \begin{bmatrix} \mathrm{d}x \\ \mathrm{d}y \end{bmatrix} \tag{5-34}
$$

式中，$J'_{11}=J_{11}$；$J'_{12}=J_{12}$，J'_{22} 满足

$$
J'_{22}(2 \times i - 1, j) = \begin{cases} +1, & y_{1,j} \in i \\ 0, & y_{1,j} \in i \end{cases}, \qquad J'_{22}(2 \times i, j) = \begin{cases} +1, & y_{2,j-n-1} \in i \\ 0, & y_{2,j-n-1} \in i \end{cases} \tag{5-35}
$$

同时注意到，J'_{22} 维数为 $2n \times 2n$，则上式可改写为

$$
\begin{cases} \mathrm{d}y = \mathrm{inv}(J'_{22})\mathrm{d}h \\ \mathrm{d}x = \mathrm{inv}(J'_{11})(\mathrm{d}f - J'_{12} \times \mathrm{d}y) \end{cases} \tag{5-36}
$$

再考虑 J_{11} 的形式，可将 $\mathrm{d}x$ 的求解拆分为各支路 $\mathrm{d}x_{\mathrm{L}i}$ 的求解

$$
\begin{cases} \mathrm{d}y = \mathrm{inv}(J'_{22})\mathrm{d}h \\ \mathrm{d}x_{\mathrm{L}1} = \mathrm{inv}[f'(x_{\mathrm{L}1})][\mathrm{d}f(x_{\mathrm{L}1}) - J'_{12}(L1)\mathrm{d}y] \\ \vdots \\ \mathrm{d}x_{\mathrm{L}l} = \mathrm{inv}[f'(x_{\mathrm{L}l})][\mathrm{d}f(x_{\mathrm{L}l}) - J'_{12}(Ll)\mathrm{d}y] \end{cases} \tag{5-37}
$$

式中，$f'(x_{L2})$ 为 4×4 的矩阵，极大地提升了求逆的速度。

进一步考虑到 J'_{22} 在系统拓扑及量测量确定后即为常系数矩阵，且 $dh(y)$ 仅与 y 有关，将 dy 单独提出，并令 $y(0)=0$，则

$$y = 0 - dy = -\mathrm{inv}(J'_{22})dh(0) \tag{5-38}$$

即可通过式(5-38)直接求得所有支路潮流，并将式(5-36)转化为

$$y = -\mathrm{inv}(J'_{22}) \times dh(0)$$
$$\begin{cases} dx_{L1}^k = \mathrm{inv}\big[f'(x_{L1})\big]df(x_{L1}^k, y_{L1}) \\ \vdots \\ dx_{Ll}^k = \mathrm{inv}\big[f'(x_{Ll})\big]df(x_{Ll}^k, y_{Ll}) \end{cases} \tag{5-39}$$

式中，对第 i 条支路的 dx_{Li}^k 求取与单支路求取过程相同，则交流线路参数辨识步骤如下。

(1)估计各支路潮流。

(2)对每条支路分别计算参数值，完成交流线路参数辨识。

同样以 EPRI36 节点系统为例，系统共包含 36 个节点、42 条支路，假设各母线注入功率已知，48 个支路注入功率已知，对量测量加入 1%正态分布噪声干扰，进行系统功率估计。噪声分布如图 5-25 所示。

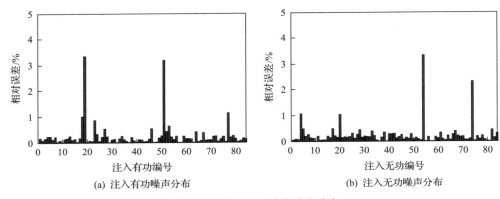

(a) 注入有功噪声分布　　　　　(b) 注入无功噪声分布

图 5-25　节点注入功率噪声分布

测试上述方法的参数辨识效果，以 16~19 号线路为例，表 5-7、表 5-8 分别展示了在有无量测误差下的辨识效果，图 5-26 展示了不同初始值下的参数辨识迭代收敛情况。可见，在无量测误差的情况下，该方法能精确地辨识交流输电设备参数；在量测噪声干扰下，仍能保持较高的辨识精度；同时，在不同初值下的迭代收敛情况表明，该辨识方法不依赖于初值的选取(在合理的范围内)。

表 5-7　量测无误差情况下的辨识效果

参数名	电导 g	电纳 b	$B/2$
实际值/p.u.	1.1363	−4.2859	0.1880
辨识值/p.u.	1.1355	−4.2822	0.1888
相对误差/%	−0.08	−0.09	0.43

表 5-8　量测有误差情况下的辨识效果

参数名	电导 g	电纳 b	$B/2$
实际值/p.u.	1.1363	−4.2859	0.1880
辨识值/p.u.	1.1690	−4.2467	0.1901
相对误差/%	2.88	0.91	1.14

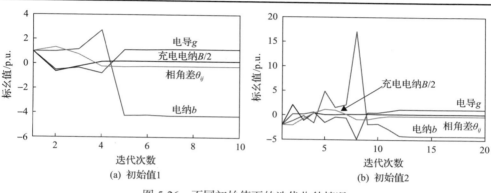

图 5-26　不同初始值下的迭代收敛情况

5.3　负荷等值模型测辨

仿真结果的准确与否与仿真所采用模型的准确性密切相关。电力负荷是电力系统的重要组成部分，其数学模型及参数选取对电力系统规划、运行和控制等诸多场景的评估分析都有重要影响。相较于常规发电机组和输电网络的成熟模型，电力负荷模型仍相对简单，往往从基本物理概念出发，采用理想化的聚合等值模型，且参数基本固定不变。这种过分粗糙的负荷模型已经很难准确描述负荷的时变特性，从而阻碍了电力系统仿真精度的进一步提高，并且也降低了改善发电环节和输电环节模型的价值。

5.3.1　负荷模型主导参数

1. 负荷模型

按照是否反映负荷的动态特性，负荷模型[24]一般可以分为两种类型，即静态模型和动态模型。把负荷功率随电压和频率变化缓慢，不计负荷动态过程的模型称之为静态负荷模型，一般用代数方程描述。把考虑负荷动态过程的模型称为动态负荷模型，通常用微分方程、状态方程和差分方程来描述。

1) 静态负荷模型

在电力系统的潮流分析、静态稳定分析以及研究长期动态过程和在电力系统负荷以静态为主(如商业、民用负荷)的情况下，一般采用静态负荷模型。典型的静态负荷模型结构主要有幂函数模型、多项式模型及其组合模型。

幂函数模型在电压变化范围比较大的情况下仍能较好地描述许多负荷的静态特性。多项式模型也称为 ZIP 模型，是最为常见的静态负荷模型。多项式模型由恒阻抗、恒电流、恒功率三部分组成，可以看作是三个幂函数相加的特例。目前国内电力系统潮流计算所采用的负荷模型大多是恒功率模型，而暂态计算所采用的负荷模型则是多项式模型(例如 40%恒功率+60%恒阻抗)。

2) 动态负荷模型

按照模型是否表达出物理本质，可以进一步将动态负荷模型分为两大类，即机理模型和非机理模型。前者具有明显的物理意义，而后者主要体现输入与输出之间的关系。

机理动态负荷模型通常就是感应电动机模型。由于感应电动机在电力负荷中占有较大的比重，对于系统的运行分析与控制有很大影响，所以在实际应用中常采用感应电动机并联静态负荷的形式描述综合负荷。当负荷群中动态成分复杂，难以用物理模型描述，或者为了降低动态模型的阶次而突出主要矛盾时，可将整个负荷群当作一个从该节点看进去的"黑箱"或"灰箱"，用一个非机理模型来描述其输入输出特性。

无论是静态负荷模型还是动态负荷模型，都是对电力系统中负荷的某一种运行状态进行的描述，采用上述任意的单一负荷模型都很难全面地表达出用电负荷在系统运行状态中的全部特征。为了能够更好地表述用电负荷在电网运行中的不同特性，同时考虑到负荷模型通常建立在高电压等级母线上，需要计及配电网络的影响，由此提出了感应电动机并联静态负荷并附加配网等值阻抗的综合负荷模型(synthesis load model，SLM)[25]。该模型可以较完整地模拟负荷与配电系统，更符合实际电力系统的负荷结构，如图 5-27 所示。

对于实际的负荷模型测辨，仅电动机模型就有包括感应电动机占比、初始滑差在内的十余种参数，在考虑配网支路的综合负荷模型中，需要辨识的参数则会更多。研究表明，参数空间维数增多，一方面会急剧增加计算量，另一方面参数寻优搜索到精确解的概率越小，从而影响辨识精度。为了解决这一问题，可以采用辨识主导参数的思路，即只对重要参数进行辨识，而将其他次要参数直接用其典型值固定。

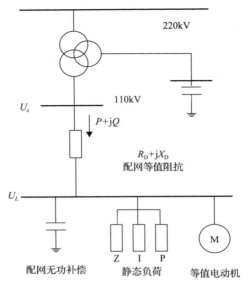

图 5-27　考虑配电网支路的综合负荷模型结构图

2. 主导参数辨识

已有文献[26]、[27]指出，在感应电动机模型中，基于灵敏度分析结果，可以看出灵敏度较高的参数是定子电抗 X_s，加上对暂态稳定影响较大的感应电动机比例 K_m，和仿真程序中对感应电动机进行初始化时用到的初始负载率 LF，确定出需进行重点辨识的模型主导参数为 X_s、K_m、LF，其余参数采用典型值代替。文献为模型参数辨识提供了一条新的思路，但是该研究仅限于感应电动机模型，无法针对现如今日益复杂化的负荷模型进行全方位分析。因此，本节基于主导参数识别的思想及相应的理论基础，面向考虑配网支路的综合负荷模型进行负荷模型主导参数的识别研究。

为了进行主导模型参数的识别，本节采用经典的 New England 39 节点系统进行仿真计算，通过分别改变负荷节点的模型参数，观察负荷节点的电气量的变化情况。New England 39 节点系统结构示意图如图 5-28 所示。

基于前述分析，感应电动机模型中的主导参数已经被广泛认可，因而在进行考虑配网支路的综合负荷模型主导参数识别时，分析重点应当放在静态负荷模型和配网支路模型中。

静态负荷模型选择常用的多项式模型，包含的所有参数如表 5-9 所示。

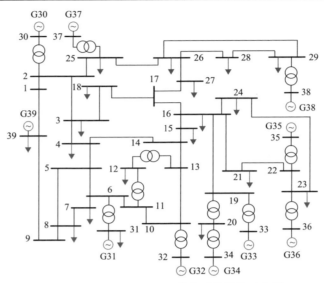

图 5-28　New England 39 节点系统结构示意图

表 5-9　静态负荷模型参数表

参数序号	参数名称
参数 1	恒阻抗有功负荷比例 Z_p
参数 2	恒电流有功负荷比例 I_p
参数 3	恒功率有功负荷比例 P_p
参数 4	恒阻抗无功负荷比例 Z_q
参数 5	恒电流无功负荷比例 I_q
参数 6	恒功率无功负荷比例 P_q

　　为了研究这些模型参数对系统响应的不同影响,选取算例中节点 15 处的负荷模型进行模型参数的修改,通过比较扰动情况下负荷节点的电气量的变化情况来得出结论。在该算例中,设置线路 14-15 发生三相接地短路故障,0.2s 故障发生,0.24s 故障消失。

　　按照功率变化是否依赖于电压变化,将上述参数分为两组,一组为受电压影响的恒阻抗和恒电流部分,另一组为不受电压影响的恒功率部分。将恒阻抗和恒电流部分采用相同的控制方式,以此来探究两组参数对系统响应的不同贡献。静态负荷模型初始参数如表 5-10 所示。

　　改变静态负荷模型参数,将静态负荷模型中的恒功率比例从当前值提升至1.0,同时恒阻抗、恒电流比例分别从当前值降低至 0,观察负荷节点的电压和有功功率的波动情况,具体曲线如图 5-29 所示。

表 5-10　静态负荷模型初始参数表

参数名称	初始参数值
恒阻抗有功负荷比例 Z_p	0.495
恒电流有功负荷比例 I_p	0.495
恒功率有功负荷比例 P_p	0.01
恒阻抗无功负荷比例 Z_q	0.495
恒电流无功负荷比例 I_q	0.495
恒功率无功负荷比例 P_q	0.01

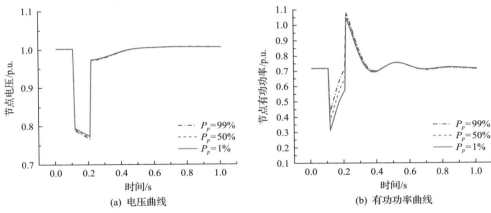

图 5-29　负荷节点电压和有功功率曲线

从图 5-29 中可以看出，当模型中的恒功率比例不断提高、电压依赖型分量不断下降时，负荷节点的有功功率和电压的波动不断变大。

为了验证恒阻抗分量和恒电流分量的影响，固定模型中的恒功率有功负荷比例为 0.3，改变另外两个组成成分的比例，观察负荷节点的电压和有功功率的变化情况，具体曲线如图 5-30 和图 5-31 所示。

从图 5-30 和图 5-31 中可以看出，当静态负荷模型中的恒功率比例固定时，改变恒阻抗和恒电流组成比例，负荷节点的有功功率和电压曲线变化不明显。

综上，静态负荷模型中的恒功率有功负荷比例 P_p 和恒功率无功负荷比例 P_q 都应当作为主导参数进行重点识别。在实际电网中，在出现大的电压跌落时，恒功率部分是无法保持恒功率输出的，它将转化为恒电流或恒阻抗成分，甚至在严重事故情况下，恒电流成分也会转化成恒阻抗成分。目前，大多数进行潮流计算的软件中也按照此种转化方式进行等效计算。而恒阻抗、恒电流、恒功率三者比例存在约束关系，因而在不同的运行场景中，每个组成比例均需要重点关注。此外，通过参数灵敏度计算分析，配网等值阻抗与有功/无功功率响应密切相关，在综合负荷模型中动态响应中起着重要作用，也应重点辨识[28]。

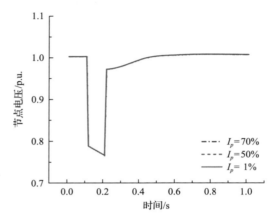

图 5-30　其他参数变化时负荷节点电压曲线

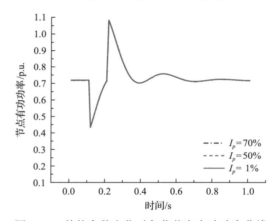

图 5-31　其他参数变化时负荷节点有功功率曲线

5.3.2　负荷模型分层聚合

　　对于一个实际的负荷,其模型结构(一般采用感应电动机并联静态负荷模型)、参数及动态仿真技术相对明确,但是在实际电力系统中,同一母线下常常同时存在多个负荷,因而就需要用一个等值负荷模型代替母线下所有负荷,来描述负荷集群的动态特性。负荷聚合就是实现上述想法的过程。

　　电力负荷在本质上具有分布性、时变性、多样性。一方面,针对所有地区、所有负荷点、所有时间断面建立"精确"模型是不现实的;另一方面,对全网甚至全国的所有负荷点全部采用一套负荷模型参数,这样的做法虽然实用,但过于绝对化、简单化,不能够反映负荷变化的本质。因此,综合考虑到负荷建模的可用性和实用性原则,可以考虑"分类、分区、分层"思想,将电网按电压等级划分层次，根据时变电流的注入方式划分区域，不仅可以充分地利用中小扰动数据，还可以有效地隔离区域间模型误差的相互影响。区域中将电力负荷依据一定的规则分为几种不同的类型，即按照"横向分区、纵向分层、层内分类别"的方式，建立分类别、分区域、分层次的负荷聚合模型。

　　近年来，随着电网的规模扩大、复杂度提高，电力系统对负荷建模精度的要求进一步提高。而负荷特性测量装置、数据采集与监视控制系统（SCADA）、广域测量系统、故障录波监测系统等日益完善，能够为建立负荷模型提供更加翔实的负荷运行数据，为提高模型精度提供重要的多源数据支持。因此，本节提出一种基于多源量测数据的负荷分层聚合建模方法。

1. 负荷聚合算法

　　对于静态负荷模型（如 ZIP 模型）的聚合，其每个成分的电压特性是固定的，恒阻抗负荷成分的功率与电压的平方呈线性关系，恒电流负荷成分的功率与电压呈线性关系，恒功率负荷成分的功率保持不变。因此，一般可以采用直接加和的方式，将多个静态负荷对应分量相加形成一个新的等值静态负荷。而对于感应电动机模型的聚合，却复杂得多。同一母线下多台感应电动机的类型往往不同，每台电动机都运行在不同的工作状态，具有不同的动态特性，因而就需要采用更加合理有效的聚合理论，将多台电动机聚合为 1 台等值感应电动机，使得在系统出现扰动或故障时，聚合后与聚合前系统分析结果相近。

1）容量加权平均法

　　容量加权平均法[29]是一种经典的聚合算法，感应电动机参数的聚合是以各感应电动机的容量所占比重来分配权重的。聚合后的等值电动机参数分别用单个电动机参数按权重加权平均得到。

$$M_{\text{agg}} = \sum_{i=1}^{n} \sigma_i M_i \tag{5-40}$$

式中，M 为感应电动机参数的集合，包括 R_s、X_s、X_m、R_r、X_r、T_j、A、B；M_{agg} 为聚合后感应电动机的参数；M_i 为聚合前第 i 个感应电动机的参数；σ_i 为第 i 个感应电动机容量 S_i 占聚合后感应电动机容量 S_{agg} 的比重。

$$\sigma_i = \frac{S_i}{S_{\text{agg}}} = \frac{S_i}{\sum_{i=1}^{n} S_i} \tag{5-41}$$

2）稳态等值法

　　稳态等值法[30]对暂态等值电路图进行变换，用导纳 Y_m 激磁阻抗来表示，转子

回路阻抗用导纳 Y_r 来替换, 定子电阻和电抗采用导纳 Y_s' 来进行等值, 保证等值前后电动机从电源中吸取的有功和无功功率都不变。变换后电动机并联导纳等值电路如图 5-32 所示。

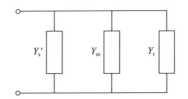

图 5-32　电动机并联导纳等值电路

根据电路等效原理, 计算端口等值导纳。

$$
\begin{aligned}
Y &= Y_s' + Y_m + Y_r \\
&= 1 / \left[R_s + jX_s + jX_m \,\|\, \left(jX_r + R_r / s \right) \right]
\end{aligned}
\tag{5-42}
$$

$$
Y_m = 1 / jX_m
\tag{5-43}
$$

$$
Y_r = 1 / \left(jX_r + R_r / s \right)
\tag{5-44}
$$

经上述变换后, 多台电动机并联到同一母线时的等效电路如图 5-33 所示。

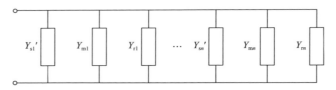

图 5-33　多台电动机并联等效电路

将多台电动机等效成单台, 其等效电路形式与图 5-32 一致, 采用 Y_{sagg}'、Y_{magg} 和 Y_{ragg} 分别表示等效后的单台电动机参数。

$$
Y_{sagg}' = \sum_{i=1}^{n} Y_{si}'
\tag{5-45}
$$

$$
Y_{magg} = \sum_{i=1}^{n} Y_{mi}
\tag{5-46}
$$

$$
Y_{ragg} = \sum_{i=1}^{n} Y_{ri}
\tag{5-47}
$$

将各台电动机的参数 R_s、X_s、X_m、R_r 和 X_r 别代入并令所有的转差率等于 1,

即可求出等效的单台电动机的参数 R_{sagg}、X_{sagg}、X_{magg}、X_{ragg}、R_{ragg}。然后将多台电动机的不同转差率 s 代入进行计算，可以求出等值电动机的转差率 s_{agg}。

3) 改进容量加权聚合法

在进行电力系统暂态稳定分析计算时，感应电动机模型往往采用三阶机电暂态模型，一般不计定子绕组的暂态过程，只考虑转子回路电磁暂态过程和转子机械暂态过程。从其暂态等值电路图中不难发现，滑差 s 也是其中的重要参数，而单纯的容量加权聚合法，仅计及了其他结构参数，而忽略了滑差 s 这一运行参数。因此，为了弥补滑差的影响，提出一种计及电动机负载率和临界滑差的容量加权聚合法[31]。但显然不可能在等值聚合中精确计及滑差的动态过程，只能近似处理。鉴于电动机的暂态稳定摇摆过程是从初始滑差 s_0 开始的，且其值越接近临界滑差，在暂态稳定摇摆过程中的 s 对稳定性的影响就越明显。因此，可在聚合中通过考虑初始滑差 s_0 的影响来近似考虑 s 的影响。初始滑差在一定程度上可由负载率和临界滑差联合决定，可通过负载率和临界滑差来近似考虑运行滑差的影响。

临界滑差 s_{cr} 是异步电动机最大转矩对应的滑差，当电动机等值电路参数确定后，临界滑差可由式(5-48)所确定。

$$s_{cr} = \frac{R_r}{\sqrt{R_1^2 + (X_1 + X_r)^2}} \tag{5-48}$$

式中，R_1、X_1 由式(5-49)得到。

$$\begin{cases} R_1 = \mathrm{real}\left[\dfrac{jX_m(R_s + jX_s)}{R_s + j(X_s + X_m)} \right] \\ X_1 = \mathrm{imag}\left[\dfrac{jX_m(R_s + jX_s)}{R_s + j(X_s + X_m)} \right] \end{cases} \tag{5-49}$$

采用修正系数 K_i 得到新的聚合权重系数 σ_i'，如式(5-50)所示。

$$\sigma_i' = \frac{K_i \sigma_i}{\sum\limits_{i=1}^{n} K_i \sigma_i}, \quad K_i = \frac{1}{\dfrac{s_{cri}}{LF_i} \bigg/ \sum\limits_{i=1}^{n} \dfrac{s_{cri}}{LF_i}} \tag{5-50}$$

可以看出，修正过程就是增加临界滑差小和负载率大的感应电动机的权重。在求取电动机聚合参数时，用新的权系数 σ_i' 代替原权系数 σ_i。

2. 基于多源数据的负荷分层聚合法

在纵向上，一般按照电网电压等级来分层建立各层的负荷模型。在某一层级上，一方面要根据自身环境建立合适的具体负荷模型，另一方面还要建立适应于上一层级的等效模型。对于上层电网来说，需要根据下层电网的等效模型进行各模型间的相互拼接，然后为再上层构建本层的等效模型，最后形成电力系统的整体模型。采用此方式既可以有效避免"一变动全身"的现象，又可以逐级提高模型的准确度。

对于某些节点，其负荷的精细化模型是已知的，称之为信息完备节点；而电力系统中由于统计工作量大的局限性，大部分节点的负荷模型是未知的，这样的节点称为信息不完备节点。对于信息不完备节点，可以利用离线统计、实时量测等多源数据，进行模型等效估计。如利用故障数据对节点负荷模型进行辨识；利用日功率曲线、电压曲线对节点分类，采用同类节点信息进行等效替代；利用季节、时段、行业等信息，对负荷动静态组成比例进行粗略估计等。

对于低电压 380V 层级，可以通过统计、调研等方式得到用户侧离线负荷信息，再经过负荷用电细节监测得到用户实时用电规律，即可建立此节点的时变负荷模型。负荷用电细节监测有两种典型的实现方案：侵入式和非侵入式两种方案。非侵入式监测以其集成性、便捷性等特点，逐渐取代了侵入式方法。成熟的非侵入式电力负荷监测与分解技术(non-intrusive load monitoring and decomposition, NILMD)[32]可融合到智能电表芯片，通过采集和分析电力用户端电压和用电总电流，辨识总负荷内部每个/类用电设备的用电功率和工作状态(如空调具有制冷、制热、待机和停机四种不同工作状态)，从而知晓每个或每类用电设备的耗电状态和用电规律，如图 5-34 所示。

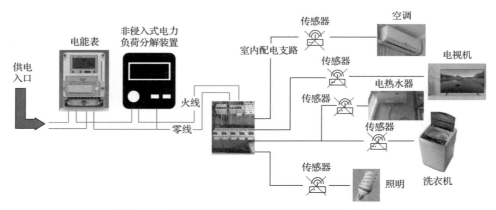

图 5-34　非侵入式电力负荷监测与分解方案示意图

装有智能电表的负荷节点可被认为是信息完备节点，可以通过非侵入式负荷分解得到节点负荷组成及其模型结构。而对于未进行离线统计和在线监测的信息非完备节点，可以根据各节点的日负荷功率曲线、电压曲线等量测数据，按照合理的分类方法进行节点分类，从而利用同类信息完备节点的模型信息，建立不完备节点模型的等效替代模型。

对于 10kV 及以上电压等级，由于母线下负荷构成相对复杂，无法直接得到负荷节点的模型结构及参数，也无法采用侵入式或非侵入式电力负荷监测获得母线下电力设备的用电信息。但是可以通过对下层级节点进行聚合的方式，得到此层级节点负荷模型参数，同时根据 WAMS 系统、SCADA 系统等提供的多源数据，同类等效替代的方法仍可用于此电压层级。因此，可以自下而上逐层进行模型聚合、模型替代，建立各层级的负荷聚合模型。

5.3.3　负荷模型参数校正

统计综合法负荷建模理论基础来源于统计学[33]，是将变电站的综合负荷作为各行业用户(工业负荷、第三产业负荷、市政居民负荷等)的集合来看待，而每一种行业用户则看成是各种典型用电设备(如电机、灯、空调等)的集合，每种典型的用电设备又有其自身的负荷特性，将这些负荷特性一步一步地向上综合，就得到了变电站的综合负荷特性，其建模思路如图 5-35 所示。

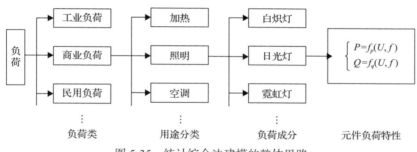

图 5-35　统计综合法建模的整体思路

基于总体测辨法的负荷建模是以现场实测的数据，在合适的负荷模型结构基础之上，通过系统辨识并运用优化算法，从而得到等效的负荷模型参数，其建模思路如图 5-36 所示。其实质就是将负荷群看成"灰色系统"的一个系统辨识问题，由于建模过程没有繁琐又耗费时间的基础数据搜集工作，所以该方法一经提出就被研究人员重点关注。

图 5-36　综合测辨法建模的整体思路

这两种基础的负荷模型构建方法各具优势。综合测辨法的优势在于，它不需要研究人员对大量的负荷进行分类，母线负荷的实时数据获取成本低，模型简单且容易辨识。统计综合法的优点有模型结构明了、概念准确、便于理解负荷特性、无须进行现场试验和实测等。虽然这两种方法的优点明显，应用也较为广泛，但是随着电网环境日趋复杂，单一的建模方法已经很难满足当前电力系统分析的需求。

先进的采集系统为负荷的在线修正提供了数据方面的基础，但是传统的建模方法却难以满足这种实时在线的参数修正需求[34]。统计综合法作为一种基于离线统计的自下而上的综合统计建模方法，利用这种方法构建的数据模型很明显不具有实时性，想要依靠这种方法进行在线的负荷模型参数的修正十分困难。综合测辨法是一种基于变电站或母线实时量测数据的模型构建方法，是一种自上而下的模型参数辨识修正方法，从原理上来看，该方法能够满足这种在线修正的需求，但是在求解速度和精度以及模型选取方面仍然存在较多的问题，这也使得其无法应用在实际的模型在线修正中。

近年来，深度学习作为机器学习的一个新分支，在信息分类、数据挖掘、降维、图像处理等多个领域都有迅速的发展。为了解决负荷模型在线修正这一难题，基于深度学习的负荷模型关键参数修正与自适应校正方法是一条可行的路径。该方法可以将统计综合法与综合测辨法相结合，基于多源数据融合和分层聚合得到的基础负荷模型，通过获取在线量测数据，利用人工智能深度学习方法进行持续的模型参数自适应校正。

负荷模型参数的自适应修正过程中，如何利用海量的量测数据实现模型参数的在线更新是当前面临的主要问题。深度学习方法在构建完成基础的多层神经网络结构后，能够利用大量数据对网络进行训练，通过源源不断的在线数据，实现模型参数的持续检测修正。深度学习方法的这一特点，能够高效地利用电网中的海量量测数据，同时还能在满足模型精度的前提下，保证算法的在线应用，最重要的是该方法能够根据实测数据实现负荷模型本身的自适应校正，并且这一过程可以在大数据平台上实时进行，这就打破了传统仿真计算中，仅仅采用单一负荷模型的壁垒，让仿真负荷模型真正的随着电网的发展而不断变化。本节基于电网大数据平台进行辨识，其整体流程图如图 5-37 所示。

本节提出的方法与常见的利用深度学习完成模型测辨的方法有着较大不同，其中数据来源的多样性和模型参数自适应修正的在线持续进行是主要的创新点。待辨识负荷模型方面，在典型负荷点的多源分项负荷量测信息的基础上，建立分类别、分区块、分层级的负荷聚合测辨模型。由于这种负荷聚合模型是在多源数据基础上得到综合模型，所以相较于传统的负荷模型，该模型更为接近实际负荷的真实情况。在实际的参数自适应校正过程中，在负荷聚合模型的基础上，选取

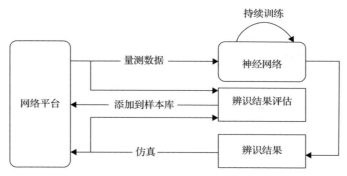

图 5-37　利用电网大数据平台进行辨识的整体流程图

主导参数进行在线辨识校正,这种方法能在保证仿真精度的情况下极大地提升求解的速度,使得模型参数在线修正成为可能。而在模型参数在线自适应校正方面,主要针对中压母线测量得到节点有功功率、无功功率、电压,并进行在线辨识。

为了实现模型的持续学习与在线校正,首先要获取大量数据进行深度学习网络的训练。利用电力系统分析综合程序(power system analysis software package,PSASP)构造大量的样本数据,结合大数据平台获取的在线量测数据,将样本分类误差作为评价函数,为神经网络训练提供充足的训练样本。通过大量样本的持续学习训练更新神经网络,实现基于多源数据的持续训练与在线量测数据的主导参数快速辨识,其原理图如图 5-38 所示。对辨识结果进行仿真验证,与实际量测结果进行准确性评估,并纳入模型库进行后续训练。

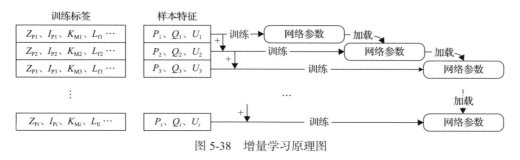

图 5-38　增量学习原理图

进行实际应用时,该网络与常见的神经网络区别在于,该网络模型不断地将在线得到的测量数据与当前数据的变化量纳入训练样本,并于在线环境下持续进行增量学习,一次次地刷新深度学习网络的结构参数,以满足模型的动态更新要求。每当新增数据时,在原有网络结构的基础上,仅对由于新增数据所引起的变化进行更新,需要对新旧数据权重以及新数据对神经网络的修改位置做出调整,并且在训练新样本时以一定比例回顾老样本,避免灾难性遗忘。图 5-39 分别为在线辨识负荷有功功率和无功功率的对比结果。

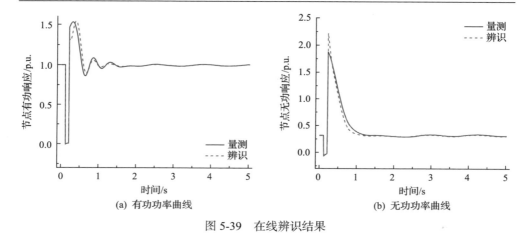

图 5-39　在线辨识结果

以读入一组量测数据为例进行主导参数在线快速辨识，将神经网络所得主导参数结果送入综合程序进行仿真，得到的模型响应曲线如图 5-39 所示。可以看出辨识后有功响应曲线拟合程度较好，无功响应曲线在峰值处误差相对较大一些。

5.4　系统等值模型测辨

研究电力系统扰动后电压的时空分布特征对电力系统动态安全分析、动态仿真，系统运行控制及扰动分析等具有重要意义[35]，通过分析扰动后的电压时空分布特性，掌握扰动的波动范围，有利于评价系统中元件的受扰动程度，对致差区域的识别至关重要。

同时，随着广域测量系统 WAMS 的逐步推广，借助 WAMS 系统我们可以得到电力系统动态过程中部分变量的真实数据，这为基于实测数据分析电力系统电压的动态时空分布特性提供了坚实有力的数据基础。为了更好地描述动态轨迹的变化特点，根据实际的物理过程，建立电压的特征量化指标，这样可以清晰地描述其动态特点及变化大小程度。

1. 电压平均变化率

当电力系统发生故障后，周围节点的电压幅值将会经历短暂的下降过程，我们通过计算下降过程中电压的平均变化率来评价电压初始时刻下降的快慢。同时电压平均变化率与电气距离大致呈反比关系，因而在扰动下，各个观测点的电压平均变化率的大小差异一定程度上可以反映距离故障点的电气距离的远近以及变化的速率。因此，选取电压下降的平均变化率作为电压的动态特性指标之一，其计算如式 (5-51) 所示。

$$k = (U_0 - U_{\min})/(t_0 - t_{\min}) \tag{5-51}$$

式中，U_0 为电压初始值；$U_{\min}$ 为电压跌落最小值；t_0 为电压下降最初时刻；$t_{\min}$ 为电压最小值对应时刻。

2. 扰动贡献指数

对于一次扰动来说，不同空间位置对整个系统的扰动贡献程度不同，这里从能量的角度来评价不同空间位置受扰动的影响程度。对于一组电压数据集，其协方差矩阵可以用其中含有 N 个数据样本计算，表达式为

$$C_{\text{sys}} = \frac{1}{N}(G^{\text{T}} \times G) \tag{5-52}$$

对于一个维数为 $n \times m$ 的矩阵 Z，其能量由 Frobenius 范数表示：

$$E(Z) = \|Z\|_F^2 = \sum_{i=1}^{n} \sum_{j=1}^{m} z_{ij}^2 \tag{5-53}$$

式中，C_{sys} 的范数是系统产生的总能量；n 是量测点的数量；m 是数据时间序列的个数。同样地，对于第 i 个观测点的协方差矩阵可以表示为

$$C_i = \frac{1}{N}[G^{\text{T}}(i) \times G(i)] \tag{5-54}$$

通过式(5-53)的 Frobenius 范数，可以求取每次扰动中数据集的总能量。因此，第 i 个测量点的能量含量与整个系统能量含量的比值都可以用作衡量第 i 个观测点对整个系统扰动贡献程度的指标。这个比率定义为第 i 观测点的扰动贡献指数（DCI_i），表达式为

$$\text{DCI}_i = \frac{E(C_i)}{E(C_{\text{sys}})} \tag{5-55}$$

3. 电压最大相对变化量

由于各个观测点在地理上位置不同，所以在实际系统中不同空间位置的电压相对变化量不同，这也是电压动态特性的重要特征之一，各个观测点的电压相对变化量表示为

$$\Delta U_{\max} = [\Delta u_{\max 1}, \Delta u_{\max 2}, \cdots, \Delta u_{\max n}] \tag{5-56}$$

$$\Delta u_{\max i} = \left| \frac{u_{0i} - u_{\min i}}{u_{0i}} \right| \times 100\% \tag{5-57}$$

式中，$\Delta u_{\max i}(i=1,2,\cdots,n)$ 为观测点 i 的电压最大相对变化量；u_{0i} 为电压的初始值；$u_{\min i}$ 为最低点电压值。

4. 响应时间

扰动发生后，各个节点电压到达相同变化量的时间并不相同，各节点的电压动态变化是从扰动中心以不同的传播速度向各个方向传播，各个观测点对扰动的响应有先后顺序，因而存在响应的延时特性[36]。

对于给定点的电压相对变化量 ΔU，扰动后第一次达到 $U_0 - \Delta U$ 对应的时刻为该观测点对应的响应时间 t_r，各个观测点的响应时间可以用一组时间序列表示：

$$T_r = [t_{r1}, t_{r2}, \cdots, t_{rn}] \tag{5-58}$$

式中，$t_{ri}(i=1,2,\cdots,n)$ 表示观测点 i 处的响应时间。

如果响应时间确定，扰动发生的时间 t_0 也确定，就可以确定各个观测点对扰动的延时时间：

$$\Delta T_r = [t_{r1} - t_0, t_{r2} - t_0, \cdots, t_{rn} - t_0] \tag{5-59}$$

通过上述指标数值的变化情况，可有效地反映扰动后各个观测点电压的变化趋势，可以从多维的角度量化分析电压的动态时空分布特点。

随着电网互联，网络结构越来越复杂，电压时空分布特性应用价值越来越突出。扰动发生后，不同的区域受扰的程度是不同的，在仿真验证方面，对不同区域模型元件的动态特性激发程度不同，其造成的误差特性也不同，电压时空分布特性的研究对模型元件致差区域的划分有重要的指导作用。

以某省网广域测量系统中某扰动为例，选取扰动后记录完整的 30 个 PMU 厂站的数据，各个点的电压初始值、电压等级不同，首先对数据进行标幺化处理。图 5-40 为扰动过程中各观测点的电压分布情况。

通过不同观测厂站的实测数据分析可知，当故障点的电压下降时，该省网的总体电压也都下降，随距离扰动点的距离的增大，电压的下降幅值变小，不同区域电压跌落的情况不同，深色区域电压下降相对较为严重，通过热力图的颜色分布把不同区域的受扰情况表现出来。

该省网电压的动态过程中，各个观测点的电压特征量相差比较大，这是由不同的地理位置以及与故障点之间的电气距离不同造成的。刚发生扰动后故障点附近的观测点电压迅速下降，扰动传播以一定的速度在耦合的电力系统中传播，因

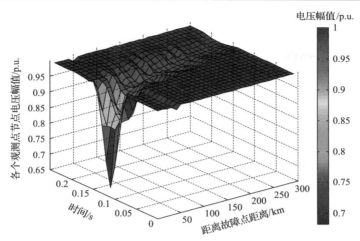

图 5-40　故障期间各个观测点的电压时空特性图

而距离扰动点远的电压到达最低点有所延迟[37]。同时又由于不同观测点距离扰动点的电气距离不同，电压最大相对变化量有很大不同，随着电气距离的增大受扰动的影响逐渐减弱，从而使得电网的电压动态特性在时间与空间两个维度中呈现。同时这一特性会影响低压减载动作时间，进而低压减载装置未按预定方案动作，对于低压减载的效果影响不容忽视[38]。

在大电网系统中可以通过实际记录的扰动或者随机设定的扰动作为激励，进而识别系统的模型或参数，不同的扰动强度对模型参数的动态激发程度不同，模型参数的验证结果也不同[39]。仿真试验表明，扰动越大，动态元件模型及参数的动态特性反映越全面，仿真评估结果的可信度越大。而且扰动强度不仅与自身的幅度和持续时间有关，还与扰动发生的位置和系统运行状态有关[40]。电压的动态时空分布特性主要表明大系统中不同区受扰程度，电压扰动深度是评价元件动态激发程度的最基本指标，由电压平均变化率、最大相对变化量、扰动贡献指数共同决定，关系表示为

$$\lambda_i = f(k_i, \Delta u_{\max i}, \text{DCI}_i, \mu) \tag{5-60}$$

式中，λ_i 为扰动深度；k_i 电压平均变化率；$\Delta u_{\max i}$ 为最大电压相对变化量；DCI_i 为扰动贡献指数；μ 为系统的修正系数，与故障的类型和故障的持续时间有关。

依次求取电压动态特征量，得出电压扰动深度，用以量化不同区域动态元件的激发程度，设定相应的阈值，通过实际相对受扰节点密度进行区域的划分。

如图 5-41 所示，深色区域中强度小的扰动只会激发系统平衡点附近的模态，而且系统的响应有可能被噪声湮没，对模型参数进行校核势必会造成错解，而且校核的模型参数难以适用于相对较大的扰动情况[41]。因此，对于浅色区域，在大

扰动的场景下，元件的动态特性充分激发，校核出来的模型参数才具有参考价值，故电压扰动深度是致差区域识别的一个重要的约束条件。

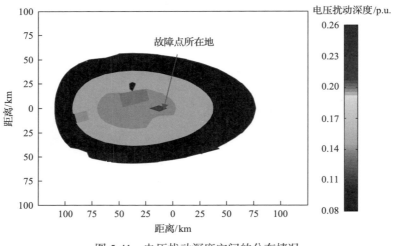

图 5-41　电压扰动深度空间的分布情况

5.4.1　致差区域识别

电力系统元件模型参数不准确是造成轨迹差异的主要原因，但是大规模电力系统地域广，电力元件众多，动态过程较为复杂，致差区域的识别较为困难，这给我们仿真验证带来了难题。本节提出的致差区域，是指在对参数进行校核前，在多元件参数的大系统中，通过一些手段溯源误差区域，减少验证元件模型数量，降低动态仿真验证的代价，致差区域在动态仿真验证中起到承上启下的中间作用，如图 5-42 所示。

当大规模电网动态仿真出现较大误差时，我们很难判断哪些模型参数存在误差，哪些区域是造成仿真误差的关键。致差区域的提出正是为了解决这个问题。通过找到对系统仿真造成误差的主要区域，再通过元件或区域的分块解耦进行混合仿真验证，识别出具体的元件和参数，势必会大大降低仿真验证的代价。

最小生成树理论是图论中十分重要的内容，其在诸多领域已有广泛的应用，如交通规划、城市规划、物质结构、电网规划等[42,43]。在本节的研究中，将电网看作无向图，应用最小生成树理论进行动态仿真致差区域的识别，具有很好的应用效果，能有效减小电力系统动态仿真的计算代价。

在最小生成树的求取过程中，线路权值的确定是前提条件。为了从整体上评价实测轨迹与仿真轨迹的差异度，可以利用有功功率和无功功率的实测轨迹与仿真轨迹进行定量分析比较。在文献[39]中，均方误差(mean square error，MSE)被用于量化差异度，但它在整个扰动过程中是唯一定值，存在一定的局限性。在本研究中，提出全局差异度指标，该指标同时考虑两种输出变量，对输出轨迹考虑得更全面，全局差异指标表示为

$$\xi = \frac{\int_0^t \Delta z(\tau)^{\mathrm{T}} R \Delta z(\tau) \mathrm{d}\tau}{\int_0^t S_{\mathrm{ref}} \mathrm{d}\tau} \tag{5-61}$$

式中，$\Delta z = [\Delta P, \Delta Q]^{\mathrm{T}}$ 表示实测与仿真之间有功功率和无功功率的差值序列；t 为仿真时长；R 是加权矩阵；S_{ref} 是参考值。

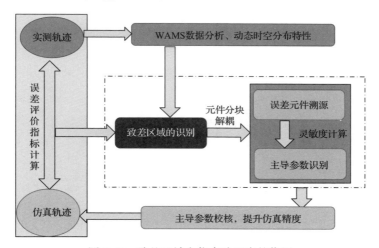

图 5-42　致差区域在仿真验证中的作用

采用全局误差指标作为电力系统仿真验证中的误差评价指标，线路的可信度指标可以定义为

$$\psi = 1 - \xi \tag{5-62}$$

计算电网各个支路的可信度大小，将其作为各个支路的权值，把每条支路赋予权值后，电网整体就可以看作一个赋权无向图，接下来可以求取电网的最小生成树。

一般致差区域附近的电网仿真轨迹误差比较大，可信度比较低，导致系统仿真误差的元件模型主要集中在这样的区域内，只有极少数情况下可信度低的区域远离致差区域，因而仿真轨迹误差较大的区域存在致差区域的概率较大。

将电网中的各个母线等效成每个节点，连接线路等效为边，以各条支路的仿真可信度作为权值，这样整个电力网络可以等效为赋权无向图。首先通过实测数据分析电压动态时空分布特性，计算特征量化指标，进而确定电压扰动深度大小，

评价受扰程度，刻画元件模型的动态激发程度，划定初步的搜寻区域；再通过混合仿真方式验证进一步缩小致差区域，经过迭代计算高效地识别出大规模电网的动态仿真致差区域，具体流程如图 5-43 所示。

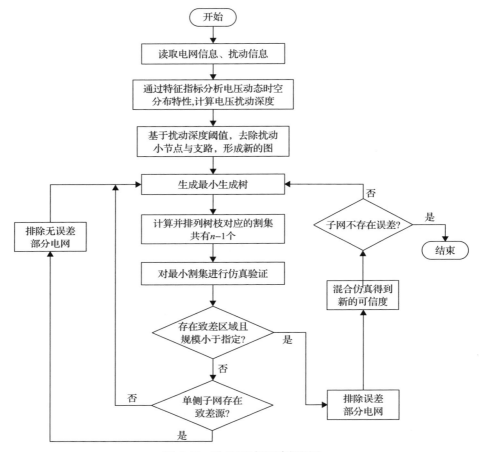

图 5-43　致差区域识别流程图

当选取扰动深度阈值与可信度阈值不同，致差区域范围也随之变化。若选取的阈值较小，将使致差区域相应缩窄，涵盖的元件参数不够可信，从而降低识别结果的准确性。反之，选取的阈值过大，则使得致差区域过于宽泛，计算效率大大降低。

需要指出，由于一些算法等的原因，即使模型参数非常准确，动态仿真也可能出现与实测的不一致，此时，并不是模型元件不可信。如果误差指标过小，就会把此类问题归于致差区域，这是不合理的。在待识别区域电网仿真验证中，最低可信度大于 0.85 且平均可信度大于等于 0.9 时，认为该电网仿真结果具有可信性。该可信度阈值的选定是通过对多组东北网算例验证分析和整定得到的，实际上由于致差区域确定的要求不同、电网规模和建模水平的差异、PMU 量测精度水平不同，其阈值大小应根据实际情况、经验，针对各种不同的条件灵活指定。

5.4.2　仿真误差溯源

当电力系统仿真结果与 WAMS 的实际记录不一致时，很难定位究竟是哪些元件或参数造成了仿真结果与真实动态的差异，如何进行仿真验证工作同样成为一个难题。降维和解耦是实现大规模电力系统仿真验证的重点。

混合动态仿真原理的提出，为实现基于广域量测信息进行大电网仿真验证提供了理论依据。为了准确了解混合动态仿真原理，首先需要掌握电力系统动态仿真的基本原理。电力系统动态特性可表示为

$$\begin{cases} \dfrac{\mathrm{d}x}{\mathrm{d}t} = f(x, y) \\ 0 = g(x, y) \end{cases} \tag{5-63}$$

式 (5-63) 包含一组微分方程和一组代数方程，微分方程表示系统各元件的动态特性，代数方程表示系统的稳态部分，式中 $x = (x_1, x_2, \cdots, x_N)$ 表示电力系统各元件的状态变量，$y = (y_1, y_2, \cdots, y_M)$ 表示电力系统的代数变量。在求解过程中，通常采用隐式梯形积分法和牛顿法联合求解上述方程。

若边界节点安装有记录各变量的广域测量单元 PMU，可利用 PMU 记录的实测数据作为混合动态仿真计算中的代数变量或者微分变量，减少计算步骤，提高计算效率。可用式 (5-64) 表示。

$$\begin{cases} \dfrac{\mathrm{d}x}{\mathrm{d}t} = f(x, y, u) \\ 0 = g(x, y, u) \end{cases} \tag{5-64}$$

式中，u 为用于混合动态仿真的实测数据。

受限于商用软件的固有功能，实测数据很难直接注入仿真系统，自定义数据接口的开发及调用大大降低了混合动态仿真方法的便捷性、实用性，因而需要依托商用软件固有的模型及功能将实测数据准确注入。在系统受扰后，恒定的负荷无法描述系统的动态行为，基于固有模型库中不同的负荷模型，如恒阻抗负荷模型或恒功率负荷模型，将待注入待校正系统的实测功率数据分为以下两个部分：一部分为恒定负荷，另一部分为施加在负荷节点上的冲击负荷扰动。

在研究系统动态仿真时，待校正系统出口电压、功率都可以通过 PMU 测得，每一个步长都可以将实测的 PMU 注入到待校正端口位置，代替外部大系统，从而避免外部系统模型参数不准确对该台发电机参数校正结果的影响，实现待校正

系统与电力系统的解耦(图 5-44)。将待校正系统和外部系统进行等值，得到单机单负荷系统，系统图如图 5-45 所示。利用 PSASP 搭建单机单负荷系统时，发电机与负荷间由一条阻抗近似为零的交流线相连，以便于获取潮流计算的结果作为动态仿真的初值。

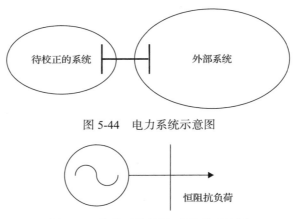

图 5-44　电力系统示意图

图 5-45　等值后的单机-单负荷系统图

动态仿真的每一个时刻，从发电机向恒阻抗负荷注入的复功率为

$$\tilde{S}_{L} = \frac{U_{L}^{2}}{Z_{L}^{*}} \tag{5-65}$$

$$Z_{L} = \frac{U_{0}^{2}}{P_{0} + jQ_{0}} \tag{5-66}$$

式中，U_{L} 为恒阻抗负荷的电压；Z_{L} 为恒阻抗负荷的阻抗。

在动态过程中，系统在受到大扰动后，阻抗会发生变化，不能仅用恒阻抗模型表征其动态行为。此时，发电机向系统注入的功率可以表示为

$$\tilde{S}_{L} = \frac{U_{L}^{2}}{Z_{L}^{*}} + \Delta\tilde{S} \tag{5-67}$$

式中，$\Delta\tilde{S}$ 为发电机向系统注入的实际功率与恒阻抗负荷消耗的功率之差。

在基于 PSASP 的电力系统动态仿真中，可以通过式(5-65)、式(5-66)计算出扰动前负荷的阻抗，再通过式(5-67)计算出每一个步长的 $\Delta\tilde{S}$，作为冲击负荷扰动。根据以上分析，发电机外部的复功率 $\tilde{S}_{L}$ 和电压 U_{L} 可以通过实测数据直接获得并注入到 PSASP 的仿真模型中，从而可以避免其他模型参数不准确对本台发电机模型参数的影响。仿真软件在对电力系统进行动态仿真时通常运用数值积分的方法，

在每个积分步长计算一次，相应的冲击负荷的值也要随每一积分步长进行更新，从而达到与仿真软件同步。这样，对于仿真软件的每个积分步长，对负荷节点加冲击负荷扰动，实现实测数据注入[44-50]。

通过将冲击负荷注入方法用于系统的分块解耦动态仿真，就可把误差溯源定位在某一区域甚至是某一元件。这样就可以大大缩小误差溯源的范围，提高误差溯源的精度。利用所述方法进行分块解耦仿真验证策略的实现流程如图5-46所示。

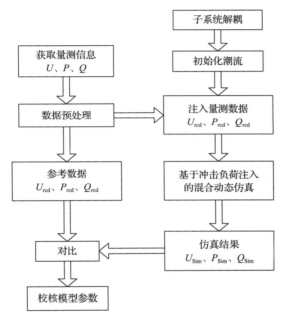

图 5-46　基于冲击负荷注入法的分块解耦动态仿真验证流程

5.4.3　主导参数校核

元件模型参数的不准确是导致动态仿真结果和实测数据轨迹不一致的主要因素[51]。模型参数校核是电力系统动态仿真验证的重要组成部分，通过识别致差区域，确定主要致差元件的范围，通过分块解耦验证找出致差元件，通过对误差元件模型参数进行校核提高系统的仿真精度，以保证动态仿真结果的准确性。

电力系统结构复杂、元件参数众多。在实践中，受计算能力和时效性要求的限制，无法对所有参数都进行校正。在参数校正任务中，对于实施人而言，系统中、发电机组中失准的参数有些是未知的。同时，大量研究表明，仅需优化对仿真与实测误差起主导作用的参数集，就可以补偿仿真与实测之间的不一致，并使误差满足要求。而对系统中全部参数都进行校正是费时的，也是不必要的。因此，通行的做法是校正仿真与实测之间误差的主导参数集。

　　如何准确识别仿真与实测误差的主导参数集是一个难题，而灵敏度分析方法在该问题中得到广泛运用。传统方法基于轨迹灵敏度最大值的大小进行排序，选择灵敏度最大值较大的参数组成主导参数集[52,53]，该方法仅能利用轨迹灵敏度曲线上一点的数据，从数据利用效率角度看，这是低效的；且该方法没有从任何角度考虑实测，是与实测脱节的。针对该方法的不足，为充分利用参数的轨迹灵敏度数据，本节提出一种基于轨迹灵敏度频域特征提取的电力系统仿真误差主导参数识别方法，通过对参数轨迹灵敏度的频域变换和分析，提取仿真误差和参数灵敏度的频域特征信息，识别系统中仿真与实测轨迹之间误差的主导参数集。

　　轨迹灵敏度的计算方法有数值仿真法和参数摄动法两种。对于大规模电力系统的轨迹灵敏度计算，采用数值仿真法的计算代价较大，可采用参数摄动法求解。它适合复杂的黑箱系统，无需对系统进行线性化处理，不涉及系统的物理本质和结构特点。摄动法的原理如式(5-68)所示。

$$\begin{cases} x_\alpha = \dfrac{x(\alpha+\Delta\alpha,t)-x(\alpha,t)}{\Delta\alpha/\alpha} \\ y_\alpha = \dfrac{y(\alpha+\Delta\alpha,t)-y(\alpha,t)}{\Delta\alpha/\alpha} \end{cases} \tag{5-68}$$

式中，$\Delta\alpha$ 为摄动量。此方法通过采用两次仿真结果相减，计算简单，概念清晰，减少了建立轨迹灵敏度数学模型的繁重任务。

　　在电力系统混合动态仿真中，注入实测数据和仿真结果都是离散序列，可以使用快速傅里叶变换(fast Fourier transform，FFT)方法进行计算。

　　使用 FFT 方法，对各参数的灵敏度曲线进行频域变换，可得到灵敏度曲线的频谱。灵敏度表示参数变化对于仿真曲线的影响能力。对于参数灵敏度频谱的峰值，其频点表示该参数的变化所影响的主要频率分量，其幅值表示该频率分量的含量，体现了这种影响的程度。因此，峰值的频点和幅值是灵敏度频谱的关键特征。

　　元件模型参数与系统实际参数不一致是该误差产生的主要因素。可认为，总的误差是各个参数从其模型值到系统实际值的灵敏度积分，如式(5-69)所示。

$$\Delta x(t) = \sum_{i=1}^{N} \int_{\alpha_{i,\text{model}}}^{\alpha_{i,\text{real}}} S_i(\alpha_i,t)\mathrm{d}\alpha_i \tag{5-69}$$

式中，S_i 为与参数值 α_i 有关的灵敏度；t 为时间；N 为参数总量。

　　使用 FFT 方法，对误差曲线进行频域变换，可得到误差频谱。频谱中若存在峰值，表明该误差含有峰值点的频率分量较大。根据误差与参数灵敏度的关系，该频率分量即是由参数灵敏度造成的。因此，对于误差频谱，也应将其峰值的频点作为特征。对于误差频谱的峰值，其频点表示误差中含有的主要频率成分，幅值表示该频率成分的含量。

灵敏度频谱和误差频谱中可能含有多个峰，各峰的幅值并不相同。在选取主导参数时，既要考虑峰值的总体作用，也要考虑各峰值的差异。为准确衡量各峰值的作用，本节定义了峰值平均幅值指标和幅值比指标。

对某一频谱，峰值平均幅值指标的定义为

$$\bar{M} = \frac{1}{N_{peak}} \sum_{i=1}^{N_{peak}} M_i \tag{5-70}$$

式中，M_i 为各峰幅值；N_{peak} 为峰个数。该指标能够反映参数对敏感频点的平均影响能力。

幅值比指标的定义为

$$R_{ij} = \frac{M_i}{M_j}, \quad 1 \leqslant i, j \leqslant N_{peak} \tag{5-71}$$

式中，M_i 和 M_j 为峰的幅值；N_{peak} 为峰个数。该指标体现了参数对各敏感频点影响能力的比例关系。误差频谱的幅值比指标体现了峰值频点频率成分的含量差异。对于多峰值的频谱，可主要考察其第一、第二峰值的幅值比。

参数校正的目标是合理调整参数值，使仿真结果与实测数据的误差减小。对于误差频谱中的明显峰值，如果能有效补偿这些峰值所在的频率成分，就可以极大地减小仿真与实测的不一致。因此，主导参数集的选取应以能有效补偿误差的主要频率成分为原则。在此原则下，应考察各参数灵敏度的频率特征。主导参数集的识别流程如图 5-47 所示。

获得主导参数集后，应对所选主导参数进行参数值校核。参数校核方法有辨识方法、试错法、蛮力法、粒子群算法。各方法有自己的优点和不足，不同方法的计算速度、校核效果差异显著。基于最小二乘的辨识方法在参数超过 4 个时存在收敛困难问题；粒子群方法搜索速度快，但存在算法参数需调整和陷入局部最优的问题；蛮力法比较费时，且精度与步长的大小有很大关系，但原理简单，编程实现容易。方法的选择要考虑系统规模、对计算效率的要求、精度要求等问题。

同时，以深度强化学习为代表的新一代人工智能在多领域的成功应用，为模型参数智能校核提供了借鉴。以深度强化学习的新进展——深度确定策略梯度算法(deep deterministic policy gradient，DDPG)算法[54,55]为例，该模型通过大量的仿真探索并逐步习得动态参数智能校正知识，初步实现了基于"知识"的模型动态参数校核。

使用 DDPG 网络对状态量进行调整，不断进行"探索"与"利用"，直至网

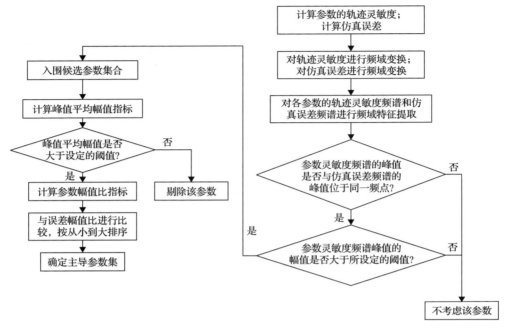

图 5-47　主导参数集的识别流程

络完全收敛。由于 DDPG 中的 Actor 是利用正态分布中的某一数值进行输出，控制正态分布的方差就可以控制 Actor 的"探索"与"利用"的比例。本节中初始方差 $\sigma=3$，记忆池中数据达到上限后，开始学习。σ 在开始学习后的每个 Epoch 都会以一定比例减小，代表"探索"的比例在逐渐减小。最终 σ 将下降至近似于 0，代表网络将不再"探索"，进行完全的"利用"。DDPG 算法的流程图如图 5-48 所示。

　　以某省网实际系统为例进行仿真，采用飞蛾火焰优化算法 (moth-flame optimization，MFO) 与 DDPG 算法对校核结果进行对比。

　　由图 5-49、表 5-11、表 5-12 可以看出，采用 10 参数的 DDPG 方法校核效果最佳，其电压值和有功值的平均绝对误差百分比(%)分别为 0.0616 和 1.6458，与校核前的 0.1932 和 5.4321 相比，分别提高了 68.11%和 69.70%；其得到的电压值和有功值的最大偏差(p.u.)分别为 0.0044 和 0.0859，与校核前的 0.0108 和 0.5481 相比，分别提高了 59.26%和 84.33%。这些结果验证了基于 DDPG 的智能校核方法可以显著减少电压和有功偏差。

　　由于 DDPG 能够解决高维、连续、非线性的问题，所以在发电机参数调整领域，是一种新的思路，新的试验。人工智能、机器学习算法等都是在试验的基础上积累经验，神经网络从初始化到训练完备需要一定的时间，对于硬件的计算力的要求随着问题维度的升高而更加严格。加快网络收敛速度、减少训练花费的时间、提高智能算法的运算效率是接下来努力的方向。

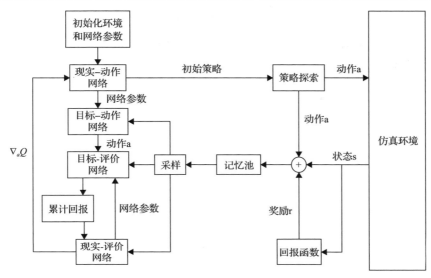

图 5-48　DDPG 整体流程图

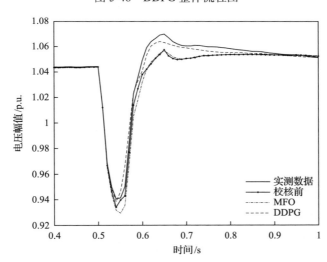

图 5-49　电压波形对比图

表 5-11　电压结果比较

	平均绝对误差百分比/%	最大电压偏差/p.u.
参数校核前	0.1932	0.0108
4 参数 MFO	0.1256	0.0075
4 参数 DDPG	0.1305	0.0086
10 参数 DDPG	0.0616	0.0044

表 5-12　有功功率结果比较

	平均绝对误差百分比/%	最大有功偏差/p.u.
参数校核前	5.4321	0.5481
4 参数 MFO	3.1622	0.2320
4 参数 DDPG	3.2990	0.2605
10 参数 DDPG	1.6458	0.0859

5.5　本 章 小 结

本章以双馈型风电场为例，介绍了可再生能源场站等值模型结构测辨、参数测辨以及模型的生成方法，并扩展到直驱型风电场和光伏电站。针对直流输电系统，通过识别不同场景下模型的关键环节与主导参数，以保证输电模型测辨的准确性与时效性。提出复杂异构负荷环节的分层聚合建模方法，通过多源集群数据的分析外推，实现了在少数节点信息完备场景中各层级完整负荷模型的构建；基于在线量测数据实现了模型参数自适应动态校正，以反映负荷的时变特性。建立电压扰动特征量化指标，通过致差区域识别、仿真误差溯源与主导参数校核，提升了互联大电网系统等值模型与整体测辨仿真精度。

参 考 文 献

[1] Mahela O P , Shaik A G. Comprehensive overview of grid interfaced wind energy generation systems[J]. Renewable & Sustainable Energy Reviews, 2016, 57: 260-281.

[2] Jadhav H T, Roy R. A comprehensive review on the grid integration of doubly fed induction generator[J]. International Journal of Electrical Power & Energy Systems, 2013, 49(1): 8-18.

[3] Ömer G, Altin M, Fortmann J, et al. Field validation of IEC 61400-27-1 wind generation type 3 model with plant power factor controller[J]. IEEE Transactions on Energy Conversion, 2016, 31(3): 1170-1178.

[4] 潘学萍, 张弛, 鞠平, 等. 风电场同调动态等值研究[J]. 电网技术, 2015, 39(3): 621-627.

[5] 张元, 郝丽丽, 戴嘉祺. 风电场等值建模研究综述[J]. 电力系统保护与控制, 2015, 43(6): 138-146.

[6] 李治艳, 刘其辉, 杜鹏, 等. 风电场动态等值的主要步骤和关键技术分析[J]. 华东电力, 2013, 41(11): 2387-2393.

[7] 丁明, 朱乾龙, 韩平平. 风电场等值建模研究[J]. 智能电网, 2014, 2(2): 1-6.

[8] Jacques B, Christian L, Richard G. Validation of single and multiple-machine equivalents for modeling wind power plants[J]. IEEE Transactions on Energy Conversion, 2011, 26(2): 532-541.

[9] Dalia N H, Mahmoud M, Reza I. A wideband equivalent model of type-3 wind power plants for EMT studies[J]. IEEE Transactions on Power Delivery, 2016, 31(5): 2322-2331.

[10] Ghassemi F, Koo K L. Equivalent network for wind farm harmonic assessments[J]. IEEE Transactions on Power Delivery. 2010, 25(3): 1808-1815.

[11] Jacques Brochu, Christian Larose, Richard Gagnon. Generic equivalent collector system parameters for large wind

power plants[J]. IEEE Transactions on Energy Conversion, 2011, 26(2): 542-549.

[12] 鞠平. 电力系统建模理论与方法[M]. 北京: 科学出版社, 2010.

[13] Jin Y, Lu C, Ju P, et al. Probabilistic preassessment method of parameter identification accuracy with an application to identify the drive train parameters of DFIG[J]. IEEE Transactions on Power Systems, 2020, 35(3): 1769-1782.

[14] Pereira L, Kosterev D, Mackin P, et al. An interim dynamic induction motor model for stability studies in the WSCC[J]. IEEE Power Engineering Review, 2007, 22(10): 59-60.

[15] Agustriadi, Sinisuka N I, Banjar-Nahor K M, et al. Modeling, simulation, and prevention of July 23, 2018, Indonesia's southeast sumatra power system blackout[C]. 2019 North American Power Symposium (NAPS), Wichita, 2019: 1-6.

[16] Abur A, Exposito A G. Power System State Estimation: Theory and Implementation[M]. New York: Marcel Dekker. 2004.

[17] Kunder P. Power System Stability and Control[M]. New York: McGraw-Hill, 1994.

[18] 李林川. 电力系统基础[M]. 北京: 科学出版社, 2009.

[19] 万磊, 汤涌, 吴文传, 等. 特高压直流控制系统机电暂态等效建模与参数实测方法[J]. 电网技术, 2017, 41(3): 708-714.

[20] Nalakath S, Preindl M, Emadia A. Online multi-parameter estimation of interior permanent magnet motor drives with finite control set model predictive control[J]. Iet Electric Power Applications, 2017, 11(5): 944-951.

[21] 中国电力科学研究院. 电力系统分析综合程序 7.3 版动态元件库用户手册[R]. 北京: 中国电力科学研究院, 2018.

[22] Karlsson J. Simplified control model for HVDC classic[D]. Stockholm: Royal Institute of Technology, 2006.

[23] 马进, 王景钢, 贺仁睦. 电力系统动态仿真的灵敏度分析[J]. 电力系统自动化, 2005(17): 20-27.

[24] 左剑, 向萌, 张斌, 等. 基于 WAMS 的线路参数辨识在电网中的应用[J]. 电网与清洁能源, 2017, 33(6): 1-6.

[25] 汤涌, 张红斌, 侯俊贤, 等. 考虑配电网络的综合负荷模型[J]. 电网技术, 2007, 31(5): 34-38.

[26] 谢会玲, 鞠平, 罗建裕, 等. 基于灵敏度计算的电力系统参数可辨识性分析[J]. 电力系统自动化, 2009, 33(7): 17-21.

[27] 左萍, 李威, 秦川, 等. 基于二阶灵敏度的电力负荷参数辨识方法[J]. 河海大学学报(自然科学版), 2014, 42(5): 460-464.

[28] 李培强, 李慧, 李欣然. 基于灵敏度与相关性的综合负荷模型参数优化辨识策略[J]. 电工技术学报, 2016, 16: 181-188.

[29] 石景海. 考虑负荷时变性的大区电网负荷建模研究[D]. 北京: 华北电力大学, 2004.

[30] 张景超, 张承学, 鄢安河, 等. 基于自组织神经网络和稳态模型的多台感应电动机聚合方法[J]. 电力系统自动化, 2007, 31(11): 44-48.

[31] 郭金川, 曾沅, 高群. 电力系统负荷聚合方法研究[J]. 电网与清洁能源, 2009, 25(3): 12-15.

[32] 余贻鑫, 刘博, 栾文鹏. 非侵入式居民电力负荷监测与分解技术[J]. 南方电网技术, 2013(4): 1-5.

[33] 鞠平. 电力系统负荷建模理论与实践[J]. 电力系统自动化, 1999(19): 3-5.

[34] 王克英, 穆钢, 陈学允. 计及 PMU 的状态估计精度分析及配置研究[J]. 中国电机工程学报, 2001(8): 30-34.

[35] 李铭, 安军, 穆钢, 等. 基于实测轨迹的频率动态时空分布特性研究[J]. 电网技术, 2014, 38(10): 2747-2751.

[36] 刘健, 杨文宇, 余健明, 等. 一种基于改进最小生成树算法的配电网架优化规划[J]. 中国电机工程学报, 2004(10): 105-110.

[37] 王德林, 王晓茹. 电力系统中机电扰动的传播特性分析[J]. 中国电机工程学报, 2007(19): 18-24.

[38] 付聪, 孙闻, 李晓明. 改善电网电压延迟恢复的动态电压/无功灵敏度方法[J]. 电力系统及其自动化学报, 2016,

28(10): 42-46.

[39] Gomez J E, Decker I C. A novel model validation methodology using synchrophasor measurements[J]. Electric Power Systems Research, 2015, 119: 207-217.

[40] 宋新立, 汤涌, 卜广全, 等. 大电网安全分析的全过程动态仿真技术[J]. 电网技术, 2008(22): 23-28.

[41] 郝丽丽, 薛禹胜, Wu Q H, 等. 电力系统受扰轨迹的差异度及其在参数识别中的应用[J]. 电力系统自动化, 2010, 34(11): 1-7.

[42] 许志荣, 杨苹, 曾智基, 等. 基于广义最小生成树的多微网源荷储恢复顺序优化策略[J]. 电力系统自动化, 2017, 41(8): 52-57.

[43] Dolatabadi M, Damchi Y. Graph theory based heuristic approach for minimum break point set determination in large scale power systems[J]. IEEE Transactions on Power Delivery, 2019, 34(3): 963-970.

[44] 马进, 盛文进, 贺仁睦, 等. 基于广域测量系统的电力系统动态仿真验证策略[J]. 电力系统自动化, 2007, 31(18): 11-15.

[45] 薄博, 马进, 贺仁睦. 基于变阻抗方法的电力系统混合仿真验证策略[J]. 电力系统自动化, 2009, 33(6): 6-10.

[46] 伍双喜, 吴文传, 张伯明, 等. 用PMU量测设置V-θ节点的混合动态仿真验证策略[J]. 电力系统自动化, 2010, 34(17): 12-16.

[47] 王武双, 王晓茹, 黄飞, 等. 电力系统仿真软件PSASP接口研究与应用[J]. 电网技术, 2011(7): 113-117.

[48] 崔航, 屠念念, 张景明. PSASP与Matlab/SimPowerSystems联合仿真接口方法研究[J]. 电力建设, 2015, 36(6): 89-95.

[49] 翟江, 夏天, 田芳, 等. PSASP用户自定义建模混合步长仿真机制的实现与应用[J]. 电网技术, 2016, 40(11): 3497-3502.

[50] 叶青, 朱永强, 李红贤. 基于PSO_GA算法BPA到PSASP数据转换[J]. 电力建设, 2015, 36(4): 104-109.

[51] 陈聪. 基于实测系统扰动的同步发电机参数辨识研究[D]. 广州: 华南理工大学, 2017.

[52] Benchluch S M, Chow J H. A trajectory sensitivity method for the identification of nonlinear excitation system models[J]. IEEE Transactions on Energy Conversion, 1993, 8(2): 159-164.

[53] Hiskens I A. Nonlinear dynamic model evaluation from disturbance measurements[J]. IEEE Transactions on Power Systems, 2001, 16(4): 702-710.

[54] Lillicrap T P, Hunt J J, Pritzel A, et al. Continuous control with deep reinforcement learning[C]. 4th International Conference on Learning Representations, Puerto Rico, 2016.

[55] Barth-Maron G, Hoffman M W, Budden D, et al. Distributed Distributional Deterministic Policy Gradients[C]. 6th International Conference on Learning Representations, Vancouver, 2018.

第6章　电网在线超实时机电-电磁混合仿真技术

　　我国能源资源与电力需求之间的逆向分布客观上决定了必须实施"西电东送、南北互供、全国联网"的电力发展战略。为适应能源资源全局优化配置需求，国家电网有限公司启动了"四交五直"、"五交八直"等特高压交直流工程，建设坚强智能电网。随着特高压交直流工程建设推进，大规模直流跨区输电、全网一体化交直流混联成为我国电网的典型特征。

　　特大型交直流电网混联导致我国电网特性发生深刻变化。在联网起步阶段，区域电网间联系薄弱，各区域间振荡模式在某些条件下可能表现为较低频率的弱阻尼，易造成互联电网低频振荡及系统动态不稳定。通过直流系统跨区互联后，由于直流系统换流设备和控制系统自身性能的限制，会带来运行约束。尤其是对于落点较近的多馈入直流系统，在受端交流系统较弱的情况下，电网故障可能导致多个换流器同时发生换相失败，引发系统较大的功率和电压波动。因此，特高压直流送受端系统相互作用、交直流系统相互耦合、特高压与超高压电网相互制约的问题更加明显，这对电力系统仿真分析规模、精度和效率提出了更高要求。机电-电磁混合仿真是适应上述要求的重要仿真手段。

　　机电-电磁混合仿真可有效解决电网仿真面临的规模问题。"电力电子化"的交直流电力系统是一个复杂的强非线性系统，动态过程时间尺度跨度大，且相互之间存在耦合，精确的时域暂态仿真仍然是当前系统分析的主要手段。对于大量含离散高频开关的电网而言，采用大步长的机电暂态仿真难以准确反映系统的动态行为；而采用微秒级小步长时，全系统电磁暂态仿真所需的计算量爆炸性增长，仿真效率很低，无法实用化。为此，国内外有研究学者将机电暂态和电磁暂态两种仿真方法结合起来，进行机电-电磁暂态混合仿真，对重点关注的区域进行电磁暂态仿真，而对其他区域电网采用机电暂态进行建模和仿真[1-5]。这种混合仿真技术实现了大系统的快速仿真，电网仿真规模瓶颈得到有效克服。

　　扩大电网电磁暂态建模范围和直流控制保护系统结构图建模是解决电网仿真面临的精度问题的有效手段。由于存在大量离散高频动作开关，大步长平均值描述的机电暂态模型不能准确描述特高压直流输电系统或者电力电子化电网。瞬时值描述的电磁暂态模型可详细描述电网特别是电力电子电路的拓扑结构，并采用数十微秒级甚至微秒级步长的时域仿真方法求解，是目前公认比较准确的仿真手段。此外，电力系统二次控制设备种类众多，结构复杂。特别是特高压直流控保系统和电力电子设备控制器的大量应用，更是增加了电力系统二次控制系统建模和仿真的复杂性。采用适用于描述直流详细控制保护装置的通用结构图建模与仿真方法，对控制系统进行精细化描述，不仅能够适应日益增长且种类繁多的二次控制系统可扩展可重用建模，还能提高仿真精度。

并行计算方法是解决机电-电磁混合仿真效率瓶颈问题的有效方法。扩大电网电磁暂态建模范围，将导致机电-电磁混合仿真边界点个数相应增长，其计算量更是非线性急剧增加，严重影响大规模电网仿真效率。针对此瓶颈问题，需要从边界点计算解耦和电磁暂态网络仿真解耦两个关键点出发，提出并行计算方法，提高仿真效率。此外，批量方式计算所需的大量预想故障安全校核会带来海量的存储需求和计算资源需求，如何提高计算集群的资源利用率，缩短大批量机电-电磁混合仿真计算任务的计算时间是一项具有重要意义的研究课题。

本章分四节，分别是直流详细控制保护装置的结构图数字仿真方法、适用于在线混合仿真的直流及其控保建模、在线仿真模型动态调整及自动初始化方法和在线混合仿真的并行计算方法。其中，前三节分别从直流控制保护装置的通用建模与仿真方法、实用标准化的建模过程自动化以及控制保护装置内部状态量自动初始化三个方面提高仿真精度和效率，最后一节则从分网并行和任务并行的思路出发，解决混合仿真边界节点过多和预想故障任务过多带来的计算效率瓶颈问题。

6.1　直流详细控制保护装置的结构图数字仿真方法

各种新型调节和保护装置、新型高压输变电设备、发电机组和各种调节及保护装置不断研制并投入运行，要求电力系统仿真程序能够灵活建立各种保护、安全自动装置等二次系统装置的模型，如各类发电机调压器、调速器、电力系统稳定器 (PSS)、新型的电力电子元件静止无功补偿器 (SVC)、可控硅控制的串联补偿装置 (TCSC)、统一潮流控制器 (UPFC)、不同工程而异的超高压直流输电线路及其控制系统、各种各样的继电保护和安全自动装置等，以满足电力系统规划设计、运行、调度、科学研究对系统分析的要求[6]。

结构图数字仿真方法是解决大量继电保护和安全自动装置建模仿真的有效手段之一，其已广泛应用于相关研究与大量的电力系统计算程序之中[7-9]。关于结构图数字仿真技术的研究，最早见于 1977 年，加拿大 Dube 和 Dommel 在电磁暂态计算中用于模拟调节系统。1985 年，加拿大魁北克水电局研究所基于各种基本传递函数及这些函数之间的连接形式，完成高压直流输电系统和继电保护装置建模。1988 年，瑞典的 ABB 公司开发了一种动态仿真语言 SIMPOW-DSL，集成在电力系统仿真软件 SIMPOW 中描述系统元件，并通过编译、链接、形成可执行的程序。

西门子公司开发的 NETOMAC (Network Torsion Machine Control) 基于 80 多种

基本功能框，采用面向模块的仿真语言 BOSL（Block Oriented Simulation Language）来模拟各种电力系统元件和控制功能，与传递函数框图的描述方式十分相似。NETOMAC 开发了宏语言建模环境，使建模仿真高度灵活，但也增加了使用难度。南瑞稳定技术研究所与加拿大 PLI 公司合作开发了 TSAT（Transient Security Assessment Tool）。该软件采用 EEAC 稳定性量化分析技术，提供了 50 多种基本功能框，允许用户采用类似搭积木的方式，灵活构造系统元件和控制系统，是分析暂态和中短期动态稳定性的新一代仿真工具。MathWorks 公司研发的 MATLAB 已成为国际上最优秀的科技通用软件之一，它提供的 SIMULINK 可视化建模环境以及完善的基本功能模块是用户自定义建模功能典范，但其采用了解释执行这种低效率运行机制，阻碍了它在大规模电力系统数字仿真中的应用。

　　为了使结构图数字仿真方法功能更加完善，有的软件同时采用多种建模方式。例如 NETOMAC 除了宏语言建模外，还在一定程度上集成了类 FORTRAN 语言编程的功能。总之，不同仿真软件提供的建模功能各有优缺点，但在可靠性、灵活性、易用性、可扩展性、可维护性及计算效率等方面仍较大的改进空间。

　　面向对象的程序设计 OOP（object-oriented programming）是以对象为中心，是对一系列相关对象的操纵，发送消息给对象，由对象执行相应的操作并返回结果，强调的是对象，它包含三个基本特征，即封装性、继承性和多态性。参照面向对象的程序设计思想，并结合控制系统结构图中方框等单元具有的特点，本节设计了基于面向对象的结构图数字仿真方法来解决大规模直流控保系统建模问题，提高结构图数字仿真过程的可维护性、可扩展性[10,11]。

6.1.1　面向结构图仿真方法

　　控制系统中面向结构图仿真方法的基本思想就是将结构图表达成方框、信号线、信号引出点和比较点的系统方块图，然后在各个方框前加入虚拟的采样器和保持器，使各环节独自构成一个便于计算机仿真的差分方程，求出各方框对应的离散状态方程的系数矩阵，最后求出系统响应的计算方法。典型方框包括积分环节、比例积分环节、惯性环节、比例惯性环节、二阶环节等。如图 6-1 所示，是一个系统结构图采用上述组成描述的简化图形。

图 6-1　系统结构图简化图形

　　常规的结构图仿真方法采用状态矩阵的描述方法求解，即将整个控制系统的输入和输出表达成系数矩阵形式，求解系数矩阵方程得到输出响应。该方法数学含义清晰，易于理解。但当控制系统结构复杂时，组成系统状态方程矩阵十分复杂。更不方便的是，在列出系统状态方程前，必须明确得到每个方框的解析表达式。如果某个方框的解析表达式缺乏，将导致全系统系数矩阵无法列出，从而无法求解。

　　根据图 6-1，引出点可以看成是信号线的延伸，具有和信号线相同的值，是一种特殊的信号线。比较点可以看作一种特殊功能的方框。因此，系统结构图可以描述成方框和信号的组合。为描述方便，本节将方框称为基本功能框，信号线称为变量或端子。端子又可以分为输入端子和输出端子。如无特殊说明，后文采用基本功能框和端子来描述系统结构图。端子表明了方框之间的拓扑关系，确定了系统结构图的计算逻辑，方框则是控制系统功能的重要描述。

　　为了便于不具备解析表达式的基本功能框参与计算，本节不采用结构图的状态稀疏矩阵来解析表达输出和输入的关系，而是根据结构图前后计算逻辑及反馈逻辑等关系，通过解环、计算顺序拓扑搜寻、迭代的方式来安排每个基本功能框的计算顺序，从而达到计算出稳定输出响应的目的。

　　1. 直流控保装置与电力系统关系

　　每个直流控保装置模型，通过该模型的输入信息 $X(x_1, x_2, x_3, \cdots, x_n)$ 和输出信息 $Y(y_1, y_2, y_3, \cdots, y_n)$ 与所研究的电力系统连成一整体，如图 6-2 所示。

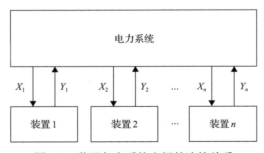

图 6-2　装置与主系统之间的连接关系

　　2. 基本功能框库及其分类

　　每个基本运算函数功能框实现一个特定的数学运算，例如代数运算、逻辑运算、微积分运算等，如图 6-3 所示。基本功能框库所包含的基本功能框完备，是满足结构图数字仿真方法需要的基础。

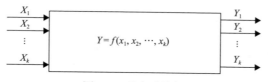

图 6-3　基本功能框

　　针对直流控保系统的结构图需要，本节设计了一百多种基本功能框，并可根据需要进一步扩充。按性质，可将功能框分为如下六类：传递函数类功能框、信号源类功能框、代数运算类功能框、基本函数运算类功能框、逻辑运算类功能框及其他类型功能框。

　　(1)传递函数类功能框：动态功能框、惯性功能框、微分功能框、积分功能框、1 型滤波功能框、2 型滤波功能框、增益功能框、限幅功能框、比例积分功能框、微分惯性功能框等。

　　(2)信号源类功能框：电平(常数)功能框、阶跃函数功能框等。

　　(3)代数运算类功能框：加减法功能框、乘法/除法功能框、平方功能框、弧度转角度功能框等。

　　(4)基本函数运算类功能框：幂函数功能框、正弦函数功能框、余弦函数功能框、正切函数功能框、反正弦函数功能框、反余弦函数功能框、反正切函数功能框、绝对值函数功能框、平方根函数功能框、指数函数功能框、对数函数功能框、最大值函数功能框、最小值函数功能框、倒数函数功能框等。

　　(5)逻辑运算类功能框：非门功能框、与门功能框、或门功能框、异或门功能框、与非门功能框、或非门功能框等。

　　(6)其他类型功能框：波段功能框、比较功能框、1 型延迟功能框、2 型延迟功能框、3 型延迟功能框、自保持功能框、计数器功能框、一周期内最小值功能框、ABC 转 120 功能框、120 转 ABC 功能框、基波幅值和相角功能框、上坡功能框、下坡功能框、线段功能框、多线段功能框、线段斜率限制功能框等。

　　电力系统与装置模型的接口变量集包括输入和输出信息，应该按照实际的需要指定充要的接口变量。只要程序设定了完备的接口变量集，就能够实现任何直流控保装置模型与电力系统的连接。本节的仿真方法和实现技术可以推广到其他控制装置，如继电保护和安全自动装置等。

　　3. 结构图仿真方法的基本计算过程

　　直流控保装置的模型数学表达式(或者结构图)可拆分成各个基本功能框的组合，但是不同的工程技术人员可能将同一个模型的数学表达式(或者结构图)用不同的基本功能框组合表示，即模型的描述形式有可能不同，但这种情况并不妨碍程序的正确执行，也不会影响仿真结果的正确性。

直流控保装置仿真计算程序由模型信息读入和拓扑分析、模型的初值计算以及模型的仿真计算部分构成。它们分别被包装成相应的接口函数,被结构图仿真程序的预处理部分、初始化部分及仿真计算部分调用。

(1)模型信息的读入和拓扑分析部分将把文件信息读入到计算程序的数据结构中,并对模型进行拓扑分析,找出其中的反馈环节。

(2)模型的初值计算部分。系统的动态计算以某一稳态运行方式为初始条件,如果没有发生扰动,则系统状态量均保持在对应的稳态值。计算仿真启动时,模型的稳态值使得初始状态下模型的输出值与主系统的稳态相吻合,即初值平衡。

(3)在模型的迭代计算部分,模型计算程序在一个仿真步长内将装置模型相应的外部输入变量的值当作常量进行计算,完成一次计算后,将计算结果输出到模型对应的外部输出变量中,依次逐步计算,直至仿真结束。

直流控保装置的数学模型本质上是一组非线性微分—代数方程组。有两种方法常被用来求解一组非线性微分—代数方程组:交替求解法和联立求解法。交替求解法使用数值积分的方法(如:隐式梯形积分法)求解微分方程组,然后将计算结果代入代数方程组,进行代数方程组的单独求解。交替求解法的微分方程组计算和网络代数方程组计算彼此独立,结构清晰,程序扩展性和灵活性好。尽管存在收敛性上的不足,但该方法仍然被大多数的仿真程序所采用。联立求解法的原理是:首先离散化微分方程组,然后与代数方程组一起求解,求解方法一般使用牛顿迭代算法。由于采用牛顿迭代方法,联立求解方案的收敛性较好,但在程序设计和实现上较为复杂,需要线性化动态模型,求取其对应的雅可比矩阵,程序的扩展性和灵活性不足。

从易于实现以及易于并行化的角度出发,本节采用了交替求解法,该法可很好地实现与电网仿真主程序的匹配。

鉴于直流控保装置模型规模庞大,详细描述其建模信息和实现过程较为复杂,故采用发电机简单励磁系统模型为例描述模型的构成和基本的建模过程,如图 6-4 所示。图中,圆圈中的数字标识基本功能框编号,箭头旁数字标识端子编号,VT 为发电机机端电压,VT0 为发电机机端参考电压,VS 为电力系统稳定器输出信号,U_{Amax}、U_{Amin} 为限幅功能框 10 的电压上下限值,EFD 为发电机励磁电压,E_{fdmax}、E_{fdmin} 为限幅功能框 12 的励磁电压上下限值,EFD0 为发电机励磁电压参考值,RMSPHA 功能框实现一周期内瞬时值转换成基波幅值和相角,ABC120 则实现 ABC 三相基波值转换成正负零序值。

1)基本信息

基本信息由基本运算函数功能框、输入变量和输出变量组成。

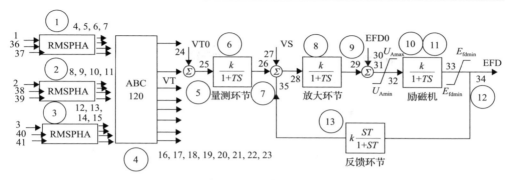

图 6-4　发电机 I 型励磁调节器模型

2）输入变量

电网仿真主程序设立了母线、发电机、负荷、励磁调节器、调速器、PSS、直流系统、FACTS 元件等相关变量为输入变量，并可根据需要进一步扩充。如图 6-4 中发电机 I 型励磁调节器，输入变量包含 12 个端子，分别是发电机机端母线电压 A 相、B 相和 C 相瞬时值 1、2 和 3，及其分别对应的电压初始幅值和初始相角 36、37、38、39、40 和 41；发电机机端参考电压 24；电力系统稳定器输出信号 27 和发电机励磁电压参考值 30。

3）输出变量

如图 6-4 中发电机 I 型励磁调节器，输出变量包含端子 34，该端子为发电机励磁电压。

4）基本运算函数功能框

各种基本功能框是结构图的最小组成部分。通过其中一些功能单元的连接装配，就可以设计定义用户所需的结构图模型。每个基本功能框，可根据输入量 $(X_1, X_2, \cdots, X_n)$ 完成求输出量 $(Y_1, Y_2, \cdots, Y_n)$ 的运算。目前，电磁暂态仿真程序为用户提供了一百多种基本运算函数，可基本满足用户的需要，还可以根据需要进一步扩充。如图 6-4 中发电机 I 型励磁调节器，其中包含功能框类型是：1、2、3 号框为一周期内瞬时值转换为基波幅值和相角功能框，4 号框为 ABC 相转正负零序功能框，5、7、9 号框为加减法功能框，6、8、10 号框为惯性功能框，10、12 号框为限幅功能框，13 号框为微分惯性功能框。

5）建模步骤

采用结构图描述一个控制装置的模型，需按如下四个步骤进行。

（1）将被建立的模型用数学表达式（或结构图）表示清楚，称为原模型描述或数学模型描述。

（2）结合电磁暂态仿真主程序，分析其提供的输入输出量是否满足控制装置结构图描述的输入输出。如果不能满足，则需要增加新的基本功能框，扩充结构图基本功能框单元，使之与电网仿真程序匹配，这个过程称为模型描述。

（3）利用图形化的建模平台，通过对这些功能框的拖放、连接、参数设定以及输入/输出变量选择，构建出所需要的装置模型。

（4）由建模平台根据功能框序号、功能框类型、功能框参数、端子序号以及被选的输入/输出变量等信息，自动形成模型描述信息文件和调用安装信息文件。

6.1.2　结构图仿真的设计与开发

本节首先简要介绍面向对象开发技术，就此引出直流控保装置采用面向对象的设计与开发技术，实现结构图数字仿真方法的思想，然后详细介绍本节所采用的面向对象设计与开发技术。

　1. 面向对象开发简介[12]

类（Class）：类是对一个事物抽象出来的结果，比如一个人可以作为一个类。一般来说，一个类具有成员变量和成员方法。成员变量相当于属性，比如人具有的变量有胳膊、手、脚等。而成员方法是该类能完成的一些功能，比如人可以说话、行走等。

对象（Object）：客观世界里的任何实体都可以被看作是对象。对象可以是具体的物，也可以指某些概念。从编程的角度来看，对象是一种将数据和操作过程结合在一起的数据结构，或者是一种具体属性（数据）和方法（过程和函数）的结合体。事实上程序中的对象就是对客观世界中对象的一种抽象描述。对象属性用来表示对象的状态，对象方法描述对象行为。

封装性（Encapsulation）：封装就是将抽象得到的数据和行为相结合，形成一个有机的整体，也就是将数据与操作数据的源代码进行有机的结合，形成"类"，其中数据和函数都是类的成员。封装的目的是增强安全性和简化编程，使用者不必了解具体的实现细节，而只需通过外部接口特定访问权限来使用类的成员。

继承性（Inheritance）：继承也是面向对象程序设计当中的一个重要概念。如果一个类 A 继承另一个类 B，就把这个 A 称为 "B 的子类"，而把 B 称为 "A 的父类"。继承可以使得子类具有父类的各种属性和方法，而不需要再次编写相同的代码。在令子类继承父类的同时，可以重新定义某些属性，并重写某些方法，即扩展父类的原有属性和方法，使其获得与父类不同的功能。继承具有如下优点：继承能够清晰地体现相似类之间的层次结构关系；能够减少代码和数据的重复冗余度，增强程序的重用性；能够通过增强一致性来减少模块间的接口，提高程序的易维护性。继承是一种构造、建立和扩展新类的最有效手段。

多态性(Polymorphism)：当不同的对象接收到相同的消息名(或者说当不同的对象调用相同名称的成员函数)时，可能引起不同的行为(执行不同的代码)，这种现象称为多态性。函数重载、虚函数是 C++获得多态性的重要途径。

面向对象设计(OOP)：面向对象设计 OOP 是以对象为中心，发送消息给对象，由对象执行相应的操作并返回结果。OOP 具有封装性、继承性、多态性等几个特点。封装性是面向对象方法的中心，是面向对象程序设计的基础。继承性自动在基类和派生类之间共享功能和数据，当基类数据做了某项修改，其派生类也做相应的修改，派生类会继承其基类的所有特性和行为模式。多态性就是多种形式，不同的对象接受到相同的消息时采用不同的动作，它允许每个对象以适合自己的方式去响应共同的消息，可以实现软件的简洁性和一致性。

面向对象程序设计具有如下突出优点。①可提高程序的重用性，提高软件开发效率。②可控制程序的复杂性。面向对象程序设计采用了数据抽象和信息隐蔽技术，将数据和数据的操作放在一个类中作为一个整体来处理。这样，在程序中任何要访问数据的地方仅仅需要简单的消息传递和调用即可进行，有效控制了程序的复杂性。③可改善程序的可维护性。在面向对象程序设计中，对对象进行操作只能通过消息传递来实现，因而只要消息传递模式不变，方法体的任何修改都不会导致发送消息的程序修改，这显然为程序的维护带来了方便。另外，类的封装和信息隐蔽特点使得外部对其中的数据和程序代码进行非法操作成为不可能的事情，这也能大大减少程序的错误率。④能够更好地支持大型程序设计。类是一种抽象的数据类型，可以作为一个程序模块，很方便支持大型程序设计。⑤能很好地适应新的硬件环境。面向对象程序设计中的对象、消息传递思想，和分布式、并行处理、多机系统及网络等硬件环境恰好相吻合。基于面向对象程序设计思想能够开发出适应这些新环境的软件系统。同时，面向对象的思想也影响到了计算机硬件的体系结构。

2. 直流控保装置建模的面向对象思想

直流控保装置均可以进行功能的分解，正如前文所述，分解成的基本功能框是装置模型中最小的运算单元，分别对应着基本的运算函数。而这些基本运算函数既有共性也有个性。就其共性，对于所有的运算函数，都有输入、输出、参数和相应的函数运算；就其个性，对于每一个基本运算函数个体，其具体的输入值、输出值、参数值及函数运算各不相同，而由面向对象的程序设计思想可知，将共性的东西设计成一个基类，个性的东西通过派生生成相应的派生类，通过采用类的封装、继承、多态性就可以很好地设计出所定义的基本运算函数。

相似地，由基本运算函数连接装配起来的某个装置模型或模型中的一部分，也有输入、输出和相应的运算功能，只不过其运算功能较之基本的运算函数更为复杂，同时各个模型的具体输入值、输出值及模型功能各不相同，因而也可以对上述共性所设计的基类进行派生，从而设计出所需要的各种控保系统计算机描述模型。

信号线是连接各个基本功能框的连线，表述了各个基本功能框的拓扑连接关系。在数学模型中，信号线对应状态变量，本质上是一组实数值。因此，可以采用赋以连接属性的浮点数来描述。

鉴于装置模型具有上述显著特点，能够很好地体现面向对象的程序设计思想，因而本文中直流控保装置模型适合采用基于面向对象设计与开发思想。

3. 装置模型仿真程序的面向对象设计

根据装置模型的结构组成特点，本节设计了如下几个类。

1) 参数类（UDParameter CLASS）

参数类是为 UD 模型中各功能模块的参数设计的，初始化完成之后即可完成成员变量的赋值。

2) 变量类或端子类（UDTerminal CLASS）

变量类或端子类是为 UD 模型中各个功能模块的输入/输出变量（统称为端子）设计的，各功能模块之间的数据交换通过端子类对象实现。

3) 功能模块基类（UDBaseFunc CLASS）

功能模块基类是各功能模块类及模型类的父类，各功能模块类和模型类都可以从该基类继承得到，功能模块基类包含了所有功能模块类和模型类的共有属性。

4) 功能模块类（如 INTG CLASS）

功能模块类是功能模块基类的子类，各个功能模块都可以从基类扩展得到，功能模块类包含了与该功能框计算相关的所有属性。

5) 模型类（UDModel CLASS）

模型类也是基类的子类，也可以通过基类的继承得到，模型类包含了与该模型相关的所有属性。

6) 模型集合类（UDModels CLASS）

为了完成装置模型描述信息文件中所有模型的信息生成，设计了模型集合类，其中包含被调用的和不被调用的自定义模型的信息。

7) 模型实例类（UDModelInstance CLASS）

模型实例类是为被调用的模型设计的，即通过读取 UD 模型调用信息文件完成模型实例类信息的生成。

8) 模型实例集合类（UDModelInstances CLASS）

模型实例集合类是上述模型实例类构成的集合所定义类，通过该实例集合类中的成员变量和成员函数的调用，即可以完成所有被调用模型的仿真计算。

　　为了清晰地说明装置模型的面向对象设计结构，现用统一建模语言 UML（unified modeling language）描述程序设计结构中各个类之间的逻辑关系，如图 6-5～图 6-10 所示。

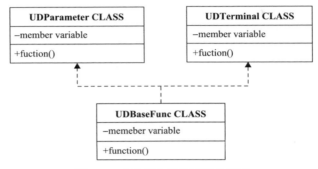

图 6-5　功能模块基类依赖关系图

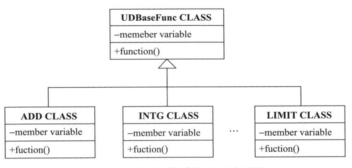

图 6-6　各功能模块类继承关系图

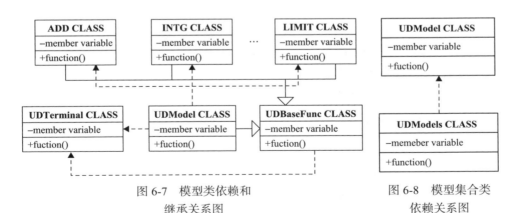

图 6-7　模型类依赖和　　　　图 6-8　模型集合类
　　继承关系图　　　　　　　　　依赖关系图

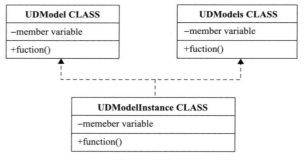

图 6-9　模型实例类依赖关系图

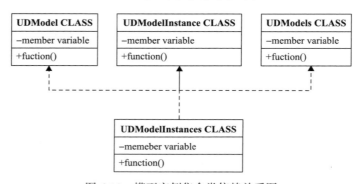

图 6-10　模型实例集合类依赖关系图

图符说明：------→表示依赖关系，———▷表示继承关系

6.1.3　结构图计算顺序的拓扑算法

　　通过面向对象的设计，可以明确地描述直流控保装置的结构图及拓扑关系。本节在上节结构图及拓扑关系的基础上，描述如何实现装置的仿真计算。为此需要解决的主要问题是如何确定一个装置模型内部各种基本功能框的计算顺序。

　　结构图描述的模型各功能框的计算顺序对仿真的正确性和效率有重要影响。本节采用一种分析模型各功能框计算顺序的拓扑算法，该算法保证了计算的正确性，提高了计算效率。算法使各功能框的计算顺序自动按照结构图模型的逻辑计算顺序进行；如果模型逻辑结构中存在反馈环节，则处在反馈环节中的各个功能框为减少计算误差需进行迭代。该算法可以有效搜寻出哪些功能框处在反馈环上，从而减少非反馈环上功能框的无效重复计算，提高仿真的效率。

　　形成结构图模型基本功能框计算顺序的算法有三种，分别为 Kosaraju 算法、Gabow 算法和 Tarjan 算法。其中 Kosaraju 算法比较容易理解和通用，程序实现较简单，且该算法仅在仿真初始化阶段使用，不会影响到结构图模型时步仿真的效率，故本节采用 Kosaraju 算法。Kosaraju 算法步骤如下。

　　（1）在有向图中，从某个顶点出发进行深度优先遍历（depth first search，DFS），并按遍历的先后顺序入栈。当被遍历的顶点不存在未访问的邻接点时，则将该顶点出栈；若仍存在未被访问的邻接点，则继续遍历，并将其邻接点入栈。遍历过程中按照出栈的先后顺序将所有顶点排列起来。

(2)在该有向图中，从最后出栈的顶点出发，沿着该顶点做逆向深度优先遍历，若此次遍历不能访问到有向图中的所有顶点，则从余下的顶点中最后完成访问的那个顶点出发，继续进行逆向的深度优先遍历，依次类推，直至有向图中所有顶点都被访问为止。

(3)每一次逆向深度优先遍历所访问到的顶点集便是该有向图的一个强连通分量的顶点集，若一次逆向深度优先遍历就能访问到图的所有顶点，则该有向图是强连通图。

以一个简单拓扑图为例对 Kosaraju 算法加以说明。

(1)创建拓扑结构图及其逆序拓扑结构图，如图 6-11 和图 6-12 所示。

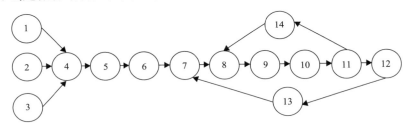

图 6-11　正序拓扑结构

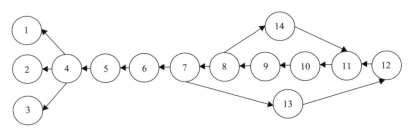

图 6-12　逆序拓扑结构

(2)对正序图进行 DFS，DFS 入栈序列如图 6-13 所示。

图 6-13　正序拓扑 DFS 序列

(3)遍历过程中，按照不存在邻接点的顶点的出栈先后排序，如图 6-14 所示。

14	13	12	11	10	9	8	7	6	5	4	1	2	3

图 6-14　顶点出栈先后顺序(从左到右)

(4)基于步骤(3)给出的出栈顺序，从最后一个出栈的顶点 3 出发对逆序图进行 DFS，直至所有顶点都被遍历访问过，DFS 序列如图 6-15，每一次访问的顶点集就是该有向图的一个强连通分量。

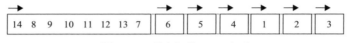

图 6-15　逆序拓扑 DFS 序列

(5)基于步骤(4)形成的各个顶点集，对顶点集中顶点数大于 2 的强连通分量重新进行排序(按照正序图深度优先遍历的顺序排序)，所有强连通分量如下：3、2、1、4、5、6、7、8、9、10、11、12、13、14。

(6)该拓扑结构图最终的功能框计算序列为 3、2、1、4、5、6、7、8、9、10、11、12、13、14。其中 7、8、9、10、11、12、13、14 是顶点数大于 2 的强连通分量，在仿真计算过程中需判断每时步计算输出是否收敛，并根据需要进行迭代。

6.2　适用于在线混合仿真的直流及其控保建模

6.2.1　直流输电电磁模型总体结构

机电-电磁暂态混合仿真在线应用场景中，交直流大电网仿真分析需要兼顾仿真计算的精度和效率，直流输电系统电磁暂态模型是提高仿真精度和制约仿真效率的关键因素，建模时需要考虑二者的平衡，技术原则如下。

(1)高压直流输电系统建模包括一次系统和换流站级控制系统模型和参数，必要时还包括频率调制、功率调制等系统级控制系统的数学模型和参数。

(2)针对大电网安全稳定分析需要，综合考虑仿真精度和计算效率，直流控制保护模型应包括主控、低压限流控制、电流控制、电压控制、关断角控制、换相失败预测等，应对冗余控制、系统通信、与仿真无关的保护功能进行简化。

(3)通过实测和校核建立与实际高压直流输电系统结构、特性基本一致的数学模型。

依据上述原则，本节提出面向交直流混联大电网仿真分析需要的直流输电高精度适用化电磁暂态仿真模型(图 6-16)，主要包括直流输电一次系统电磁暂态模型、直流输电控制保护系统高精度适用化模型。其中，直流输电一次系统的建模思路为根据实际直流输电工程一次系统结构和参数，采用 6 脉冲换流器、直流线路、变压器、电阻/电感/电容等元件构建一次系统高精度电磁暂态模型；直流输电控制保护系统高精度适用化模型的建模思路为在全面研究实际直流输电控制保护的结构与特性后，提炼出一套通用的直流控保高精度适用化模型。

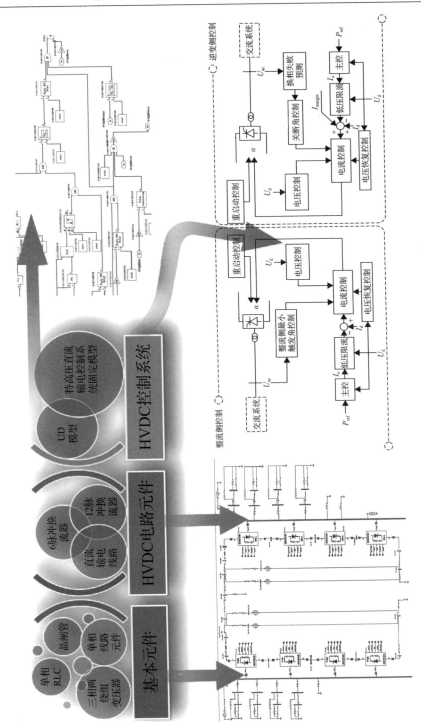

图6-16　ADPSS直流输电系统电磁暂态模型的构成

6.2.2　直流输电一次系统标准化建模

1. 一次系统结构

常规±500kV 两端直流输电(high voltage direct current，HVDC)、±800kV 特高压直流输电(ultra-high voltage direct current，UHVDC)的一次系统接线图如图 6-17、图 6-18 所示。高压直流输电一次系统的电磁暂态数学模型采用基于时域瞬时值计算的基础元件搭建而成，由晶闸管、缓冲电路构成阀臂元件，6 个阀臂元件及触发脉冲发生器构成一组六脉动换流器，六脉动换流器、换流变压器、直流线路、接地极线路、平波电抗器、交流/直流滤波器等进一步构成高压直流输电一次系统的完整电磁暂态模型。

2. 阀臂元件模型及换相失败模拟

阀臂电路采用可控硅开关模型，并考虑缓冲电路的影响，其等值电路模型见图 6-19。换流阀要考虑固有极限关断角，当阀电流过零后，关断角小于固有极限关断角则阀重新导通，并要通过插值或开关补偿等算法，提高对换流阀导通、关断发生时刻的仿真精度，避免引入开关动作误差。

电磁暂态仿真直接模拟阀的换相过程，直流是否换相失败由每个阀臂来检测和判断。根据阀臂电流、电压波形的瞬时值，分别检测前序导通阀的阀电流过零

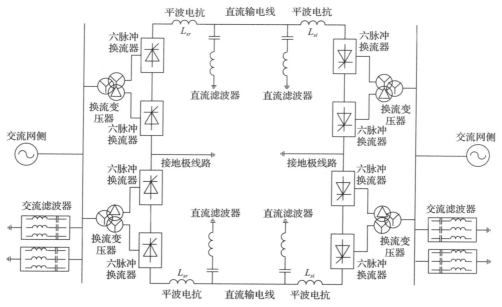

图 6-17　常规±500kV 两端直流输电一次系统结构图

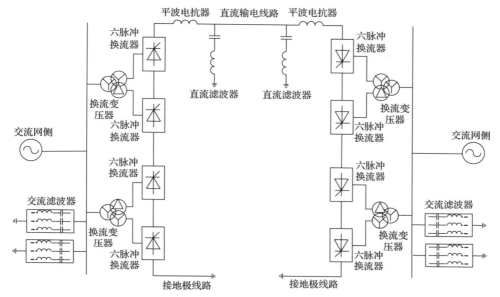

图 6-18　±800kV 特高压直流输电单极一次系统接线图

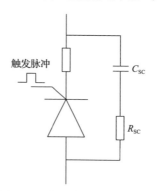

图 6-19　阀臂模型的电路结构

R_{SC} 为缓冲电路电阻，单位为 Ω；C_{SC} 为缓冲电路电容，单位为 μF

时刻和反向电压过零时刻，两个过零时刻的时间差记为 T_{off}。$T_{off} > T_{min}$，判定该阀可靠关断，承受正向电压时若无触发脉冲不导通；$T_{off} \leqslant T_{min}$，判定该阀臂恢复阻断失败，无论当前是否有触发脉冲，若承受正向电压即导通，且标记该阀臂所在换流器发生了换相失败，直到下次阀电流再次过零且恢复阻断能力为止。

3. 六脉冲换流器

六脉动换流器为三相暂态模型，由 6 个阀臂构成，见图 6-20。根据控制系统输出的触发角生成触发脉冲序列，对阀进行触发。

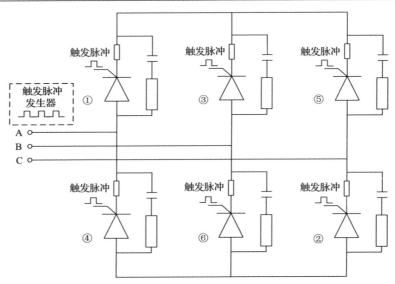

图 6-20　六脉动换流器三相暂态模型的电路结构

　　触发脉冲发生器基于控制系统输出的触发角，以换流器的换相电压自然过零点为相位基准，采用等间隔脉冲触发方式，在一个周期 T 内等距发出具有精确滞后 α 角的 6 个可控硅触发脉冲，即每 $T/6$ 时间发出 1 个脉冲，其原理见图 6-21。六脉冲换流器模型应能模拟换流器闭锁、丢失触发脉冲和阀间短路等换流器故障形态。

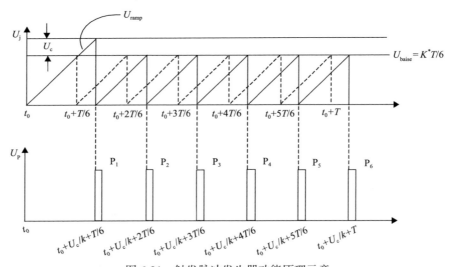

图 6-21　触发脉冲发生器功能原理示意

U_{baise} 为与基波周期 T 成正比的偏移电压，$U_{baise} = k^* T/6$，k 为任意常数；U_c 为调节器输出的控制电压；U_{ramp} 为时变上升电压，$U_{ramp} = k^* \Delta t$，Δt 是从每次脉冲发生时刻算起的时间，k 为任意常数；$U_j = U_{baise} + U_c$

4. 直流线路及接地极

直流线及接地极的仿真可以采用 T 型线路(图 6-22)、单相分布参数线路及频率相关线路，图中，R_l 为集中参数电阻，L_l 为集中参数电感，C_l 为集中参数对地电容。

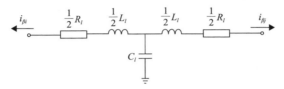

图 6-22　T 型线路实际电路

单相分布参数线路模型采用贝杰龙长距离输电线波动方程模型的理论搭建，该模型的电路图及等值计算电路如图 6-23 所示。

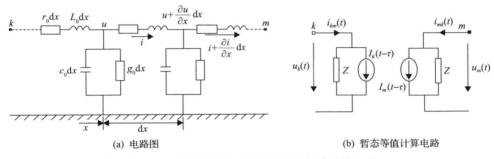

(a) 电路图　　　　　　　　　　　　(b) 暂态等值计算电路

图 6-23　单根导线贝杰龙模型及其等值计算电路

图 6-23 单根导线贝杰龙模型及其等值计算电路中，假设 L_0、r_0、c_0、g_0 分别为线路单位长度的电感、电阻、对地电容和电导，并且这些参数不随频率变化，为常数；图中，x 为线路当前位置距离线路 k 侧的距离，u 为线路 x 位置的线路电压，i 为线路 x 位置流向 m 侧的电流。暂态等值计算电路中，u_k、u_m 分别为线路 k 侧、m 侧的电压；i_{km}、i_{mk} 分别为线路从 k 侧流向 m 侧的电流和从 m 侧流向 k 侧的电流；Z 为线路的波阻抗；$I_k(t-\tau)$、$I_m(t-\tau)$ 分别为 k 侧和 m 侧的历史等值电流源，其中 t 为当前时间，τ 为电磁波从线路 k 侧到达 m 侧的时间。

频率相关线路模型不仅考虑输电线路 RLC 参数的空间分布特性，还考虑了线路参数随频率变化的影响，能更准确和客观反映直流传输线上的谐波特性。该模型采用 J.Marti(马蒂)频率相关线路建模理论，最终形成的等值电路与贝杰龙模型类似，如图 6-24 所示。

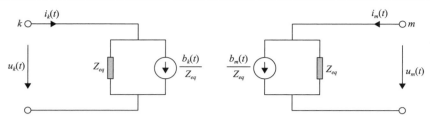

图 6-24　J.Marti(马蒂)频率相关线路模型等值电路

图 6-24 中，t 为时间，i_k、i_m 分别为线路 k、m 侧注入的电流；Z_{eq} 为线路的特征阻抗，为一个表征线路参数随频率变化特性的滤波电路；b_k、b_m 为采用递归卷积计算反映线路波过程的历史电流源。

5. 换流变压器模型

换流变压器采用不同接法的三相两绕组变压器模型来模拟，该模型采用 3 个单相两绕组变压器按照实际换流变压器的接法连接构成，单相两绕组变压器模型的原理电路见图 6-25 中 T_{k1}、T_{k2} 分别为变压器绕组 1、2 的标幺变比，R_1、X_1 分别为变压器绕组 1 的电阻和漏抗，R_2、X_2 分别为变压器绕组 2 的电阻和漏抗，R_m、X_m 分别为变压器励磁支路电阻和电抗。换流变压器模型要支持计算过程中的抽头调节操作。

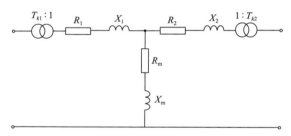

图 6-25　用来构成换流变压器模型的单相两绕组变压器模型电路结构

换流变压器模型的参数如下。

(1) S_N：换流变额定容量，单位为兆伏安 (MV·A)。

(2) U_{1N}：换流变交流侧额定电压 (主抽头电压)，单位为千伏 (kV)。

(3) U_{2N}：换流变阀侧额定电压，单位为千伏 (kV)。

(4) V_s：短路电压百分比 (%)。

(5) ΔP_0：空载损耗，单位为千瓦 (kW)。

(6) I_0：空载电流百分比 (%)。

(7) W_{t1}：交流侧绕组接法 (Y 或 Δ)。

(8) W_{t2}：阀侧绕组接法 (Y 或 Δ)。

(9) T_{pos}：主抽头位置。

(10) T_{H}：最高抽头位置。

(11) T_{L}：最低抽头位置。

(12) T_{rang}：抽头极差百分比(%)。

6. 交流滤波器模型

交流滤波器采用多个单相电阻、电感及电容按照直流工程实际交流滤波器的电路结构连接构成，其电路结构样例见图 6-26。整流侧和逆变侧滤波器的容量、电路结构、分立元件参数等存在不同，需要分别建模。此外，为了保证最小滤波器投入并能够仿真无功控制的滤波器投切，还需要知道具体工程的整流/逆变侧交流滤波器的最小配置及投切顺序。

7. 直流滤波器模型

直流滤波器采用多个单相电阻、电感及电容元件按照直流工程实际直流滤波器的电路结构连接构成，其电路结构样例如图 6-27 所示。

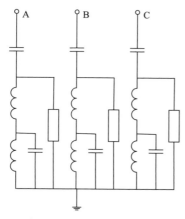

图 6-26　交流滤波器模型的
电路结构(样例)

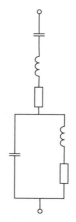

图 6-27　直流滤波器模型的
电路结构(样例)

6.2.3　直流输电控制保护系统的数学模型

直流输电系统运行即为通过对整流侧和逆变侧触发角的调节，控制直流电压和直流电流，实现系统要求输送的功率或电流。控制性能将直接决定直流系统的各种响应特性及功率/电流稳定性。实际直流工程控制保护系统的程序和逻辑相当复杂，包括了大量的通讯、冗余等工程设计。基于实际控制保护系统的详细电磁暂态仿真模型能够准确模拟交直流故障及恢复过程中直流系统的响应特性，但是计算精度高的同时，由于其与现场实际控制逻辑基本一致，会占用大量的计算资源，影响整体计算速度。因此，研究既与实际工程的响应特性一致、又能在工程基础上对控制保护进行大量优化的电磁暂态适用化仿真模型，对进行大电网仿真分析十分必要。

　　为保证直流控保适用化模型的稳态工况和暂态响应与实际工程基本一致，同时尽量简化控制功能以节约计算资源、缩短计算时间、提高计算效率，兼顾仿真速度及准确性，需要对控制系统进行优化。本节在全面研究实际直流输电控制保护的结构与特性后，在详细仿真模型的基础上保留直流系统的核心控制功能，去掉其余不必要的控制功能，提炼出一套通用的直流控保高精度适用化模型。

　　1. 直流控保适用化模型

　　高压直流输电控制系统的数学模型组成如图 6-28 所示，包含 9 个模块：主控、低压限流控制、电流控制、电压控制、电压恢复控制、关断角控制、整流侧最小触发角控制、换相失败预测、重启动控制。图 6-28 中，P_{ref} 为直流输送功率的参考值，I_o 为直流电流的指令值，I_{margin} 为整流侧与逆变侧的直流电流裕度。

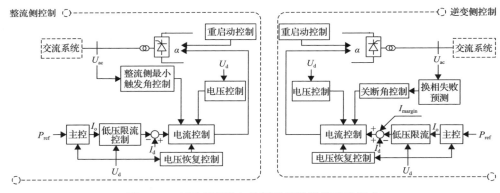

图 6-28　高压直流输电控制系统数学模型的组成

　　在电磁暂态仿真中，还需要加入测量环节，采集电压、电流瞬时值，进行必要的滤波、惯性等环节的处理，生成控制系统所需要的交直流有功功率、无功功率、频率、电压、电流等信号。

　　2. 主控

　　主控的数学模型如图 6-29 所示，其中，Mode 为控制模式选择标志，可以选择为功率控制或电流控制方式，I_{ref} 为电流参考值，U_{dfilt} 为直流电压的滤波值，T_0 为滤波时间常数，U_{dmin} 为滤波器下限幅，I_{dB} 为直流电流的额定值。

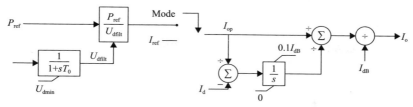

图 6-29　主控的数学模型

3. 低压限流控制的数学模型

低压限流控制的数学模型见图 6-30。其中，U_{df} 为直流电压滤波值，U_{dlow} 为电压低阈值，U_{dhigh} 为电压高阈值，T_{up} 为电压上升滤波时间常数，T_{dn} 为电压下降滤波时间常数，I_{omin} 为最小电流指令。

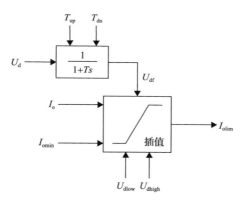

图 6-30　低压限流控制的数学模型

图中插值环节计算方式如下：

$$I_{olim} = \begin{cases} I_o, & U_{df} > U_{dhigh} \\ \dfrac{I_o - I_{omin}}{U_{dhigh} - U_{dlow}}(U_{df} - U_{dlow}) + I_{omin}, & U_{dlow} \leqslant U_{df} \leqslant U_{dhigh} \\ I_{omin}, & U_{df} < U_{dlow} \end{cases}$$

低压限流控制的参数 U_{dlow}、U_{dhigh}、T_{up}、T_{dn} 可以通过交流三相短路大扰动试验校核。

4. 电流控制的数学模型

电流控制的数学模型如图 6-31 所示。α_{ord}^{n-1} 为触发角的上步计算值，α_{up}、α_{dn} 为积分环节和输出的上、下限幅，它们的取值由电压控制、电压恢复控制、关断角控制、整流侧最小触发角控制的输出按一定逻辑组合得到，电流控制、电压控制的输出限幅配合关系如下。

（1）当 $\text{Flag}_{\text{urc}}=0$ 时，在整流侧，α_{vdn} 取 α_{raml} 和 5° 的较大者，α_{vup} 取 α_{max}，α_{dn} 取 α_{vca}，α_{up} 取 α_{max}。在逆变侧，α_{vdn} 取 90°，α_{vup} 取 α_{max}，α_{dn} 取 90°，α_{up} 取 α_{vca}。

（2）当 $\text{Flag}_{\text{urc}}=1$ 时，逆变侧的 α_{dn} 与 α_{up} 同时取 α_{max}，其他配合关系与 $\text{Flag}_{\text{urc}}=0$ 的情况相同。

Gain 为电流控制增益，Kp_I 为电流控制比例增益，Ti_I 为电流控制积分时间常数。

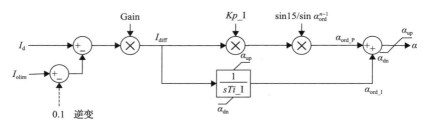

图 6-31　电流控制的数学模型

5. 电压控制的数学模型

电压控制的数学模型见图 6-32。REC/INV 为整流侧与逆变侧选择标志，U_{drefr} 为整流侧直流电压参考值，U_{drefi} 为逆变侧直流电压参考值，α_{vca} 为电压控制的输出触发角，Kp_V 为电压控制比例增益，Ti_V 为电压控制积分时间常数，α_{vup} 与 α_{vdn} 分别为电压控制输出触发角的上、下限幅。参数 Kp_V 和 Ti_V 可以通过电压阶跃试验实测。

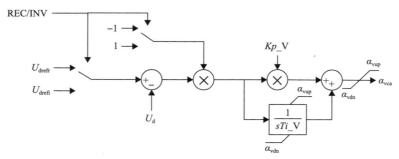

图 6-32　电压控制的数学模型

6. 换相失败预测的数学模型

换相失败预测的数学模型如图 6-33 所示。U_{ac0} 为逆变侧换流母线电压初始稳态值(p.u.)。在机电暂态仿真中，U_{ac} 为换流母线电压的有效值；在电磁暂态仿真中，U_{ac} 采用换流母线三相电压瞬时值经过 α/β 变换求取，用于检测是否发生交流故障。$\Delta\alpha$ 为换相失败预测的输出角，G_{CF} 为换相失败预测增益，K_{CF} 为启动电压阈值，T_{dnCF} 为退出后输出角下降时间常数。参数 G_{CF}、K_{CF} 和 T_{dnCF} 可以通过逆变侧交流三相短路大扰动试验实测。

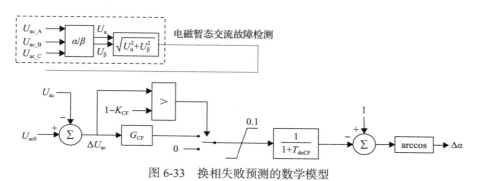

图 6-33　换相失败预测的数学模型

7. 关断角控制的数学模型

关断角控制的数学模型如图 6-34 所示。U_{di0} 为理想空载直流电压，$U_{di0}=1.35 \cdot U_{ac}$。$d_x$ 为换相电抗，$d_x=0.095493x_c$，x_c 为换流变压器的漏抗，折算至变压器阀侧。γ_{ref} 为关断角的参考值，α_{max} 为关断角控制的输出角。k 为伏安曲线修正常数。

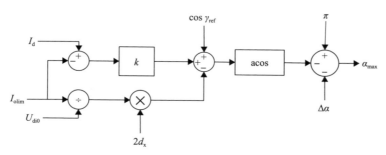

图 6-34　关断角控制的数学模型

8. 电压恢复控制的数学模型

电压恢复控制的数学模型见图 6-35。k_1、k_2 为两级启动阈值，$k_1>k_2$，T_1 为上升沿触发延时时间，T_2 为下降沿触发延时时间，Flag_{urc} 为电压恢复控制启动标志，当电压恢复控制启动时将对电流控制的触发角输出限幅进行修改。

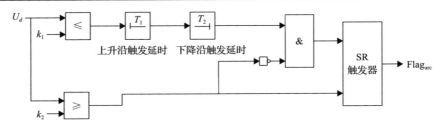

图 6-35 电压恢复控制的数学模型

9. 整流侧最小触发角控制的数学模型

整流侧最小触发角控制的数学模型见图 6-36。K_1_ra、K_2_ra 为两级启动阈值，$K_1\_ra > K_2\_ra$，Cdl 为与 K_1_ra 对应的第一级输出角度，Dl 为与 K_2_ra 对应的第二级输出角度，$Decr$ 为退出后输出角下降速率，α_{raml} 为整流侧最小触发角控制的输出角。参数 K_1_ra、K_2_ra、Cdl、Dl、$Decr$ 可以通过整流侧交流三相短路大扰动试验实测。

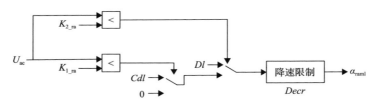

图 6-36 整流侧最小触发角控制的数学模型

10. 重启动控制的数学模型

重启动控制需计算触发角 α：

$$\alpha = \begin{cases} \alpha_{ret} & t_{ret} \leqslant t < t_{ret} + t_{hret} \\ \alpha_{res} & t_{ret} + t_{hret} \leqslant t < t_{ret} + t_{hret} + t_{hres} \end{cases}$$

式中，α_{ret} 为移相角；α_{res} 为重启动角；t_{ret} 为重启动开始时刻；t_{hret} 为移相保持时间；t_{hres} 为重启动保持时间。

11. 限幅的配合关系

电流控制、电压控制的输出限幅配合关系如下：

（1）当 $Flag_{urc}=0$ 时，在整流侧，α_{vdn} 取 α_{raml} 和 5° 的较大者，α_{vup} 取 α_{max}，α_{dn} 取 α_{vca}，α_{up} 取 α_{max}。在逆变侧，α_{vdn} 取 90°，α_{vup} 取 α_{max}，α_{dn} 取 90°，α_{up} 取 α_{vca}；

（2）当 $Flag_{urc}=1$ 时，逆变侧的 α_{dn} 与 α_{up} 同时取 α_{max}，其他配合关系与 $Flag_{urc}=0$ 的情况相同。

6.3　在线仿真模型动态调整及自动初始化方法

本节研究直流电磁暂态模型运行工况根据电网运行方式动态调整的关键因素，提出含多回电磁直流模型的机电-电磁混合仿真动态调整与自动初始化技术，以实现混合仿真中电磁侧各回直流模型基于稳态数据的动态调整和自动初始化。

在国调方式计算等混合仿真应用场景中，交直流混联电网一般先进行方式调整和潮流计算，然后人工建立各回直流的电磁暂态模型，再人工定义电磁侧直流模型与机电侧大电网之间的混合仿真接口，以实现混合仿真。在混合仿真数据产生以后，还需要根据在线潮流，将电磁侧各回直流模型的运行方式调整到合理的位置，以保证其稳定运行状态与当前的在线潮流数据保持一致。运行方式调整的过程需要大量的人工参与，需要较大的工作量。交直流电网每一个新的运行方式的混合仿真建模及仿真过程都包含大量的人工干预。

混合仿真启动阶段，原有方法一般会在接口位置加钳位电源支持直流逐步加入稳态，根据混合仿真稳态建立的情况，仿真人员设定钳位电源切除时间。这种混合仿真启动方法，可以避免启动阶段潮流不平衡对整个大电网的冲击与相互影响，但在大批量的计算方式扫描计算中，每个任务都进行一次初始化，浪费了大量的时间和计算资源。

本节将就含大量电磁直流模型的机电-电磁暂态混合批量式仿真分析面临的建模工作效率、电磁直流模型初始工况调整及混合仿真平稳启动方面的问题，提出有效可行的技术方法。

6.3.1　混合仿真技术框架

由于电磁直流模型建模复杂，运行工况人工调整工作量大，难以从稳态直接启动，这些问题制约了含大量电磁直流模型的机电-电磁暂态混合仿真在大批量方式计算校核及在线分析中的应用。为了解决这一瓶颈问题，本节提出根据潮流数据和指定分网方案的机电-电磁暂态混合仿真数据自动建立和电磁直流模型自动初始化及混合仿真平稳启动的技术框架，如图 6-37 所示。

含大量电磁直流模型的机电-电磁暂态混合仿真建模及仿真计算的具体步骤如下。

（1）面向实际直流工程分别建立电磁直流标准化模型作为模型库，并建立电磁直流模型库与方式计算数据或在线数据中直流元件的映射关系。

(2)根据混合仿真分网预案确定电磁暂态仿真的直流工程范围,并从电磁直流模型库中调取仿真模型,实现电磁暂态仿真数据拼接。

(3)程序自动定义机电-电磁暂态混合仿真接口,自动添加接口平稳启动的临时箝位电源。

(4)采用本节描述的初始化方法,基于潮流数据对电磁直流模型进行运行状态的初始化。

(5)混合仿真启动进行到稳态,切除箝位电源,保存运行点,套用预设的故障集,启动交直流大电网的机电-电磁暂态混合仿真计算,输出仿真结果。

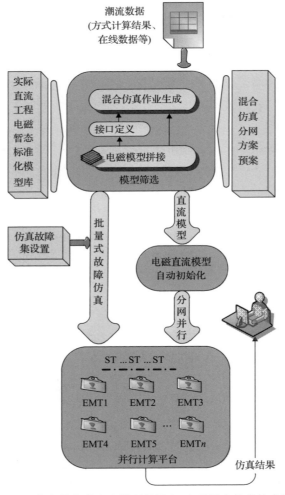

图 6-37　含大量电磁直流模型的机电-电磁混合仿真技术框架

6.3.2　混合仿真作业的快速自动生成技术

一个完整的机电—电磁暂态混合仿真作业由 3 部分构成，包括机电暂态中的大电网数据、电磁暂态仿真中的局部电网数据和混合仿真接口数据。以往的建模方式，是由仿真人员采用混合仿真程序的图形界面程序，分别在机电暂态程序中完成网络分割、在电磁暂态程序中建立起局部电网数据，再配置混合仿真接口实现 2 个程序及数据的闭环，存在复杂的人工过程。而混合仿真应用到交直流大电网的大批量仿真尤其是应用到在线仿真时，人工建模的方案就不够现实。在线应用时，一般在线动态安全预警程序会按照一定的策略，自动选取一定范围的直流输电工程，用电磁暂态建模并实现交直流电网的机电-电磁暂态混合仿真，以对重点关注的安全预警信息进行精细化校核，需要在数分钟之内完成建模和仿真计算。因此，有必要将混合仿真作业的建立过程自动化。

本章中，混合仿真作业自动快速建立依赖于事先构建完成的各回直流输电标准化电磁暂态模型库，配置好潮流、暂稳数据中直流模型与电磁直流模型及数据的映射关系，根据输入的电磁暂态建模范围，自动从电磁暂态模型库中调用各回直流工程及各电网元件数据并实现拼接，然后自动配置混合仿真接口信息。

6.3.3　电磁直流模型快速初始化技术

电磁直流模型的初始化依赖于直流工程的内部潮流，直流输电工程内部潮流与其电磁模型状态的关系如表 6-1 所示。

表 6-1　直流输电工程内部潮流与其电磁模型状态的关系

内部潮流信息		电磁直流模型状态
运行状态	单双极运行	六脉冲换流器闭锁状态
	全压/半压运行	六脉冲换流闭锁及旁通开关状态
	金属/大地回线	回线状态切换开关状态
直流传输功率		直流电流考值
直流电压		直流电压参考值
换流变变比		换流变抽头位置
换流站无功消耗		交流滤波器投切开关状态
逆变侧关断角		逆变侧关断角参考值

潮流计算或在线抓取方式获得的电网运行方式数据中，直流工程的运行方式

数据可能是完备的潮流数据，也可能只是简单的功率传输数据。因此，需要在电磁直流模型中增加内部潮流计算功能。

1. 电磁直流模型内部潮流计算

高压直流输电的换流站一般包括联结变压器、无功补偿、换流器等部分，其稳态模型如图 6-38 所示。

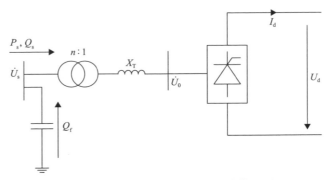

图 6-38　高压直流输电换流站稳态模型图

图 6-38 中，P_s 和 Q_s 分别为交流系统流向换流站的有功功率和无功功率，U_s 为换流母线交流电压，P_s、Q_s 和 U_s 是已知边界条件，X_T 为换流变的漏抗，是已知一次系统参数。

直流内部其他状态变量可经过如下步骤确定。

(1) U_d、I_d 分别为直流电压和电流，当没有对应潮流信息输入时，整流侧直流电压 U_{dr} 可取为直流系统额定电压(区分全压或半压运行)，直流电流取为 $I_d = P_s/(N \cdot U_{dr})$，其中 N 为当前直流运行极数。逆变侧直流电压取为 $U_{di} = U_{dr} - I_d \cdot R_d$，其中 R_d 为直流线路电阻。

(2) n 为换流变变比，需要计算得出。高压直流输电换流器计入换相过程的直流电压算式为

$$U_0 = \left(U_d + \frac{3BX_C}{\pi} I_d \right)/\cos\alpha \tag{6-1}$$

式中，α 在整流侧为触发角，一般直流稳定运行时可指定为 15°，在逆变侧为关断角，直流稳定运行时可指定为 17°；X_C 为换相电抗，可取为换流变的漏抗 X_T；B 为单极在运六脉冲换流器的个数，全压运行时，±500kV 直流一般为 2，±1000kV 直流一般为 4。

换流变变比 n 可按下式求取：

$$n = \frac{3\sqrt{2}BU_\mathrm{s}}{\pi V_0} \tag{6-2}$$

（3）Q_f 为换流站交流滤波器的无功补偿容量，需要计算得出。换相角 μ 可以根据下式得出。

$$\mu = \arccos(\cos(\alpha) - \sqrt{2}nX_\mathrm{T}I_\mathrm{d}/U_\mathrm{s}) - \alpha \tag{6-3}$$

式中，α 在整流侧为触发角，在逆变侧为关断角，（°）。

直流功率因数 $\tan\varphi$ 可以进一步根据式（6-4）求出，其中 α 在整流侧为触发角，在逆变侧为关断角。

$$\tan\varphi = \frac{\dfrac{\pi\mu}{180} - \sin\mu\cos(2\alpha + \mu)}{\sin\mu\sin(2\alpha + \mu)} \tag{6-4}$$

则换流站的无功消耗 $Q_\mathrm{DC} = P_\mathrm{DC}\tan\varphi$，换流站交流滤波器的无功支援为 $Q_\mathrm{f} = Q_\mathrm{DC} - Q_\mathrm{s}$，即

$$Q_\mathrm{f} = P_\mathrm{DC}\tan\varphi - Q_\mathrm{s} \tag{6-5}$$

2. 电磁直流模型运行工况自动调整技术

前文已经完成了电磁直流模型内部潮流的计算，计算结果作为电磁直流模型的工况信息，可对控制系统的指令、换流变压器的抽头位置以及滤波器投入的组数进行准确计算并初始化。接下来混合仿真基于此初始化状态启动计算，并自动校验和微调电磁模型，根据触发角/关断角的偏差量判断并上下调整一级换流变压器抽头位置，根据无功交换的偏差量对滤波器进行一组投切。电磁直流模型运行工况自动调整方案如图 6-39 所示。

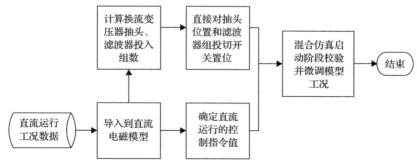

图 6-39　电磁直流模型工况自动调整方案

当抽头在原边时，换流变抽头位置按式(6-6)计算；当抽头在副边时，换流变抽头位置按式(6-7)计算。

$$T_{\mathrm{ap_{pos}}} = [(n_{\mathrm{r}} - 1) / T_{\mathrm{ap_{step}}}]_{\mathrm{round}} + T_{\mathrm{ap_{posr}}} \tag{6-6}$$

$$T_{\mathrm{ap_{pos}}} = [(1 / n_{\mathrm{r}} - 1) / T_{\mathrm{ap_{step}}}]_{\mathrm{round}} + T_{\mathrm{ap_{posr}}} \tag{6-7}$$

式中，$T_{\mathrm{ap_{pos}}}$ 为计算得到的抽头位置；n_{r} 为换流变标幺变比；$T_{\mathrm{ap_{posr}}}$ 为主抽头位置，即 $n_{\mathrm{r}}=1$ 时抽头所在位置；$T_{\mathrm{ap_{step}}}$ 为抽头调节的分度，即抽头调节一档变比改变的百分比；round 表示四舍五入。

计算交流滤波器投入组数的时候，需要考虑交流电压不同于额定电压时滤波器容量的变化，滤波器投入的组数应满足式(6-8)的要求，即滤波器总无功容量与式(6-5)得到的无功支援容量相当：

$$\sum_{k=1}^{M \leqslant N} \left(\frac{U_{\mathrm{s}}}{U_{\mathrm{sr}}} \right)^2 Q_k \approx Q_{\mathrm{f}} \tag{6-8}$$

式中，M、N 分别为应投入的滤波器组数和换流站配备滤波器的总组数；Q_k 为各组滤波器的额定容量；U_{s} 为换流母线线电压有效值；U_{sr} 为换流母线额定电压，也即滤波器额定容量对应的电压。

在模型执行投切的时候，需按照实际工程中交流滤波器的投切顺序执行，并保证投入最小滤波器组数，否则不能起到滤波效果，影响直流模型运行状态。在决定第 M 组滤波器是否投入时，按照式(6-9)进行判断，当投入第 M 组滤波器后能保证无功偏差量小于一组滤波器的无功支援。

$$\left| Q_{\mathrm{f}} - \sum_{k=1}^{M \leqslant N} \left(\frac{U_{\mathrm{s}}}{U_{\mathrm{sr}}} \right)^2 Q_k \right| \leqslant \frac{1}{2} \left(\frac{U}{U} \right)^2 Q_M \tag{6-9}$$

除了对换流变、交流滤波器等一次系统进行调整以外，还需要结合单双极、全压/半压、金属/大地回线方式等对换流器系统及相应的旁通、隔离开关进行调整。

单极闭锁时需要闭锁该极换流器并断开隔离开关，当另一极采用金属回线时还需要闭合闭锁极的旁通开关。半压运行时，需要对退出运行的换流器进行闭锁并隔离，投入对应的旁通开关。

对于二次控制模型，需要将得到的直流功率指令值、直流电流指令值、触发角参考值和关断角参考值输出到所示控制系统相应的位置。

稳态时，由于控制的引导，电磁直流模型的直流电流以及逆变侧关断角均工作在指令值位置，与潮流结果不存在误差。而由于一次系统电磁模型与潮流模型的差异，可能导致逆变侧直流电压、整流侧触发角、换流站无功消耗与潮流结果存在误差。为了尽可能减小这一误差，我们还需要在电磁直流模型中加入稳态工况自动微调的功能。稳态工况自动微调的步骤如下。

（1）当直流电流和关断角工作在指令位置时，逆变侧直流电压主要由逆变侧换流变压器的抽头位置决定；当逆变侧直流电压稳态值与潮流结果差异大于换流变抽头调节分度的 1/2 时，按照误差反方向升高或降低阀侧电压，微调一档逆变侧换流变抽头位置。

（2）通过步骤（1）的微调，直流电压的误差已降至最低，直流电流工作在指令值的情况下，整流侧触发角的偏差量也主要通过换流变压器的抽头调节来完成，根据式（1）稳态公式，若 $\cos\alpha$ 与潮流结果相对误差超过换流变抽头调节分度的 1/2 时，按照误差反方向升高或降低阀侧电压，微调一档整流侧换流变抽头位置。

（3）监测稳态时由换流母线流出的无功功率，并与潮流结果对比，当误差超过 1/2 组滤波器容量时，按照投切顺序表投入或切出一组滤波器。

在电磁直流模型中加入上述自动微调逻辑以后，可以进一步提高模型初始化的精度。

6.3.4　混合仿真平稳启动技术

由于电磁暂态仿真初值存在不确定性，即使电磁直流模型初始工况数据完备初始化，也还是难以直接稳态启动。电磁暂态仿真程序的初值不平衡会对直流模型引入扰动，使其产生类似故障后的动态过程。随着直流工程的增多、输电容量的增大，该扰动过程通过混合仿真接口与交流大电网相互影响，有可能导致混合仿真难以进入稳态。

为了避免这一现象，需要在混合仿真启动阶段，在电磁直流模型的换流母线上加装临时箝位电源，该箝位电源由幅值相角与潮流保持一致的理想电源及受控开关构成，如图 6-40 所示。

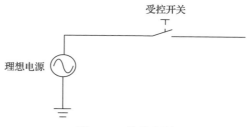

图 6-40　箝位电源

当电磁直流模型进入稳态以后，箝位电源应该退出运行，简单的处理方法是人为设定受控开关断开时刻，并在电流过零时断开开关，以低扰动退出箝位电源。

然而这还需要人工干预,不符合混合仿真批量计算及在线应用的需求,因而本节采用监测理想电源输出功率的方式确定直流是否进入稳态。

由于初始潮流中,交流系统向直流系统注入的功率是一定,当电磁直流模型进入指定稳态以后,幅值相角和潮流数据保持一致的箝位电源,不会改变系统的潮流分布,因而此时箝位电源的输出功率将接近 0,考虑到直流模型初始化的误差,我们可以根据式(6-10)决定箝位电源的退出。

$$(|P_s| \leqslant 0.05 P_{\text{Dref}}) \text{ 或 } (|P_s| \leqslant P_{\text{min}}) \tag{6-10}$$

式中,$|P_s|$ 为箝位电源功率绝对值。当以下 3 个条件满足其中一个,即断开箝位电源。

(1) $|P_s|$ 不大于直流功率指令值 P_{Dref} 的 5%。

(2) $|P_s|$ 不大于指定的功率门槛值 P_{min}。

(3) 仿真时刻 T_{now} 达到初始化设定时间 T_{init}。

6.3.5　在线仿真模型动态调整及自动初始化的精度与效率评估

1. 初始化精度评估

以某回满功率运行的输送功率为 3000MW 的 ±500kV 直流输电工程为例,基于实际电网的一个运行方式潮流数据,将该直流的输送功率分别调整为 300MW、600MW、1200MW、2000MW、3000MW,形成不同的多套运行方式潮流数据。各套数据下该直流的潮流稳态工况如表 6-2 所示。

表 6-2　各运行方式下直流的潮流稳态工况

工况/MW	交流电压/kV		换流站送出无功/(MV·A)	
	整流侧	逆变侧	整流侧	逆变侧
300	539.6570	524.9864	154	27
600	540.6403	523.4019	121	97
1200	540.7684	525.7802	122	93
2000	540.4361	526.9877	167	205
3000	535.2139	527.5877	66	262

表 6-2 中各个方式下整流侧直流电压均为 ±500kV,整流侧触发角均为 15°,逆变侧关断角均为 17°。

基于 ADPSS 仿真软件和电磁直流模型,对该直流输电工程进行电磁暂态标准化建模,并采用本章介绍的方法完成机电-电磁暂态仿真方案定制、模型映射、初始化功能部署等,自动实现不同运行方式混合仿真作业的建立,并对电磁直流模型实现自动初始化。该直流整流侧、逆变侧换流变的抽头均位于阀侧绕组，最高挡位为 6，最低挡位为–18，主抽头位置为 0（整流侧主抽头变比为 2.5，逆变侧主抽头变比为 2.68），档位极差为 1.25%；整流侧各类交流滤波器一共 10 组，额定容量为 140Mvar/组，逆变侧各类交流滤波器一共 12 组，额定容量为 155Mvar/组，最小滤波器均为 2 组。电磁直流模型中的自动初始化逻辑对换流变抽头和滤波器投切的初始化结果见表 6-3。

表 6-3　直流稳态工况的初始化结果

工况/MW	抽头位置(挡位)		滤波器投切组数/组	
	整流侧	逆变侧	整流侧	逆变侧
300	–9	0	2	2
600	–9	0	2	2
1200	–7	–1	4	4
2000	–5	–1	7	8
3000	–2	0	10	10

在表 6-3 的基础上，修改控制系统模型的直流电压指令值、直流电流指令值（直流功率/直流电压/极数）、直流逆变侧关断角参考值指令，启动仿真，在箝位电源的支撑下，电磁直流模型模型将快速进入稳态。

电磁直流模型各个稳态工况和潮流计算结果相比，最大误差统计如表 6-4 所示。统计显示，交直流有功无功交换、直流电压及电流的偏差量在额定值的 1%以内，交直流无功交换偏差量小于一组滤波器的额定容量（140Mvar），整流侧触发角、逆变侧关断角误差小于 1°。误差存在的原因是，电磁直流模型一次系统建模详细，模型算法和参数潮流或在线数据还存在不可消除的差别。总体来说，初始化误差很小，满足大电网仿真要求。

表 6-4　电磁直流模型初始化误差统计

项目	最大误差	对应工况/MW	误差评价
直流功率	20MW	3000	小于 1%
无功送出	–58MV·A	300	小于半组滤波器容量
直流电压	1kV	3000	小于 1%
直流电流	0	—	无误差
整流侧触发角	0.5°	2000	1°以内
逆变侧关断角	0.6°	1500	1°以内

2. 混合仿真工作效率评估

采用本书方法，能够显著提高含大量电磁直流模型的机电–电磁暂态混合仿真的工作效率和仿真效率。以国调一次方式计算中的机电–电磁暂态混合仿真校核任务为例，一般需要对 10 多个运行方式，每个运行方式 1000～2000 个故障进行校核仿真。计算时一般需要对华东地区关注的复奉、锦苏、宾金、锡泰、晋北、南京、灵绍、林枫、龙政、宜华、葛南等 10 多回直流采用电磁暂态仿真，剩余大规模电网采用机电暂态仿真，二者间通过混合仿真接口相连实现同步计算。

采用人工方式建立混合仿真作业时，需要经过以下过程。①各回电磁直流模型的运行方式调整，1 个方式 1 回直流约需 1h，按电磁侧 16 回直流算，共需要 16h；②将运行方式调整完成的各回电磁直流模型进行拼接，并配置机电–电磁暂态混合仿真接口，约需 3 小时；③对混合仿真接口进行稳态调试，约需 3h。因此，单个运行方式的混合仿真作业建立约需要 22h 的工作量，以一次运行方式计算校核 15 个方式来算，共需要约 330h 的混合仿真建模工作量。

采用本章图 6-37 所示含大量电磁直流模型混合仿真技术方案，程序自动完成 10 回直流电磁模型的数据拼接、各回直流的初始化以及混合仿真接口的配置，并对稳态进行微调，自动建立混合仿真作业的稳态，以上过程单个运行方式的混合仿真建模工作可以在 0.5h 内完成，15 个运行方式的混合仿真建模工作量不超过 7.5h，一次方式计算中的机电–电磁暂态混合仿真校核任务可以节省 200h 以上的工作量，可大幅度提高建模工作的效率。

采用本节方法，可以省略工程版详细直流模型启动阶段功率爬坡、抽头调节、滤波器投切等长达几十秒的复杂初始化过程，电磁直流模型能够在 0.6s 内快速启动进入潮流指定的稳态，箝位电源在直流进入稳态以后自动切除，如图 6-41 所示。该初始化过程相比详细直流模型，从几秒到几十秒的初始化仿真缩短到 0.6s 以内，节省了大量的计算时间。

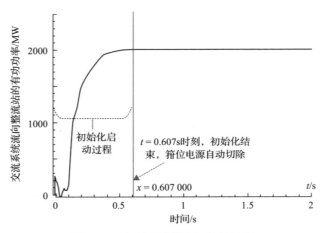

图 6-41　电磁直流模型初始化过程

6.4　在线混合仿真的并行计算方法

6.4.1　支持大型电磁网络的机电-电磁混合并行计算算法

1. 现有混合仿真接口算法瓶颈分析

以电力系统全数字仿真装置(ADPSS)机电-电磁混合仿真算法为例进行分析[13]。机电侧等值为戴维南等值电路，而电磁侧等值为诺顿等值电路。电路模型和数据交换示意图如图 6-42(a)和(b)。其中，E_{st} 与 Z_{st} 分别是机电侧边界节点处戴维南等值电势和等值阻抗，I_{emt} 与 Y_{emt} 分别是电磁侧边界节点处诺顿等值电流和等值导纳，U_{emt} 与 I'_{emt} 分别是边界节点处电压与注入电流。机电侧初始化完成后，可计算得到 Z_{st} 和 Y_{emt}，在机电仿真步长处，机电侧给电磁侧发送 E_{st}，当网络拓扑发生变化时，还需要重新计算并发送 Z_{st}。

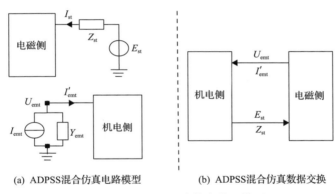

(a) ADPSS混合仿真电路模型　　　　(b) ADPSS混合仿真数据交换

图 6-42　ADPSS 混合仿真接口模型

同时，机电侧从电磁侧接收边界节点电压 U_{emt} 与注入电流 I'_{emt}，则当前步节点诺顿等值注入电流 I_{emt} 和机电侧在机电网联络系统总的注入电流 I_{total} 分别是

$$I_{emt} = I'_{emt} + Y_{emt}U_{emt} \tag{6-11}$$

$$I_{total} = I_{emt} + Z_{st}E_{st} \tag{6-12}$$

机电侧因为混合仿真额外增加的计算量可按如下方法估计。设 N 为机电-电磁边界节点数目，n 是机电暂态并行计算联络系统节点总数($n>N$)。于是一个机电步长内最大计算量的 2 次维数为 $3n$ 的联络系统阵 LU 分解；3N 次维数为 $3n$ 右端项为单位向量的稀疏线性方程组求解；1 次维数为 $3n$ 的稀疏线性方程组求解；式(6-11)、式(6-12)求解计算量。稀疏矩阵 LU 分解计算复杂度为 O(n+flops)，前代回代计算复杂度为 O(flops)[14,15]。其中 flops 表示浮点运算次数，是和矩阵稀疏

性有关的而又无法避免的浮点运算。则机电侧计算复杂度估计为

$$f_{ST}(N,n) \approx 2 \cdot O(3n+\text{flops}) + (3N+3) \cdot O(\text{flops}) \tag{6-13}$$

由式(6-13)可知，混合仿真机电侧计算量与 N 和 n 均有关，和 N 成正比，比例系数和机电联络系统阵的一次稀疏前代回代计算量有关。

再估算下电磁侧计算量。ADPSS 采用节点分裂法撕裂边界节点来求解混合仿真接口电路，如图 6-43 所示。设 A 是电磁网，B 是机电网。Y_A 和 Y_B 分别是 A 和 B 的节点电导矩阵，h_A 和 h_B 分别是 A 和 B 的等值电流源。撕裂边界节点间虚线流过电流 i_α，维数为边界点个数 N。经推导，求解电流 i_α 的公式如式(6-14)。

$$(p^T Y_A^{-1} p + Y_B^{-1})i_\alpha = Y_B^{-1} h_B - p^T Y_A^{-1} h_A \tag{6-14}$$

式中，p 是关联矩阵，表示 i_α 和电磁网 A 边界节点的关联关系，元素的值不是 0 就是 1。一旦电流 i_α 获得，电磁网 A 所有注入电流已知，故电磁网可解。求取电流向量 i_α 是求解电磁网的关键，占据电磁侧大部分混合仿真接口计算量。

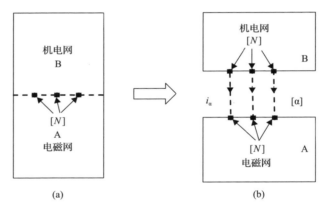

图 6-43　ADPSS 混合仿真接口节点分裂法求解示意图

基于上述原理，电磁侧混合仿真接口计算量如以下计算[2-4]：

$$E_{ABC} = TE_{st} \tag{6-15}$$

$$Z_{ABC} = TZ_{st}T^{-1} = R_{st} + j\omega L_{st} \tag{6-16}$$

$$I_{ABC} = Y_{ABC}E_{ABC} = I_{ABC}^R + jI_{ABC}^I \tag{6-17}$$

$$G_{st} = \left[R_{st} + \frac{2L_{st}}{\Delta t(1+\alpha)} \right]^{-1} \tag{6-18}$$

$$h_{st}(t-\Delta t) = \frac{\Delta t(1-\alpha)}{\Delta t R_{st}(1+\alpha)+2L_{st}}u(t-\Delta t)$$
$$+\frac{2L_{st}-\Delta t R_{st}(1-\alpha)}{2L_{st}+\Delta t R_{st}(1-\alpha)}i'(t-\Delta t) \tag{6-19}$$

$$i_{st}(t) = \sqrt{\frac{2}{3}}[I_{ABC}^{R}\cos(\omega_0 t)-I_{ABC}^{I}\sin(\omega_0 t)] \tag{6-20}$$

这里

$$T = \begin{bmatrix} 1 & 1 & 1 \\ \alpha^2 & \alpha & 1 \\ \alpha & \alpha^2 & 1 \end{bmatrix}, \quad \alpha = e^{j120°} \tag{6-21}$$

式(6-18)～式(6-20)中的 α 为隐式梯形积分法中的阻尼因子,其值介于 0 和 1 之间;Δt 为电磁暂态积分步长,典型值是 50μs;ω_0 为参考角频率;i' 为流过 R-L 串联支路的电流;u 为边界点电压;式(6-18)中 G_{st} 与式(6-14)中 Y_B 对应;式(6-19)和式(6-20)中 h_{st} 和 i_{st} 之和与式(6-14)中的 h_B 对应。

根据式(6-14)～式(6-20),可以粗略估算电磁侧混合仿真接口计算量。同样,设 N 是混合仿真边界节点数,m 是与边界节点直接相连的电磁子网单相节点数($m>3N$)。式(6-14)中需要完成 $p^T Y_A^{-1} p$、Y_B^{-1}、$Y_B^{-1} h_B$、$p^T Y_A^{-1} h_A$ 这些矩阵的运算,此外还需要完成式(6-15)～式(6-20),详细的计算需求有:1 次维数为 m 的 Y_A 矩阵的 LU 分解;$p^T Y_A^{-1} p$ 计算,需要求出 Y_A 逆矩阵与边界点关联列的元素,是 $3N$ 次以右端项为单位向量的维数为 m 的稀疏矢量求解;Y_B^{-1} 的计算对应式(6-16)和式(6-18)的计算,是维数为 $3N$ 的满阵求逆运算;$Y_B^{-1} h_B$ 是矩阵与向量相乘,计算量较小;$p^T Y_A^{-1} h_A$ 的最大计算量不超过一次维数为 m 的前代回代计算。与机电侧类似,混合仿真接口处电磁侧计算复杂度近似可估算为

$$f_{EMT}(N,m) \approx O(N^3)+(3N+2)\cdot O(flops)$$
$$+O(m+flops) \tag{6-22}$$

式(6-22)中第二项中前代回代计算或者矩阵乘与矩阵维数有关,或者等于边界点数 $3N$ 维,或者是关联电磁子网单相节点数 m。本节此处忽略其差异。由式(6-22)可知,混合仿真接口处电磁侧的计算量和 N^3 成正比。

以最坏情况 Y_A 为满阵来粗略估计下电磁侧混合仿真接口计算量。根据 LU 分解和前代回代满阵情况下计算复杂度,式(6-22)写成

$$f_{EMT}(N,m) \approx N^3+(3N+2)\cdot(m^2+m)+\frac{m^3}{3} \tag{6-23}$$

设 $m=100$，则 f_{emt} 和 N 的关系曲线如图 6-44 所示。

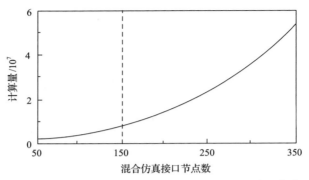

图 6-44　电磁侧边界计算量与边界点个数 N 的关系曲线

由图 6-44 可知，当 N 大于 150 以后，电磁侧计算量非线性增长加快，这说明提高混合仿真接口效率的关键是改善电磁侧接口计算效率。

2. 基于边界点分群解耦的机电–电磁混合仿真算法

1）算法结构

如前所述，可以通过对边界点分组和减少与边界点直接相连的电磁子网的规模，来提高机电–电磁混合仿真接口的效率。通过选择一个合适的机电–电磁分割方法，可以做到在电磁网移除后，机电网在边界节点处按组解耦。也就是说，移除电磁网后，机电网的每组边界节点各自形成电气孤岛，彼此无任何电气联系。电磁侧则通过分布参数长输电线路相连。因此，所有的机电–电磁边界节点被分组而并行，组内边界点数显著减少，有利于降维。而在电磁侧，我们还可以选择合适的分网算法划分为更多的电磁子网，从而减小每个子网规模，特别是与边界点直接相连的子网。以上两种手段可以显著减少式(6-13)和式(6-22)的计算量。算法结构示意图如图 6-45 所示。

2）机电–电磁边界节点分群降维

与机电暂态模型仿真相比，电磁暂态模型仿真具有很高的精度，可以较为准确地仿真电力电子类设备的动态特性。因此，将特高压交直流主网特别是直流输电系统划分为电磁网模型，一方面满足了仿真精度需求，更为重要的是，主网划分为电磁网后，作为机电网的更低电压等级的电网将形成多个电气孤岛，满足了从机电–电磁边界点解耦的要求。

移除电磁网后，需要以指定的机电–电磁边界点为约束，对机电网进行网络划分，使之满足机电暂态并行仿真效率要求，同时给定边界点的分组信息。步骤简述如下。

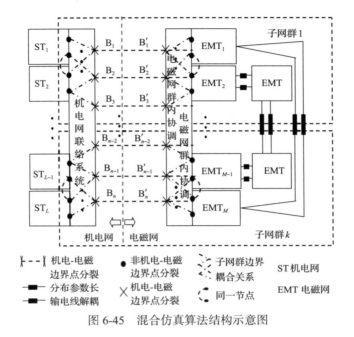

图 6-45　混合仿真算法结构示意图

(1)对机电网进行连通性分析，确定多个电气孤岛并编号，以及确定机电–电磁分网边界点的电气孤岛号。

(2)采用优化边界表法[16-18]，对机电网进行网络分割，得到所有机电暂态子网和机电联络系统。

(3)将机电–电磁分网边界点加入机电联络系统。

(4)取机电–电磁分网边界点的电气孤岛号为初始群号，送给电磁网继续进行分网。此时，每个机电–电磁分网边界点均有对应的群号，不同群间机电暂态网络在机电侧完全拓扑解耦。

3)减少电磁子网节点规模

由于分布参数长输电线解耦模型在并行计算方面的天然优势，首先采用长输电线解耦法对电磁网分网，然后综合考虑子网规模和分网个数限制进行子网合并处理。对于子网规模过大而影响实时仿真实时性的子网，则结合节点分裂法进一步分网，以均衡每个进程计算量。

以下用一个小规模电网说明本节所述电磁分网方法。图 6-46 是 IEEE 14 节点电网单线图示意图。图中共有 14 个三相节点(如 bus 字样)，4 台发电机，1 个无穷大电压源，3 个变压器以及若干个 RLC 模拟负荷。电磁网自动分网关键步骤如下。

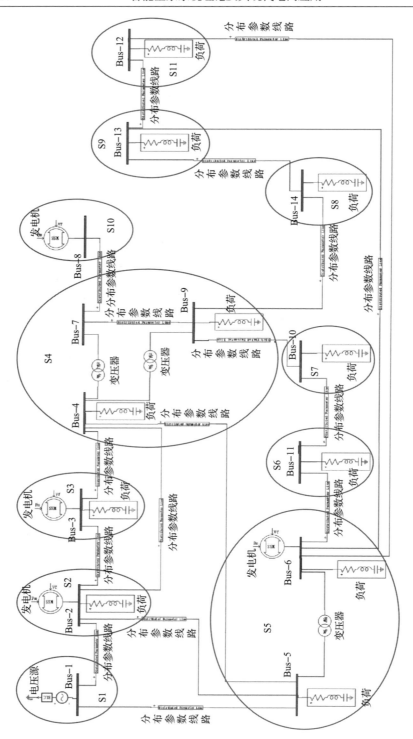

图6-46　IEEE 14节点电网电磁暂态单线图

(1)根据上一节所给的机电-电磁分网边界点的初始群号，建立同一群号边界点之间的虚拟拓扑支路。这些虚拟拓扑支路采用集中参数三相传输线模型，仅用于电磁网分网，不参与仿真计算。

(2)建立全网拓扑图，并确定满足长输电线解耦条件的线路。如图 6-46 所示，假设各分布参数线路均满足长输电线解耦条件，即电磁波由线路一端到达另一端所需的时间必须大于仿真步长。即

$$\tau = l / v = l\sqrt{l_0 c_0} \geqslant T \tag{6-24}$$

式中，T 为仿真步长；v 为沿线电磁波传播速度；l 为输电线长度；l_0、c_0 为单位长度电感和对地电容。当 T=50μs 时，由此可计算线路长度必须大于 15km。

(3)从图 6-46 中移除所有确定的长输电线解耦线路，采用深度优先搜索或者宽度优先搜索执行一次全网遍历，得到多个连通子图。如图 6-46 中所示 S1，S2，…，S11。对每个连通子图，如果长输电线解耦线路属于子图内部元件，则还原该长输电线路的连接。

(4)计算量平衡处理。将多个连通子图的电磁全网描述成连通子图–长输电线的拓扑图，即连通子图是点，分布参数长输电线为边的拓扑图。对于每个连通子图，用子图内单相节点数描述子网规模。对图 6-46 中 IEEE14 节点图，处理后如图 6-46(a)。

图 6-47(a)中，圆圈〇表示移除长传输线后的连通子图，它们之间的连接线表示长传输线。在每个连通子图下方的 3 个数字分别表示单相节点数 N_{sub}、子网内元件数 N_{comp}、相连长传输线数 N_{dsub}，其中单相节点数、元件数目描述了求解子网网络方程的计算量，而相连长传输线数(即连通子图的度)则描述了仿真过程中通信量大小。

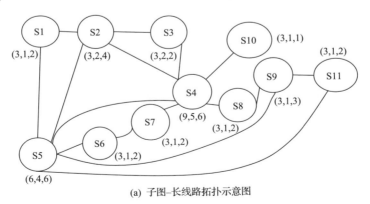

(a) 子图–长线路拓扑示意图

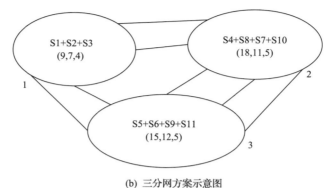

(b) 三分网方案示意图

图 6-47 电磁网分网示意图

对于并行仿真计算来说，计算效率实际上由计算最耗时的子网决定。要提高子网仿真效率，需要其包含的单相节点数和元件数尽可能少，同时需要与邻近子网通信最少。因此，自动分网的最优化目标函数可以描述为

$$t = \min_{j \in (1,m)} \left\{ \max_{i \in (1,n)} \left[t_i(N_{\text{sub}}, N_{\text{comp}}) + t_i(N_{\text{dsub}}) \right] \right\} \tag{6-25}$$

式中，n 为分网数目；m 为所有分网方案数目；$t_i(N_{\text{sub}}, N_{\text{comp}})$ 是子网 i 计算耗时，是节点数 N_{sub} 和元件数 N_{comp} 的函数；$t_i(N_{\text{dsub}})$ 为子网 i 与其他子网交换长传输线解耦节点信息的通信耗时，是子网 i 相连长传输线数 N_{dsub} 的函数。自动分网的目标就是在所有的分网方案组合中，查找计算最耗时和通信最耗时值最小的方案。这是一个组合优化问题，当电网规模较大时组合"爆炸"，求解十分耗时。为此，采用启发式规则确定分网方案，虽然不能保证方案最优，但却尽可能追求每个子网计算量均衡并较小。具体关键计算环节如下。

(a)根据每个子图的 $N_{\text{sub}}+N_{\text{comp}}$ 值由大到小排列，为描述方便，设其编号分别为 $l_1, l_2, \cdots, l_n, \cdots, l_k$，$k>n$。

(b)按照分网目标数 n，取前 n 个子图作为分网初始方案。

(c)对子网 $n+1, \cdots, k$，根据如图 6-47(a)的拓扑图，按顺序检查其是否是子图 n 邻近连通子图。如果是子图 $n+m$，$n<m<k$，合并子图 n 和 $n+m$，编号为 n，并恢复子图间的长传输线解耦元件为子图 n 内部元件，更新子图 n 参数 N_{sub}、N_{comp} 以及 N_{dsub}，更新图 6-47(a)连通子图拓扑图。

(d)转到(a)，更新子图队列，继续合并子图，直至新产生的子图 n 不再有邻近连通子图为止。

(e)如果子图 n 后面还有没有处理的子图，则取子图 $n+1$，采用与子图 n 相同

的策略进行子图合并，如此反复至所有子网处理完毕，最后剩下的 n 个子网即分网方案，连接边即确定的长传输线解耦线路。

在上述子网计算均衡处理过程中，对长输电解耦线路的恢复操作，即不再将其作为子网间联络线，有助于减少子网间的通信量。假设最终要求分为 3 个子网，即 $n=3$，通过上述步骤处理，将形成如图 6-47(b)的电磁子网划分方案。

最后，对形成的电磁子网进行计算量实时性评估与分网调整。首先对电磁子网计算量进行实时性评估，评估依据设为

$$t = f(N_{\text{sub}}, N_{\text{comp}}) < kT \tag{6-26}$$

式中，N_{sub}、N_{comp} 含义如式(6-25)；f 为和 N_{sub}、N_{comp} 有关的函数，需要综合考虑元件模型描述、数值积分算法、计算机单核主频等因素，需在一定计算环境下测试确定；T 为电磁暂态仿真步长；k 为考虑通信等因素在内的系数，一般小于 1.0。

然后对不满足上式的电磁子网，采用节点分裂法进一步分网，缩小子网规模，提高并行效率。

4) 构建子网群分网方案

机电分网和电磁分网确定后，对机电-电磁边界节点和电磁子网进行分组，划分电磁暂态计算子网群。划分后的最终机电-电磁分群解耦子网群如图 6-45 所示，具体实施技术步骤如下。

(1) 机电-电磁网边界节点子网群号初始值取自前文 2) 节中所生成的边界节点群号。

(2) 如果采用节点分裂法后形成的电磁暂态子网关联多个机电-电磁分网边界节点，这些边界节点群号设置为它们中间最小的群号。

(3) 如果电磁网中的某个电磁暂态子网关联多个不同群号的机电-电磁分网边界节点，则保留最小群号，其他与该子网关联的边界点群号修改为该最小群号。

(4) 如果某一群号的机电-电磁分网边界节点关联多个电磁子网，而且这些电磁子网仅关联这一个群号，则这些电磁暂态子网组成一个电磁暂态计算子网群。

5) 机电侧主控分组并行算法

针对机电-电磁混合仿真接口分群解耦的特点，在主控进程内按群分组，以群为单位开辟多线程，并行化计算各群机电侧等值阻抗矩阵和戴维南电势，同时每个线程建立与电磁子网群主控进程的一对一连接，交换如图 6-48 所示接口数据，最后汇总边界点电磁侧电压电流向量并按式(6-11)和式(6-12)计算边界点注入机

电网电流，完成混合仿真接口处计算。以机电侧发生拓扑变化产生最大计算量为例说明本文的计算过程，如图 6-48 所示。

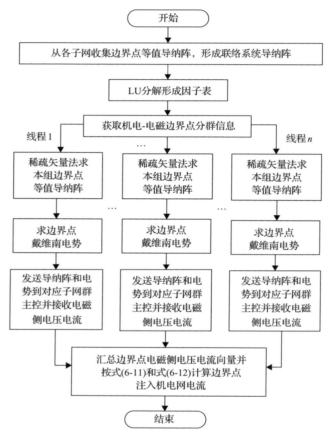

图 6-48　机电侧主控进程最大计算情况下多线程计算流程

与现有 ADPSS 混合仿真机电侧主控算法相比，本算法最大的不同是将原有一个进程内求取所有混合仿真端口的计算与通信按照群号分派到多个线程，并行求解同一群号的端口等值导纳阵和端口戴维南电势，并发送到电磁侧各子网群主控进程。这种并行求解的理论依据是同一群号边界点相关联的机电网之间没有任何电气联系，因而各群机电接口解耦。

6）电磁侧主控算法

现有 ADPSS 中，混合仿真联络系统包括所有机电-电磁混合仿真边界节点和电磁网节点分裂节点，这些节点的和决定了联络系统计算矩阵维数。并且这些节点必须均在同一个电磁子网内，即电磁网并行计算主控进程内。

本节采用如图 6-45 所示的边界节点分群解耦算法，耦合的混合仿真边界节点和节点分裂均限制在同一个子网群内，由此接口计算矩阵规模和电磁子网规模都得以减小，而且在同一子网群内，边界节点可能分散到不同的电磁子网，这些电磁子网既可以是长输电线解耦边界电磁子网，又可以带有节点分裂边界母线接口。如图 6-49，三个零电阻支路集对应电流分别为 I_α、I_β 和 I_γ，各子网对应的等值电导矩阵、历史电流源及端口电压如图 6-49 所示。这种情况下，不仅子网群间长输电线解耦，而且子网群内部各子网也因为长输电线而解耦。因此，长输电线路相互解耦可以忽略。如果能够解得零电阻支路中的电流 I_α、I_β 和 I_γ，则各子网能够独立并行求解。

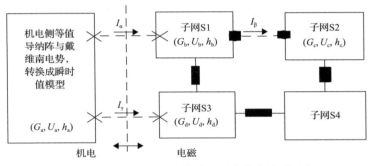

图 6-49 电磁子网群主控进程混合仿真关系示意

✕—✕ 机电–电磁边界点分裂   ■—■ 分布参数长输电线解耦

■—■ 子网间节点分裂   — — 零阻抗支路

图 6-49 中，G_a 是由式 (6-18) 计算得到的机电侧等值电导矩阵；h_a 是由式 (6-19) 和式 (6-20) 计算得到的等值历史电流源；U_a 是边界点电压，其他矩阵类推。由于机电网发电机正负阻抗不相等，G_a 可能是不对称矩阵。

根据图 6-49 中关系，可以推导出式 (6-27)：

$$
\begin{bmatrix}
G_a & & & & P_{ab} & 0 & P_{ad} \\
& G_b & & & -P_{ba} & P_{bc} & 0 \\
& & G_c & & 0 & -P_{cb} & 0 \\
& & & G_d & 0 & 0 & -P_{da} \\
P_{ab}^{T} & -P_{ba}^{T} & 0 & 0 & 0 & & \\
P_{ad}^{T} & 0 & 0 & -P_{da}^{T} & & 0 & \\
0 & P_{bc}^{T} & -P_{cb}^{T} & 0 & & & 0
\end{bmatrix}
\begin{bmatrix}
V_a \\ V_b \\ V_c \\ V_d \\ I_\alpha \\ I_\beta \\ I_\gamma
\end{bmatrix}
=
\begin{bmatrix}
h_a \\ h_b \\ h_c \\ h_d \\ 0 \\ 0 \\ 0
\end{bmatrix}
\tag{6-27}
$$

式中，P_{ab}、P_{ad}、P_{ba}、P_{bc}、P_{cb}、P_{da} 为各子网边界节点与零电阻支路电流的关联关系，元素已知，非 0 即 1。消去电压向量 U_a、U_b、U_c 和 U_d 并整理后可形

成式(6-28)。

$$
\begin{bmatrix}
P_{ba}^T G_b^{-1} P_{ba} + P_{ab}^T G_a^{-1} P_{ab} & -P_{ba}^T G_b^{-1} P_{bc} & P_{ab}^T G_a^{-1} P_{ad} \\
P_{ad}^T G_a^{-1} P_{ab} & 0 & P_{ad}^T G_a^{-1} P_{ad} + P_{da}^T G_d^{-1} P_{da} \\
P_{bc}^T G_b^{-1} P_{ba} & -P_{bc}^T G_b^{-1} P_{bc} - P_{cb}^T G_c^{-1} P_{cb} & 0
\end{bmatrix}
\begin{bmatrix} I_\alpha \\ I_\beta \\ I_\gamma \end{bmatrix}
$$

$$
=
\begin{bmatrix}
P_{ab}^T G_a^{-1} h_a - P_{ba}^T G_b^{-1} h_b \\
P_{ad}^T G_a^{-1} h_a - P_{da}^T G_d^{-1} h_d \\
P_{cb}^T G_c^{-1} h_c - P_{bc}^T G_b^{-1} h_b
\end{bmatrix}
$$

$$(6\text{-}28)$$

求解式(6-28)，可得零电阻支路中电流 I_α、I_β 和 I_γ，然后分别代入各电磁子网网络方程式，可求得各子网节点电压。

需要说明的是，式(6-28)左侧系数矩阵在节点分裂法应用边界点较多的情况下一般是满阵。本节构建的描述案例分网拓扑较为简单，导致系数矩阵中出现两个零矩阵。另外，机电侧送给电磁经转化为瞬时值模型的电导阵 G_a 可能因为机电侧发电机正负序阻抗不相等而不对称，而其他电磁子网形成的电导阵是对称的，这个特点将导致应用的稀疏矢量法有所区别。

由于采用了分群解耦的方法，各个子网群形成的式(6-28)的维数很小，而且可以以子网群为单位并行求解，所以式(6-28)计算量不大。而且，系数矩阵(除 G_a 外)和右端项的元素值均可以在各电磁子网中并行计算，因而效率能进一步提高。

6.4.2 大批量混合仿真任务的在线并行计算平台

在线并行计算平台通过统一的调度中心实现高并发多计算任务以短周期同步调协同运行；采用信道分离策略，将计算、存储、管理通信分离并实施 QoS 保障，避免通信干扰；采用计算-存储超融合架构设计，充分利用高性能服务器的处理和存储能力，实现平台的线性扩展能力；基于进程间信号通信机制，实现轻量级的任务触发、消息通知；以内存计算思想贯穿平台设计始终，利用内存文件系统实现数据的中转、暂存，避免存储 I/O 对计算效率的影响，便于仿真程序无缝移植。

1. 在线并行计算平台总体设计

在线并行计算平台(以下简称"平台")的目标是高效地支撑在线超实时仿真计算，能够快速地从调度自动化系统接收输入数据，高效平稳地完成并行计算指令下发、仿真计算及结果汇总，并分布式持久化存储数据。其中，仿真计算规模为不少于 40000 节点、含 16 回及以上高压直流输电线路，仿真计算 10 秒的物理过程需耗时在 8 秒以内，这就要求平台在整个计算过程尽可能降低自身延时，减少自身的计算资源占用。

1) 平台逻辑架构

平台主要由两部分构成：计算调度系统与存储系统。计算调度系统主要负责辅助及调度在线并行计算仿真任务，存储系统主要负责计算结果的整理和收集。平台逻辑架构如图 6-50 所示。

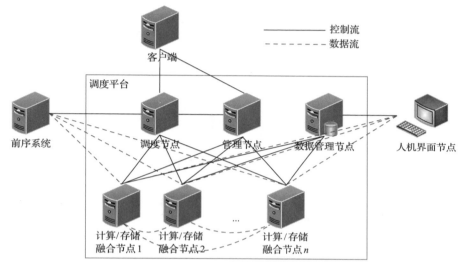

图 6-50　平台逻辑架构图

计算调度系统分为四种节点：计算调度节点、前序系统、计算节点、人机交互节点。其中计算调度节点负责静态调度任务并进行相关计算节点的任务分配，控制并管理在线运行中的计算任务并回收汇总状态；前序系统如调度自动化系统上部署有数据分发服务，负责多播分发潮流断面数据；计算节点为大规模集群，负责进行仿真计算，监控及上报资源信息和任务状态；人机界面节点负责向展示大屏提供数据，支持与用户的交互，如启停平台操作、任务提交调度操作等（可部署在调度节点上），以及展示计算摘要结果和详细结构。

存储系统分为三种节点：存储调度节点、存储节点、数据库节点。存储调度节点负责调度存储资源，存储节点负责执行存储任务，数据库节点负责存储元数据。

为了更充分地利用节点内部的计算资源与存储资源，计算调度系统中的计算节点与存储系统中的存储节点可以为同一台服务器，融合为计算/存储节点（以下简称"计算节点"）。

2) 平台物理架构

为了保证平台及相关系统的通信稳定性与时效性，节点间网络应采用三套网络，分别为计算通信网、存储通信网和管理通信网，具体如下。

(1)计算网络：承载 MPI 通信。

(2)存储网络：承载从前序系统到计算节点、计算节点间的存储数据通信，以及人机交互与计算节点间结果数据的单次通信。

(3)管理网络：承载调度指令分发、节点监控数据、任务完成通知、数据存储指令、数据库读写元数据等控制面流量。

平台应尽最大可能保证计算通信网和存储通信网之间的隔离，尽可能减少二者通信的相互干扰，减小冲突发生率。根据三套网络与业务逻辑得到的物理架构图如图 6-51 所示。

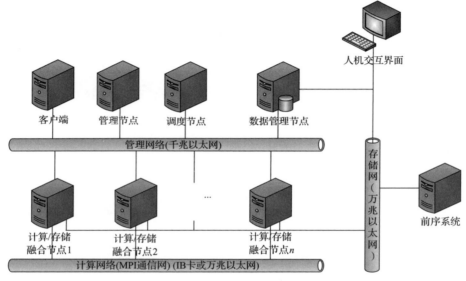

图 6-51　物理架构图

3)软件架构设计

平台的软件架构层次如图 6-52。该系统分为四大层，分别为通信服务层、平台层、接口层、应用层。其中最下面的通信服务层，负责为上层提供通信接口，将 socket 通信封装成接口函数供上层调用；最上面的应用层使用该平台实现混合仿真任务的离线提交与在线实时运行；平台层与接口层是本设计的核心。

(1)平台层。

平台层按照节点分工不同分为计算调度节点、存储调度节点、计算节点三种，计算调度节点主要负责按调度算法计算策略，部署、接收任务并发送执行信号、完成信号的回收与上报以及摘要计数，同时进行集群监控、异常处理和日志记录；存储调度节点主要负责调度计算输入数据与结果数据，并安排分块分级存储；计

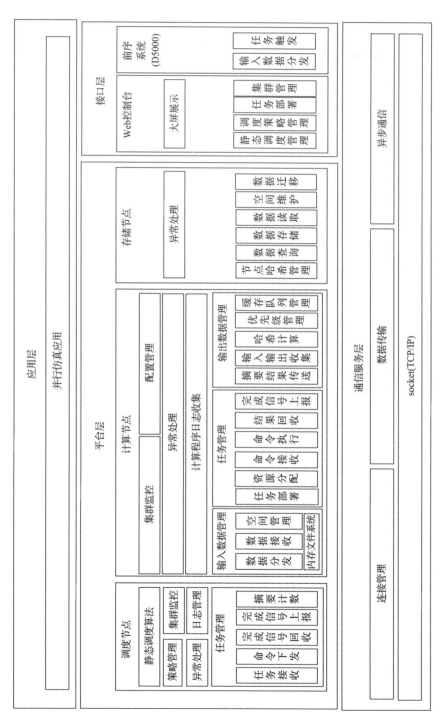

图 6-52　在线并行计算平台软件架构图

算节点主要负责接收输入数据、计算并输出结果，同时负责监控计算情况，并按策略存储计算数据。

(2)接口层。

接口层是在任务完成流程中提供接口支持的相关系统，按照节点分工不同分为人机交互与前序系统两种。人机交互分为多个界面，主要负责大屏展示、任务提交修改、平台起停、详细结果存储查询；前序系统负责给计算节点发送输入数据及触发计算。

4)业务流程描述

图 6-53 是平台的业务流程顺序图，其中包括与前序系统、人机交互界面的通信流程。整个业务流程分为平台初始化、调度策略配置、在线运行和结束四个阶段。其中平台初始化阶段包括平台各个系统组件、服务的启动，三套网络连接的建立过程；调度策略配置由平台的静态调度算法计算获得静态调度策略及静态调度策略部署这两个过程组成；在线运行阶段包括计算节点接收前序系统的数据流输入，计算调度节点接收前序系统的任务触发命令，并向计算节点发送启动计算命令，接收计算程序计算完成后的完成信号并将摘要信息发布至消息队列，同时通知存储调度节点，计算节点接收存储调度节点指令，将完整结果持久化在数据调度指定存储位置，将存储元数据写入数据库中等过程；在结束阶段，所有在初始化阶段建立的长连接都需要断开，同时需要清理平台和计算节点的现场，关闭计算进程，关闭后台进程。

5)平台 Portal

平台 Portal 主要负责为管理人员提供计算相关的统计信息，包括总计算数据量、已处理任务总数、平均计算时间和平均下发时间。平台 Portal 显示实时总体进度时间轴，可以查看任务实时执行进度，任务执行状态和任务列表；提供 CPU 负载、节点状态和磁盘利用率等平台物理资源监控信息。平台 Portal 如图 6-54 所示。

2. 基于反馈迭代式试算与启发式结合的静态任务调度算法

通过对现有离线运行的机电-电磁混合仿真程序进行性能评价与瓶颈分析，充分挖掘程序运行特性，并根据在线超实时仿真需求，将任务调度过程提前至在线运行之前进行，在在线运行过程中不改变调度策略，充分保证在线计算效率。针对计算资源细粒度分配，提出基于反馈迭代试算的静态任务调度算法，根据仿真程序 MPI 进程特征及当前集群可用资源情况，通过对历史计算数据的反馈迭代试算，得出最优化的任务分配策略。同时考虑 MPI 进程间通信耦合度、进程访存行

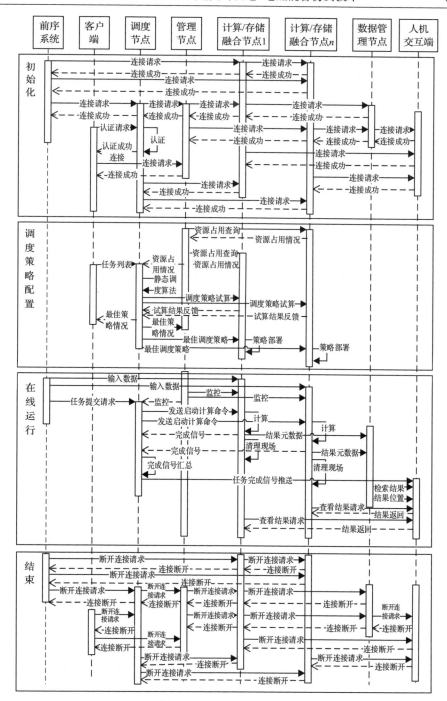

图 6-53　业务流程顺序图

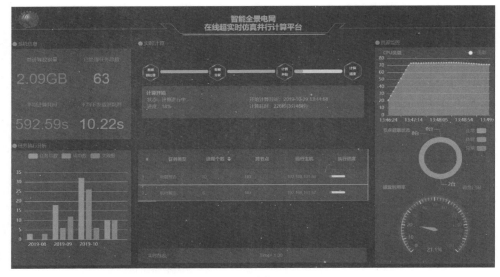

图 6-54　平台 Portal

为特征、I/O 负载均衡等因素，采用进程亲和性调度，尽可能降低进程间通信开销，减少不同进程间的资源竞争。

1）调度框架

调度框架是平台的主要组成部分之一，负责将现有的空闲集群资源分配给提交的任务，尽可能做到按需公平分配，但又不能影响任何一个任务的执行效率和可靠性。调度框架包含任务调度算法、调度管理等内容，其中，调度管理又包含一系列支撑性子系统，如集群管理、资源分配器、任务管理，以及日志记录与异常处理等。

在计算节点的管理上，调度框架设计了基于静态分区的资源划分和调度，通过在管理平台中定义逻辑组，将物理节点划分开来，分别部署不同的调度策略，从而实现资源集合的全面控制。这样可以在系统调度之前做好容量规划和资源分配，将调度算法与平台解耦，增强了平台的通用性，也增强了调度系统的可扩展性。

调度框架如图 6-55 所示。

本节"调度节点"特指平台中的计算调度节点。

在平台中定义逻辑组、划分出物理节点后，在调度节点会相应增开一个调度进程，专门负责该组的任务调度。因为不同组之间运行的是完全不相关的任务，所以调度进程间也不会有任何通信，完全是隔离开的。调度进程负责对下发到该组的任务进行资源分配与回收、任务监控与管理，包括任务分配情况、任务运行状况、任务完成的信号回收等。

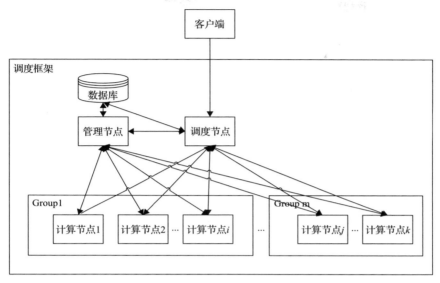

图 6-55 调度框架示意图

调度框架中，调度节点负责接收用户在人机交互界面提交的任务配置，进行静态调度及资源分配后将任务部署给计算节点，并将任务分配情况、任务运行的实时状态等信息发送给人机交互节点展示。当用户启动调度平台后，调度策略自动部署，进入正式在线运行阶段。调度节点也会在运行阶段对计算节点进行监控，接收每个计算节点的心跳信号，监控计算节点的资源状况、健康状况等，并且在故障发生时产生报警。

2）静态调度算法

根据任务计算的需求，平台将任务调度过程提前至在线运行之前进行，在线运行过程中不改变调度策略，可以充分保证在线计算效率，称之为静态调度算法。静态调度算法设计为可切换的模块，可以在不同调度算法间切换，以适应不同约束需求。

（1）静态调度问题描述。

输入：仿真任务名称，故障编号，机电任务所开进程数（即所需的 CPU 核数）、电磁任务所开进程数，每个进程所需的内存上限，计算数据文件所占磁盘空间大小上线，每个任务预计计算耗时，物理服务器数量，服务器标识（IP 地址或主机名），单服务器 CPU 核数、内存容量、磁盘大小。

输出：任务中的每个进程所对应的服务器标识及 CPU 编号。

约束：单个任务尽可能集中分配在一台或几台服务器上（BP 算法模块），或是均衡分配（负载均衡算法模块）。

目标：任务列表中的 n 个任务分配到 m 个计算节点（物理服务器）上执行，生成任务与资源分配策略文件。

(2)静态调度任务计算整体流程。

利用静态调度算法分配任务并进行在线计算的整体过程如图 6-56 所示。

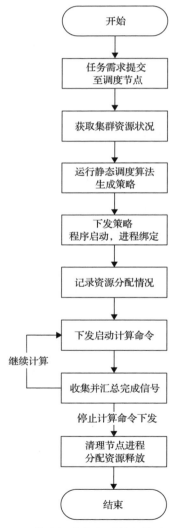

图 6-56　静态调度任务计算整体流程图

以下为静态调度与任务分配步骤。

①任务需求提交，调度节点获取需要进行调度的任务，包括任务类型、数量、编号以及每个任务需要进行分配的进程和所需的 CPU 资源。

②从管理节点（如 zabbix）获取集群当前资源占用状况（系统占用），计算出每个节点的剩余资源信息，包括 CPU 资源、内存空间、磁盘大小。

③运行静态调度算法，生成任务的资源分配策略文件，决定如何将每一个计算进程映射给计算节点（包括 CPU/NUMA Node）。

④下发策略，直接给相应计算节点发送绑定进程命令，告知计算节点应启动哪些二进制进程，每个计算节点进行程序启动和进程绑定操作。

⑤记录资源分配情况，写入数据库。

（3）多策略静态调度算法。

由于计算任务为基于 MPI 实现的 CPU 密集型任务，进程间通信开销不可避免，调度算法可以通过将进程在计算节点上重新排布来尽可能降低通信带来的开销。记录资源分配情况，写入数据库。

调度会根据不同的节点资源容量与任务资源需求情况更换调度策略。当资源不充足时，允许进程串行执行，但相应的多个进程串行在同一核上运行时，执行时间会成倍增加，会导致执行时间无法满足任务需求，仅适用于异常处理场景。当可用资源充足的情况下，调度应尽量减少进程间通信的开销，即尽可能将通信频繁的进程对放在同一节点上，同时确保无计算节点负载过重。调度算法流程如图 6-57 所示。

通信矩阵图分割采用 KL-partition 方法实现带权 k 图划分，通过 ksum closest 方式选出最合适的 k 个 worker set，若 k 个 worker 的总可用资源大于所需资源，将剩余资源直接默认放到可用资源最大的 worker 中，以防碎片。

KL-partition 方法原本用于图的二分割，但此处需要做 k 图的非均匀分割，就将 k 个 worker set 资源按全排列方式组合，获取到最多 $k!$ 种不同顺序的图分割方法分别用 kl 算法二分割递归划分 k 个图，分出的 a 图为 k 图中的一个，剩余的 b 图继续分割，直到分割结束。选取所有顺序中划分为 k 图 cut 最小的 cost 作为最终图划分方式。

3. 支持在线超实时仿真的大批量计算过程优化技术

面向千万级在线量测参量的 I/O-Free 输入数据的加载，在线并行计算平台提出自适应的高性能数据分发算法，可在万兆网络环境下，将百兆仿真数据文件以秒级时间高效地分发至计算集群的百台节点上，从而确保数据更新的时效性。同时，该算法可以利用双向带宽、线程级并行和流水线技术实现数据流在计算节点内的相互并行传输，以提高资源利用率。由于该算法基于可靠传输协议实现数据传输，数据完整性得以充分保证。平台还采用零内存拷贝技术，降低数据发送和接收过程中频繁的内存拷贝带来的 CPU 资源消耗，以及对计算程序产生的干扰噪声。

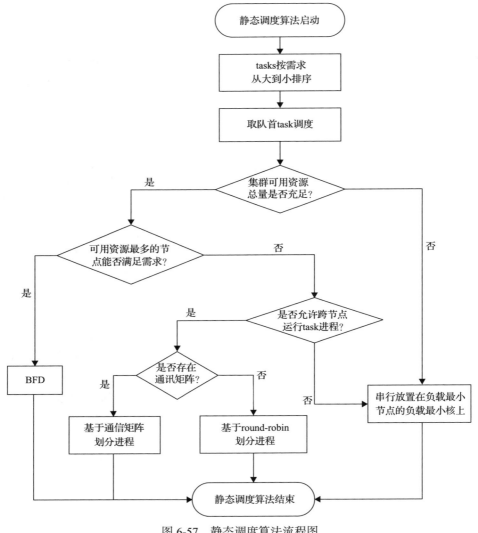

图 6-57　静态调度算法流程图

自适应的高性能数据分发算法

数据分发算法将数据文件从一个发送端以一种分层网状结构发送给所有的接收端，以达到接收端能够快速接收到完整文件的目的。算法可以分为三种实现方式，分别为 TCP 二层循环分发算法、TCP 二层单文件分片分发算法、TCP 二层多文件分片分发算法。

1）TCP 二层循环分发算法

本算法将数据循环发送给每一台接收端，接收端依次接收数据文件，算法示意图如图 6-58 所示。

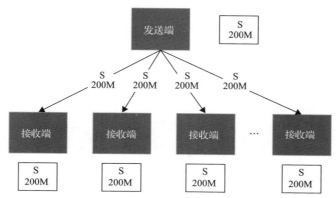

图 6-58　TCP 二层单文件循环分发算法

2）TCP 二层单文件分片分发算法

发送端先将一份完整文件分片，再将每一分片发送给每一台接收端；接收端接收后将各自分片交换给其他接收端，即接收端将各自分片多播给其他接收端，并接收其他接收端发来的其他文件分片；当收到所有分片数据后进行整合，整个算法结束，示意图如图 6-59 所示（图中分片交换过程以第一台接收端为例）。

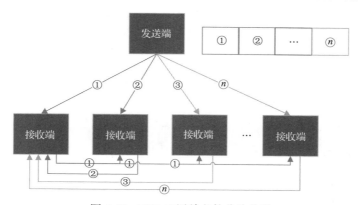

图 6-59　TCP 二层单文件分片分发

为了保证数据顺序正确，需要在分片开头加入分片标识符，包括分片编号、分片大小和分片所属数据文件名。

二层单文件分片分发具体流程如下。

(1)获得数据分发目标节点集合，以确定可用计算节点的数量 N。

(2)获得数据文件及文件属性信息，整体大小为 S，作为数据流下发。

(3)计算数据流大小 S 按当前可用计算节点数量 N 均匀切分成大小为 B 的分片，使得 $(N-1)*B < S < N*B$。

(4)为每块分片添加唯一标识信息 H，则每块分片大小为 $(B+H)$。

(5)若 $H > S$，则选择直接一对多并行下发数据流 S；若 $H < S$，则选择并行下发数据分片 $(B+H)$。

(6)运用零拷贝技术，避免内核缓冲区和用户缓冲区之间的数据拷贝，通过直接内存访问，将磁盘上的数据流 S 拷贝到系统内核缓冲区中，再将内核缓冲区中的数据直接拷贝至 socket 缓冲区中，通过 DMA 将数据拷贝给协议栈，实现分片数据的发送。

(7)N 个可用计算节点接收数据，若收到数据大小 $S_r = S$，即等于数据文件属性信息中的文件大小，则进行校验、解析与持久化操作；若收到数据大小 $S_r < S$，即小于文件大小，则将接收到的部分分片转发给其余 $N-1$ 个可用计算节点，同时接收其余 $N-1$ 个可用计算节点发来的其他分片。

(8)若接收到其余 $N-1$ 个可用计算节点发来的数据大小之和 $S_r = S$，在确认所有分片标识信息 H 未缺失后，对数据流 S 进行拼接，并校验、解析、整合与持久化；当 N 个计算节点上的接收模块都完成分片拼接、数据流校验、解析、整合与持久化后，数据分发完成。

3) TCP 二层多文件分片分发算法

由于在万兆网环境下，当接收端非常多时，循环分发可能会超过发送端的带宽上限，从而成为数据传输的瓶颈，而单文件分片分发又可能会造成带宽利用率低下，导致分片交换阶段时间增加。因此，可以将二者结合起来，既利用充足的带宽，又减轻分片交换时的压力，适用范围更广。具体算法如下。

设发送端带宽上限是 M，文件大小为 S，接收端节点数为 N。该算法适用条件为 $S < \dfrac{M}{S} * S < M < N * S$。

为了不同接收端的软件具有可通用性，避免文件分片化后不同接收端不易相互同步，发送端可发送 $\left| \dfrac{M}{S} \right|$ 个文件，单个文件分为 N 片，向每个接收端发送 $\left| \dfrac{M}{S} \right|$ 个不同分片，接收端接收后再将各自有的分片多播给其他未收到分片的接收端，并接收其他接收端发来的文件分片；当收到所有分片数据后进行整合，整个算法结束，示意图如图 6-60 所示。

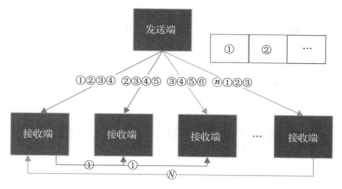

图 6-60　TCP 二层多文件分片分发

注：N 与 n 所代表含义相同

具体发送分片说明如下。发送端向 1 号接收端发送 $1\sim\left|\dfrac{M}{S}\right|$ 号分片，向 2 号发送 $2\sim\left(\left|\dfrac{M}{S}\right|+1\right)$ 号分片；以此类推，若接收端编号 $=\left(N-\left|\dfrac{M}{S}\right|+1\right)$ 则继续从 1 号分片补充发送，直到向 N 号发送 $1\sim\left(\left|\dfrac{M}{S}\right|-1\right)$ 号以及第 N 号分片后停止发送。每个接收端各自缺少不同的 $N-\left|\dfrac{M}{S}\right|$ 片分片，因而只需拿自己拥有的分片与他人拥有而自己没有的分片相互交换即可。

具体交换分片说明如下。1 号接收端将 1 号分片发送给 $2\sim\left(N-\left|\dfrac{M}{S}\right|+1\right)$ 号接收端，2 号接收端将 2 号分片发送给 $3\sim\left(N-\left|\dfrac{M}{S}\right|+2\right)$ 号接收端；以此类推，直到 N 号接收端将 N 号分片发送给 $1\sim\left(N-\left|\dfrac{M}{S}\right|\right)$ 号接收端为止。

举例如下：若带宽上限为 700M，文件大小为 200M，接收端节点数为 4。适用条件：$200<\left|\dfrac{700}{200}\right|*200<700<4*200$，若采用循环分发算法需要发送 800M 大小的数据，超过了带宽上限；而若采用单文件分发算法需要发送 200M 大小的数据，远没有充分利用 700M 的带宽上限；采用多文件分发算法可以发送 $\left|\dfrac{700}{200}\right|*200\text{M}=600\text{M}$ 大小的数据，充分利用了带宽，又不会造成发送端拥塞。

在多文件分发算法中，发送端可发送 $\left|\dfrac{700}{200}\right| = 3$ 个文件以达到发送端带宽最大上限，单个文件分为 4 片，每片 50M，发送端向每个接收端发送 3 个不同分片，分片接收情况与交换情况详见图 6-61。

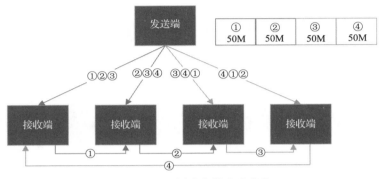

图 6-61　二层多文件分片分发

此算法可以充分利用发送端的带宽，也可减轻接收端的收发压力。但对于发送大于带宽上限的文件，无论以何种形式一次性发送，都会超过带宽上限而造成发送端缓存块排队的情况，可采取简单的单文件分片分发算法；对于分发给所有节点都不会超过带宽上限的情况，便可采取多文件分片分发算法；而对于文件大小小于分片唯一标识信息时，分片会导致更多额外数据传输，导致效率降低，因此采用最简单的循环分发算法。自适应算法总结如下。

(1) $0 < S < H$：循环分发。

(2) $H < S$：多文件分片分发。

(3) $M < S$：单文件分片分发。

其中发送端带宽上限是 M，文件大小为 S，分片唯一标识信息为 H。

6.5　本　章　小　结

本章首先论述了面向多回直流详细控制保护装置的结构图数字仿真方法。从直流控保装置逻辑结构出发，抽象出描述该逻辑结构的功能框和信号端计算机描述模型，然后按照实际控保定义功能框，并采用信号端子描述其拓扑结构。最后采用拓扑算法确定结构图中需要迭代计算环节和直接顺序计算环节，确定计算顺序，从而计算出直流控保装置的响应。面向结构图的数字仿真法很容易改变某些参数环节，便于研究各环节参数对系统的影响，不需要计算出总的传递函数，并且可以直接得到各个环节的动态性能，系统中含有非线性环节时也比较容易处理。

本章随后论述了面向交直流混联大电网仿真分析需要的直流输电高精度实用化电磁暂态仿真模型，主要包括直流输电一次系统电磁暂态模型、直流输电控制保护系统模型。基于 ADPSS 的直流输电一次系统的搭建和实际直流输电工程保持一致，采用 6 脉冲换流器、直流线路、三相两绕组变压器、三相/单相 RLC 等基础元件模拟。直流输电控制保护系统高精度建模方面，本章在全面研究实际直流输电控制保护的结构与特性后，在详细仿真模型的基础上保留直流系统的核心控制功能，去掉其余不必要的控制功能，提炼出一套通用的直流控保高精度实用化模型，模型包括定电流调节器、定关断角调节器、定电压调节器、定功率调节器、低电压电流限制器、换相失败保护、谐波保护、直流闭锁等控制功能，其中，定电流调节器、定关断角调节器、定电压调节器、定功率调节器、低电压电流限制器、直流闭锁等控制功能集成在 ADPSS 的"特高压直流输电控制系统"元件中，换相失败保护、谐波保护等控制功能采用结构图数字仿真基本功能框构建。

本章接着论述了多回直流机电–电磁混合在线仿真模型动态调整及自动初始化方法。以直流输电系统准稳态模型为基础，对比直流电磁暂态模型参数需求，开发实现了基于电磁直流标准化建模、机电电磁直流模型映射及多回电磁直流模型自动拼接的数据自动生成方法，采用结构图数字仿真建模方法，实现了运行方式变化时直流电磁暂态模型的运行工况自动调整以及快速初始化技术。

本章然后论述面向大批量大规模机电–电磁混合仿真在线运行需求的并行计算方法。在分析了现有混合仿真接口算法的瓶颈的基础上，明确了原有机电–电磁暂态混合仿真算法难以适应含大量电磁模型及边界联络点的瓶颈问题，提出基于边界点分群解耦的机电–电磁混合仿真算法，通过设计更加精细化的机电侧和电磁侧分网策略，使机电–电磁边界点在仿真过程中解耦，同时在电磁侧划分更多的电磁子网，设计混合仿真协调控制方法，很好地解决了边界联络点过多导致的端口矩阵维数灾问题，提高了混合仿真并行效率。

接着针对计算集群的资源利用率问题，本章提出了数据驱动的大规模流式并行计算框架，设计了在线并行计算平台。该平台支持大规模分网并行的多任务实时调度，实现了多阶段异构任务的流水线式并行，充分提高了计算集群的资源利用率。基于反馈迭代式试算的静态调度算法的提出，也为并行计算框架的研究提供了技术支持。

参 考 文 献

[1] 徐得超, 张星, 何飞, 等. 电力系统机电-电磁混合仿真边界解耦算法研究[J]. 电网技术, 2019, 43(4): 1130-1137.

[2] 岳程燕, 田芳, 周孝信, 等. 电力系统电磁暂态-机电暂态混合仿真接口原理[J]. 电网技术, 2006, 30(1): 23-27.

[3] 岳程燕, 田芳, 周孝信, 等. 电力系统电磁暂态-机电暂态混合仿真接口实现[J]. 电网技术, 2006, 30(4): 6-9.

[4] 岳程燕. 电力系统电磁暂态与机电暂态混合实时仿真的研究[D]. 北京: 中国电力科学研究院, 2004.

[5] 柳勇军. 电力系统机电暂态和电磁暂态混合仿真技术的研究[D]. 北京: 清华大学, 2006.

[6] 吴中习, 周孝信, 包忠明. 暂态稳定计算中的用户自定义模型[J]. 电网技术, 1991 (3): 46-50, 107.

[7] 张恒旭. 电力系统数字仿真若干问题研究[D]. 济南: 山东大学, 2003.

[8] 霍思敏. DTS 动态仿真中的用户自定义建模[D]. 杭州: 浙江大学, 2007.

[9] 张恒旭, 杨卫东, 薛禹胜. 数字仿真中的用户自定义建模技术[J]. 水电自动化与大坝监测, 2003 (4): 1-5, 9.

[10] 孟新军, 徐得超, 李亚楼, 等. 基于面向对象方法的 ADPSS 电磁暂态仿真用户自定义建模方法研究[C]. 中国高等学校电力系统及其自动化专业学术年会. 长沙理工大学, 2009.

[11] 孟新军. 电磁暂态仿真用户自定义建模方法研究及软件开发[D]. 北京: 中国电力科学研究院, 2009.

[12] 李素若, 杜华兵. C++面向对象程序设计[M]. 北京: 水利水电出版社, 2013.

[13] 中国电力科学研究院. 电力系统全数字仿真装置用户手册 V2.0: 概述[R]. 北京: 中国电力科学研究院, 2011.

[14] Timothy A D. Fundamentals of Algorithms: Direct Methods for Sparse Linear Systems[M]. Philadelphia: SIAM Society for Industrial and Applied Mathematics, 2006.

[15] Press W H, Teukolsky S A, William W T. Vetterling, Brian P. flannery. Numerical Recipes in C++ The Art of Scientific Computing Second Edition[M]. Beijing: Publishing House of Electronics Industry, 2003.

[16] 李亚楼, 周孝信, 吴中习. 基于 PC 机群的电力系统机电暂态仿真并行算法[J]. 电网技术, 2003, 27 (11): 6-12.

[17] 李亚楼, 周孝信, 吴中习. 一种可用于大型电力系统数字仿真的复杂故障并行计算方法[J]. 中国电机工程学报, 2003, 23 (12): 1-5.

[18] 李亚楼. 大规模电力系统机电暂态实时仿真算法及软件的研究[D]. 北京: 中国电力科学研究院, 2003.

第7章 信息驱动的电网安全稳定态势量化评估

我国已形成世界上规模最大的交直流互联电网,电力电子设备和新能源大量接入,导致电网动态特性复杂、安全稳定风险增加, 客观上对在线安全稳定分析提出了更高要求, 包括更加准确的状态感知、更加高效的仿真手段和更加智能的分析评估[1]。目前面临三大挑战:基础模型数据匹配性不足、无法在线进行电力电子特性分析以及单纯仿真模式难以满足电网风险实时掌控的时效性要求[2-5]。

本章针对交直流互联大电网在线安全稳定分析时效性的不足,摆脱传统的仿真模式,构建电网安全稳定态势评估模型,基于量测快速给出电网安全稳定态势分析的结论。本章工作的主要目标是基于电网多源海量信息,提取主导稳定动态特征,构建安全稳定评估模型,实现信息驱动的安全稳定评估,研究稳定特性的时空趋势预测技术,全面感知电网安全稳定状态和趋势,提高在线安全稳定分析的时效性,实现秒级更新的在线评估。

在静态稳定方面,本章提出基于戴维南等值参数的薄弱区域、薄弱元件在线快速辨识方法,构建数据驱动的静态稳定态势评估指标,实现基于节点信息的稳态态势评估和优化防控决策机制。

在动态稳定方面,本章提出基于随机子空间法和聚类算法的振荡模式模态辨识方法、以及发电机阻尼特性评估方法,并构建基于卷积神经网络的预防控制方法,动态情况下构建基于量测的振荡类型辨别方法与发电机参与因子辨识方法,提出基于耗散能量流的元件阻尼评估方法,以及低频振荡的紧急控制辅助决策方法。

在安全评估方面,本章提出基于稳态量测、微气象和深度置信网络的安全稳定评估模型,利用分布式的置信网络模型训练方法提高训练速度,提出电网层级网络深度学习模型,实现电网稳定快速判别。

在暂态功角稳定方面,本章完成基于故障后动态轨迹簇和 SDAE 的广域故障特征提取方法研究;设计计及漏判/误判代价的集成 DBN、CNN 的分层暂态稳定程度、可信度评估方法;提出基于迁移学习和深度学习网络的电力系统暂态稳定自适应评估方法。在暂态电压稳定方面,本章完成基于 shapelet 方法的时间序列动态特征提取,提出非线性最大 Lyapunov 指数方法与时序数据聚类/分类学习交替迭代结合的半监督暂态电压案例标定方案，并且提出代价敏感的在线增量学习方法。

7.1 正常态安全稳定评估

7.1.1 静态稳定评估

1. 静态稳定特征和关键变量分析

随着可再生能源的大规模并网，电网源侧状态随机性增强，可能导致源侧静态功角失稳或负荷侧静态电压失稳，在线识别出大电网静态失稳的主导模式对安全防控具有重要的指导意义。为此，首先需要建立统一量纲的源侧功角稳定裕度和负荷侧电压稳定裕度指标。对于大电网的静态电压稳定在线监测与防控，基于戴维南等值参数的辨识方法因其概念清晰、简单快捷，得到广泛应用。为实现项目指南中要求的秒级响应，本节提出大电网的戴维南等值参数在线辨识方法，不仅提升负荷节点的参数辨识速度和精度，还能将面向负荷节点的戴维南等值方法扩展至电源节点，对电源和负荷节点同时进行戴维南等值。基于等值后的两节点系统推导源侧和负荷侧的功率极限，并建立统一量纲的电源侧功角稳定裕度和负荷侧电压稳定裕度指标，为二者进行量化对比分析提供了新的思路。因此，评判静态稳定性的关键变量即为电源和负荷节点处的戴维南等值参数，在此基础上可以实现薄弱区域的快速辨识。

戴维南等值是以某一节点为对象，以该节点对地端口向系统侧观测的等值网络。在任一时间断面下，该电力系统均可以看作是等值电势 $\dot{E}_{\mathrm{thi}}$ 经过等值阻抗 Z_{thi} 向负荷节点 i 供电的等值网络，如图 7-1 所示。

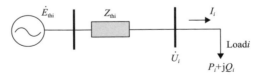

图 7-1 戴维南等值两节点系统

根据图 7-1 所示的戴维南等值两节点系统，可以写出如式 (7-1) 所示的戴维南等值方程：

$$\dot{E}_{\mathrm{thi}} = \dot{U}_i + \dot{I}_i Z_{\mathrm{thi}} \tag{7-1}$$

式中，$\dot{U}_i$ 为负荷节点 i 的电压相量；$\dot{I}_i$ 为负荷节点 i 的电流相量。

系统状态断面一般给出的是节点的功率和电压，对 PQ 节点 i，其电流为

$$\dot{I}_i = \left(\frac{\tilde{S}_i}{\dot{U}_i} \right)^* = \frac{P_i - jQ_i}{\dot{U}_i^*} \tag{7-2}$$

式中，$\tilde{S}_i$ 为节点 i 的复功率，上标*表示共轭；P_i、Q_i 分别为节点 i 的有功、无功功率。

在计算时刻状态断面下，当求解负荷节点 i 的戴维南等值参数时，可以直接利用节点电压方程，求取节点 i 处的开路电压作为戴维南等值电势。具体来说，首先假设在节点 i 处注入 $-\dot{I}_i$ 的电流，而其余节点保持不变，等效节点 i 处开路，然后基于当前状态断面下的线性节点电压方程，计算出 PQ 节点 i 注入电流 $-\dot{I}_i$ 所得节点 i 的电压变化量，与当前状态断面下节点 i 的电压相加即为开路电压，即待求节点 i 的戴维南等值电势。若在该状态断面下发生 PV 节点无功越限转换为 PQ 节点，则只需将该节点视为待求开路电压的 PQ 节点，采用同样的注入反向电流的方法求解节点电压变化量，叠加原有电压获取开路电压，仍然可以获得戴维南等值电势参数。

基于上述戴维南等值方法的基本思想，下面具体介绍适用于大电网 PQ 节点的戴维南等值参数在线辨识方法。

如前所述，若要求取负荷节点 i 处的戴维南等值参数，可认为节点 i 处开路，即电流 $\dot{I}_i = 0$，与之对应的节点 i 的开路电压 $\dot{U}_{iopen}$ 即为戴维南等值电势。在当前潮流断面下，基于节点电压方程求取开路电压，可假设在节点 i 处注入 $-\dot{I}_i$ 的电流，而其余节点保持不变，相当于节点电压方程右侧的电流相量叠加上各个节点的注入电流相量 $\Delta \boldsymbol{I} = \left[0, \cdots 0, -\dot{I}_i, 0, \cdots, 0 \right]^{\mathrm{T}}$。假设系统中各个节点电压变化量为 $\Delta \boldsymbol{U} = \left[\Delta \dot{U}_1, \Delta \dot{U}_2, \cdots, \Delta \dot{U}_i, \cdots, \Delta \dot{U}_n \right]^{\mathrm{T}}$，该状态断面下 PV 节点和平衡节点视为理想电压源，对于大规模电网，某一节点上反向电流的注入对系统状态的影响很小，可视为线性变化，因而此时的节点电压方程如式(7-3)所示：

$$\begin{bmatrix} Y_{11} & \cdots & Y_{1i} & \cdots & Y_{1n} \\ \vdots & \ddots & \vdots & \ddots & \vdots \\ Y_{i1} & \cdots & Y_{ii} & \cdots & Y_{in} \\ \vdots & \ddots & \vdots & \ddots & \vdots \\ Y_{r1} & \cdots & Y_{ri} & \cdots & Y_{rn} \\ Y_{(r+1)1} & \cdots & Y_{(r+1)i} & \cdots & Y_{(r+1)n} \\ \vdots & \ddots & \vdots & \ddots & \vdots \\ Y_{n1} & \cdots & Y_{ni} & \cdots & Y_{nn} \end{bmatrix} \left(\begin{bmatrix} \dot{U}_1 \\ \vdots \\ \dot{U}_i \\ \vdots \\ \dot{U}_r \\ \dot{U}_{r+1} \\ \vdots \\ \dot{U}_n \end{bmatrix} + \begin{bmatrix} \Delta \dot{U}_1 \\ \vdots \\ \Delta \dot{U}_i \\ \vdots \\ \Delta \dot{U}_r \\ \Delta \dot{U}_{r+1} \\ \vdots \\ \Delta \dot{U}_n \end{bmatrix} \right) = \left(\begin{bmatrix} \dot{I}_1 \\ \vdots \\ \dot{I}_i \\ \vdots \\ \dot{I}_r \\ \dot{I}_{r+1} \\ \vdots \\ \dot{I}_n \end{bmatrix} + \begin{bmatrix} 0 \\ \vdots \\ -\dot{I}_i \\ \vdots \\ 0 \\ 0 \\ \vdots \\ 0 \end{bmatrix} \right) \tag{7-3}$$

式中，PV 节点和平衡节点电压变化量 $\Delta \dot{U}_{r+1} \sim \Delta \dot{U}_n$ 为零，PQ 节点电压变化量

$\Delta\dot{U}_1 \sim \Delta\dot{U}_r$ 为待求量。

假设 PV 节点和平衡节点的电压变化量 $\Delta\dot{U}_{r+1} \sim \Delta\dot{U}_n$ 为零，令

$$A = \begin{bmatrix} Y_{11} & \cdots & Y_{1i} & \cdots & Y_{1r} \\ \vdots & \ddots & \vdots & \ddots & \vdots \\ Y_{i1} & \cdots & Y_{ii} & \cdots & Y_{ir} \\ \vdots & \ddots & \vdots & \ddots & \vdots \\ Y_{r1} & \cdots & Y_{ri} & \cdots & Y_{rr} \end{bmatrix} \tag{7-4}$$

$$\Delta U = \left[\Delta\dot{U}_1, \Delta\dot{U}_2, \cdots, \Delta\dot{U}_i, \cdots, \Delta\dot{U}_r\right]^{\mathrm{T}} \tag{7-5}$$

$$B = \left[0, 0, \cdots, -\dot{I}_i, \cdots, 0\right]^{\mathrm{T}} \tag{7-6}$$

则可以得到如下矩阵形式：

$$A\Delta U = B \tag{7-7}$$

通过求解该线性方程，得到注入电流源所引起的节点 i 处的电压变化量 $\Delta\dot{U}_i$，再加上计算时刻潮流断面下负荷节点 i 的电压，即为开路电压 $\dot{U}_{i\text{open}} = \dot{U}_i + \Delta\dot{U}_i$，即戴维南等值电势 $\dot{E}_{\text{thi}}$。

在大电网的实际运行过程中，当发生 PV 节点无功越限转换为 PQ 节点时，系统的电压稳定裕度会发生跃变，为准确量化分析 PV 节点转换为 PQ 节点时电压稳定裕度的变化情况，基于上述方法提出发生发电机无功越限时的各 PQ 节点戴维南等值参数辨识方法。

针对发电机无功越限时以往戴维南等值参数辨识方法难以有效进行量化计算的问题，本节基于前述大电网 PQ 节点戴维南等值参数辨识方法，提出新的 PV 节点转 PQ 节点情况下的等值参数辨识方法，基于此可以量化分析系统电压稳定裕度的跃变，从而为大电网的安全稳定运行提供分析依据。下面具体介绍大电网发生发电机无功越限时的等值参数辨识方法。

首先以一个发电机节点无功越限时求解 PQ 节点 i 的戴维南等值参数为例进行说明。假设 PV 节点 $r+1$ 发生无功越限转换为 PQ 节点，此时该 PV 节点不再视为理想电源，系统中的 PQ 节点数为 $r+1$，因而线性方程中的待求电压变化量的数目也为 $r+1$，同时线性方程组将变成 $r+1$ 维，故而方程可解，修正后的线性方程组如式(7-8)所示：

$$
\begin{cases}
Y_{11}\Delta\dot{U}_1 + Y_{12}\Delta\dot{U}_2 + \cdots + Y_{1i}\Delta\dot{U}_i + \cdots + Y_{1(r+1)}\Delta\dot{U}_{r+1} = 0 \\
Y_{21}\Delta\dot{U}_1 + Y_{22}\Delta\dot{U}_2 + \cdots + Y_{2i}\Delta\dot{U}_i + \cdots + Y_{2(r+1)}\Delta\dot{U}_{r+1} = 0 \\
\qquad\qquad\qquad\qquad\vdots \\
Y_{i1}\Delta\dot{U}_1 + Y_{i2}\Delta\dot{U}_2 + \cdots + Y_{ii}\Delta\dot{U}_i + \cdots + Y_{i(r+1)}\Delta\dot{U}_{r+1} = -\dot{I}_i \\
\qquad\qquad\qquad\qquad\vdots \\
Y_{r1}\Delta\dot{U}_1 + Y_{r2}\Delta\dot{U}_2 + \cdots + Y_{ri}\Delta\dot{U}_i + \cdots + Y_{r(r+1)}\Delta\dot{U}_{r+1} = 0 \\
Y_{(r+1)1}\Delta\dot{U}_1 + Y_{(r+1)2}\Delta\dot{U}_2 + \cdots + Y_{(r+1)i}\Delta\dot{U}_i + \cdots + Y_{(r+1)(r+1)}\Delta\dot{U}_{r+1} = 0
\end{cases} \tag{7-8}
$$

同样可以写成式(7-9)所示的形式：

$$
\tilde{A}\Delta\tilde{U} = \tilde{B} \tag{7-9}
$$

　　通过求解该线性方程得到 PV 节点 $r+1$ 转换为 PQ 节点时，节点 i 处的电压变化量 $\Delta\dot{U}_i$，进一步得到开路电压 $\dot{U}_{i\text{open}} = \dot{U}_i + \Delta\dot{U}_i$，即戴维南等值电势 $\dot{E}_{\text{thi}}$。

　　若在某一状态断面下系统中有 k 个 PV 节点越限，则系统中 PQ 节点的数目为 $(r+k)$，即待求电压变化量数目为 $(r+k)$，此时依据上述方法，在式(7-8)的基础上增加 k 个方程，线性方程组变为 $r+k$ 维，则待求电压变化量的数目与方程数目一致，线性方程可解，由此可见本节所提方法能够解决多个发电机节点无功越限时的等值参数辨识方法。

　　对形如式(7-8)、式(7-9)所示的线性方程，可以运用高斯消去法来求解，相比于文献[6]，通过高斯消去求解线性方程可以避免大型矩阵求逆，已大大减少了运算量。随着系统规模的增大，针对所有 PQ 节点采用高斯消去求解线性方程，其计算时间可能仍然无法满足大电网在线应用的实时性要求，为了尽可能地争取后续防控优化决策制定的时间，希望进一步缩短大系统等值参数辨识的时间，因此需要研究新的求解方法以快速准确地辨识负荷节点的戴维南等值参数。

　　由于本节所提方法在等值参数辨识过程中，其节点导纳矩阵是不变量，而式(7-8)、式(7-9)中的系数矩阵与节点导纳矩阵有着完全相同的结构，必然也为常量，所以在辨识大电网中节点 i 的戴维南等值参数时，考虑先对式(7-8)、式(7-9)的系数矩阵进行 LU 分解。通过求解两个三角形方程组即可得节点 i 的戴维南等值参数，当辨识其余 PQ 节点的等值参数时，可重复利用 LU 分解结果，并不需要每次都进行高维矩阵消元，因而该方法可显著提高大电网等值参数辨识的计算速度。下面具体介绍基于 LU 分解快速辨识大系统等值参数的计算方法。

　　首先以式(7-9)中的系数矩阵 A 为例进行说明，将其进行 LU 分解，可得到式(7-10)所示的 LU 分解结果：

$$A = LU = \begin{bmatrix} 1 & & & \\ l_{21} & 1 & & \\ \vdots & \vdots & \ddots & \\ l_{r1} & l_{r2} & \cdots & 1 \end{bmatrix} \begin{bmatrix} u_{11} & u_{12} & \cdots & u_{1r} \\ & u_{22} & \cdots & u_{2r} \\ & & \ddots & \vdots \\ & & & u_{rr} \end{bmatrix} \tag{7-10}$$

此时，原方程 $A\Delta U = B$ 的求解就转化为式(7-11)所示两个三角形方程组的求解。

$$LU\Delta U = B \Rightarrow \begin{cases} Ly = B \\ U\Delta U = y \end{cases} \tag{7-11}$$

对于式(7-11)中的二式采用回代的方法即可求出 $\Delta \dot{U}_i$，从而得到开路电压 $\dot{U}_{iopen} = \dot{U}_i + \Delta \dot{U}_i$，即戴维南等值电势 $\dot{E}_{thi}$。由于只需要计算节点 i 的电压变化量，所以在第二步回代的过程中计算到 $\Delta \dot{U}_i$ 即可，无须把全部节点的电压变化量都解出，进一步节省了计算时间。若要求除节点 i 之外其余 PQ 节点的等值参数，只需修改 $B = \begin{bmatrix} 0, \cdots 0, -\dot{I}_i, 0, \cdots, 0 \end{bmatrix}^T$ 中对应节点的电流，即线性方程右边的向量，重新形成式(7-8)、式(7-9)所示的方程，依据 LU 分解结果求得中间量 $\boldsymbol{y}$，并再次利用回代法求解式(7-11)中的第二式，从而辨识出当前状态断面下所有 PQ 节点的戴维南等值参数。

利用上述方法求得节点 i 的戴维南等值电势 $\dot{E}_{thi}$ 之后，对于其等值阻抗 Z_{thi}，通过对比式(7-8)、式(7-9)可知，节点 i 的戴维南等值阻抗 Z_{thi} 为 $\Delta \dot{U}_i$ 与 $\dot{I}_i$ 的比值，即式(7-13)。

$$\dot{E}_{thi} = \dot{U}_{iopen} = \dot{U}_i + \Delta \dot{U}_i \tag{7-12}$$

$$Z_{thi} = \frac{\Delta \dot{U}_i}{\dot{I}_i} \tag{7-13}$$

至此，大系统所有 PQ 节点的戴维南等值参数计算完毕。如前所述，式(7-7)、式(7-9)中的系数矩阵在计算过程中始终保持不变，因而整个系统在辨识等值参数时只需要进行一次 LU 分解，大大减少了参数辨识的时间，求解算法的快速性直接提高了大电网等值参数辨识的计算速度，这对于提高大电网在线安全防控水平具有重要的理论意义。

2. 静态稳定态势评估

1）静态稳定评估指标

本节首先基于单机无穷大系统，推导注入有功功率极限，结合当前有功出力定义静态功角稳定裕度指标，不仅概念清晰，也便于和实际运行状态对应。同时为保持统一性，对负荷节点也基于两节点系统推导极限有功功率，结合当前负荷有功作为静态电压稳定裕度评判依据。由此所得的 2 种稳定判据可以统一量纲和物理意义，为量化分析时变过程中的主导作用奠定基础。

对于电源节点注入功率极限，可以通过单机无穷大两节点系统进行计算。两节点系统如图 7-2 所示。

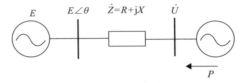

图 7-2　进行戴维南等值后两机系统

以电源节点电压 $\dot{U}$ 作为参考方向，无穷大电源电势 $\dot{E}$ 与 $\dot{U}$ 之间的夹角为 θ，源侧注入有功极限为

$$P_{\max} = \frac{U^2 R + EUR \cos\left(\arctan\dfrac{X}{R}\right) + EUX \sin\left(\arctan\dfrac{X}{R}\right)}{R^2 + X^2} \tag{7-14}$$

当前电源注入有功功率为 P_{G}，定义源侧功角稳定裕度指标为

$$\lambda_{\mathrm{G}} = (P_{\max} - P_{\mathrm{G}}) / P_{\max} \tag{7-15}$$

对于负荷节点以外系统进行戴维南等值后的两节点系统，如图 7-3 所示。

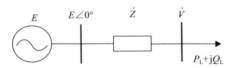

图 7-3　进行戴维南等值后单机带负荷系统

以 $\dot{E}$ 的方向为参考方向，负荷节点电压与 $\dot{E}$ 的相位差为 θ，有功功率 P 的极限为

$$P_{\max} = \frac{-E^2 R + (EA + 2QRX)}{2X^2} \tag{7-16}$$

$$A = [(-E^2 + 4QX)(R^2 + X^2)]^{\frac{1}{2}} \tag{7-17}$$

此时负荷节点有功功率为 P_{L}，定义静态电压稳定有功裕度指标为

$$\lambda_{\mathrm{L}} = (P_{\max} - P_{\mathrm{L}}) / P_{\max} \tag{7-18}$$

根据上述稳定裕度定义，结合系统运行状态断面信息，只要准确辨识电源节点和负荷节点的戴维南等值参数，就能计算该状态断面下的静态稳定裕度。再对比两种裕度的变化特征，可确定主导稳定模式。

2）静态稳定态势评估指标

本节首先利用获得的负荷预测、发电计划以及新能源出力的预测值，通过灵敏度的方法获得未来时刻的状态预估值，然后运用基于戴维南等值参数求取静态稳定裕度指标的方法，求取未来时刻的静态稳定裕度指标值，最后构建了一个考虑未来运行态势的静态稳定态势评估指标。静态稳定态势评估指标可以同时计及静态稳定裕度指标的最小值及变化趋势，指标可以很好地反应电网的静态稳定运行态势，为电网的预防控制奠定基础[7-10]。

需要首先计算电网在未来多个时刻的负荷以及新能源出力对应的系统潮流状态，一般通过常规潮流迭代计算方法获得，但对于复杂大电力系统，对未来多个场景进行一次潮流迭代计算，其计算量巨大，无法满足在线评估的计算要求。为减少计算量，本节介绍基于灵敏度的电网运行状态预估方法。

常规潮流计算迭代公式可简写如下：

$$\begin{bmatrix} \Delta P \\ \Delta Q \end{bmatrix} = [J] \begin{bmatrix} \Delta U \\ \Delta \theta \end{bmatrix} \tag{7-19}$$

式中，$[J]$ 代表 t_h 时刻电网雅可比矩阵，其本质为电网功率变化对节点电压状态变化的灵敏度矩阵；$\begin{bmatrix} \Delta P \\ \Delta Q \end{bmatrix}$ 为系统有功和无功的变化向量；$\begin{bmatrix} \Delta U \\ \Delta \theta \end{bmatrix}$ 为系统节点电压幅值和相角的变化向量。

记 t_{h+i} 时刻预测新能源、发电计划以及负荷出力变化为 $\Delta P_w^{t_i}$，无功功率按恒功率因数控制，无功出力变化设为 $\Delta Q_w^{t_i}$，令 $\begin{bmatrix} \Delta P \\ \Delta Q \end{bmatrix}_i = \begin{bmatrix} \Delta P_w^{t_i} \\ \Delta Q_w^{t_i} \end{bmatrix}$，对式 (7-19) 求逆，可得到节点电压向量的变化，即

$$\begin{bmatrix} \Delta U \\ \Delta \theta \end{bmatrix}_i = [J]^{-1} \begin{bmatrix} \Delta P \\ \Delta Q \end{bmatrix}_i \tag{7-20}$$

针对预测的 t_{h+i} 时刻，可以得到预估的节点电压向量为

$$\begin{bmatrix} U' \\ \theta' \end{bmatrix}_i = \begin{bmatrix} U_0 \\ \theta_0 \end{bmatrix} + \begin{bmatrix} \Delta U \\ \Delta \theta \end{bmatrix}_i \tag{7-21}$$

式中，$\begin{bmatrix} U_0 \\ \theta_0 \end{bmatrix}$ 为 t_h 时刻系统节点电压幅值和相角向量；$\begin{bmatrix} \Delta U \\ \Delta \theta \end{bmatrix}_i$ 为对应预测的 t_{h+i} 时刻系统节点电压幅值和相角变化向量。按此方法预估系统运行状态，可以显著减少评估过程的计算量。

通过灵敏度方法获得未来各个时刻的节点状态的预测值，然后运用上文的戴维南等值参数辨识方法，得到未来各个时刻的节点戴维南等值参数，即可计算未来各个时刻的静态裕度指标。

态势评估指标的构建不仅需要考虑当前时刻的静态稳定裕度指标，还需要考虑未来时刻静态稳定裕度指标的变化趋势[11-15]。静态稳定态势评估指标主要考虑的因素有未来时刻静态稳定裕度指标的变化速度和静态稳定裕度最小值。通过静态稳定裕度的变化速度来反映负荷和电源的出力变化产生的裕度指标的变化趋势，通过静态稳定裕度最小值来反映当前时刻以及未来时刻电网的最差运行状态。

构建 t 时刻的通用静态稳定态势评估指标：

$$\gamma_{\mathrm{t}} = \begin{cases} a(\mathrm{d}\lambda^{t_h})\mathrm{e}^{\mathrm{d}\lambda^{t_h}} + (\lambda^{t_h} - \lambda_{\mathrm{value}}) & \mathrm{d}\lambda^{t_h} \geqslant 0 \\ a(\mathrm{d}\lambda^{t_h} + \mathrm{d}\lambda^{t_{h+1}})\mathrm{e}^{-(\mathrm{d}\lambda^{t_h} + \mathrm{d}\lambda^{t_{h+1}})} + (\lambda_{\min} - \lambda_{\mathrm{value}}) & \mathrm{d}\lambda^{t_h} < 0, \ \mathrm{d}\lambda^{t_{h+1}} < 0 \\ a(\mathrm{d}\lambda^{t_{h+1}})\mathrm{e}^{\mathrm{d}\lambda^{t_{h+1}}} + (\lambda_{\min} - \lambda_{\mathrm{value}}) & \mathrm{d}\lambda^{t_h} < 0, \ \mathrm{d}\lambda^{t_{h+1}} \geqslant 0, \lambda_{\min} - \lambda_{\mathrm{value}} \geqslant 0 \\ a(\mathrm{d}\lambda^{t_h})\mathrm{e}^{-\mathrm{d}\lambda^{t_h}} + (\lambda_{\min} - \lambda_{\mathrm{value}}) & \mathrm{d}\lambda^{t_h} < 0, \ \mathrm{d}\lambda^{t_{h+1}} \geqslant 0, \lambda_{\min} - \lambda_{\mathrm{value}} < 0 \end{cases}$$

$$(7\text{-}22)$$

$$\mathrm{d}\lambda^{t_h} = \lambda^{t_{h+1}} - \lambda^{t_h}$$
$$\mathrm{d}\lambda^{t_{h+1}} = \lambda^{t_{h+2}} - \lambda^{t_{h+1}} \tag{7-23}$$

$$\lambda_{\min} = \min\{\lambda^{t_{h+2}}, \lambda^{t_{h+1}}, \ \lambda^{t_h}\} \tag{7-24}$$

式中，$\mathrm{d}\lambda$ 为裕度指标的变化速度；$\lambda_{\min}$ 为裕度指标的最小值；λ_{value} 为裕度指标的门槛值，设置为 0.2；a 为常数，这里选择为 0.5。

选择 $x\mathrm{e}^x$ 衡量稳定裕度指标的变化速度对于态势指标的作用,这样可以使裕度指标的变化速度变大时，态势指标产生更大的变化量，充分考虑了裕度指标的变化趋势对态势指标的影响。指标中采用 $\lambda_{\min} - \lambda_{\mathrm{value}}$ 来表示未来时刻稳定裕度最小值与稳定裕度的门槛值的差值。评估指标 γ_t 的阈值选择为 0，即 γ_t 低于 0 时采取防控措施。选择不同的 a 常数可以形成侧重稳定裕度的变化速度或者侧重稳定裕度最小值的态势评估指标。

3. 静态稳定在线防控

1) 静态电压稳定在线防控的灵敏度分析方法

为实现大电网静态稳定在线态势评估以及实时优化决策，需要通过控制量与状态量之间的量化映射关系，并结合等值参数与稳定裕度之间的数学关系，推演控制量与稳定裕度指标的解析规律，从而建立预防控制优化模型中的目标函数和约束条件[16-17]。潮流中调控量以发电机调压及并联电容调控最为典型，本节就以发电机端电压及电容器投切与 PQ 节点的状态量间的量化关系为例，分析研究潮流控制量和稳定裕度指标间的解析关系。

为获得调控措施与稳定裕度指标之间的解析灵敏度关系，首先需要确定调控量与状态量间的解析关系。通过修正雅可比矩阵，推导出系统状态改变量与调控措施之间的灵敏度关系，如式(7-25)所示：

$$\begin{bmatrix} \Delta\theta \\ \Delta U_L/U_L \end{bmatrix} = -\begin{bmatrix} \dfrac{\partial\Delta P}{\partial\theta} & \dfrac{\partial\Delta P}{\partial U_L}U_L \\ \dfrac{\partial\Delta Q}{\partial\theta} & \dfrac{\partial\Delta Q}{\partial U_L}U_L \end{bmatrix}^{-1}\begin{bmatrix} \dfrac{\partial\Delta P}{\partial U_G}U_G \\ \dfrac{\partial\Delta Q}{\partial U_G}U_G \end{bmatrix}\dfrac{\Delta U_G}{U_G} = \begin{bmatrix} S_{\theta G} \\ S_{VG} \end{bmatrix}\dfrac{\Delta U_G}{U_G} \tag{7-25}$$

式中，$S_{\theta G}$、S_{VG} 均为发电机端电压调控的状态灵敏度；ΔU_G、ΔU_L 分别为 PV 节点的调控量以及 PQ 节点电压幅值的变化；$\Delta\theta$ 为 PV 节点和 PQ 节点电压相角的变化；U_G、U_L 分别为 PV 节点和 PQ 节点的电压幅值。

若在某一节点处采取并联电容投切作为无功补偿措施，则相当于减少该节点的无功负荷，即潮流方程中的 $\Delta Q_C \neq 0$，而 PV 节点和 PQ 节点的有功保持不变，即 $\Delta P = 0$，由此并联电容无功补偿调控与状态变化量间的灵敏度关系如下：

$$\begin{bmatrix} \Delta\theta \\ \Delta U_L/U_L \end{bmatrix} = \begin{bmatrix} \dfrac{\partial\Delta P}{\partial\theta} & \dfrac{\partial\Delta P}{\partial U_L}U_L \\ \dfrac{\partial\Delta Q}{\partial\theta} & \dfrac{\partial\Delta Q}{\partial U_L}U_L \end{bmatrix}^{-1}\begin{bmatrix} 0 \\ \Delta Q_C \end{bmatrix} = \begin{bmatrix} S_{\theta C} \\ S_{UC} \end{bmatrix}\Delta Q_C \tag{7-26}$$

式中，$S_{\theta C}$、S_{UC} 均为并联电容器投切的状态灵敏度。

依据式(7-25)及式(7-26)可快速获得调控措施与状态变化量间的灵敏度矩阵，通过简单变形即可快速获取调控措施作用后系统的运行状态断面。假设当前状态断面下 PQ 节点的电压幅值和相角分别为 U_L 和 θ_L，则依据式(7-25)及式(7-26)可知，发电机端电压或并联电容无功补偿调控后的节点电压幅值 U_L' 和相角 θ_L' 均可用式(7-27)和式(7-28)计算：

$$U'_L = U_L + U_L S_V \Delta r \tag{7-27}$$

$$\theta'_L = \theta_L + S_\theta \Delta r \tag{7-28}$$

式中，Δr 代表调控措施，且 $\Delta r = \begin{bmatrix} \Delta U_G / U_G \\ \Delta Q_C \end{bmatrix}$，$S_\theta = \begin{bmatrix} S_{\theta G} & S_{\theta C} \end{bmatrix}$，$S_V = \begin{bmatrix} S_{VG} & S_{VC} \end{bmatrix}$。

由此调控后节点电压的向量形式为

$$
\begin{aligned}
\dot{U}'_L &= (U_L + U_L S_V \Delta r)\cos(\theta_L + S_\theta \Delta r) \\
&\quad + j(U_L + U_L S_V \Delta r)\sin(\theta_L + S_\theta \Delta r) \\
&= U'_L \cos\theta'_L + j U'_L \sin\theta'_L
\end{aligned}
\tag{7-29}
$$

上式即为调控后的系统运行状态，通过直接函数表达求解调控措施与系统状态间的关系，可避免潮流迭代过程，节省计算量，并为后续调控量与等值参数、稳定裕度指标间解析灵敏度关系的推导奠定基础。

2) 静态电压稳定在线预防控制方法

对于系统当前运行状态，依据前一小节所提状态量与稳定裕度指标间的量化解析关系可快速计算节点的稳定裕度，通过预估系统运行状态在线计算，预估断面下的静态稳定裕度指标，准确评估稳定裕度的变化趋势。如果稳定态势趋于恶化，则利用控制量和状态量、稳定裕度指标间的映射关系，构建在线预防控制优化模型，给出防控优化决策辅助信息[18-22]。下面具体说明静态稳定的实时决策方法。

本节提出一种大电网静态电压稳定在线预防控制的线性优化模型，在满足运行状态约束和控制设备约束的基础上，以尽可能小的控制代价保证系统在当前及预估运行状态下的静态电压稳定裕度都不小于预先设定的预警门槛值，并据此确定最优预防控制决策。

本节构建了静态电压稳定在线优化防控模型，该模型以控制成本最小为目标，具体描述如下：

$$\min\left(\sum_{i=1}^{N_G} \omega_{vi} \Delta U_{Gi} + \sum_{i=1}^{N_C} \omega_{Ci} \Delta Q_{Ci} \right) \tag{7-30}$$

式中，ΔU_{Gi} 为第 i 个可调 PV 节点的电压调控量；ω_{vi} 为调节该节点电压的经济代价系数；N_G 为系统中可调 PV 节点的数目；ΔQ_{Ci} 为表示第 i 个参与调控的无功补偿装置的补偿容量；ω_{Ci} 为无功补偿装置的经济代价系数；N_C 为系统中无功补偿装置的数目。

本章所构建的预防控制优化模型考虑正常运行状态以及多种 $N-1$ 状态下的约

束条件，并要求在正常及故障潮流断面下均具有一定的电压稳定裕度水平。此外在线预防控制数学模型的约束条件还包含正常及故障运行状态约束，以及各控制量的可行性约束。具体可描述如下：

$$U_{i,\min} \leqslant U_i^n + \Delta U_i^n \leqslant U_{i,\max}, \quad i \in L \tag{7-31}$$

$$\lambda_{i,\min} \leqslant \lambda_i^n + \Delta \lambda_i^n \leqslant \lambda_{i,\max}, \quad i \in L \tag{7-32}$$

$$U_{i,\min} \leqslant U_i^f + \Delta U_i^f \leqslant U_{i,\max}, \quad i \in L \tag{7-33}$$

$$\lambda_{i,\min} \leqslant \lambda_i^f + \Delta \lambda_i^f \leqslant \lambda_{i,\max}, \quad i \in L \tag{7-34}$$

$$\Delta U_{Gi,\min} \leqslant \Delta U_{Gi} \leqslant \Delta U_{Gi,\max}, \quad i \in G \tag{7-35}$$

$$\Delta Q_{Ci} = j * \Delta Q, j \in \{0,1,2,\cdots,l\}, \quad i \in C \tag{7-36}$$

式中，L 为系统中负荷节点集合；G 为系统中可调 PV 节点集合；C 为系统中可投切并联电容器的节点集合；$\Delta U_i^n = f(\Delta r)$、$\Delta U_i^f = f(\Delta r)$ 为正常运行状态、预想故障状态下调控措施与状态变化量间的量化关系，其中 Δr 为调控措施，包含发电机端电压调控以及并联电容投切两种方式；$\Delta \lambda_i^n = g(\Delta r)$、$\Delta \lambda_i^f = g(\Delta r)$ 为正常运行状态、预想故障状态下调控措施与稳定裕度变化量间的量化映射关系，推导过程参见上节；$U_{i,\min}$、$U_{i,\max}$ 为节点电压幅值的上、下限约束；$\lambda_{i,\min}$、$\lambda_{i,\max}$ 为电压稳定裕度指标的上、下限约束；U_i^n、λ_i^n 为正常运行状态下的节点电压幅值和稳定裕度指标；U_i^f、λ_i^f 为预想故障状态下的节点电压幅值和稳定裕度指标；$\Delta U_{Gi,\min}$、$\Delta U_{Gi,\max}$ 为参与调控的 PV 节点调压能力的上、下限约束；ΔQ 为每组并联电容器的容量；l 为节点 i 处并联电容器的组数。

将约束条件中调控量与状态量、稳定裕度间的量化关系在工作点附近线性化，则可将非线性优化问题转化为线性优化问题，使得求解在保证精度的条件下更为快速可靠，由此本章所构建的预防控制模型为高阶混合整数线性规划问题。CPLEX 工具包对于高阶混合整数线性规划问题的解法成熟，求解速度快，并且可以方便进行调用，因而本章所提防控优化问题可调用 CPLEX 进行求解。

稳定裕度指标与调控量间的直接解析量化关系如式（7-37）所示：

$$\lambda_L = 1 - \frac{2X^2(U_L + U_L S_V \Delta r)^2 P_L}{\sqrt{(B^2 - 4Q_L^2 X^2(U_L + U_L S_V \Delta r)^4)(R^2 + X^2)} - BR} \tag{7-37}$$

式中，$B = (U_L + U_L S_V \Delta r)^4 + 2P_L R(U_L + U_L S_V \Delta r)^2 + (P_L^2 + Q_L^2)(R^2 + X^2)$；$R$、$X$ 分

别为等值阻抗参数的实部和虚部；P_L、Q_L 分别为负荷节点的有功、无功负荷；U_L 为调控作用前的节点电压幅值；S_V 为电压调控灵敏度。

为获得调控量与稳定裕度间的灵敏度关系，以满足线性规划对于线性约束条件的需求，可将式(7-37)所示的解析映射关系在工作点附近线性化，基于泰勒级数将稳定裕度关于调控量的关系式展开，忽略高阶项，构建稳定裕度与调控量之间的线性化近似表达式。

7.1.2　动态稳定评估

系统稳态运行时，从主导稳定特征出发，在系统级提出随机子空间法和聚类算法结合的振荡模式模态辨识方法，在元件级提出基于耗散能量流的发电机阻尼在线监测方法，然后在特征提取的基础上构建基于深度学习的预防控制策略生成方法[23-27]，具体介绍如下。

1. 随机子空间法和聚类算法相结合的系统模式模态辨识方法

随机子空间法是一种基于类噪声信号的低频振荡模式辨识方法，具有鲁棒性好、抗噪声性能强等优点，是系统识别邻域应用比较成功的方法之一，使用聚类算法来处理随机子空间法的辨识结果，能够实现系统模式模态的自动辨识。本节提出将聚类算法领域的 DBSCAN 算法和随机子空间法结合的 SSI-DBSCAN 算法，以实现模式的自动辨识；同时提出将聚类算法领域的 MAFIA 算法和随机子空间法结合的 SSI-MAFIA 算法，以实现将模态考虑在内的低频振荡模式自动辨识，通过仿真验证了这两种算法的有效性。

1) SSI-DBSCAN 算法实现系统模式的自动辨识

SSI-DBSCAN 算法的具体流程如图 7-4 所示，具体解释如下。

(1) 对所有量测信号进行去趋势处理。

(2) 使用随机子空间法。根据 $mi \gg n$ 的条件对 i 进行选取，在本节中，i 的选取规则如下，若量测点的个数为 1，取 $i=100$，若量测点的个数大于 1，取 $i=25$，这是测试中效果比较好的 i 的取法，在实际应用中应当根据实际情况考虑是否进行调整。取 $j=h-2\times i$，h 为采样点数。根据 i 和 j 将量测数据构造成 Hankel 矩阵。计算 Toeplitz 矩阵，并对其进行奇异值分解 $T_{1/i}=U_d S_d V_d$，假定系统阶数 n 从 $n_{\min}$ 开始，依次增加 2，直到 $n_{\max}$。每个假定阶数下，令 $U_{d1}=U_d(:,1:n)$，$S_{d1}=S_d(1:n,1:n)$，$V_{d1}^{\mathrm{T}}=V_d^{\mathrm{T}}(1:n,:)$，由 U_{d1}、S_{d1}、V_{d1}^{T} 计算 O_i，通过 O_i 得到矩阵 A，对 A 求特征值，再将离散系统的特征值转化为连续系统的特征值。考虑到实际应用中更加关心比较危险的振荡模式(阻尼比小于 0.05)，再将频率范围不在 0.1～2.5Hz 范围内或者阻尼比大于 0.06 的特征值去除。

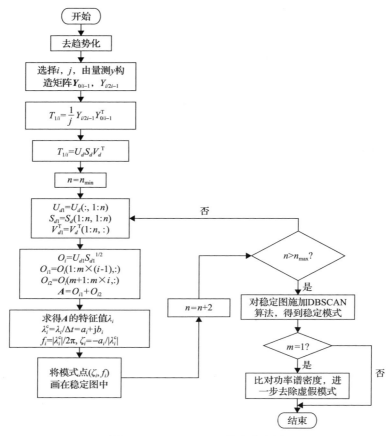

图 7-4　SSI-DBSCAN 算法流程图

（3）应用聚类算法。将上一步中计算得到的模式点用 DBSCAN 算法进行处理，本节中取 Eps=0.05、MinPts=15 即可获得比较好的聚类效果。Eps 的取值使得 Eps-邻域刚好基本覆盖了整个稳定模式，MinPts 的取值使得在 Eps=0.05 的情况下，稳定点的局部密度在 MinPts 之上，被判定为核心点，而不稳定点的局部密度在 MinPts 之下，被判定为边界点。此外，为了尽量避免算法将相距很近的两个模式识别为一个模式，在 DBSCAN 算法的第 6 步拓展簇类时，拓展的半径由 Eps 改为 Eps/2，并且在划分好簇类后，将包含数据点数不足 MinPts 的簇类删除。

（4）获得稳定模式识别结果。对于上一步中找到的每一个簇类，将属于它的模式识别结果取均值作为该稳定模式的最终识别结果。

（5）进一步剔除虚假模式。若量测点的个数为 1，则使用 welch 方法计算量测信号的功率谱密度，记录功率谱密度的峰值频率。若某稳定模式的频率，和所有峰值频率的差距都超过一预设阈值 f_ε，则判定此稳定模式为虚假模式，将其从识别结果中剔除。

2) SSI-MAFIA 算法实现系统模态的自动辨识

SSI-MAFIA 算法能够实现模态的自动辨识，且具有一定的识别精度，并且通过使用 MAFIA 算法对模态实施聚类分析，可以将阻尼频率相近但模态不同的模式分开。SSI-MAFIA 算法的具体流程和细节如下。

(1) 去趋势处理。

(2) 应用随机子空间法。这一步的工作和 SSI-DBSCAN 算法的第二步基本相同，不再赘述，唯一的区别在于计算系统模式的同时，该方法需要计算模式对应的模态。

(3) 模态归一化。将各个模态辨识结果除以自身幅值最大的分量。归一化后的模态，各个分量的幅值均小于等于 1，并且幅值最大的分量的数值为 1。

(4) 对阻尼和频率进行聚类。这一步和 SSI-DBSCAN 算法的第三步完全相同。

(5) 对模态进行聚类。上一步中找到的阻尼和频率接近的点即属于同一簇类的点。首先对于各个分量，计算这些点的模态在此分量上的幅值的最大值 $U_{\max} = (U_{\max 1}, U_{\max 2}, \cdots, U_{\max m})$。假设数据集为 $D = \{x_1, x_2, \cdots, x_n\}$，其中，$x_i = (x_{i1}, x_{i2}, \cdots, x_{im})$，则 $U_{\max j} = \max_i (|x_{ij}|)$。将 $U_{\max j}$ 按从大到小的顺序排序，取 $U_{\max j}$ 最大的前 m_c 个维度，将这些维度上模态的实部作为 MAFIA 算法的输入，若模态维度不足 m_c 个，则将全部维度上的模态实部输入 MAFIA 算法。本节中取 $m_c = 6$，取 MAFIA 算法的决策参数 $\beta = 0.5$，MinPts=10。

(6) 计算最终的辨识结果。对于 MAFIA 算法找到的所有密集网格，遍历一遍数据集，找到密集网格中包含的数据点，这些点属于同一簇类，也即同一模式，计算这些点的阻尼、频率及模态的平均值，得到模式和模态的辨识结果。需要注意的是，若一个密集网格包含的数据点个数多于 $(n_{\max} - n_{\min})/2 + 1 = 21$，则说明这个密集网格中不止含有一个模式，将此结果剔除。

2. 基于耗散能量流的元件阻尼评估方法

本节提出一种电力系统正常运行时发电机阻尼在线监测的方法。利用类噪声信号计算进入发电机的耗散能量流，然后根据能量耗散估计发电机阻尼。

从节点 i 通过支路 L_{ij} 流出的暂态能量流为

$$
\begin{aligned}
W_{\mathrm{TEFL}} &= \int (I_{ij,x} \mathrm{d}U_{i,y} - I_{ij,y} \mathrm{d}U_{i,x}) \\
&= \int \left(P_{ij} \mathrm{d}\theta_i + \frac{Q_{ij}}{U_i} \mathrm{d}U_i \right) \\
&= \int [P_{ij} \mathrm{d}\theta_i + Q_{ij} \mathrm{d}(\ln U_i)]
\end{aligned}
\tag{7-38}
$$

式中，P_{ij}、Q_{ij}、I_{ij} 分别为支路 L_{ij} 的有功、无功和电流；U_i 为节点 i 的电压幅值；θ_i 为节点 i 的电压相角。

流入某元件的能量流由两部分组成，一部分为元件暂态能量的变化，另一部分为元件消耗的能量，而元件的能量消耗和阻尼是对应的。正阻尼元件消耗能量，负阻尼元件产生能量。以发电机为例，采用经典模型，流入发电机的能量流如式(7-39)所示。

$$W_{IN} = \int Im((-I_{Gi})^* dU_i) = \left(\frac{1}{2}T_J\omega_0\omega^2 - P_m\delta\right)\Big|_{x_0}^{x} + \int D\omega_0\omega^2 dt \qquad (7\text{-}39)$$

式中，等号右边第 1 项为发电机暂态能量的变化，第 2 项为发电机阻尼消耗的能量。若某元件不断发出能量，它对低频振荡的作用为负阻尼，就可以判断此元件为低频振荡的源，实现了振荡源定位。

研究阻尼时只关心非保守项(即暂态能量的消耗或产生)，可以利用偏差量计算能量流，其中完整保留了暂态能量流中的耗散分量，称为耗散能量流，计算公式如下：

$$W_D = \int[\Delta P_{ij}d\Delta\theta_i + \Delta Q_{ij}d(\Delta\ln U_i)] = \int[2\pi\Delta P_{ij}\Delta f_i dt + \Delta Q_{ij}d(\Delta\ln U_i)] \qquad (7\text{-}40)$$

本节利用耗散能量流，在稳态情况下评估发电机阻尼。

类噪声信号是指系统对正常运行过程中受到的随机小扰动激励的响应，包含系统机电模式的信息，以及模式下发电机的特性。利用机端类噪声信号计算耗散能量流的方法如下。首先，获取机端类噪声信号，包括电压幅值 U、频率 f、以及流入发电机的有功功率 P 和无功功率 Q，计算 $\ln U$。然后，计算变量和稳态值的偏差 $\Delta\ln U$、Δf、ΔP 和 ΔQ。计算流入发电机的耗散能量流 $W_D(t)$，并计算 $W_D(t)$ 的线性拟合 $\alpha_D t + \beta_D$。计算 $K_\omega = \int \omega^2 dt$ 及其线性拟合 $\alpha_\omega t + \beta_\omega$，发电机阻尼系数的估计为

$$D_{est} = \frac{\alpha_D}{\omega_0\alpha_\omega} \qquad (7\text{-}41)$$

3. 基于深度学习的预防控制策略生成方法

基于深度学习的振荡预防控制策略研究包含两个步骤(如图 7-5 所示)：①将发电机出力、负荷、系统拓扑连接方式作为特征集，将系统主导模式作为标签，训练得到多输入卷积神经网络(Multi-input CNN)，通过该模型可以快速识别不同运行方式、拓扑连接关系下的主导模式；②将训练好的 CNN 模型作为稳定评估器，对于需要评估的运行方式，通过此评估器判断系统是否稳定，若不稳定，则

利用梯度下降法迭代求解，得到最优情况下的振荡预防策略。

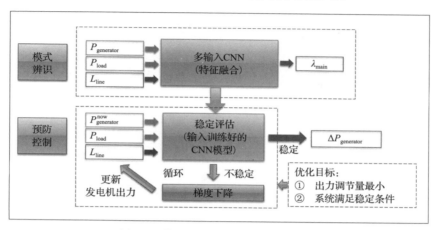

图 7-5　模式识别与预防控制研究框架

系统预防控制的具体流程框架如图 7-6 所示，其中构建的用于稳定评估的 CNN 模型包括输入层、隐藏层和输出层，隐藏层由 3 个卷积层、3 个池化层和 2 个全

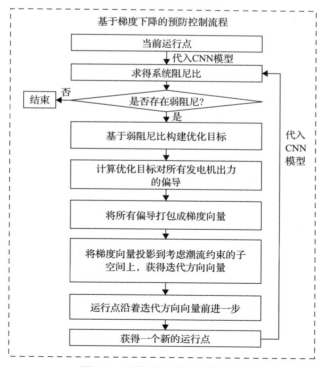

图 7-6　系统预防控制具体流程

连接层组成，经过三层卷积和合并后，将三个输入提取为深层特征，并进行特征融合(如图 7-7 所示)。然后对融合后的特征进行两层全连接层处理，得到预测结果。本模型选择 0.2～2.5Hz 内的、机电回路相关比从大到小的 20 个阻尼比作为 CNN 模型的标签。通过建立阻尼比与系统运行方式间的 CNN 模型，低频振荡模式与发电机的出力之间的相关性可以被量化，从而能够指导运行方式的改变来提高系统阻尼。

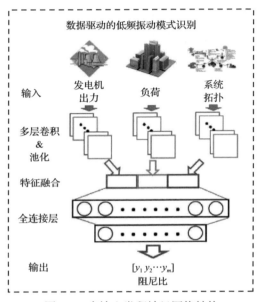

图 7-7　多输入卷积神经网络结构

由于上述 CNN 模型在预防控制策略求解过程中需要反复调用，传统的优化方法不适合这种情况。本章采用梯度下降法迭代求解。预防性控制的目标是使所有阻尼比稳定，同时使调节量最小化。目标函数可表述为

$$\min\ \mathrm{Obj}(P)=\sum_i (P_i - P_{i0})^2 + M \cdot \sum_{j \in B} [\xi_{j0} - f_j(P)] \tag{7-42}$$

式中，P_i 为机组 i 的出力；P_{i0} 为初始的机组出力；M 为一个较大的常数系数；ξ_{j0} 为设置的第 j 个阻尼比对应的稳定范围；B 为当前系统中负阻尼的集合；$f_j(P)$ 为当前运行模式下用 CNN 模型计算得到的第 j 个负阻尼的值。

以上给出的优化目标 $\mathrm{Obj}(P)$ 对发电机出力 P_i 的偏导如下：

$$\frac{\partial \mathrm{Obj}(P)}{\partial P_i} = \frac{\mathrm{Obj}(P + \varDelta_i) - \mathrm{Obj}(P)}{\varDelta_i} \tag{7-43}$$

式中，Δ_i 为一个向量，其中只有元素 i 对应的有 $\Delta_i(i) = \Delta_i$，其他都为 0。然后，从先前的操作模式沿梯度方向向前移动一步，可以获得梯度方向并创建新的运行模式。应重复上述过程，直到消除负阻尼模式。

（1）将当前工作模式输入训练后的 CNN 模型，根据输出阻尼比判断系统是否小信号稳定。

（2）如果系统稳定，输出"不需要预防控制"并退出；如果不稳定，输出"需要预防控制"并进入迭代求解过程。

（3）用（1）中得到的负阻尼比代入 $\mathrm{Obj}(P)$ 计算得到优化目标值。

（4）计算优化目标 $\mathrm{Obj}(P)$ 对发电机出力 P_i 的偏导，将所有的偏导组成一个向量 $\nabla\mathrm{Obj}(P)$。如果机组 i 的出力因受出力上下限的约束而无法再沿着偏导方向调整，则可以设定 $\nabla\mathrm{Obj}(P)(i) = 0$。

（5）由于潮流的收敛要求，发电机输出的总变化量需要为 0，即

$$\Delta P_1 + \Delta P_2 + \cdots + \Delta P_n = 0 \tag{7-44}$$

为满足式（7-44），梯度向量 $\nabla\mathrm{Obj}(P)$ 应该投影到由式（7-44）代表的子空间 V_{sub}。易知子空间 V_{sub} 的维度是 $n-1$，且矩阵 A 可以由该子空间的一组基表示为 $A = \left[\vec{b}_1, \vec{b}_2, \cdots, \vec{b}_{n-1}\right]$。

可以通过式（7-44）得到

$$A = \begin{bmatrix} 1 & 1 & \cdots & 1 \\ -1 & 0 & \cdots & 0 \\ 0 & -1 & \cdots & 0 \\ \vdots & \vdots & \ddots & \vdots \\ 0 & 0 & \cdots & -1 \end{bmatrix} \tag{7-45}$$

假设向量 $\vec{m}$ 是向量 $\nabla\mathrm{Obj}(P)$ 在子空间 V_{sub} 上的投影，可以推导得到

$$\vec{m} = A(A^{\mathrm{T}}A)^{-1}A^{\mathrm{T}}\nabla\mathrm{Obj}(P) \tag{7-46}$$

（6）计算向量 $\vec{m}$ 的单位向量 $\vec{k} = \dfrac{\vec{m}}{\|\vec{m}\|}$，该向量代表迭代运算的方向。对于每台机组 i，计算其沿着向量 $\vec{k}$ 在出力上下限的范围内最大可移动的步长 r_i，然后通过公式 $r = \min(r_0, r_1, \cdots, r_n)$ 计算得到步长 $\vec{r}$，其中当 $k_i = 0$ 时 $r_i = +\infty$，且 r_0 是默认步长。在步长 r 下，定义下一步的发电机出力为 $P^{\mathrm{next}} = P + \vec{r} * \vec{k}$。由此得到迭代下一步的运行方式。

（7）将步骤（6）得到的运行方式输入到训练后的 CNN 模型中，计算阻尼比并确

定它们是否在稳定范围内。如果没有危险模式，则输出预防控制策略。否则，返回步骤(3)。

上述控制方法可应用于电网在正常和不安全运行条件下的预防控制。

在实际电力系统中应用上述预防控制方法的流程如图 7-8 所示。

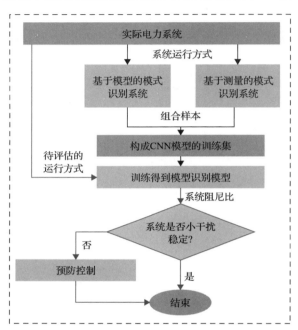

图 7-8　实际电力系统的预防控制流程

由图 7-8 可见，在实际电网中，基于模型的模式识别系统和基于测量的模式识别系统在不同的运行场景下得到了不同的辨识结果。CNN 模型训练集中的模式识别结果是这两种结果的结合。随后对结合后的训练集进行充分训练，得到另一个基于 CNN 的模式识别模型。然后，将实际运行场景输入训练后的 CNN 模型，利用输出阻尼比判断系统是否稳定。如果不稳定，则进入预防控制过程，最终得到针对发电机出力调整的控制策略。

7.2　正常态预想故障安全稳定在线评估

7.2.1　基于断面稳定极限的系统安全评估

1. 整体架构

关键断面极限传输容量(total transfer capacity，TTC)是评估电网安全情况的重要指标。为了保证电力系统安全、稳定、经济运行，调度员需要保证所有关键断面的传输功率小于 TTC，且留有一定的安全裕度[28-30]。然而，一方面，在线电网运行方式复杂多变，引起关键断面 TTC 波动变化；另一方面，随着电力市场的发展，TTC 计算的精度和速度要求更高。因此，需要建立数据驱动模型（ψ_d），依据在线电网运行方式（x），快速在线评估各个关键断面 TTC。

$$x \xrightarrow{\psi_d} \text{TTC}$$

具体来说，如图 7-9 所示，在基于拓扑结构的电网运行状态聚类分析基础上，针对每一个典型电网拓扑结构类别，基于邻域学习模式，在每一个邻域内各自建立基于深度神经网络的 TTC 确定性评估模型，从而快速、准确地在线评估关键断面 TTC。

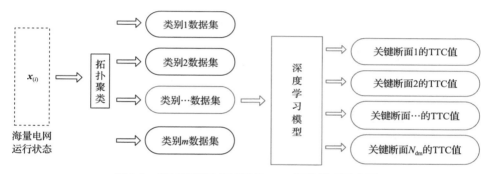

图 7-9 基于深度神经网络的 TTC 评估模型示意图

电力系统是一个高维、非线性人工系统，关键断面 TTC 与电网运行状态之间存在高维、非线性相关性。相比于传统的数据驱动算法，例如支持向量机、决策树、人工神经网络等，深度学习模型能更好地刻画这一非线性相关性，深度特征能更好地拟合和估计关键断面 TTC。

深度神经网络包括两个部分：首先，逐层堆叠的受限玻尔兹曼机（restricted Boltzmann machine，RBM），可以从电网运行状态中逐层提取深层和抽象的特征；然后，基于回归分析，将最深层特征用于在线评估关键断面 TTC。

2. 用于关键断面安全评估的深度神经网络模型

深度神经网络可由基本神经网络堆叠而成。具体来说，当基本神经网络的期望输出与输入一致时，输入数据能够被高效、准确地还原；此时，若隐含层神经元个数小于输入层/输出层神经元个数时，上述基本神经网络输入层到隐含层的过程可以认为是一种特征提取方法。基本神经网络存在非线性变换，因而比线性特征提取方法更具优势。

深度置信网络(deep belief network，DBN)是由一种基本的神经网络——受限玻尔兹曼机堆叠而成。因此，首先简要介绍 RBM。

1)受限玻尔兹曼机

RBM 是一个随机神经网络，它由一个可视层、一个隐含层，以及他们之间的连接构成，如图 7-10 所示。从下至上(可视层到隐含层)是认知过程，而从上至下(隐含层到可视层)是生成过程。事实上，经过认知过程和生成过程，数据能够很好地得到还原。因此，当隐含层神经元个数小于可视层神经元个数时，RBM 的认知过程可以看作是一个特征提取方法。由于其存在非线性变换，所以比一般的线性特征提取方法有优势。本节中，将 RBM 作为最基础的神经网络，用它堆叠深度神经网络，预测关键断面 TTC。

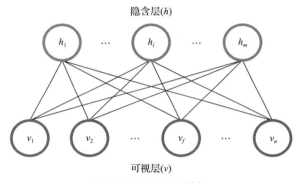

图 7-10　RBM 的结构

从随机热力学角度，RBM 可以看作是一个随机模型。可视层和隐含层的联合概率密度函数为

$$p_\theta(v,h) = \frac{1}{Z_\theta} e^{a^{\mathrm{T}}h + b^{\mathrm{T}}v + h^{\mathrm{T}}Wv} \tag{7-47}$$

式中，v 为可视层向量；h 为隐含层向量；$\theta = \{a,b,W\}$ 为参数集合，a 和 b 分别为可视层和隐含层的偏置，W 为可视层和隐含层之间的连接权重；Z_θ 为归一化因子。

在认知过程中，隐含层的激活函数可以看成是可视层的条件概率：

$$P_\theta(h_i = 1|v) = \mathrm{sigm}(a_i + W_i v) \tag{7-48}$$

类似地，可视层的激活函数可以看成是隐含层的条件概率：

$$P_\theta(v_j = 1|h) = \mathrm{sigm}(b_j + W_j^{\mathrm{T}}h) \tag{7-49}$$

2) 用于计算在线 TTC/安全裕度的深度置信网络 (DBN)

DBN 是数据驱动模型的核心，它由一系列的 RBM 自下而上堆叠而成，最顶层是一个任务层 (回归分析层)，如图 7-11 所示。DBN 的底部是堆叠的 k 个 RBM，以无监督学习方式，逐层从电网运行方式 (x) 中提取深度特征 (F_1 to F_k)；DBN 的最高层是一个回归分析层，基于最深特征，以监督学习拟合得到关键断面 TTC。

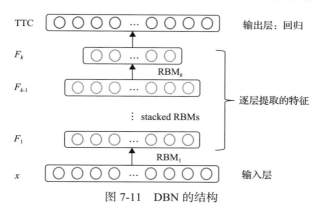

图 7-11　DBN 的结构

3. 深度置信网络的分布式训练方法

前面讨论了基于深度神经网络的 TTC 确定性评估模型。但由于 DBN 层数深、非线性环节多，存在海量参数，需要大量样本进行训练，训练速度较慢，难以达到在线滚动更新的要求。因此，本节设计了分布式训练方法，来提升 DBN 的训练速度。首先，阐述集中式训练方法。

1) DBN 的集中式训练方法

DBN 的集中式训练过程分为以下两个部分。

过程 1：通过无监督学习，逐层训练 RBM。在这一过程中，浅层 RBM 提取的隐含层特征将作为深层 RBM 的输入数据。因此，由浅到深、逐层训练堆叠的 RBM，这一训练过程非常耗时。

过程 2：通过有监督学习，微调整个深度神经网络；利用带标签的样本，通过反向传播算法，自顶而下进行反向微调。

不难看出，RBM 训练算法是 DBN 训练算法的核心，下面简单介绍 RBM 训练算法。首先构造可视层的极大似然函数，并将其最大化。

$$\max : L(\theta) = \log \prod_{v \in T} \sum_{h} p_{\theta}(v, h) \tag{7-50}$$

式中，T 表示训练数据集；$p_{\theta}(v, h)$ 表示联合概率密度函数。式 (7-50) 可用随机梯度下降(SGD)方法进行训练,训练过程中可用对比散度(contrastive divergence, CD)方法进行简化计算,得到 $L(\theta)$ 的梯度如下:

$$\frac{\partial L(\theta)}{\partial W} = v^{(0)} \cdot h^{(0)} - v^{(1)} \cdot P_\theta(h^{(1)} = 1 \mid v^{(1)})$$

$$\frac{\partial L(\theta)}{\partial a} = v^{(0)} - v^{(1)} \tag{7-51}$$

$$\frac{\partial L(\theta)}{\partial b} = h^{(0)} - P_\theta(h^{(1)} = 1 \mid v^{(1)})$$

式中, $v^{(0)}$ 取自训练数据集; $h^{(0)}$ 和 $v^{(1)}$ 通过单次吉布斯抽样得到,如图 7-12 所示。

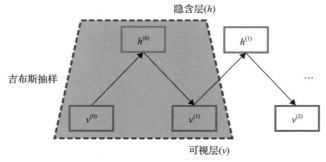

图 7-12　吉布斯抽样

根据 CD 方法,RBM 训练过程如下,记作算法 7.1。

算法 7.1: $\theta = \textbf{Train\_RBM}(\textbf{\textit{T}}, \ \varepsilon)$

功能: 训练 RBM 的参数 $\boldsymbol{\theta}$

输入: 训练数据集 $\boldsymbol{T}$,学习率 ε

输出: RBM 的参数 $\boldsymbol{\theta}$

1: 初始化 $\boldsymbol{a}=\boldsymbol{0}$, $\boldsymbol{b}=\boldsymbol{0}$

2: 利用均匀分布(-1,1)抽样,初始化 $\boldsymbol{W}$

3: 循环 1:未达到停止条件

4: 　循环 2:对于 mini-batch 中的每一个样本 $\boldsymbol{v^{(0)}}$

5: 　　通过单次吉布斯抽样,计算 $\{\boldsymbol{h^{(0)}}, \ \boldsymbol{v^{(1)}}\}$

6: 　　通过式(7-51),计算 $\partial L(\boldsymbol{\theta}) / \partial \boldsymbol{\theta}$

7: 　循环 2 终止

8: 　计算参数增量 $\Delta \boldsymbol{\theta} = \dfrac{1}{M} \sum_M \dfrac{\partial L(\boldsymbol{\theta})}{\partial \boldsymbol{\theta}}$

9: 　更新参数 $\boldsymbol{\theta} = \boldsymbol{\theta} - \varepsilon \Delta \boldsymbol{\theta}$

10:　循环 1 终止

11: 返回参数 θ

其中 M 是 mini-batch 的大小，本节将重构误差作为停止条件。此外，一方面采用 Dropout 策略、早停策略、正则化策略等来防止过拟合，另一方面通过改变学习率、增加动量项来加速收敛。

2）DBN 的分布式训练方法

DBN 的集中式训练方法，计算复杂度高、耗时长，原因总结如下。

（1）DBN 由 RBM 堆叠形成，逐层训练 RBM 非常耗时。

（2）对于 RBM 训练过程，在达到停止条件之前，循环 1（算法 7.1 的第 3 行至第 10 行）会持续计算。由于 CD 算法收敛性较差，这一过程非常耗时。

（3）对于循环 1，每一次迭代计算（算法 7.1 第 4 行至第 7 行）复杂度高，这是因为：①吉布斯抽样非常耗时，通常采用单次吉布斯抽样来简化计算；②mini-batch 中含有海量样本，且需要针对每一个样本计算 $L(\theta)$ 的梯度。因此，海量梯度计算非常耗时。

综上所述，集中式算法中计算复杂度高、耗时长主要原因是针对 mini-batch 中海量样本的梯度计算。因此，可将这部分计算任务分配到不同的计算节点上，加速训练。基于上述思路设计分布式训练框架，如图 7-13 所示。其中参数服务器用于模型参数的存储和更新，N 个计算节点用于海量梯度的并行计算。

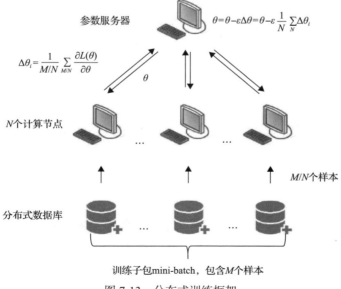

图 7-13　分布式训练框架

基于上述分布式训练框架，将 RBM 的训练过程并行化，具体步骤如下。

(1) 通过网络、参数服务器将模型副本发送到各个计算节点。

(2) 将 mini-batch 中的样本等分成 N 份，从而将训练任务分配到 N 个计算节点上。对于每一个计算节点，$L(\theta)$ 的梯度可以通过单次吉布斯抽样和式 (7-51) (算法 5.1 第 4 行至第 7 行) 计算得到。因此，第 i 个计算节点上的平均参数增量 $\Delta\theta_i$ ($i=1,2,\cdots,N$) 为

$$\Delta\theta_i = \frac{1}{M / N} \sum_{M/N} \frac{\partial L(\theta)}{\partial \theta} \tag{7-52}$$

式中，N 是计算节点个数；M 为 mini-batch 中的样本数。

(3) 将所有计算节点上的平均参数增量 $\Delta\theta_i$ 发送到参数服务器上，并在参数服务器上完成参数 θ 更新：

$$\theta = \theta - \varepsilon\Delta\theta = \theta - \varepsilon\frac{1}{N}\sum_N \Delta\theta_i \tag{7-53}$$

将前面两个公式与算法 7.1 第 8 行至第 9 行作对比，可以发现分布式训练方法中参数更新 ($\varepsilon\Delta\theta$) 和集中式训练算法中参数更新完全一致。因此，分布式训练方法不会改变训练结果。此外，上述分布式框架可以应用于基于反向传播的全网微调参数中 (过程 2)。

然而，上述分布式方法也有如下缺陷。

(1) 大量的通信开销：如图 7-13 所示，在每一次迭代周期中 (循环 1)，所有的参数更新 $\Delta\theta_i$ ($i=1,2,\cdots,N$) 需要在 N 个计算节点和参数服务器之间来回传送一次，通信开销巨大。为了缓解这一问题，可以在 N 个计算节点和参数服务器之间建立高速通信网络。

(2) 短板效应：如果某一个计算节点工作性能较差、运算速度慢，则其他计算节点需要在每一次迭代周期中 (循环 1) 等待上述计算节点。为了缓解短板效应，可以设置如下规则解决。当参数服务器接收到 N_{th} ($N_{th} < N$) 份来自不同计算节点的参数更新时，参数服务器开始执行全部的参数更新，不再等待。

4. 基于微气象信息的电网关键断面安全预警

图 7-14 是基于深度神经网络的输电断面安全裕度预测模型 (ξ_d)。

该模型可以深层次地挖掘微气象与电网安全的时空相关性，进而预测未来一段时间后 (τ) 各个输电断面的安全裕度：

$$x\big|_{t\,\text{及}\,t\,\text{时刻以前}} \xrightarrow{\ \xi_d\ } SM_{t+\tau} \tag{7-54}$$

式中，$x=[x^c, x^e]$ 是数据驱动模型的输入，由 t 及 t 时刻之前的时空微气象特征向量 (x^c) 和时空电力特征向量 (x^e) 构成；$SM_{t+\tau}$ 表示在 $t+\tau$ 时刻各个输电断面安全裕度的预测值。

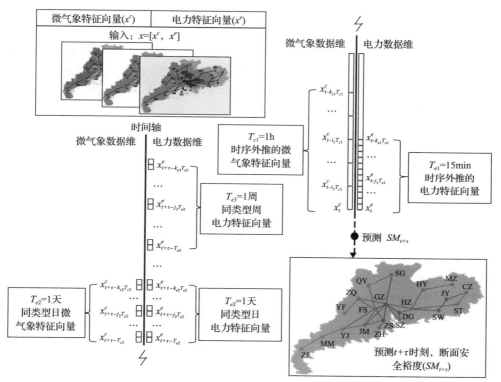

图 7-14 基于深度神经网络的输电断面安全裕度预测模型

具体来说，时空微气象特征向量 (x^c) 可以由如下矩阵描述：

$$x^c = \begin{bmatrix} x_t^c & \cdots & x_{t-k_{c1}T_{c1}}^c & x_{t+\tau-T_{c2}}^c & \cdots & x_{t+\tau-k_{c2}T_{c2}}^c \\ & & \vdots & & & \vdots \end{bmatrix} \tag{7-55}$$

$\underbrace{}_{\text{I:时序外推}}$ $\underbrace{}_{\text{II:同类型日}}$

式中，列元素表示位于不同空间位置的微气象量测指标（例如，微气象测点站 A 的平均风速）；行元素表示不同时刻点的微气象量测指标，包括①时序外推部分，t 及 t 时刻之前较短时间内的微气象量测指标，主要用于时序外推；②同类型日，同类型日的微气象量测指标，主要用于类比分析。$T_{c1}=1h$，表示时序外推部分的时间间隔为 1h，主要由微气象数据源决定；$T_{c2}=1$ 天，表示同类型日；k_{c1} 和 k_{c2} 表示时间窗宽。

类似地，时空电力特征向量（x^e）可以由如下矩阵描述：

$$x^e = \begin{bmatrix} \underbrace{x_t^e \quad \cdots \quad x_{t-k_{e1}T_{e1}}^e}_{\text{I: 时序外推}} & \underbrace{x_{t+\tau-T_{e2}}^e \quad \cdots \quad x_{t+\tau-k_{e2}T_{e2}}^e}_{\text{II: 同类型日}} & \underbrace{x_{t+\tau-T_{e3}}^e \quad \cdots \quad x_{t+\tau-k_{e3}T_{e3}}^e}_{\text{III: 同类型周}} \\ \vdots & \vdots & \vdots \end{bmatrix} \quad (7\text{-}56)$$

上述矩阵的列元素表示位于不同空间位置的电气量量测指标（电网运行状态）；行元素表示不同时刻点的电网运行状态，包括①时序外推部分，t 及 t 时刻之前较短时间内的电网运行状态，主要用于时序外推；②同类型日，同类型日的电网运行状态，主要用于类比分析。$T_{e1} = 15\text{min}$，表示时序外推部分的时间间隔为 15min；$T_{e2} = 1$ 天，表示同类型日；$T_{e3} = 1$ 周，表示同类型周；k_{e1}、k_{e2} 和 k_{e3} 表示时间窗宽。输入向量时间窗宽（k_{c1}，k_{c2}，k_{e1}，k_{e2} 和 k_{e3}）对数据驱动模型的性能有重要影响。

7.2.2 基于极限切除时间的稳定性快速判别

深度学习是各类机器学习方法中较为复杂的一种，也是近年研究的热点。与逻辑回归、SVM 等浅层学习模型（shallow learning）相比，在有足够仿真样本的前提下，深层模型具有更强的非线性表现能力，可以处理更高维的输入数据，因而也更加适用于电网稳定分析这类的复杂问题。深度学习模型除了可以直接给出判稳结果以外，同时还可以提供电网稳定特征，再通过调整灵敏度较高的特征量，实现运行方式的改变，来提升电网的稳定程度。也就是说，综合利用深度学习技术可以完成电网稳定特征提取、快速判稳和辅助决策等一系列功能。

1. 在线分析场景描述

在线稳定分析是运用目前通用的各种稳定分析算法，采用在线潮流数据和电网模型数据，基于并行计算平台的自动分析与应用计算，实现电网安全稳定性的全面在线分析与评估，并根据计算分析结果，对电网运行安全状态进行预警，并通过人机界面反映给运行人员。

1）需求描述

暂态稳定是指电力系统受到大干扰后，各同步电机保持同步运行并过渡到新的或恢复到原来稳态运行方式的能力。

分析电力系统暂态稳定的主要方法是时域仿真法（又称逐步积分法）及直接法（又称能量函数法）。时域仿真法基于描述电力系统状态的一组联立的微分和代数方程组，该模型来源于电力系统各元件模型和元件间的拓扑关系。能量函数法基于简化的元件模型，通过比较扰动结束时电力系统的暂态能量函数值和临界值，直接判断大扰动下的稳定性。时域仿真法计算速度较慢、量化分析困难，但计算精度高、结果直观，在电力系统规划、运行中有不可替代的作用，是在线稳定分析的重要计算手段。直接法计算速度快、有量化分析能力，但是误差大，在在线动态安全监测与预警系统中常用来进行暂态稳定故障筛选。

在线暂态稳定计算单个任务需要几十秒，任务数量通常在几百个以上，需要占用整个机群 90%以上的计算资源，是消耗资源最多的计算类型。

2) 主要指标

(1)定性分析：是否稳定。

(2)定量分析：临界切除时间。

三相短路故障是电力系统中最典型的故障形式，而三相短路临界切除时间(critical clearing time，CCT)是指电网发生三相短路故障后，保证系统稳定的最大的故障切除时间。临界切除时间代表了系统稳定和不稳定的边界，可用于表征电力系统发生指定故障的稳定程度，临界切除时间越大，表示该短路故障对系统影响越小，系统就越稳定。如果临界切除时间小于正常的保护动作时间，则说明该故障会造成系统失稳，即系统存在安全隐患。

求解临界切除时间的方法主要包括时域仿真法和直接法，前者采用时域仿真计算对临界切除时间进行精确求解，结果最为准确和可靠，但计算耗时较长，相当于若干次暂态稳定计算，难以适应在线分析的要求；后者的优点是计算速度快，能够提供稳定指标，但精度较低。

2. 深度学习适用性分析

由于深度学习模型具有较强的数据拟合能力，它在训练集上的误差通常可以达到极低的水平，所以深度学习的适用性就主要体现为模型的泛化能力，即模型在训练集以外数据上的误差。例如，深度学习技术在图像识别等复杂问题上表现良好，但在简单的 parity 问题却上表现极差，说明深度学习并不是万能的工具，还需要与目标问题有较好的契合度。

目前，国内外学者在深度学习适应性方面已经做了较多研究，其中文献提出的频率原理(F-Principle)更加接近问题的本质，即深度学习倾向于优先使用低频特征来拟合目标函数。这种低频优先的特性是由深度学习模型、参数初始化、正则化约束等多方面因素共同决定的。

在线分析系统重点关注区域间振荡主导的暂态稳定或小干扰稳定问题，是全局性的问题，稳定特性也随着系统运行点的变化而缓慢变化，属于典型的低频占优问题，适用于深度学习方法。

以东北电网的实际在线数据为基础验证模型的有效性。在线数据模型包含了所有 220kV 及以上的电网设备；采集 2018 年 11 月在线数据作为仿真样本库；

选择全部机组的有功作为输入量，选择科沙线的 CCT 作为深度学习模型的训练和预测目标。验证步骤如下。①针对输入量进行主成分分析(principal component analysis，PCA)，找到方差最大的变化方向；②逐个计算样本在该方向上的投影，作为主方向变化量；③对主方向变化量与稳定指标进行傅里叶变化；④绘制频谱图。

　　基于东北在线数据，经上述步骤得到频谱图如图 7-15 所示，其横轴为频率轴，纵轴为按式(7-57)进行傅里叶变换得到的幅值。可以看到，幅值随频率的增大而逐渐振荡衰减，说明东北机组有功与科沙一线 CCT 之间属于明显的低频特征占优的关系，适宜采用深度学习技术进行快速判稳或特征提取。

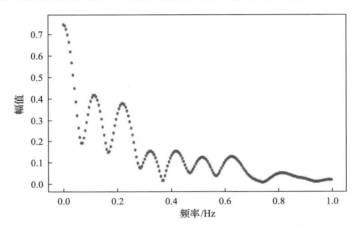

图 7-15　东北电网机组有功与科沙线 CCT 的频谱图

$$\widehat{y_k} = \frac{1}{n} \sum_{j=0}^{n-1} y_j \mathrm{e}^{-\mathrm{i}2\pi x_{p1,j}} \tag{7-57}$$

式中，n 为样本总数；y_j 为第 j 个样本的稳定指标；$x_{p1,j}$ 为第 j 个样本的主方向变化量。

3. 深度学习模型搭建

电力系统输电网络本身存在明显的分层特性，如图 7-16 所示。

　　(1)区域电网间采用直流系统或特高压交流互联，为非同步电网或弱连接的同步电网。

　　(2)区域内省级电网间大多采用 500kV 或 1000kV 的交流互联，省间电气距离通常比省内要大。

　　(3)省内主要以 500kV 为主干网络，相互间联系较为紧密，部分省内也可分为内部联系更加紧密的子群。

(4) 220kV 网络比较多样, 省内一般包含若干个 220kV 子网, 这些子网多则包含几十甚至上百个厂站, 少则只有一个厂站, 各个子网分别连接至一个或多个 500kV 厂站。

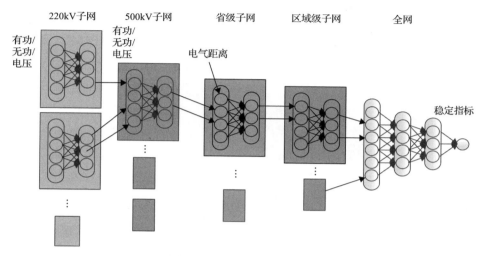

图 7-16　电网层级网络模型

本方法基于电网连接关系的特点, 构建层级网络模型, 具体步骤如下。

(1) 建立层级网络模型。根据电力系统在线分析数据特点, 以厂站作为最小单元, 把电网从下到上分为 220kV 子网、省级电网(500kV)和区域电网三个层次; 通过拓扑分析, 建立三个层次网络之间所属关系, 例如某省电网包含下属的全部 500kV 厂站, 某 500kV 厂站包含下面连接的 220kV 子网, 220kV 子网包含子网内的全部 220kV 厂站。这样形成一个树状的网络模型, 称为电网层级网络模型(grid hierarchy net model, GHNet)。

(2) 确定输入量。层级网络的最小单元是厂站, 厂站可以包含若干属性: 如果厂站为变电站, 则包含厂站的总发电和总负荷; 如果厂站是发电厂, 则包含厂内每台机组的投运状态、有功和机端电压; 此外, 所有厂站包含到上级相连单元的电气距离。这样, 第一层(220kV 层)全部为输入量, 第二层(省级 500kV 层)既包括从第一层汇聚上来的数据(220kV 子网), 又包括输入量(500kV 发电厂或变电站), 第三层(区域电网)全部为从第二层汇聚上来的数据。

(3) 输入量归一化。对于每一个输入量, 应先进行归一化处理, 按照该输入量在样本库中的最大值和最小值来映射到[0,1]的区间内, 映射关系为 $(U-U_{\min})/(U_{\max}-U_{\min})$; 对于某个输入量在样本库中全部为同一数值的情况, 由于该输入量对于模型训练没有任何帮助, 可以直接去掉。

(4) 训练模型。按照层级网络把所有子网进行连接, 再把最上层节点与代表稳定程度的输出节点相连，形成整体的判稳模型；用历史仿真样本的稳态量和稳定指标作为网络输入和输出，对整个判稳模型进行训练。

(5)应用模型。训练后的网络和参数进行保持，未来直接用于新断面的稳定程度的快速判别。本节介绍的网络模型适用于电网的各类稳定问题，包括暂态稳定、小干扰稳定、静态电压稳定等，并且可以根据不同输入量或电网结构进行调整，改变整个模型的参数数量。

4. 在线暂态稳定算例分析

以东北电网 2017 年 2 月～7 月的实际在线数据为基础，验证模型应用于暂态稳定的有效性。在线数据模型包含了所有 220kV 及以上的电网设备，采集 2 月～7 月共计 50173 个断面数据形成样本库，选择 CCT 作为 GHNet 训练和预测的目标，不同故障需分别训练模型。

GHNet 输入特征如表 7-1 所示，共计 2357 个，GHNet 共计 7 层，可训练参数数量为 109675 个。如果单纯采用全连接网络，其通常做法是上一层神经元数量是下一层的一半，如此推算从输入层到第一个隐含层之间的可训练参数数量就超过了 200 万个，而 GHNet 整个模型参数不到 11 万，可见 GHNet 可以有效地控制模型的参数数量。

表 7-1　GHNet 输入特征

设备类型	状态量	变量数量
机组	有功功率、机端电压	675×2
负荷站及直流站	站内总有功	1007

从样本库中随机抽取 41000 个作为训练集，其余 9173 个样本作为测试集。以丰徐一线的 CCT 结果为例，模型在测试集上的表现如表 7-2 所示，与仿真结果相比的平均绝对误差较小，模型总体表现较好，但也存在个别样本误差偏大的情况。

表 7-2　GHNet 模型表现

平均绝对误差	最大绝对误差	误差在 ±0.02 以内的测试样本占比/%
0.005388	0.060291	98.24

本算例训练和测试的硬件环境为 Intel Xeon CPU E3-1230 v5 @ 3.40 GHz / 16.00 GB RAM；软件环境为 Python 3.6.3 / TensorFlow 1.4。

单个模型训练 200 代收敛，训练时间约 56.6 分钟，未来随着样本生成技术的应用，样本数据会大大增加，训练时间也呈超线性增长，有必要引入并行计算来进行模型训练。模型训练完成后，单个断面运行模型得到 CCT 结果的耗时约

0.016ms，而采用时域仿真法计算得到 CCT 需要超过 50 秒的时间（7 次暂稳计算，每次仿真 10 秒物理过程），可见速度的提升是非常明显的，满足在线分析的需要。

7.3　故障态安全稳定评估

7.3.1　基于轨迹的暂态功角稳定评估

本研究基于广域故障特征，进行暂态功角稳定程度和可信度的评估；考虑漏判/误判代价的差异，制定集成决策规则并提出一种分层实时的暂态功角稳定预测模型，避免漏判，尽量减少误判，提升预测准确率；引入迁移学习，提高深度神经网络的训练效率，充分利用历史源域数据的有价值信息，提高模型的更新速度和评估性能，使得模型能够自适应跟踪系统运行方式和拓扑结构的变化，为在线连续运行的暂态稳定评估提供技术支撑。

1. 集成深度置信网络(DBN)模型和可信度指标的构建

深度置信网络(DBN)具有天然的强大的特征提取与数据挖掘能力，但它往往需要人们为其选择最优结构(DBN 的层数以及每层的神经元节点数)和最优参数(学习率、动量、批训练的样本数等)，最优结构并不唯一。现有的研究并没有一套完整的算法理论来指导最优的 DBN 结构和参数的选取，需要大量的人工经验和先验知识对 DBN 的结构和参数进行寻优。

1) 集成 DBN 模型和可信度指标的构建

鉴于输入特征和 DBN 结构均没有统一的确定标准，且对预测器性能影响较大，还考虑到集成学习子预测器的多样性和差异性，本研究通过不同的特征子空间和不同结构的预测器来构造集成预测器。

采用三种不同的输入特征集(特征集 a：原始数据；特征集 b：轨迹簇特征；特征集 c：堆叠降噪自动编码器 SDAE 提取的特征)，通过隐含层节点数逐渐增加、层数依次增加的实验方式，根据模型在验证集上的预测准确率确定合适的隐含层层数和每层节点数，保存性能较好的不同结构的 DBN 模型。设共有 m 个 DBN 模型，其中每个特征子空间独立训练了 k 个不同结构的 DBN，将它们按概率输出机制并行集成，如图 7-17 所示。

DBN 模型的输出层是 softmax 层，输出将样本预测为稳定和失稳的概率，分别设为 $P(C_1 | x)$ 和 $P(C_0 | x)$。二者满足 $P(C_0 | x) + P(C_1 | x) = 100\%$，若 $P(C_1 | x) > P(C_0 | x)$ 则判为稳定，反之失稳。因此为了衡量预测结果的确定性，定义 DBN 模型的可信度指标 R，取值范围是 50%～100%，如式 (7-58) 所示。

$$R = \max\{P(C_0 | x), P(C_1 | x)\} \tag{7-58}$$

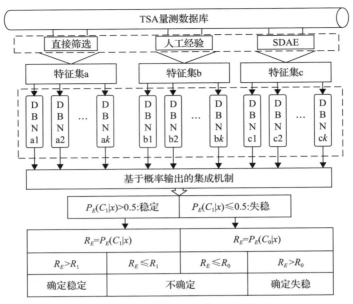

图 7-17　集成 DBN 模型的结构

DBN 的性能主要受结构和参数的影响，只有经过多次耗时的实验才能确定适用于所选输入特征集的结构。实验时只能参考训练集和验证集的预测结果，存在一定局限性，较难保证所选的 DBN 结构在任何测试场景都是最好的。而且进行 DBN 结构选择的实验过程中不难发现，在不过拟合且不欠学习的结构范围内，性能良好的 DBN 的结构不是唯一的，双隐含层的 DBN 也能达到与多隐含层 DBN 相近的优良性能，仅选择其中某个模型做评估会浪费很多有用的信息。因此，本研究采用不同结构 DBN 的集成模型，博采众长，提升暂态稳定的评估可靠性。此外，GPU 计算机可以同时并行训练多个模型，为实现集成提供了高效的硬件环境，使得本研究所提方法更有可行性。

若第 i 个 DBN 对测试样本的概率输出为 $(P_i(C_1 \mid x), P_i(C_0 \mid x))$，按概率平均法得到集成 DBN 分类器的最终输出 $(P_E(C_1 \mid x), P_E(C_0 \mid x))$ 为

$$
\begin{aligned}
P_E(C_0 \mid x) &= \frac{1}{m} \sum_{i=1}^{m} P_i(C_0 \mid x) \\
P_E(C_1 \mid x) &= \frac{1}{m} \sum_{i=1}^{m} P_i(C_1 \mid x)
\end{aligned}
\tag{7-59}
$$

同样地，集成 DBN 分类器预测结果的可信度为 $R_E = \max\{P_E(C_0 \mid x), P_E(C_1 \mid x)\}$。根据预测结果设置判为稳定和失稳的可信度阈值 R_1 和 R_0，只有结果的可信

度高于相应阈值时才会确定该结果可信,低于可信度阈值时预测结果还不能确定,需随着时间推移继续判断。当样本判为稳定时 $R_E = P_E(C_1|x)$,若 $R_E > R_1$ 则预测结果可信,确定是稳定样本;当样本判为失稳时 $R_E = P_E(C_0|x)$,若 $R_E > R_0$ 则确定该样本失稳。反之若 $R_E \leqslant R_0(R_1)$,则预测结果不确定,有待进一步判别。因此,集成 DBN 模型的综合预测结果有三种:稳定、失稳和不确定。

2)暂态功角稳定多级指标的建立

大部分文献将暂态功角稳定问题看为二分类问题[31,32],为了进一步对电力系统暂态稳定做出更精细化的评估,本节定义了暂态功角稳定裕度和失稳程度指标。由于极限切除时间(critical clearing time, CCT)需要时域仿真法反复试探,计算费时。因此,本节基于转子角轨迹簇包络线积分的受扰程度 S 定义了稳定裕度指标 M_s ,具体计算公式如下:

$$S = \int_0^{T_S} (\max_i \delta_i - \min_i \delta_i) \mathrm{d}t \tag{7-60}$$

式中, δ_i 为第 i 台发电机的转子角; T_S 为仿真时间。

$$M_s = \frac{S_{\max} - S}{S_{\max} - S_{\min}} \tag{7-61}$$

式中, $S_{\max}$ 为仿真样本中受扰程度 S 最大值; $S_{\min}$ 为仿真样本中受扰程度 S 最小值。

当系统失稳时,预知系统的失稳模式更加重要,因而采用失稳所经历的时间 T 来划分系统的不稳定程度:

$$T = t_{\mathrm{us}} - t_{\mathrm{cl}} \tag{7-62}$$

式中, t_{us} 为系统发生失稳的时刻(即任意两台发电机的转子角之差的绝对值超过 360°); t_{cl} 为故障切除时刻。同样,将 T 经最大最小归一化后作为失稳程度指标 M_{us} :

$$M_{\mathrm{us}} = \frac{T_{\max} - T}{T_{\max} - T_{\min}} \tag{7-63}$$

3)集成效果分析

根据上一节建立的稳定程度多级指标,将各个样本的稳定裕度和失稳程度的取值范围进一步划分为 6 类,如表 7-3 所示。在实际应用中,可以根据电网实际的运行状况来调整阈值。

表 7-3　暂态稳定多级指标划分

类别		指标范围	稳定程度	训练样本数	测试样本数
失稳类	1	$M_{us} \geqslant 0.8$	不稳定	8091	1970
	2	$0.6 < M_{us} < 0.8$	较不稳定	2495	621
	3	$M_{us} \leqslant 0.6$	临界不稳定	1232	279
稳定类	4	$M_s \leqslant 0.6$	临界稳定	2560	656
	5	$0.6 < M_s < 0.8$	较稳定	4985	1313
	6	$M_s \geqslant 0.8$	很稳定	10557	2641

用表 7-3 中的训练集来构造六分类的集成 DBN 预测模型,评估结果可以表示为评估结果矩阵 $R = [r_{ij}]_{6 \times 6}$,其中 r_{ij} 表示实际为第 i 类而预测为第 j 类的样本数。用测试集对集成 DBN 预测模型进行测试,结果矩阵如 R_1 所示。为了说明集成 DBN 预测器的效果,将其与性能最好的单一预测器 DBN_5 进行对比,单一预测器 DBN_5 的预测结果矩阵如 R_2 所示。

$$R_1 = \begin{array}{c} \text{实际/评估} \\ \text{1类} \\ \text{2类} \\ \text{3类} \\ \text{4类} \\ \text{5类} \\ \text{6类} \end{array} \begin{array}{cccccc} \text{1类} & \text{2类} & \text{3类} & \text{4类} & \text{5类} & \text{6类} \\ \begin{bmatrix} 1947 & 23 & 0 & 0 & 0 & 0 \\ 44 & 551 & 26 & 0 & 0 & 0 \\ 0 & 28 & 224 & 27 & 0 & 0 \\ 0 & 0 & 18 & 581 & 57 & 0 \\ 0 & 0 & 0 & 35 & 1185 & 93 \\ 0 & 0 & 0 & 0 & 46 & 2595 \end{bmatrix} \end{array} \tag{7-64}$$

$$R_2 = \begin{array}{c} \text{实际/评估} \\ \text{1类} \\ \text{2类} \\ \text{3类} \\ \text{4类} \\ \text{5类} \\ \text{6类} \end{array} \begin{array}{cccccc} \text{1类} & \text{2类} & \text{3类} & \text{4类} & \text{5类} & \text{6类} \\ \begin{bmatrix} 1944 & 24 & 1 & 1 & 0 & 0 \\ 64 & 535 & 21 & 1 & 0 & 0 \\ 0 & 41 & 208 & 28 & 1 & 1 \\ 0 & 7 & 37 & 557 & 54 & 1 \\ 1 & 0 & 1 & 56 & 1172 & 83 \\ 0 & 0 & 0 & 0 & 85 & 2556 \end{bmatrix} \end{array} \tag{7-65}$$

对比矩阵 R_1 和 R_2 可得如下结论:①矩阵的左上角和右下角是被正确预测的样本数,因而集成 DBN 模型的预测准确率为 99.40%,单一预测器 DBN_5 的预测准确率为 98.96%,集成模型比单一预测器 DBN_5 高 0.44%;②主对角线上的元素是被正确评估稳定裕度和失稳程度的样本数,因而集成 DBN 预测模型的评估准确率为 94.69%,单一预测器 DBN_5 的评估准确率为 93.21%;集成模型比单一预测

器 DBN_5 高 1.48%；③由评估矩阵 R_2 可知，虽然单一预测器 DBN_5 不会将不稳定样本（1 类）误判为很稳定样本（6 类），也不会将很稳定样本（6 类）误判为不稳定样本（1 类），但是仍然会出现不稳定样本（1 类）错误预测的情况，即将失稳漏判为稳定，这将会给电力系统带来灾难性的后果。而对比 R_1，采用集成 DBN 预测模型后，所有被错误评估的样本都被分到其邻近的类别，可见所提方法不会使不稳定样本（1 类）、较不稳定样本（2 类）漏判为稳定样本，以及将较稳定样本（5 类）、很稳定样本（6 类）误判为失稳样本，而少量误判和漏判样本仅发生在稳定程度在临界样本中，对于这类型样本可采用时域仿真等方法进行更精确的判稳。通过以上三点对比可知，本节所提方法能够准确地判断出系统的稳定裕度和失稳程度较大的样本，具有快速准确地筛选远离故障边界的能力。

4）可信度评估效果分析

实际应用时，暂稳模型预测结果的确定性需要可信度来衡量。本研究通过分析集成 DBN 模型的输出概率分布，确定可信度 R_E 的阈值，使得 R_E 处于阈值范围内时，其预测结果是准确的，此时的样本为确定样本，否则为不确定样本。图 7-18 为集成 DBN 模型对验证集 7480 个样本预测为稳定的输出概率 $P_E(C_1|x)$ 分布散点图，其中 1 为稳定，0 为失稳。点密集的区域表示样本集中，多数稳定样本的 $P_E(C_1|x)$ 均大于 50%，被正确判为稳定，多数失稳样本 $P_E(C_1|x)$ 小于 50%，被正确判为失稳。左上方和右下方区域的样本均被错判，只有当可信度 $P_E(C_1|x) > 0.9390$ 时预测的稳定样本全部正确，不存在漏判，当 $P_E(C_1|x) < 0.0710$，即可信度 $P_E(C_0|x) > 0.9290$ 时预测的失稳样本全部正确，不存在误判，此时 RE 阈值应设为 $R_1 \geqslant 93.90\%$，$R_0 \geqslant 92.90\%$。

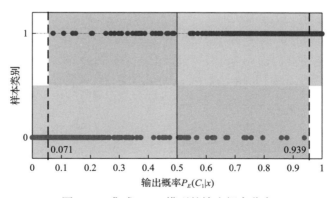

图 7-18　集成 DBN 模型的输出概率分布

类似于十折交叉验证，进行十次试验，取模型在各验证集上的阈值交集，并保留一定裕度，设置预测为稳定、失稳的可信度阈值分别为 $R_1 = 95.03\%$，$R_0 = 98.75\%$。

利用集成 DBN 模型对测试集进行预测，评估结果经 R_E 阈值划分后分为稳定区、失稳区和边界区。其中边界区的不确定样本占总样本的 7.981%，确定样本占比为 92% 以上。稳定区和失稳区内无错判或漏判样本，即确定样本的预测准确率为 100%，表明设置的 R_E 阈值合理，模型预测的确定样本的类别是可信的，不确定样本需进一步判别，从而能够实现对远离稳定边界故障的准确筛选。此外，对于判为失稳的情况，为能有更多失稳样本在故障切除初期就被辨识出来，可将 R_0 设置得稍低于 98.75%。在线运行时，R_E 阈值应经过多次验证再设置，且需定期更新以保证模型的故障筛选性能。

在线运行时，对于某些临界稳定或临界不稳定故障，在当前时段其可信度指标尚未达到输出标准，属于不确定样本。按时序 TSA 流程，交由后续时段的分类器继续判断，第 15、20、…、50 周波 TSA 模型的预测结果如表 7-4 所示。随着时间推移，第 10 周波集成 DBN 模型的 597 个不确定样本逐渐被精确识别，到第 50 周波时仅剩 43 个样本未被确定。

表 7-4　时序 TSA 模型的预测结果

周波数	15	20	25	30	35	40	45	50
确定稳定的样本	33	256	23	18	11	3	6	11
确定失稳的样本	86	43	31	17	3	2	3	8
不确定样本	478	179	125	90	76	71	62	43

同时为保证评估的时效性，检查所有失稳样本和不同时序 TSA 模型所得不确定样本中失稳样本的失稳时间，其分布如图 7-19 所示，可看出不确定样本均能在失稳发生前较长时间被准确识别。

分析可知，所有失稳样本的失稳时间集中于故障后 0.5～1s 内；第 10 周波 (0.167s) 时，可准确判别 1s 以内的所有失稳事件；到第 30、50 周波时，不确定样本的失稳均发生于 2.5s、3.5s 之后。经研究发现，这类样本属于临界稳定或临界

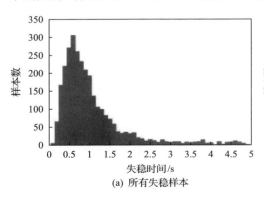

(a) 所有失稳样本

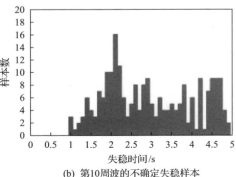

(b) 第10周波的不确定失稳样本

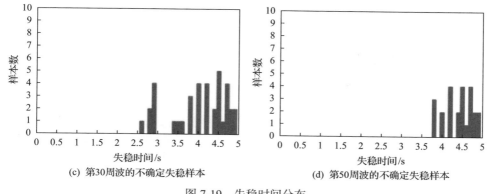

图 7-19　失稳时间分布

不稳定样本，且存在多摆失稳情况，需要经过一段时间才能展现出明确的稳定或不稳定趋势。因此，本研究所提的集成 DBN 模型能快速筛出远离稳定边界的故障，且随着时间推移，能在失稳发生前的安全时间内确定临界样本的稳定状态，且预留出充足的紧急控制时间。

2. 基于卷积神经网络(CNN)和集成决策规则的暂态功角稳定分层自适应评估

对于实际的电力系统暂态稳定算例，获得的稳定样本数大于不稳定样本数，若两者差距太大，将会导致训练过程中模型更倾向将结果判断为稳定，造成将一些难以辨识的临界不稳定样本错误判断为稳定样本的概率大于将其正确判断为失稳样本的概率。然而，在实际电力系统中，"漏判"和"误判"对电力系统的影响不同[34-36]。前者将失稳样本错误判断成稳定样本而没有任何报警信号，导致调度人员在系统即将失稳前没能及时采取相应的紧急控制措施，将会给系统带来严重的破坏，甚至引发连锁故障和大面积停电，必须尽量避免和消除。而后者将稳定样本错误判断成失稳样本，带来的影响相对来说要小很多。针对暂态功角稳定预测漏判与误判的代价问题，本节提出一种基于卷积神经网络和集成决策规则的暂态功角稳定分层自适应评估模型，具体结构如图 7-20 所示。

首先构建七种暂态稳定评估原始特征集，它们分别是故障切除后发电机机端电压幅值时序特征量、发电机相对惯量中心转子角时序特征量、相对转子角速度时序特征量、相对角加速度时序特征量、相对转子角动能时序特征量、发电机有功功率时序特征量和发电机相对有功功率时序特征量。将以上七种输入特征分别作为单一 CNN 预测器的输入特征，构建一个含有七种 CNN 模型的集成 CNN 模型，如图 7-20 所示。为了进一步提升分类性能，提出集成决策规则，7 个不同输入特征的 CNN 模型，CNN1、CNN2、CNN3、CNN4、CNN5、CNN6、CNN7 的第一个输出分别是 y_1、y_2、y_3、y_4、y_5、y_6、y_7，其集成决策原则如下。

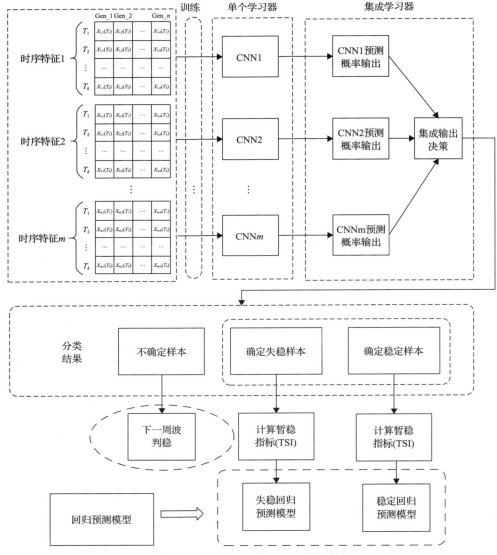

图 7-20 集成 CNN 暂稳评估模型结构

(1)若 $\min(y_1, y_2, y_3, y_4, y_5, y_6, y_7) > \varepsilon_1$，则判断为稳定。

(2)若 $\min(y_1, y_2, y_3, y_4, y_5, y_6, y_7) < \varepsilon_2$，则判断为失稳。

(3)若条件(1)和(2)均不满足，则判断为不确定，将该样本送入下个判稳时刻进行判稳。

首先通过集成决策规则对样本判稳，对于满足集成决策规则的确定样本可以输入回归预测模型，进一步对暂态稳定裕度和失稳程度进行回归预测，对于不确定样本则进入下一周波的判稳。回归预测模型采用单一 CNN 回归模型,其输入特征为以上七种特征中的第一种特征即发电机机端电压幅值时序特征,输出为样本对应的暂态稳定指数。暂态稳定指数(transient stability index,TSI)定义如下:

$$\text{TSI} = \frac{360° - |\Delta\delta_{\max}|}{360° + |\Delta\delta_{\max}|} \tag{7-66}$$

由大量实验验证分析可得,本研究提出的基于 CNN 和集成决策规则的暂态稳定分层自适应评估模型,通过设置集成决策规则的参数 ε_1 和 ε_2,可以尽量减少误判的同时避免漏判,提升了模型的实用性。对于判定为稳定和失稳的样本,可以继续送入基于 CNN 的暂态稳定程度回归预测模型,该模型预测精度高,可为后续提高电力系统稳定性的相关控制提供参考。

3. 基于迁移学习的电力系统暂态功角稳定自适应评估

针对基于机器学习和深度学习的在线暂态稳定评估应用中,系统运行方式和拓扑结构发生较大改变时,模型缺乏适应性和更新效率低的问题,本研究采用迁移学习,先让神经网络在暂稳大数据集中学习特征知识、拟合网络参数,然后将特征信息迁移到小样本、特定情况下的暂稳预测任务上。迁移学习是指网络从源域大数据集中学习特征知识,进而拟合出网络权重和偏置参数,之后在目标域的学习任务中共享模型结构和权重偏置参数,即共享预训练模型。然而预训练模型网络的最后一层分类层与具体数据集紧密相关,每个输出节点对应的是具体的某一个样本的标签,因而在实现网络迁移后需要重构分类层,以适应新任务的情况。本研究将网络在 10 机 39 节点系统的大量暂态稳定数据集(源域)上学习到的特征提取能力作为先验知识,迁移到该系统下发生的新运行工况下新拓扑结构系统暂稳数据集(目标域)。当系统运行方式和拓扑结构发生较大改变时,该场景下的暂稳数据集与原始训练集存在差异,网络难以通过预训练模型已学到的特征准确识别目前的系统暂稳状态,导致识别准确率下降,因而需要预训练模型在新的目标域的数据集上再训练,使网络能够针对新的目标样本自适应地调整网络参数,恢复预测性能,从而增强评估器在线连续预测的能力。

首先基于卷积神经网络(CNN)构建预训练模型。发电机功角直接受外部扰动引起的不平衡功率的影响,是反映电力系统稳定的重要参考量。通过对大量故障切除后发电机功角轨迹簇的观察,发现轨迹簇的某些整体特征具有一定的相似性和差异性,且与暂态稳定状态密切相关。在此,将故障切除后的发电机功角轨迹簇视为一个整体,根据轨迹簇的几何属性定义三大类 27 个特征指标,具体参见第

6.1.3 节内容。通过离线暂态稳定仿真计算，获取大量故障切除后发电机功角的轨迹曲线，选取故障切除后第 1 周波到第 15 周波内的发电机功角轨迹数据，系统频率为 60Hz，一个周波为一个采样间隔即 T=0.0167s，每个发电机功角轨迹共有 15 个采样点。根据仿真获得的所有发电机功角轨迹的采样序列和 27 个轨迹簇特征定义，计算每个采样时刻的 27 个轨迹簇特征，将计算得到的轨迹簇特征序列构成卷积神经网络的输入样本矩阵集，每个样本的输入特征维数为 15×27，并利用最大最小值归一化公式对其输入样本矩阵进行预处理。模型的输出结果为暂态稳定类别。本研究构造的卷积神经网络结构如图 7-21 所示，由卷积层 1、池化层 1、卷积层 2、池化层 2、全连接层和分类层组成。

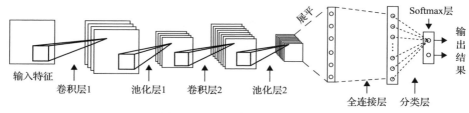

图 7-21　卷积神经网络结构图

为对比不同迁移学习策略的性能，本研究采用四种策略对电力系统新运行方式和拓扑结构下的迁移性能和暂稳评估性能进行对比研究，采用与第一阶段预训练模型相似的方法生成新场景的训练集和测试集。

方案 1：重新训练。保持预训练模型的网络结构不变，随机初始化所有各层的网络参数，然后用新训练集重新训练一个新的卷积神经网络模型，用新测试集对新模型进行测试。

方案 2：微调整个网络。将预训练模型的网络结构和参数全部迁移至新模型，即用预训练模型参数作为新模型参数的初始值，用新训练集微调整个预训练模型网络参数，用新测试集对新模型进行测试。

方案 3：保持预训练模型的网络结构和两个卷积层与两个池化层的网络参数不变，随机初始化全连接层和分类层的参数，用新训练集调整全连接层和分类层参数，用新测试集对新模型进行测试。

方案 4：保持预训练模型的网络结构和两个卷积层、两个池化层和全连接层的网络参数不变，仅随机初始化分类层的参数，用新训练集调整分类层参数，用新测试集对新模型进行测试。

四种迁移学习策略示意图见图 7-22 所示，其中方案 1 作为对照试验，将其他三种策略方案 2~4 的效果与之进行对比，主要对比网络训练时间和新模型的评估性能。

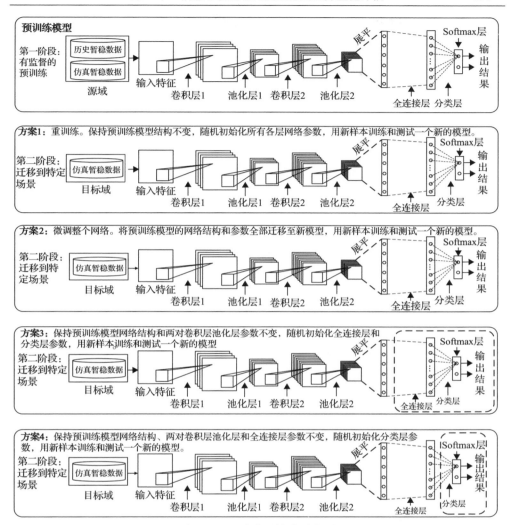

图 7-22 迁移学习策略示意图

1) 预训练模型泛化能力测试

模型的泛化能力是暂态稳定评估模型不可忽略的性能，只有具有较强的泛化能力，训练模型才具有应对实际情况的能力。为了检测预训练模型的泛化能力，在新英格兰 10 机 39 节点系统上新增了如下数据集。

场景 1：负荷仍在 75%～120%标准负荷水平下，系统拓扑结构保持不变，改变发电机出力，在新工况下对 10 机 39 节点系统重新进行暂稳仿真。

场景 2：负荷在 50%标准负荷水平下，减少 1 台发电机和 4 条线路，在此工况和拓扑结构下对新系统进行暂稳仿真。

场景 3：负荷在 150%标准负荷水平下，增加 2 台发电机和 4 条线路，在此工况和拓扑结构下对新系统进行暂稳仿真。

场景 4：负荷在 50%标准负荷水平下，减少 5 台发电机和 8 条线路，在此工况和拓扑结构下对新系统进行暂稳仿真。

场景 5：负荷在 150%标准负荷水平下，增加 5 台发电机和 10 条线路，在此工况和拓扑结构下对新系统进行暂稳仿真。

这五种场景下分别仿真生成新测试集 D1、D2、D3、D4 和 D5。它们均由 4000 个样本组成，其中稳定样本 2000 个，失稳样本 2000 个。预训练模型在新数据集上的泛化能力测试结果如表 7-5 所示。

表 7-5　模型泛化能力测试

新测试集	预测准确率/%
D1	99.6
D2	99.55
D3	96
D4	90.58
D5	95.4

通过上述测试可知，预训练模型在场景 1～场景 3 下预测准确率均在 96%以上，说明本研究所提预训练模型自身具备一定的泛化能力。但在场景 4 和场景 5 下预测准确率分别降至 90.58%和 95.4%。可见面对此类场景，预训练模型预测性能降低，适应性变差。

2)迁移学习方案效果对比

采用本研究所提出方法更新预训练模型，提高模型对场景 4 和场景 5 的预测准确率。考虑到实验的随机性，在场景 4 和场景 5 下，分别利用变步长结合二分法随机生成 20 组最小均衡样本集，通过多次试验取平均值的方法验证本节所提迁移学习方案的有效性。场景 4 共有 30 条故障线路，每组最小均衡训练集有 60 个样本，且与测试集 D4 中的样本各不相同；场景 5 共有 39 条故障线路，每组最小均衡样本集有 78 个样本，且与测试集 D5 中的样本各不相同。将各迁移学习方案的效果进行对比，各种方案均采用 Adam 算法反向对神经网络各层参数进行调整。由于所用轨迹簇特征维数较少，且轨迹簇特征的个数不随系统规模的扩大发生变化，所以输入特征的计算过程非常迅速。另外，不论是采用何种迁移学习方案，均需要仿真生成新样本用于新模型的训练和测试，仿真样本的生成和特征提取阶段的耗时是相同的，因而这里主要对比各种迁移学习方案的模型更新训练时间和新模型的预测准确率。在场景 4 和 5 下，各种迁移学习方案的平均训练时间和平均预测准确率如表 7-6 和表 7-7 所示，为了方便进行对比，将预训练模型的训练时间及其对各场景测试集的预测准确率也列于表中。

表 7-6　场景 4 下不同迁移学习方案效果对比

训练方案	训练时间/s	预测准确率/%
预训练	2353.72	90.58
方案 1	9.93	96.83
方案 2	0.95	96.74
方案 3	1.47	96.95
方案 4	0.09	97.24

表 7-7　场景 5 下不同迁移学习方案效果对比

训练方案	训练时间/s	预测准确率/%
预训练	2353.72	95.4
方案 1	22.36	94.98
方案 2	16.58	95.23
方案 3	17.1	95.82
方案 4	0.58	97.62

利用最小均衡样本集进行模型的重新训练(方案 1)。在场景 4 下，预测准确率从 90.58%提升至 96.83%；在场景 5 下，预测准确率相对于预训练模型并没有提升反而稍有下降，这是因为在有限的训练样本集下完全"冷启动"一个新的预测模型时，学习存在困难。而采用方案 4，在场景 4 和场景 5 下均可以通过调整预训练模型分类层网络参数，快速有效地将模型的评估性能恢复到 97%以上，且平均训练时间分别仅需要 0.09s 和 0.58s。将四种方案进行比较可知，方案 4 仅通过重构分类层得到的新模型，不论是在训练速度还是预测准确率方面均优越于方案 1~3。由此可见，该种迁移学习方案不仅能提高深度神经网络的训练效率，还能充分利用历史源域数据的有价值信息，提高模型更新速度和预测性能，使其在较短时间内恢复到较好的预测准确率。

7.3.2　基于轨迹的暂态电压稳定评估

随着重负荷地区动态负荷持续增长和多直流密集馈入，复杂电网受端系统的安全稳定运行正受到暂态电压稳定问题的严重威胁[37,38]。传统暂态电压稳定工程判据在可靠性、适应性等方面存在一定缺陷[39,40]，因而研究基于量测轨迹的故障态暂态电压稳定性评估方法。该方法以时间序列 shapelet 方法为基础，首先针对传统工程判据在初始案例标定中可靠性和适应性不足的问题，以时间序列 shapelet 方法为核心，提出非线性最大 Lyapunov 指数方法与时序数据聚类/分类学习交替迭代结合的半监督暂态案例标定方案；然后结合暂态电压失稳的特点提取动态特征，以此来构建暂态电压稳定评估模型，并针对实际电网的特性对模型进行实时更新。

1. 基于 shapelet 的关键动态特征提取方法

时序数据驱动的暂态电压稳定评估框架以关键动态特征的提取方法为基础，本节先介绍将暂态响应轨迹间的差异转化为距离特征度量的 shapelet 变换方法，进而引出基于 shapelet 变换的时序数据分类学习和聚类学习。

shapelet 变换概念由 Bagnall 等提出，即学习过程中首先进行 shapelet 的搜索和提取，并利用提取出的 shapelet 将原始时序数据集变换为特征空间中的距离数据集。shapelet 是后续挖掘学习过程的关键特征量，对 shapelet 的提取本质上也是对关键特征的提取。进一步将变换得到的距离数据集作为输入，即可采用 DT、ANN、SVM 等一系列经典数据挖掘算法进行后续挖掘学习。下面以电力系统暂态过程中一般的多维时序数据集为例，介绍 shapelet 变换基本原理。

在一个包含 m 个负荷节点(假设所有节点均装设 PMU)的受端系统中，设系统包含 n 个暂态案例，系统暂态监测时间窗为 T_{win}，PMU 采样间隔为 Δt。对于每一案例，当系统遭遇暂态扰动时，将故障清除后各 PMU 在 T_{win} 内量测得到的各节点电压幅值、节点注入有功功率和无功功率($U/P/Q$)集成为 $d(d=m*3)$ 维时序数据样本，把所有 n 个案例的时序数据样本集成为 d 维时序数据集，记为 $\boldsymbol{S} = \{S_1, S_2, \cdots, S_d\}$ ($\boldsymbol{S} \in \mathbb{R}^{l \times d \times n}$，$l = T_{\text{win}}/\Delta t$)。以第 $k(1 \leqslant k \leqslant d)$ 维时序数据为例，设候选 shapelet 长度(采样点数)的上下限分别为 $L_{\min}(L_{\min} \geqslant 3)$ 和 $L_{\max}(L_{\max} \leqslant l)$，从第 k 维数据集 S_k 的所有完整时间序列中抽取所有子序列，将所有子序列集成为第 k 维 shapelet 的候选子序列集：

$$SC_k = \{S_{k,L_{\min}}, S_{k,L_{\min}+1}, \cdots, S_{k,i}, \cdots, S_{k,L_{\max}}\} \tag{7-67}$$

式中，$S_{k,i}$ 为候选子序列集中所有长度为 $i(L_{\min} \leqslant i \leqslant L_{\max})$ 的子序列集合。从 $S_{k,i}$ 中抽取某一长度为 i 的子序列 $\mathcal{X}_i$，计算 $\mathcal{X}_i$ 与时序数据集中相应维度各完整时间序列间的距离。对于某一完整序列 $\mathcal{Y}$，$\mathcal{X}_i$ 与 $\mathcal{Y}$ 的距离定义为

$$D(\mathcal{X}_i, \mathcal{Y}) = \min_{\mathcal{Y}_{i,j} \in W_i} [D(\mathcal{X}_i, \mathcal{Y}_{i,j})] \tag{7-68}$$

式中，W_i 为序列 $\mathcal{Y}$ 中包含的所有长度为 i 的子序列集合；$\mathcal{Y}_{i,j}$ 为从中随机抽取的长度为 i 的子序列；$D(\mathcal{X}_i, \mathcal{Y}_{i,j})$ 为 $\mathcal{X}_i$ 与 $\mathcal{Y}_{i,j}$ 之间的欧氏距离。

以某一电压时间序列为例, 如式 (7-68) 所示, 式中最小距离准则表示从 $\mathcal{Y}$ 中提取出与 $\mathcal{X}_i$ 的形状最匹配 (相似度最高) 的子序列, 并将二者间的欧氏距离视作 $\mathcal{Y}$ 与 $\mathcal{X}_i$ 之间的距离。通过这种以 $\mathcal{X}_i$ 为统一标准的距离度量方式, 原始时序数据同一维度下各时间序列间的差异被量化为距离数据集 $D_{k,i} = \{D_{1,i}, D_{2,i}, \cdots, D_{n,i}\}$。进一步通过可评估 shapelet, 对所有时间序列分辨能力的度量函数 $\Gamma(D_{k,i})$ 来估计将 $\mathcal{X}_i$ 选作 shapelet 的潜力 (图 7-23)。计算和比较 SC_k 中所有候选子序列的度量函数, 从中选出度量函数值最大的子序列, 将其作为最终搜索得到的 shapelet:

$$\mathrm{Shp}_k = \underset{\mathcal{X}_i \in S_{k,i}}{\arg\max} [\Gamma(D_{k,i})](S_{k,i} \subseteq SC_k, L_{\min} \leqslant i \leqslant L_{\max}) \tag{7-69}$$

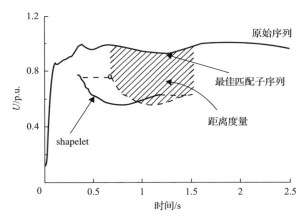

图 7-23　基于最佳匹配子序列的距离度量示意图

式中, Shp_k 表示从第 k 维时序数据中提取得到的 shapelet, 其长度为 i; $\Gamma(\cdot)$ 可取为信息增益、信息增益率、基于统计性的分离系数等度量指标, 视具体的挖掘学习任务和对象而定。完成所有 k 维 shapelet 的提取后, 按照式 (7-68) 的距离度量方式, 计算各原始时间序列与 Shp_k 的距离:

$$(\mathrm{Shp}_k, \mathcal{Y}) = \underset{\mathcal{Y}_{i,j} \in W_i}{\min} [D(\mathrm{Shp}_k, \mathcal{Y}_{i,j})](\mathcal{Y} \in S_k) \tag{7-70}$$

事实上, 式 (7-70) 实现了从原始时序数据向扁平数值式距离数据的转换, 因此, 也可将从式 (7-67)~式 (7-70) 的 shapelet 搜索、提取及相应距离计算过程称之为 shapelet 变换, 并将该变换统一表示为

$$\{D_1, D_2, \cdots, D_d\} = \mathbb{ST}\{S_1, S_2, \cdots, S_d\} \tag{7-71}$$

式中, $D = \{D_1, D_2, \cdots, D_d\}$ 为经变换后得到的 d 维距离数据集; $\mathbb{ST}(\cdot)$ 表示 shapelet 变换。通常情况下, 为避免不同维度下量纲和数值范围的差异对后续学习可能带

来的不利影响，可将由 shapelet 变换得到的距离数据集 D 进行最小-最大标准化处理，将各维度距离数据统一折算到[0, 1]区间内。

分类学习的主要任务是通过提取输入数据中与输出数据（类别信息）密切相关的关键特征，建立反映输入输出映射关系的分类评估模型，在给定某一样本输入信息后，即可利用分类模型进行分类预测。本质上，经 shapelet 变换后的距离数据集与普通数据集无异，后续采用决策树算法进行 shapelet 分类学习，从而充分继承 shapelet 本身及其变换的可解释性，建立直观而易于理解的稳定分类评估模型。

因缺乏样本输出数据作为学习过程的监督性信息，聚类学习需采取自主探索方式主动发现样本输入特征空间中潜藏的数据结构和内在的聚集/分散特性，把相似度高、距离相近的样本聚集到同一簇，把差异显著、相聚较远的样本分离到不同簇。与前述 shapelet 分类学习类似，经 shapelet 变换后，时序数据的 shapelet 聚类学习可采用经典聚类算法进行聚类，如 k-均值聚类。以分离系数为 shapelet 聚类学习性能的度量基准，通过 shapelet 变换与 k-均值聚类的交互迭代，可将无类标号的时序数据集 S 高效地自动聚集成簇，具体实施流程如图 7-24 所示。

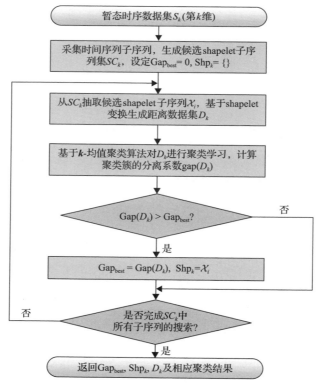

图 7-24　shapelet 聚类学习的实施流程（以第 k 维为例）

2. 区域性失稳判定基础方法

目前包括工程判据在内的各类暂态电压稳定判据及稳定评估方法或可靠性不足，或适用范围有限，这给数据挖掘学习中初始学习案例稳定类别的基础性标定带来了极大困难。为此，将通过机理性分析与数据挖掘分析相结合的方式，对暂态电压稳定学习案例集进行可靠的初始化标定。具体而言，不依赖工程判据等传统方法，首先基于非线性系统最大 Lyapunov 指数（MLE）方法筛选出明显稳定/失稳案例，然后以此为先验性监督信息，结合 shapelet 分类学习/聚类学习的核心算法，提出聚类–分类交替迭代的半监督学习方案，对所有暂态案例进行可靠的初始稳定评估，如图 7-25 所示。

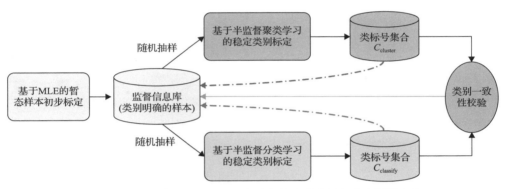

图 7-25 MLE 方法与 shapelet 方法相结合的半监督稳定评估方案

针对传统的电压稳定工程判据及机理性评估方法的可靠性问题，首先采用理论性和可靠性相对较强的 MLE 方法来进行稳定类别初判。该方法可对典型的稳定/失稳情形作出可靠判定，但其致命之处在于：当系统接近临界稳定/失稳状态时，MLE 的估计值在 0 附近振荡，将出现判断"死区"，易造成误判或漏判。因此，本方案主要利用 MLE 方法标定典型的稳定/失稳样本，而将剩余处于其判断"死区"的样本标记为稳定状态未知的样本。MLE 用于稳定评估的基本思想和计算方法如下。

给定一个非线性系统 $\dot{x} = f(x)$，设 $\phi(t,x)$ 为该系统微分方程的解，定义如下极限形式的矩阵：

$$\Lambda(x) = \lim_{t \to \infty} \left[\frac{\partial \phi(t,x)^{\mathrm{T}}}{\partial x} \frac{\partial \phi(t,x)}{\partial x} \right]^{1/2t} \tag{7-72}$$

假定上述矩阵的最大特征值为 $\Lambda_{\max}$，则相应的 MLE 为 $\lambda = \ln \Lambda_{\max}$。然而，对于实际电网这样的高维复杂非线性系统，上述严格意义下的 MLE 无法解析计

算。尽管如此，通过反映系统轨迹的相应状态变量的实测时间序列，可对 MLE 作近似估计。对于系统中两条初始状态相邻的轨迹，设二者初始状态差为 Δx_0（$\|\Delta x_0\| < \varepsilon_1$，$\varepsilon_1$ 为足够小的正实数），一定程度上，两条轨迹间的距离可近似为

$$\|\Delta x(t)\| \approx e^{\lambda t}\|\Delta x_0\| \tag{7-73}$$

式中，λ 为 MLE，它近似地反映系统相邻轨迹的收敛/发散特性。若指定系统基准轨迹 $x(t)$，观察与其初始相邻的另一条轨迹变化，当 $\lambda < 0$ 时，两条轨迹收敛，系统维持稳定，当 $\lambda > 0$ 时，两条轨迹发散，系统发生失稳。因此，通过 λ 的符号可判别系统稳定性。

实际电网中，可充分利用 PMU 量测得到的系统内各节点时序轨迹信息，通过有限时间内的电压时间序列近似计算 MLE：

$$\lambda(k\Delta t) = \frac{1}{Nk\Delta t} \cdot \sum_{m=1}^{N} \ln\left\|\frac{U_{(k+m)\Delta t} - U_{(k+m-1)\Delta t}}{U_{m\Delta t} - U_{(m-1)\Delta t}}\right\| \tag{7-74}$$

式中，Δt 为采样时间间隔；U_t 为各节点在时刻 t 的电压量测值构成的向量；N 为初始相邻点数。给定监测时间窗 ΔT 和典型稳定/失稳判断阈值 η，根据监测时间窗末的 MLE 数值对样本的暂态电压稳定性进行评估：

$$\begin{cases} \lambda(\Delta T) > \eta, & \text{明显失稳} \\ \lambda(\Delta T) > -\eta, & \text{明显稳定} \\ |\lambda(\Delta T)| \leqslant \eta, & \text{判断死区} \end{cases} \tag{7-75}$$

将式(7-75)筛选出来的明显稳定和明显失稳样本集成至监督信息库，为后续半监督学习提供初始监督信息。

在 COP-k-均值算法基础上，基于 shapelet 变换的时序数据半监督聚类学习过程与式(7-75)基本一致，仅需将迭代过程中的 k-均值算法替换为 COP-k-均值算法，因此，这里不再详述其实施流程。当聚类学习完成后，依据各样本与稳定、失稳两个聚类簇的所属关系，给出所有样本的类标号(稳定为 1，失稳为 -1)，将所有样本类标号的集合记为 C_{cluster}。

半监督分类学习本质上属于分类学习的范畴。如前所述，shapelet 分类学习中已将 shapelet 变换和后续分类学习解耦，因而此处的半监督分类学习主要关注经 shapelet 变换后所得距离数据集的分类学习。在半监督学习问题中，除了可利用聚类算法来引导学习，也可基于分类学习算法指导相应学习，这里采用半监督支持向量机(semi-supervised support vector machine，S3VM)算法进行半监督分类学习。与半监督聚类学习利用有类标号样本来监督无标号样本的分簇过程不同，半监督

分类学习利用无标号样本来引导和辅助有类标号样本的分类过程。正是这两类算法在原理和结构上的差异性和互补性，为后续基于类别一致性校验和交替迭代的样本标定提供了可靠保障。

完成一轮半监督聚类学习和半监督分类学习后，对各自获得的样本类标号集合 $C_{cluster}$ 和 $C_{classify}$ 进行一致性校验。以 $C_{cluster}$ 和 $C_{classify}$ 的混淆矩阵为基础，采用一致性指标（random index, RI）综合比较和校验二者类标号的一致性。首先通过类别统计获得二者的混淆矩阵，如表 7-8 所示。以 N_{US} 为例，该元素表示在半监督聚类学习中被标定为失稳类别，而在半监督分类学习中被标定为稳定类别的样本总数。

进一步计算 $C_{cluster}$ 与 $C_{classify}$ 的一致性指标：

$$RI = \frac{N_{SS} + N_{UU}}{N_{SS} + N_{SU} + N_{US} + N_{UU}} \tag{7-76}$$

表 7-8 $C_{cluster}$ 与 $C_{classify}$ 的混淆矩阵

混淆矩阵	稳定（$C_{classify}$）	失稳（$C_{classify}$）
稳定（$C_{cluster}$）	N_{SS}	N_{SU}
失稳（$C_{cluster}$）	N_{US}	N_{UU}

设定一致性校验的阈值 γ。若 $RI < \gamma$，说明半监督聚类学习与半监督分类学习的类别标定结果差异较大，将混淆矩阵中被计入 N_{SS} 和 N_{UU} 统计项中的样本作为校验通过的样本，添加到监督信息库中，并通过随机抽样的方式，从中重新抽取有类标号的监督性样本，进行新一轮半监督聚类-分类学习的迭代及相应的类别一致性校验；若 $RI \geq \gamma$，说明半监督聚类学习与半监督分类学习的标定结果高度一致，样本类别的标定结果已满足可靠性要求，由此结束聚类-分类学习的交替迭代。

3. 代价敏感的在线增量学习方法

电力系统在线安全稳定评估中，由于暂态过程本身剧烈而短暂，代价敏感问题同样不容忽视，且往往与类别失衡问题共生。系统在线监测过程中，因漏判、误判造成的暂态事故波及范围及事故可控程度截然不同，将不稳定/不安全漏判为稳定/安全的代价远远大于将稳定/安全误判为不稳定/不安全的代价。对于基于实测信息的不平衡暂态数据集，它本身也是代价敏感的，即不稳定/不安全的案例极为稀少却又弥足珍贵。在深入剖析暂态事故内在特性的基础上，有针对性地提出可同时应对样本类别失衡和代价敏感问题的综合解决方案。进一步考虑在线监测过程中暂态事故记录和数据不断产生、不断累积的实际问题，以进化学习思想为指导，设计可持续继承已有知识和不断提升学习模型性能的在线增量学习策略。

该策略在减轻在线存储和计算负担的同时，可显著提高稳定评估模型应对未知暂态场景的适应性。

1）面向不平衡暂态数据集的稳定评估方法

面向不平衡数据集的评估方法框架如图 7-26 所示，该评估方法由基于趋势预测的非线性样本合成（forecasting-based nonlinear synthetic minority oversampling technique，FN-SMOTE）和代价敏感决策树分类学习（cost-sensitive decision tree，CSDT）综合组成。FN-SMOTE 方法主要通过合理的数值仿真生成适量的合成样本缓解类别失衡问题，而 CSDT 算法主要在学习过程中通过引入漏判/误判代价比，生成具有最低错分代价的可解释性稳定评估模型。与传统数据挖掘/机器学习领域的相关方法相比，该方法在提高对数目稀少而又珍贵的少数样本的分辨能力的同时，充分注重学习方法的可解释性及学习样本的物理意义，为样本不平衡学习环境下从稳定评估模型中挖掘和分析系统失稳规律提供有力支撑。

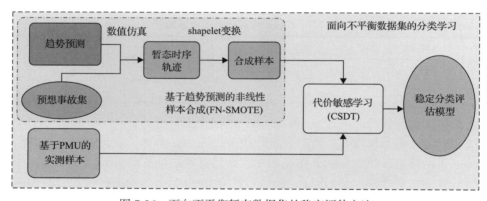

图 7-26　面向不平衡暂态数据集的稳定评估方法

对于类别失衡样本的分类学习，直接从数据层面出发的样本采样是相对简单而高效的降低类别不平衡度的方法，为此，提出基于暂态响应轨迹非线性 shapelet 变换的 FN-SMOTE 方法，以此合成可与系统实际运行状态关联、具有明确物理意义的失稳样本。FN-SMOTE 方法的核心思想在于：根据系统当前运行状态和未来一段时间内预测的运行状态，通过合理的数值仿真设置生成暂态电压失稳案例，并通过 shapelet 变换将仿真案例对应的暂态时序数据变换为特征空间的距离数据，由此将失稳案例的距离数据集成为失稳样本。将基于 PMU 的实测样本和基于 FN-SMOTE 的合成样本集成为用于分类学习的数据集，相对于原始实测数据集，该数据集的稳定/失稳样本类别失衡问题得到一定程度的缓解。尽管如此，由于样本合成过程中趋势预测和仿真计算的固有误差，类别失衡问题难以依靠样本合成方法完全解决。因此，将采用代价敏感学习方法对数据集进行分类学习，在解决暂态事故代价敏感问题的同时,进一步增强对失衡数据集中少数失稳样本的学习。在传统分类学习算法基础上,通过合适的方式,将不同类别样本的错分代价融入学习过程中,作为相应的权重因子或惩罚系数,以最小化错分代价为目标函数,即可构成相应的代价敏感学习算法。从继承整个时序数据挖掘分析方法体系的可解释性出发,采用 CSDT 算法对暂态数据集进行高效而透明的代价敏感学习。

2)在线增量式稳定评估方案

在上述面向不平衡暂态时序数据集的稳定分类评估方法基础上,进一步考虑在线监测过程中暂态数据不断累积的问题,提出在线增量式暂态电压稳定评估方案,整个评估方案分为初始学习、增量更新和在线评估三个阶段,其中第一阶段属于离线学习环节,后两个阶段属于在线监测和应用环节。在初始学习阶段,首先从系统历史暂态运行记录中广泛收集实测样本。从系统历史数据库中查询过去数月内的系统运行记录,并将代表性暂态电压稳定案例挑选出来,从中提取 PMU 时序数据,形成基于实测信息的暂态时序数据集(通常情况下,该数据集类别失衡程度较为严重)。另一方面,以系统当前实际运行状态和未来短时预测状态为基本运行点,利用本节所提的 FN-SMOTE 方法生成一定数目的合成样本。将所有实测样本和合成样本集成为初始时序数据集,通过计及代价敏感性的 shapelet 变换和 CSDT 方法进行分类学习,进而得到特征空间内的距离数据集、用于暂态电压稳定评估的 CSDT 稳定评估模型(稳定判据)以及相应的关键 shapelet。至此,完成初始的离线学习任务,将得到的距离数据集、DT 稳定评估模型及 shapelet 用于后续的在线监测。

在初始学习结果基础上,增量更新与在线评估并列、持续地运行,共同服务于系统在线监测。增量更新的主要目的在于通过周期性扫描系统在最近一段时间的运行状态和预测系统在未来短时间内的运行状态,以增量学习方式引导暂态电压稳定评估模型跟随系统最新运行变化趋势,从而不断提高评估模型用于在线监测的可靠性和适应性。记增量更新的周期为 ΔT,在每一周期内,收集系统新出现的暂态扰动案例,从各暂态扰动案例的 PMU 暂态实测响应中提取 $U/P/Q$ 时序数据,形成相应实测样本。另一方面,与初始学习阶段类似,通过 FN-SMOTE 方法适当地生成一部分与系统最新状态相近的合成样本,将这两部分样本集成为用于增量学习的增量数据集。

以增量数据集为输入数据,利用进化学习思想,设计高效的增量学习策略,以逐步进化方式不断更新用于稳定分类评估的代价敏感分类模型及关键 shapelet。与传统更新学习方法对累积的数据完全进行重新学习不同,增量学习策略仅在增量数据集中搜索新的关键特征信息——shapelet,并以加权信息增益率指标为基准,通过直接比较新搜索得到的 shapelet 与原 shapelet 的分类性能差异,决定是否由新 shapelet 取代原 shapelet 用作新一轮的 shapelet 变换及分类学习。这种方式在充分继承原有关键特征信息的基础上，可稳步提升用于在线监测的 shapelet 分类辨别能力，为稳定评估模型的可靠性提供保障。与此同时，针对暂态数据不断产生的问题，采用滚动更新方式对数据集进行周期性更新。以时间轴为基准，将增量更新周期内获得的最新增量样本注入到原有数据集中，同时将离当前时刻最远的同等数目样本从数据集中剔除出去，从而维持数据集中整体样本数目不变。需指出的是，虽然旧时序样本随时间不断被更替，但这并不意味着具有高分辨能力的 shapelet 也随之被剔除。当且仅当从增量数据集中搜索得到更具分辨能力的 shapelet 时，原有 shapelet 才会被取代。在此基础上，采用最新的数据集和相应 shapelet 进行时序数据分类学习，构建对系统新的运行变化更具适应性的稳定评估模型(稳定判据)。当新的增量更新周期到来时，本周期更新后的数据集和 shapelet 将充当下一周期的初始数据集和初始 shapelet。由于将增量更新和学习分解到不同时间单元后有效避免了暂态数据的不断累积，这种增量学习策略可大幅缓解系统处理在线流式数据的负担，显著提高系统在线学习的效率。

7.4　本章小结

本章主要有以下六点创新性的研究成果。

(1)提出了大电网节点的戴维南等值参数在线快速辨识方法，以及薄弱区域、薄弱元件快速辨识方法，构建了量纲统一的静态稳定裕度指标，再基于预测状态构建静态稳定态势评估指标，应用控制量和状态量、稳定裕度指标间的直接解析映射关系，构建自适应在线预防控制优化模型，给出防控优化决策辅助信息，实现了基于节点信息的静态稳定态势评估和优化防控决策机制。

(2)基于稳态运行时的类噪声数据，提出了基于随机子空间法和聚类算法的振荡模式模态辨识方法、以及发电机阻尼特性评估方法，基于分析结果训练卷积神经网络模型；并提出了基于该模型的动态稳定预防控制方法，基于潮流断面快速评估动态稳定性，对于危险模式给出预防控制策略。

(3)完成了基于断面信息的电网安全评估方法研究。利用关键断面极限传输容量和当前潮流构建断面安全量化指标，提出了基于稳态量测、微气象和深度置信网络的安全稳定评估模型，提出了分布式的深度置信网络模型训练方法，提高了断面安全评估的准确性和模型训练速度。

(4)提出了电网层级网络深度学习模型 GHNet，基于电网连接关系构建层级网络模型，减少模型参数数量，实现了电网稳定快速判别。

(5)完成了基于故障后动态轨迹簇和 SDAE 的广域故障特征提取方法研究；完成了计及漏判/误判代价的集成 DBN、CNN 的分层暂态稳定程度、可信度评估方法研究；完成了基于迁移学习和深度学习网络的电力系统暂态稳定自适应评估方法研究，提出了一种评估器网络结构和参数的迁移方法，和一种能大幅减少在线迁移学习时间的最小平衡样本的变步长生成方法，可实现电力系统暂态稳定的自适应评估。

（6）完成了基于 shapelet 方法的时间序列动态特征提取，为建立准确而具有可解释性的暂态电压评估体系奠定基础。完成非线性最大 Lyapunov 指数方法与时序数据聚类/分类学习交替迭代结合的半监督暂态电压案例标定方案，并针对实际电网中的代价敏感和运行方式不断变化的问题，提出代价敏感的在线增量学习方法。

参 考 文 献

[1] Giebel G, Kariniotakis G. The State of the Art in Short-Term Prediction of Wind Power-A Literature Overview[R]. ANEMOS. plus project Report, 2011.

[2] Endsley R M. Toward a theory of situation awareness in dynamic systems[J]. Human Factors and Ergonomics Society, 1995, 37（1）: 32-64.

[3] Wang Y, Pordanjani I R, Li W, et al. Voltage stability monitoring based on the concept of coupled single-port circuit[J]. IEEE Transactions on Power Systems, 2011, 26（4）: 2154-2163.

[4] Zimmerman R D, Murillo-Sanchez C E, Thomas R J. Matpower: Steady-state operations, planning, and analysis tools for power systems research and education[J]. IEEE Trans. Power Syst., 2011, 26（1）: 12-19.

[5] Wang Y, Pordanjani I R, Li W, et al. Voltage stability monitoring based on the concept of coupled single-port circuit[J]. IEEE Transactions on Power Systems, 2011, 26（4）: 2154-2163.

[6] 刘道伟, 马世英, 李柏青, 等. 基于响应的电网暂态稳定态势在线量化评估方法[J]. 中国电机工程学报, 2013, 33（4）: 85-95, 12.

[7] 马世英, 刘道伟, 吴萌, 等. 基于 WAMS 及机组对的电网暂态稳定态势在线量化评估方法[J]. 电网技术, 2013, 37（5）: 1323-1328.

[8] 吴茜, 张东霞, 刘道伟, 等. 基于随机矩阵理论的电网静态稳定态势评估方法[J]. 中国电机工程学报, 2016, 36（20）: 5414-5420, 5717.

[9] 马世英, 刘道伟, 汤涌, 等. 基于多响应信息源的电压稳定全态势量化评估与辅助决策系统[J]. 电网技术, 2013, 37（8）: 2151-2156.

[10] 刘道伟, 张东霞, 孙华东, 等. 时空大数据环境下的大电网稳定态势量化评估与自适应防控体系构建[J]. 中国电机工程学报, 2015, 35（2）: 268-276.

[11] 刘宝柱, 朱涛, 于继来. 电力系统电压态势预警等级的多级模糊综合评判[J]. 电网技术, 2005, 29（24）: 31-36.

[12] 栗秋华, 周林, 张凤, 等. 基于模糊理论和层次分析法的电力系统电压态势预警等级综合评估[J]. 电网技术, 2008, 32（4）: 40-45.

[13] 刘瑞叶, 李卫星, 李峰, 等. 电网运行异常的状态特征与趋势指标[J]. 电力系统自动化, 2013, 37（20）: 47-53.

[14] 王斌琪, 王海霞, 徐鹏, 等. 电网运行趋势实时安全评估方法[J]. 电网技术, 2015, 39（2）: 478-485.

[15] 王涛, 张尚, 顾雪平, 等. 电力系统运行状态的趋势辨识[J]. 电工技术学报, 2015, 30（24）: 171-180.

[16] 刘道伟, 谢小荣, 穆钢, 等. 基于同步相量测量的电力系统在线电压稳定指标[J]. 中国电机工程学报, 2005（1）: 16-20.

[17] 余贻鑫, 栾文鹏. 智能电网述评[J]. 中国电机工程学报, 2009, 29（34）: 1-8.

[18] 李来福, 柳焯. 基于戴维南等值参数的紧急态势分析[J]. 电网技术, 2008, 32 (21): 63-67.

[19] Dy Liacco T E. Real time control of power system[J]. Proceeding of IEEE, 1974, 62 (7): 884-891.

[20] Xu Y, Dong Z Y, Luo F, et al. Parallel-differential evolution approach for optimal event-driven load shedding against voltage collapse in power systems[J]. IET Generation, Transmission & Distribution, 2014, 8 (4): 651-660.

[21] Zabaiou T, Dessaint L, Kamwa I. Preventive control approach for voltage stability improvement using voltage stability constrained optimal power flow based on static line voltage stability indices[J]. IET Generation, Transmission & Distribution, 2014, 8 (5): 924-934.

[22] Rabiee A, Parvania M, Vanouni M, et al. Comprehensive control framework for ensuring loading margin of power systems considering demand-side participation[J]. IET Generation, Transmission & Distribution, 2012, 6 (12): 1189-1201.

[23] Rabiee A, Soroudi A, Keane A. Risk-averse preventive voltage control of AC/DC power systems including wind power generation[J]. IEEE Transactions on Sustainable Energy, 2015, 6 (4): 1494-1505.

[24] Wang X, Ejebe G C, Tong J, et al. Preventive/corrective control for voltage stability using direct interior point method[J]. IEEE Transactions on Power Systems, 1998, 13 (3): 878-883.

[25] Capitanescu F, Cutsem T V, Wehenkel L. Coupling optimization and dynamic simulation for preventive-corrective control of voltage instability[J]. IEEE Transactions on Power Systems, 2009, 24 (2): 796-805.

[26] Nojavan M, Seyedi H, Mohammadi-Ivatloo B. Voltage stability margin improvement using hybrid non-linear programming and modified binary particle swarm optimisation algorithm considering optimal transmission line switching[J]. IET Generation, Transmission & Distribution, 2018, 12 (4): 815-823.

[27] Li S, Li Y, Cao Y, et al. Comprehensive decision-making method considering voltage risk for preventive and corrective control of power system[J]. IET Generation, Transmission & Distribution, 2016, 10 (7): 1544-1552.

[28] Dobson I, Lu L. Computing an optimum direction in control space to avoid stable node bifurcation and voltage collapse in electric power systems[J]. IEEE Transactions Automatic Control, 37 (10): 1616-1620.

[29] Greene S, Dobson I, Alvarado F L. Sensitivity of the loading margin to voltage collapse with respect to arbitrary parameters[J]. IEEE Transactions on Power Systems, 1997, 12 (1): 262-272.

[30] Greene S, Dobson I, Alvarado F L. Sensitivity of transfer capability margins with a fast formula[J]. IEEE Transactions on Power Systems, 2002, 17 (1): 34-40.

[31] Feng Z, Ajjarapu V, Maratukulam D J. A comprehensive approach for preventive and corrective control to mitigate voltage collapse[J]. IEEE Transactions on Power Systems, 2000, 15 (2): 791-797.

[32] Wu Q, Popovic D H, Hill D J, et al. Voltage security enhancement via coordinated control[J]. IEEE Transactions on Power Systems, 2001, 16 (1): 127-135.

[33] Capitanescu F, van Cutsem T. Preventive control of voltage security margins: a multicontingency sensitivity-based approach[J]. IEEE Transactions on Power Systems, 2002, 17 (2): 358-364.

[34] Fu X, Wang X. Unified preventive control approach considering voltage instability and thermal overload[J]. IET Generation, Transmission & Distribution, 2007, 1 (6): 864-871.

[35] Mansour M R, Geraldi E L, Alberto L F C, et al. A new and fast method for preventive control selection in voltage stability analysis[J]. IEEE Transactions on Power Systems, 2013, 28 (4): 4448-4455.

[36] Li S, Tan Y, Li C, et al. A fast sensitivity-based preventive control selection method for online voltage stability assessment[J]. IEEE Transactions on Power Systems, 2018, 33 (4): 4189-4196.

[37] Vu K, Begovic M M, Novosel D, et al. Use of local measurements to estimate voltage-stability margin[J]. IEEE Transactions on Power Systems, 1999, 14 (3): 1029-1035.

[38] Wang Y, Pordanjani I R, Li W, et al. Voltage stability monitoring based on the concept of coupled single-port circuit[J]. IEEE Transactions on Power Systems, 2011, 26(4): 2154-2163.

[39] 李帅虎, 曹一家, 刘光晔, 等. 基于电压稳定在线监测指标的预防控制方法[J]. 中国电机工程学报, 2015, 35(18): 4598-4606.

[40] Wang Y, Li W Y, Lu J P. A new node voltage stability index based on local voltage phasors[J]. Electric Power Systems Research, 2009, 79(1): 265-271.

第8章 智能全景电网平台支撑技术与应用

智能全景电网作为现实系统的虚拟同步映射，其构建需要以海量大电网量测与仿真数据为基础。从实际工程需求和大数据的高度来看，电网广域时空序列属于典型的时空大数据，其核心价值在于时间、空间、对象之间的复杂动态关联关系，对这种关联关系及动态演化规律的表达和准确度量，是实现智能全景电网安全防御的关键。因此，需要采用一种全新的智能全景电网时空大数据应用模式，以便更好地用于海量、高维、实时信息的规则发现、规律提取和趋势预测。

本章将描述智能全景电网大数据平台支撑技术，重点介绍智能全景电网时空大数据平台架构及其高性能存储技术、基于大数据的大电网时空动力学智能认知框架、智能全景电网直观可视化与智能交互技术。同时，以华中电网为例，描述智能全景电网及其关键技术在区域电网的应用情况。

8.1 智能全景电网时空大数据平台

为了应对大电网日益复杂的运行环境及指数级增长的多源大数据挑战，本节基于大电网物理系统、信息系统和仿真系统之间的深度融合关系，借助信息物理系统理念和人工智能技术，建立智能全景电网时空大数据平台核心功能框架。在此基础上，提出智能全景电网时空大数据平台架构，重点突破大电网海量多源信息分布式存储与并发查询技术，为大电网在线动态安全稳定智能评估提供高效可靠数据服务。

8.1.1 核心功能框架

时空大数据平台是智能全景电网的核心基础部件之一，也是电网全景安全防御体系的数据基础。智能全景电网时空大数据平台主要分为信息融合、信息存储、智能认知、综合管理、人机交互五大功能层次。其核心功能框架如图 8-1 所示。

（1）信息采集融合层：①主要针对电网各种不同类型、不同场景的仿真数据，如静态场景、动态场景等，构成电网仿真数据集合；②主要针对电网正常或故障情况下的实时量测数据，包括 D5000 系统、数据采集与监视控制系统（SCADA）、广域测量系统（WAMS）等实时量测数据[1]，构成电网实时量测数据集合；③主要针对电网外部环境信息，如周围温度、湿度、风速、天气预报等信息，构成电网环境数据集合。同时，数据预处理包含数据清理、数据抽取、协议转换等操作，为数据存储管理层提供数据清洗服务[2]。

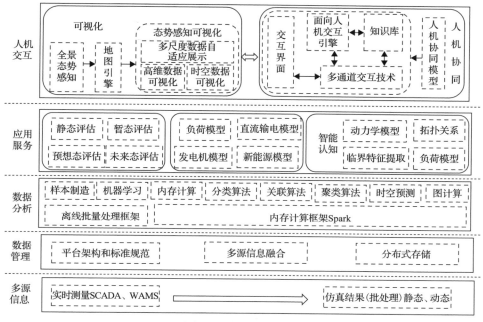

图 8-1　核心功能框架

（2）信息存储管理层：对电网各类仿真、实测及外界环境信息进行融合、清洗、转换和压缩，为电网全景态势感知及广域协调控制算法提供全面而精确统一的数据标准格式。同时采用分布式存储和管理提高电网时空大数据的理解和处理效率。根据电网采集数据的特点，分为结构化数据、半结构化数据和非结构化数据等，所有采集或待导入的数据，经过时空数据统一存储标准处理后，根据不同存储策略分不同存储方式接入存储层[2]。

（3）智能分析认知层：是智能全景电网的关键部分，针对电网时空轨迹大数据，在利用常规经典轨迹模式挖掘（关联、聚类、分类、预测）方法以外，进一步利用电网连续潮流和时域仿真工具，制造各类运行场景及临界样本数据。引入数据挖掘、机器学习等方法，揭示电网运行特性及演变规律，实现电网时空动力学行为的智能认知。同时，针对海量时空大数据，采用分布式计算作为核心计算引擎，提供统一的框架计算服务，利用基于内存的分布式计算引擎及其良好的完整生态环境，快速处理海量数据，共同支撑智能全景电网时空大数据高效能的分析和计算[2]。

（4）应用服务层：实现电网全景安全防御系统的态势评估、精准控制、智能认知、仿真服务、协同管理等主要业务功能，同时还具有历史信息统计分析与查询、与其他外在分析、监控系统平台对接等功能，以便形成闭环控制。为了便于系统的算法升级和维护，还应具有平台各类集群的监控和管理功能。

（5）人机交互层：借助电网综合服务层，实现智能全景电网的地图引擎、态势感知、智能交互等业务。其中，地图引擎提供统一的智能调控全景地图引擎框架，实现智能全景电网的正常态巡航和异常态导航功能；态势感知可视化针对电网信息流、能量流、态势评估结果、扰动事件及辅助决策信息，给出直观、动态可视化展示；智能交互利用先进的交互技术，如多通道人机交互、智库交互、智能语音机器人等人机交互方式，使调度员可以自然地与智能全景电网系统平台进行信息交互，从而完成对大电网的智能调控和融合互动。

8.1.2　时空大数据平台架构

基于时空大数据平台核心功能框架，融合实时态、预想态和未来态的态势评估业务需求，构建支持多时间尺度的三级时空大数据平台架构。通过突破海量高维时空数据的高性能存储计算方法，对海量电网基础量测与仿真数据进行统一高效管理，并为态势评估、模型测辨等应用提供多维高效数据查询以及高性能分布式集成运行环境，支持大电网全景全态数据镜像及秒级计算响应。智能全景电网时空大数据平台框架如图 8-2 所示。

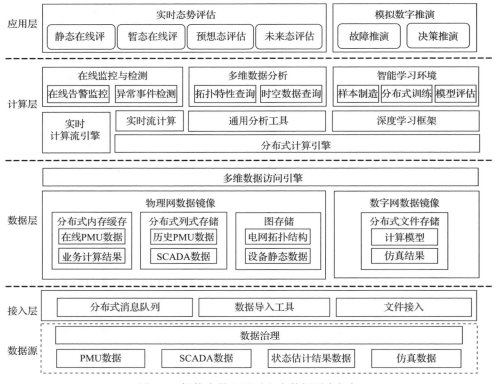

图 8-2　智能全景电网时空大数据平台框架

如图 8-2 所示,智能全景电网时空大数据平台使用主流的大数据技术,分为接入层、数据层、计算层与应用层。

(1)接入层利用分布式消息队列与特定数据协议,结合数据清洗算法,实时接入与整合调度自动化系统中的相量测量装置(PMU)数据、数据采集与监视控制系统(SCADA)数据、状态估计结果数据、仿真数据,接入速度可达每秒万级。

(2)数据层利用分布式内存存储、分布式列式存储、图存储及分布式文件存储等高性能存储技术,实现大电网海量量测、仿真数据的统一存储,并利用多维数据访问引擎,实现对量测仿真数据的秒级访问与综合查询,实现大电网全程、全态数据镜像。

(3)计算层利用实时流式计算引擎与分布式内存计算引擎,为智能态势评估等上层业务应用提供高性能分布式集成运行环境,并利用智能学习平台,为业务应用模型提供一站式智能学习环境,实现对调控大脑的计算支撑,支持大电网秒级态势评估与决策响应,以及调控大脑的迭代进化。

(4)应用层集成了基于人工智能(AI)技术的静态在线评估、暂态在线评估、预想态评估与未来态评估等先进的实时态业务算法,并结合模拟态下的故障推演与决策推演,实现大电网秒级智能态势评估与决策响应。

8.1.3　大电网海量时空数据存储

时空大数据平台接入海量多源异构数据,按照数据源分为系统内部数据与系统外部数据,按照数据类型分为结构化数据、半结构化数据和非结构化数据,按照数据更新频率分为静态数据与动态数据。这些数据不仅包含设备实时状态量测信息,还包括了电网地理信息、电网拓扑信息等,逐渐构成了海量时空数据。这些数据呈现 Volume(数据量大)、Varity(数据类型多)、Velcity(更新频率快)、Value(数据价值高)的 4V 特性[3-4],具体特点如下。

(1)数据量大:随着电网建设的不断深入,电网运行和设备监测产生的数据量呈指数级增长。SCADA 监测装置按五秒一个周期进行采样,全网约 50 万台设备,大约超过 250 万测点;国分省三级调控中心接入 WAMS 量测数据的测点规模超过 120 万点,按 20ms 为一个周期进行采样,每个测点 1s 产生 50 个数值(4B)和 50 个质量标识(1B),一年将产生 PB 级的数据。此外还有电网运行方式、生产计划、外部环境及气象等众多数据。

(2)数据类型多:根据数据内容与存储形式,将大电网数据划分为结构化数据(设备台账数据、SCADA 数据、气象数据)、半结构化数据(电网模型 CIM/E 文件、状态估计 CIM/E 文件[5])、非结构化数据(生产计划数据文件、电网接线图、监控视频)。

(3)更新频率快:大电网时空数据具有毫秒级与秒级的更新频率。SCADA 数据采集及监控系统，主要侧重于电力系统稳态数据采集，采样周期大约为 2s。WAMS系统能够实现电力系统动态数据实时采集，利用全球定位系统(global positioning system，GPS)对采集到的数据打上时标，采样周期大约为 20ms。

(4)数据价值高：海量电网数据中蕴含着巨大的价值。为此，可运用海量电网设备监视数据，从电网广域时空量测信息角度出发，结合大数据、人工智能等技术，挖掘电网时空大数据的内涵，提高在复杂工况与环境下态势感知与优化决策的准确性[6-7]。

1. 大电网时空数据融合建模

通过建立大电网时空数据模型，将电力系统中时序数据与空间数据进行抽象组织，构建数据表达形式，对数据中各类对象进行描述，有助于后续对时空数据进行统一存储管理。

如图 8-3 所示，在电力系统中，时序数据通常由两个部分组成：一是时间标识，二是量测对象属性。在图中，量测对象为发电机，其静态属性为有功上限、有功下限、无功上限、无功下限，动态属性为有功功率、无功功率。通过这两部分，即可确定一个时序数据点位置。

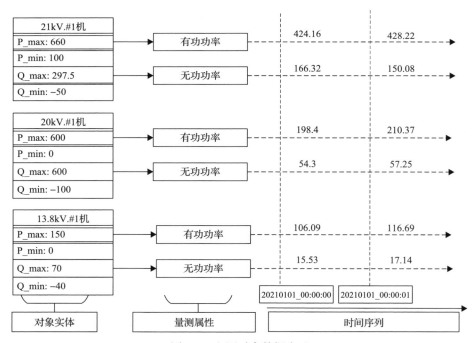

图 8-3　电网时序数据表示

通过对电网时序数据典型特性进行分析，最终采用键值存储模型(Key-Value)

存储电网时序数据。键值存储简称 KV 存储，是五大数据存储模型中的一种，数据按照键值对的形式进行存储。键值存储适用于不涉及数据关联的查询场景，相较于其他数据模型拥有更高的读写性能。对于一个时序数据点来说，如果以 KV 形式存储，那么 V 必然是数据点的具体数值，而 K 则为能够确定数据点位置的值，通常由数据时标、量测对象及量测属性组成。

在电力系统中，空间数据以电网物理拓扑结构以及主网设备的连接关系为基础，融合设备静态参数、厂站空间位置等信息。根据空间数据特性分析，最终采用图存储模型存储电网空间数据。图存储模型也是五大存储模型中的一种，数据按照顶点-关系-顶点的形式进行存储。以邵花Ⅰ回线为例，其空间数据示意如图 8-4 所示。

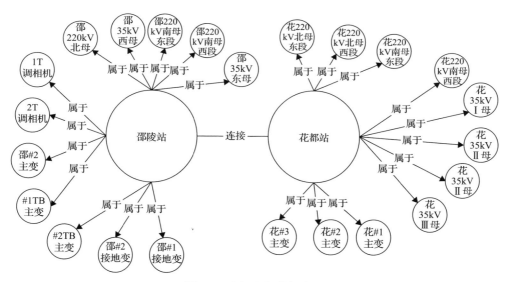

图 8-4　电网空间数据表示

在描述同一电力设备的时序及空间数据时，如设备的空间信息、设备静态参数、设备动态运行数据等，可建立数据映射表，通过唯一设备 ID 进行关联，便于后续数据关联分析。如图 8-5 所示，通过变压器 ID 将变压器绕组与变压器进行关联，通过厂站 ID 将变压器与厂站进行关联，这样，便通过变压器绕组 ID 将变压器绕组静态参数与动态运行数据进行关联。

2. 计及时空关联性的数据组织方法

基于上述电网时空数据模型，充分考虑量测数据之间的空间属性，并结合实际应用需求，可采用计及时空关联性的数据组织方法，有效减少数据使用时在节点间的迁移。本节以 PMU 数据与 SCADA 数据为例，详细阐述该数据组织方法。

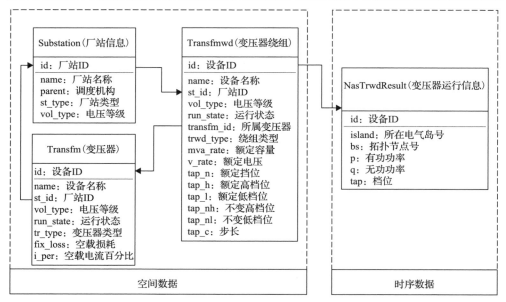

图 8-5　电网时空数据融合建模

针对 PMU 数据的组织，通过 PMU 测点地址获取该测点所属厂站、所属区域等信息，再结合时间标识设计结构为 22 位的结构化主键，使 PMU 数据在存储组织上考虑实际电网物理空间特性，其主键组成格式如表 8-1 所示。

表 8-1　PMU 数据结构化键值设计

位数	0~5	6~9	10~15	16~21
代表含义	所属区域编码	所属厂站编码	时标	测点地址

每个字段的具体含义如下。

（1）所属区域编码：采用国家统计局统一发布的省市县地区编码。

（2）所属厂站编码：采用厂站名称每个字的拼音首字母进行编码，总长度不满 4 个字节的，在左侧用"0"将之补齐。

（3）时标：采用"HHmmss"的形式进行编码。

（4）测点地址：采用 WAMS 系统中测点地址，保证 Key 的唯一性。

以华中电网为例，测点地址 1067 的所属区域为江西省吉安市井冈山市（地区编码为 360881），所属厂站为井冈山二期厂（厂站编码为 0JGS）的 PMU 数据，其在 20210706120000 时刻的键值为 3608810JGS1200001067。通过此种编码，使相同区域、厂站的 PMU 数据在存储位置上连续，便于后续查询分析。

针对 SCADA 数据的组织，通过 SCADA 的数据点 ID（PSID）获取表号、域号、记录号等信息设计结构为 16 位的行键, 实现 SCADA 运行数据在存储组织上对实际电网物理空间特性的考虑。其行键组成格式如表 8-2 所示。

表 8-2 SCADA 数据结构化键值设计

位数	0~5	6~9	10~15
代表含义	所属区域编码	所属厂站编码	记录号

每个字段的具体含义如下。

(1)所属区域编码:采用国家统计局统一发布的省市县地区编码。

(2)所属厂站编码:采用厂站名称每个字的拼音头字母,总长度不满 4 个字节的,在左侧用 "0" 将之补齐。

(3)记录号:采用实时数据库中记录号,保证行键的唯一性。

以华中电网为例, ID 为 115404740468146199 的表号为 410, 域名为 v, 记录号为 23, 所属区域为河南省安阳市安阳县(地区编码为 410522), 所属厂站为洹安站(厂站编码为 0HAB)的 SCADA 数据, 其主键为 4105220HAB23。同理, 通过此种编码, 使相同区域、厂站的 SCADA 数据在存储位置上连续, 便于后续查询分析。

3. 数据分层存储策略

为了加强对秒级在线分析应用的支持, 根据数据实际使用场景, 智能全景电网时空大数据平台采用分布式分层存储策略, 将数据分为在线数据和历史数据, 实现了海量时空数据的统一存储。该存储策略根据量测数据时效性, 进行冷热数据划分, 将当前时刻前一段时间的数据(热数据)存储在内存中, 从而利用内存超高读写性能优势, 最大程度上加快数据读取速度, 满足上层分析应用对数据的需求;同时, 利用基于滑动窗口的内存数据淘汰机制,将滑出时间窗口的过期数据(冷数据)存储在磁盘上, 形成海量历史数据, 供后续深度数据分析挖掘使用。下面分别阐述 PMU 数据与 SCADA 数据的存储策略。

PMU 数据存储策略如图 8-6 所示, 大数据平台首先从分布式消息队列中实时获取 PMU 数据, 根据消息队列中 PMU 数据格式, 解析 PMU 数据中的时标与测点地址信息, 按照上述设计的键值格式将 PMU 数据转化成 Key-Value 的形式存储在内存数据库[8](remote dictionary server, Redis)中, 形成在线数据。由于 Redis 基于内存运行, 数据均存在于内存, 与传统数据库相比, 其读写速度非常快, 所以可保证上层应用对 PMU 数据的秒级访问。同时, 在向内存数据库中写数据的时候设置数据的有效时间窗, 一旦数据过期, 便将其保存在分布式列式数据库[9]

(hadoop database，HBase)中，形成历史数据。

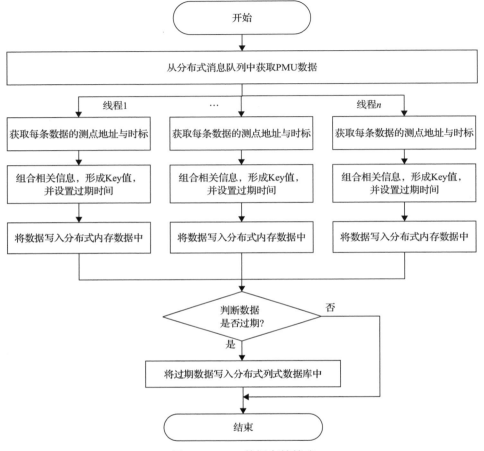

图 8-6 PMU 数据存储策略

在进行 PMU 数据淘汰时，采用懒汉式删除加定期删除相结合的方式。其中，懒汉式删除，在进行获取值或设置值等操作时，先检查键是否过期，如果过期就将相应的值写入分布式列式数据库中；定期删除则先遍历内存数据库中的每个数据库节点，检查当前库中键是否过期，如果过期就将相应的值写入分布式列式数据库中。

SCADA 数据的存储策略如图 8-7 所示，大数据平台首先从分布式消息队列中实时消费获取到实时更新的 SCADA 数据，并根据表号、域号、记录号等信息组合成上述设计的行键格式，再将 SCADA 数据中的运行数据存储在分布式列式数据库 HBase 中。

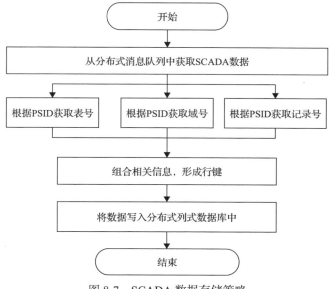

图 8-7　SCADA 数据存储策略

8.1.4　大电网海量时空数据查询

　　为了提高海量时空数据查询速度，可构建索引对数据查询性能进行优化。对于 PMU 数据查询，为了保证能够对时间、厂站名称、设备属性等查询条件进行联合查询，将测点地址对应的结构化键值、厂站名称、设备属性间的映射关系存储在关系型数据库中，并添加索引，具体原理如图 8-8 所示。

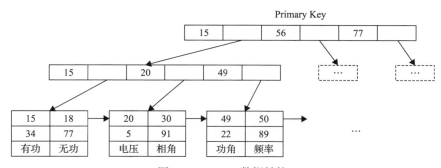

图 8-8　B+Tree 数据结构

　　如图 8-8 所示，为了加快 PMU 数据的多维查询速度，在关系型数据库中为查询字段添加索引。关系数据库中的数据记录按照 B+Tree 的数据结构存储，树的叶子节点保存了完整的数据记录。索引的 Key 是数据表的主键，由于关系数据库中的数据文件本身要按主键进行聚集，索引表中必须要有主键。若没有在表中指定，则数据库引擎默认选择一个可以唯一标识数据记录的列作为主键，如果不存在这种列，则自动为该数据表生成一个隐藏字段作为主键，字段类型为长整型[10]。

对于 SCADA 数据的查询，主流的分布式列式数据库只能根据行键或者行键范围进行查询，当行键无法确定时，只能通过全表扫描的方式确定行键，进而获取满足条件的数据。因此，在非行键数据的检索条件下，数据查询效率难以满足要求。为解决上述问题，可在 HBase 上构建二级索引引擎以提高查询性能。如图 8-9 所示，首先根据查询条件在二级索引中查询符合条件的行键，再根据行键检索数据。此方案相较于全表扫描的方式，查询速度有了显著的提升，大大地满足了非行键数据检索条件下数据查询需求。

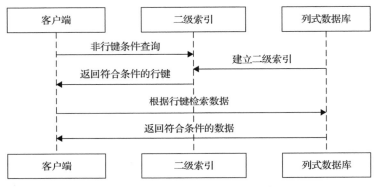

图 8-9　基于二级索引的数据查询

此外，针对大电网仿真文件这类非结构化数据的存取业务需求，可采用启发式负载均衡策略。结合节点间通讯开销约束，利用遗传算法，分布式文件系统中的主节点根据数据节点的运行状态，分配数据存储位置。通过数据块迁移，最大化提高数据节点的利用率，实现文件数据负载均衡。同时，在高并发查询场景下，以负载均衡为优化目标，主节点自动分配数据查询节点，结合内存文件系统，大大提高文件数据查询速度。图 8-10 描述了内存文件系统架构。

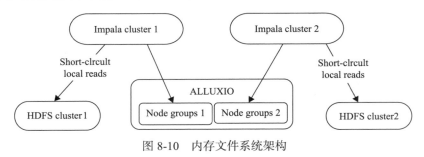

图 8-10　内存文件系统架构

8.1.5 数据接口规范

智能全景电网时空大数据平台为了与上层业务算法、可视化展示、人机交互等模块深度融合，需要提供多维的数据访问接口。为了保证数据接口安全可靠性，需要制定统一的数据接口规范，以便于接口的管理与维护。

数据接口规范的设计内容主要包括通信协议设计、接口名称设计、参数设计、返回参数设计以及接口文档设计，并均需遵循安全性原则、可靠性原则、灵活性原则以及统一性原则。

具体来说，智能全景电网时空大数据平台提供的主要数据访问接口如表 8-3 所示。

表 8-3 数据访问接口说明

数据接口名称	请求方式	请求参数	返回参数(json 格式)
PMU 数据访问接口	POST	startTime：开始时间 devName：设备名称 endTime：结束时间 paraName：属性名称	Status：请求状态(success/fail) Data：success 返回 PMU 数据，fail 返回空值
SCADA 数据访问接口	POST	devName：设备名称 paraName：属性名称	Status：请求状态(success/fail) Data：success 返回 SCADA 数据，fail 返回空值
潮流结果数据访问接口	POST	Time：时间	Status：请求状态(success/fail) Data：success 返回文件地址，文件格式为 PSASP
态势评估结果保存接口	POST	Description：结果描述 Value：评估结果(json)	Status：请求状态(success/fail)

8.2 智能全景电网的时空动力学行为智能认知框架

针对智能全景电网时空动力学行为的挖掘分析，本节阐述智能全景电网时空动力学行为智能认知框架，包括电网时空关联特性分析、电网扰动传播特性分析以及电网时空预测分析；同时，描述电网智能分析算法库与计算引擎，为电网时空动力学行为智能高效分析与上层应用业务提供底层算法与计算支撑。

8.2.1 电网时空关联特性分析

在电网运行过程中，通过量测可以得到每个时间断面下的发电机、节点、支路、负荷的状态信息。对于每一状态量，可构造对应的时序轨迹，并可从下列三方面挖掘电网时空关联特性。

1. 电网状态轨迹相关性分析

电网发生故障后，利用电压、电流、有功功率等序列对节点和支路分别进行相关性分析[11]，以支撑基于扰动信息的大电网暂态稳定分析。图 8-11 展示了节点相关性分析和支路相关性分析的流程。

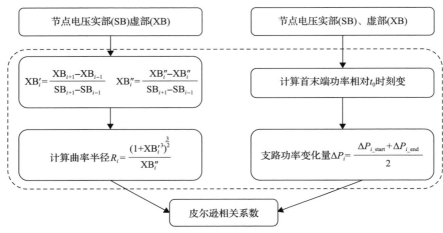

图 8-11　节点、支路相关度计算流程

1) 节点相关性分析

在节点相关性分析中，算法输入数据为故障后节点电压幅值（U_m）和相角（U_j），通过这两个序列可得到节点电压实部、虚步序列：

$$
\begin{aligned}
\mathrm{SB} &= U_m \times \cos(U_j) \\
\mathrm{XB} &= U_m \times \sin(U_j)
\end{aligned}
\tag{8-1}
$$

由于节点电压由实部和虚部两个维度表示，若利用皮尔逊相关系数进行分析，需要对其进行降维操作，综合考虑节点电压的属性，选择曲率半径对某一节点某一时刻的信息进行表示。

每个节点某一时刻的一阶导数计算如下：

$$
\begin{cases}
\mathrm{XB}_1' = \dfrac{\mathrm{XB}_2 - \mathrm{XB}_1}{\mathrm{SB}_2 - \mathrm{SB}_1} \\[2mm]
\mathrm{XB}_i' = \dfrac{\mathrm{XB}_{i+1} - \mathrm{XB}_{i-1}}{\mathrm{SB}_{i+1} - \mathrm{SB}_{i-1}}, \quad i = 2, 3, \cdots, n-1 \\[2mm]
\mathrm{XB}_n' = \dfrac{\mathrm{XB}_n - \mathrm{XB}_{n-1}}{\mathrm{SB}_n - \mathrm{SB}_{n-1}}
\end{cases}
\tag{8-2}
$$

式中，SB_i 表示任意节点在 i 时刻的电压实部；XB_i 表示任意节点在 i 时刻的电压虚部；XB_i' 表示任意节点在 i 时刻电压虚部对电压实部的一阶导数。

每个节点某一时刻的二阶导数计算如下：

$$\begin{cases} XB_1'' = \dfrac{XB_2' - XB_1'}{SB_2 - SB_1} \\[2mm] XB_i'' = \dfrac{XB_{i+1}' - XB_{i-1}'}{SB_{i+1} - SB_{i-1}}, \quad i = 2,3,\cdots,n-1 \\[2mm] XB_n'' = \dfrac{XB_n' - XB_{n-1}'}{SB_n - SB_{n-1}} \end{cases} \tag{8-3}$$

式中，XB_i'' 表示任意节点在 i 时刻电压虚部对电压实部的二阶导数。

每个节点某一时刻曲率半径计算如下：

$$R_i = \frac{(1 + XB_i'^2)^{\frac{3}{2}}}{XB_i''} \tag{8-4}$$

最后对每个节点得到的曲率半径序列利用皮尔逊相关系数公式进行相关性分析，皮尔逊相关系数公式为

$$r = \frac{\sum_{i=1}^{k}(X_i - \bar{X})(Y_i - \bar{Y})}{\sqrt{\sum_{i=1}^{k}(X_i - \bar{X})^2}\sqrt{\sum_{i=1}^{k}(Y_i - \bar{Y})^2}} \tag{8-5}$$

式中，X 和 Y 分别带入一个节点的曲率半径序列。

2) 支路相关性分析

在支路相关性分析中，算法输入数据为故障后各支路有功功率，对于每条支路，计算每一时刻支路首末端功率相对初始时刻(未发生故障时)的变化量，每条支路上的功率变化量用首末端的功率变化量均值表示，即

$$\Delta P_i = \frac{\Delta P_{i\_start} + \Delta P_{i\_end}}{2} \tag{8-6}$$

通过上述步骤得到的支路功率变化量序列为一维序列，无须降维即可直接利用皮尔孙相关系数公式进行支路相关性计算，与节点相关性分析中处理节点曲率半径序列类似，公式中的 X 和 Y 分别带入一条支路的功率变化量序列即可。

2. 电网状态轨迹相似性分析

利用节点电压幅值 U_m、电压相角 U_j 两个特征，计算电压的实部 SB 和虚部 XB 并求取节点相似度。利用欧式距离方法计算节点相似度：

$$r_{xy} = \sum\nolimits_{i=1}^{k} \sqrt{(SB_{xi} - SB_{yi})^2 + (XB_{xi} - XB_{yi})^2} \qquad (8\text{-}7)$$

电网发生故障后，利用 PMU、SCADA 历史数据通过关联规则挖掘与聚类等方法，对各支路有功变化量之间进行相似性分析，进而进行故障报警等任务，计算流程如图 8-12 所示。

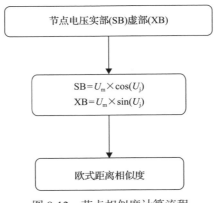

图 8-12　节点相似度计算流程

3. 电网状态轨迹聚类分析

在一个具有 n 个节点的系统中，将一段时间内每个节点在每一个断面下的电压幅值（U_m）和电压相角（U_j）分别视为一组时间序列，即可得到 n 组电压幅值序列和 n 组电压相角序列，通过进一步计算可得到对应的电压实部（SB）序列和电压虚部（XB）序列，从而可将各个节点的电压实部、虚部数据在二维空间中表示。

将每个断面下电压实部、虚部对应的节点的欧氏距离之和作为两个节点之间的距离度量，即节点 i 和节点 j 之间的距离 dist_{ij} 可用下式表示：

$$\text{dist}_{ij} = \sum\nolimits_{k=1}^{K} \sqrt{(SB_{ik} - SB_{jk})^2 + (XB_{ik} - XB_{jk})^2} \qquad (8\text{-}8)$$

式中，K 为总断面数。

在此基础上，设置合适的簇数量，利用 K-means 算法对节点进行聚类，从而挖掘节点间的相似关系。

8.2.2　电网扰动传播特性

随着人类进入工业经济时代，对电力系统的安全稳定提出了更高的要求。电网的扰动不可避免，但是如果能在扰动传播还未明显显现时即采取措施提前预防，则能大大降低扰动造成的损失。相比数值解，解析解更能反映各个状态量之间的关系，进而反映扰动传播特性。但由于实际的电力系统参数空间分布规律非常复杂，难以准确计算出电网扰动传播方程的解析解，而现有的基于模型驱动的算法大多进行了一些简化和假设，这使得模型法分析得到的结果难以准确反映电网的真实情况[12,13]。近年来，随着数据挖掘技术的不断发展及其在各个领域的应用不断成熟，采用数据驱动的方法研究电网扰动传播特性成为了紧迫任务，本节主要阐述两种数据驱动的扰动传播特性分析方法。

1. 基于时空轨迹序列的扰动传播特性分析

考虑到扰动在电网中的影响常常具有很明显的分布特性，针对扰动对节点状态量的影响，可采用轨迹驱动的方法对电网扰动传播特性进行量化评估，基于8.2.1 节介绍的电网状态轨迹聚类算法对电网时空序列信息进行挖掘分析，通过分析聚类结果进而得到扰动对电网不同节点的影响程度。

连续潮流是研究电压稳定分析的一种有力工具，它克服了常规潮流计算中雅可比矩阵奇异从而导致潮流方程难以收敛的问题。在连续潮流中，针对某一种组合模式下的发电和负荷，按照某一固定模式不断增加，直到达到功率传输极限，并可绘制出完整的 PV 曲线，以反映系统随着负荷变化而引起的节点电压的变化。连续潮流可视为一种对电网添加扰动的场景，因而本节以连续潮流为例构建扰动传播数据集，并针对该数据集对扰动传播特性进行分析。具体的算法流程如图 8-13 所示。

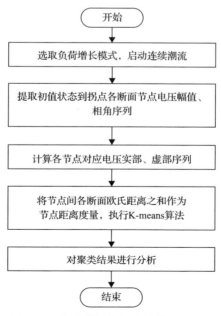

图 8-13　扰动传播特性分析算法流程图

以 IEEE39 节点系统为例，图 8-14 为 39 节电系统拓扑图，其中 31 号节点为平衡节点。在连续潮流中，将 IEEE39 节点系统标准算例数据作为初始状态，随机选取三个较分散的有代表性节点。以选取 4、15、23 三个节点为例，共进行三组实验。①不断增加 4 节点负荷，直到达到 PV 曲线的拐点，得到 624 个断面；②同理增加 15 节点负荷，得到 937 个断面；③同理增加 23 节点负荷，得到 1349 个断面。

利用三种扰动下得到的电压幅值和相角序列，可得到对应的电压实部和虚部序列，进而可绘制各自的电压实部、虚部轨迹图，如图 8-14 所示。

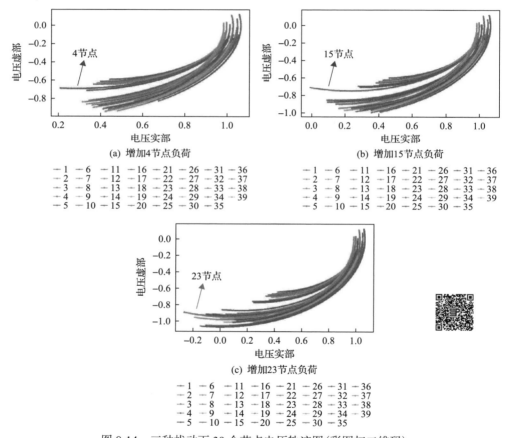

图 8-14　三种扰动下 39 个节点电压轨迹图(彩图扫二维码)

利用电网状态轨迹聚类算法对每种扰动下的 37 个节点(除受扰动节点和平衡节点)的电压轨迹进行聚类。本部分簇数量均设置为 3，并进行 100 次迭代。表 8-4 展示了在每种扰动下对 37 个节点电压轨迹聚类的划分结果。

表 8-4　三种扰动下对电压轨迹聚类结果

负荷增长点	聚类簇		
	第一簇	第二簇	第三簇
节点 4	1, 2, 3, 9, 15, 16, 17, 18, 19, 20, 21, 24, 25, 26, 27, 28, 30, 39	5, 6, 7, 8, 10, 11, 12, 13, 14	22, 23, 29, 32, 33, 34, 35, 36, 37, 38
节点 15	1, 2, 3, 9, 16, 17, 18, 19, 20, 21, 22, 23, 24, 25, 26, 27, 28, 30, 39	4, 5, 6, 7, 8, 10, 11, 12, 13, 14	29, 32, 33, 34, 35, 36, 37, 38
节点 23	1, 2, 3, 4, 9, 14, 25, 26, 28, 29, 30, 33, 34, 37, 38, 39	5, 6, 7, 8, 10, 11, 12, 13, 32	15, 16, 17, 18, 19, 20, 21, 22, 24, 27, 35, 36

为进一步分析扰动传播范围，每种扰动下，在拓扑图中对三个簇中节点用不同形状进行标注以实现可视化，结果如图 8-15 所示。

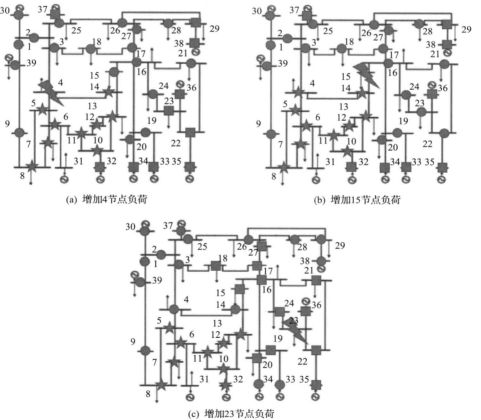

(a) 增加4节点负荷

(b) 增加15节点负荷

(c) 增加23节点负荷

图 8-15　三种扰动下电压轨迹聚类结果在拓扑图中可视化

结合图 8-14 和表 8-4 分析图 8-15 中三组实验结果，可以得到以下结论。

(1)无论扰动发生在何处，"★"簇中包含的节点几乎相同，这些节点全部分布在平衡节点周围,电压幅值变化很大,而电压相角变化很小。

(2)"●"簇中包含的节点主要分布在扰动节点附近,这些节点电压相角变化很大,仅次于受扰动节点,但电压幅值变化很小。

(3)"■"簇中包含的节点主要为发电机节点和离受扰动节点较远的部分节点,这些节点电压幅值、相角变化都比较适中,受扰动影响相对较小。

(4)由于电网复杂的内部机理,扰动对其余节点的影响虽然具有很强的区域集中性,但并非从受扰动节点均匀向各个方向传播。如 15 节点受到扰动后,一侧受平衡节点影响电压幅值变化较大,而另一侧电压相角变化较大。

此外,本部分示例中仅将簇个数设置为 3,得到了较为粗糙的聚类结果。若进一步设计更好的聚类算法,将节点划分为更多个簇,即可更清晰地将受扰动影响大的节点缩小到较小的范围,从而更有助于评估扰动对不同区域的影响程度。

2. 基于传染病模型的扰动传播特性分析

电力系统与其他领域相比,尽管其内部运行机理不同,但其外在表现均为数据,因而在研究电力系统扰动传播特性时,可借鉴其他领域的数据驱动分析方法。当电力系统受到扰动后,扰动会首先对电力系统的薄弱环节产生影响,进而以此为基点继续向外扩散,这一过程类似病毒的传播。因此,可借鉴生物学中成熟的传染病模型 SI 模型来建立电网扰动传播动力学模型。

在 SI 模型中,系统的中的个体具有 S 和 I 两种状态。其中,S(suseptible)为易感染状态,表示此类个体为健康个体,但可能被感染,对应于电网中易受扰动节点;I(infected)为感染状态,表示此类个体已被病毒感染,且具有感染其他个体的能力,对应于电网中受扰动节点[14]。

令 $s(t)$ 和 $i(t)$ 分别表示网络在 t 时刻处于 S 状态和 I 状态的个体的密度,λ 为 S 类个体被感染为 I 类个体的概率,N 为系统个体总个数,则每个感染个体会使 $\lambda s(t)$ 个个体被感染,在该网络中已感染个体的个数为 $Ni(t)$,则已感染个体密度随时间的变化率为

$$\frac{\mathrm{d}Ni(t)}{\mathrm{d}t} = Ni(t)\lambda s(t) \Rightarrow \frac{\mathrm{d}i(t)}{\mathrm{d}t} = \lambda i(t)s(t) \tag{8-9}$$

系统中所有个体只有两种状态,即 $i(t) + s(t) = 1$。假设初始时刻感染个体的密度初值 $i(0) = i_0$,即式(8-9)可转化为下列微分方程求解问题。

$$\begin{cases} \dfrac{\mathrm{d}i(t)}{\mathrm{d}t} = \lambda i(t)s(t) = \lambda i(t)[1 - i(t)] \\ i(0) = i_0 \end{cases} \tag{8-10}$$

求解该微分方程可得

$$i(t) = \frac{1}{1 + (1/i_0 - 1)\mathrm{e}^{-\lambda t}} \tag{8-11}$$

电网的扰动传播同样可以认为遵循式(8-11)的特性，因此，研究电网扰动传播特性的本质即为确定扰动传播强度 λ 的取值。在电网中，扰动传播强度与电网自身拓扑和扰动特性相关，即

$$\lambda = f(K, \gamma, \tau) \tag{8-12}$$

式中，γ 为发生扰动处电网邻近节点的相对重要性指标，体现了节点的结构属性；τ 为电网时空动态数据关联关系的统计性指标，体现了节点的功能属性；K 为矫正系数，与故障类型和阈值设置有关。

两个指标的求取可以有很多种思路。如在求取 γ 的值时可以采用基于子图指标的方法。子图指标是网络拓扑节点关联性指标，表示了节点之间的直接连接状态。在此，从一个节点开始到该节点结束的一个闭环路代表网络中的一个子图。该方法通过分析网络的拓扑结构，计算节点参与不同子图数目和对子图设定不同的权重，获得子图指标，从而揭示节点所起的作用及其差异。在求取 τ 的值时，可采取随机矩阵理论，针对电网内外部数据，多个参数之间异源且很难找到某种机理或者规律来精确描述，随机矩阵理论为解决这种高维度空间的统计问题提供了数学支撑[15-18]。算法思路描述如下。

由数据源 Ω 构建电网高维随机矩阵 $\boldsymbol{X} \in \boldsymbol{C}_{N \times Tw}$，其中 $\boldsymbol{X}$ 为根据实际研究问题所选择的时空断面，空间维度为 N，时间维度为 Tw。在采样时刻 t_i，获得的数据矩阵为

$$\boldsymbol{X}_{N \times Tw}(t_i) = [x(t_{i-Tw+1}), x(t_{i-Tw+2}), \cdots, x(t_i)] \tag{8-13}$$

对矩阵标准化后计算协方差矩阵：

$$\boldsymbol{S}_N = \frac{1}{N} \tilde{X} \tilde{X}' \tag{8-14}$$

计算出矩阵 $\boldsymbol{S}_N$ 的特征值 λ_{S_N}。由于矩阵的特征值具有随机性，可计算矩阵的线性特征值统计量(linear eigenvalue statistic，LES)[16,17]，其定义为

$$\mu = \sum_{i=1}^{N} \varphi(\lambda_{S_N}) \tag{8-15}$$

式中，φ 为 LES 的核心，要求足够连续即可，如取切比雪夫多项式：

$$\varphi(\lambda) = 2\lambda^2 - 1 \qquad\qquad (8\text{-}16)$$

所求结果与期望值的比值作为统计指标 τ 的取值。

在得到 γ 和 τ 的取值后，可进而计算扰动传播强度。扰动传播强度可反映节点在系统中的重要程度以及扰动严重程度，从而可对扰动的影响程度进行预警，提前采取响应控制措施，提高了电网的稳定水平。

8.2.3　电网时空预测分析

随着特高压交直流混联电网的快速发展，电网的物理特性、运行模式、功能形态发生深刻变化，事故过程中多类稳定问题交织并相互转化，发展变化过程极为复杂，扰动冲击范围及协调控制难度增大，对电力系统在线动态安全评估的准确性、时效性提出了更高的要求[7,19]。电网时空预测分析对动态安全评估具有重要意义。例如，电网发电机功角等受扰轨迹的精准预测是判断电网暂态稳定性的重要途径，通常以未来某时刻的最大功角差数值大于预设门槛值来判定失稳。而暂态稳定预测则是电力系统在线动态安全评估的核心内容，对保障系统安全稳定运行、预防潜在不稳定因素破坏具有重要作用[20,21]。

传统基于解析的暂态稳定预测方法主要集中在以下几个方面。①自回归模型。认为未来某时刻的输出可通过历史时刻输出的线性组合进行表达[22,23]。②多项式模型。是一种基于历史数据的多项式拟合时间序列的方法[24,25]。③泰勒展开模型。利用泰勒级数展开发电机运动方程，建立未来某时刻的功角和转速的高阶导数表达式[26]。④三角拟合模型。受扰过程中发电机功角与时间呈正弦变化趋势，由此建立三角函数模型预测功角轨迹[27]。⑤Verhulst 模型。发电机功角的时序轨迹呈"s"型变化，符合灰色 Verhulst 模型变化规律，由此提出灰色 Verhulst 模型的功角轨迹外推预测方法[28,29]。

早期数据驱动的电网暂态稳定性预测基本基于传统的时间序列分析方法，包括 ARIMA 模型、残差自回归模型、季节模型和异方差模型。文献[30]将故障后的转子角和机端电压作为输入，基于特征选择算法获取轨迹聚类特征子集，提出基于支持向量机的暂态稳定分类器。传统的时间序列分析方法难以准确表征时间序列累加效应，且需要人工提取特征。随着深度学习的发展，循环神经网络和卷积神经网络被广泛应用于时间序列分析问题。文献[31]在 SVM 分类器的基础上增加 LSTM 网络，对失稳样本的发电机功角轨迹进行在线预测，相比于单一模型预测方法，复合模型预测方法在寻找强非线性系统的时序演化规律时具有明显优势。但是循环神经网络训练速度较慢，并且在迭代训练中容易发生误差累计。卷积神经网络以其强大的空间建模能力被应用于各个领域，例如自然语言处理、图像处理和语音识别等。文献[32]提出了一种"支持+学习"的暂态稳定评估方法，构造递归解法将新数据增加到解中，能有效更新评估模型且大幅减少学习时间；文献[33]将概率神经网络和径向基函数网络组合使用，利用两者各自的优点提高暂态稳定评估能力。但上述传统机器学习方法存在着训练样本容量大、泛化能力差等缺陷，而深度学习技术在工业界的成功应用为电网暂态稳定性精准预测提供了新的途径。文献[34]通过卷积神经网络建立起机端电气量短时受扰组合轨迹与暂态稳定性之间的映射关系；文献[35]提出基于集成卷积神经网络的暂态稳定预测模型，为减少样本的错误分类，考虑了损失函数中稳定和不稳定样本的权重；文献[36]结合堆叠自动编码器和卷积神经网络评估电网暂态稳定性；文献[37]基于 MapReduce 并行反向传播神经网络预测临界失稳机组，通过提取临界失稳机组的轨迹特征进行暂态稳定预测。

　　上述基于机器学习的暂态稳定预测方法侧重于对电网时序数据特征的挖掘和分析，一定程度上忽视了电网拓扑关系这种空间上的特征，均没有考虑到时间特征与空间特征之间的依赖关系，因而影响了预测结果的准确性。鉴于此，已有学者通过引入拓扑特征增强电网空间信息的表达，以追求更高的预测精度，如杨佳宁[38]采用栈式长短期记忆的神经网络结构，将发电机节点的一阶近邻节点和二阶近邻节点特征引入到功角时序轨迹的预测模型中，相比于其他机器学习方法，此方法考虑了部分近邻节点在空间拓扑上的关联关系而取得了更好的预测精度。但该方法考虑到"维度灾难"及特征重复的问题，仅利用到二阶近邻节点的信息，无法从全局视角提取更多节点间的关联关系，而结合全网时空图的特征预测轨迹变化趋势的理论研究还有待深入。总而言之，将电网时空图信息用于电网功角稳定趋势预测的方法尚不多见。

　　综上，上述数据驱动的预测方法无需数值仿真，仅基于历史时间序列构建离散预测模型，进而外推轨迹变化趋势，方法简单且计算速度快，适合非线性程度不高的系统暂态受扰轨迹的超实时预测。但是电力系统属于非线性复杂动力系统，其非线性程度随电网运行特性复杂性的提高而提高，同时存在多种不确定性因素，使得上述简单模型难以准确表征系统真实的动态特性。其次，上述方法只考虑了发电机功角数据在时间维度上的演化。电网作为典型的时空网络，其稳定情况是物理系统运行秩序在时间和空间上共同演化的结果，上述方法一定程度上忽视了蕴藏于空间信息的稳定知识，从而限制了预测结果的精确性。

　　时空图卷积神经网络[39](STGCN)被提出用来解决同时具备时间和空间特征依赖关系的任务，采用时间卷积模块和空间卷积模块交叉堆叠的网络结构实现了时序信息和空间信息的融合，主要应用于交通流量预测[40]、骨骼的动作识别[41]、心脏疾病诊断[42]等场景。传统图卷积神经网络采用的空间特征一般为图的邻接距离，但是在电网时空轨迹预测场景中，电网作为典型的复杂网络，电网节点之间除了拓扑连接关系之外，还存在着强弱不同的电气耦合关系，该关系通常以电气距离[43]矩阵的形式体现，用于表征任意两节点在电气上的耦合程度。相比于拓扑结构邻近的节点，电气距离邻近的节点联系更加紧密，电网中电气距离与拓扑结构距离并非完全一致[43]。由此可知，仅凭拓扑连接关系并不能完全决定电网的动力学特性，需要同时兼顾节点间的电气耦合关系，对电网轨迹趋势的演变特性进行挖掘才更为合理。电气距离作为电网节点之间电气耦合程度的度量标准，定义为两节点之间的等值阻抗 $Z_{ij,\text{equ}}$ ，数值上等于从节点 i 注入单位电流元后节点 i 与 j 之间电压 U_{ij} ：

$$Z_{ij,\text{equ}} = U_{ij} / I_i = U_{ij} \tag{8-17}$$

根据叠加原理及文献[44]思想，节点阻抗矩阵元素表达如式(8-18)，其中 Z_{ij} 为系统节点阻抗矩阵第 i 行第 j 列元素。如公式所示，$Z_{ij,\text{equ}}$ 即为电气距离。

$$Z_{ij,\text{equ}} = (Z_{ii} - Z_{ij}) - (Z_{ij} - Z_{jj}) \tag{8-18}$$

本节用四节点电网拓扑举例来分别表示电气距离和邻接距离，其对应的邻接

矩阵为 $W_a = \begin{bmatrix} 1 & 1 & 1 & 1 \\ 1 & 1 & 1 & 0 \\ 1 & 1 & 1 & 0 \\ 1 & 0 & 0 & 1 \end{bmatrix}$ ，导纳矩阵为

$$W_d = \begin{bmatrix} 3.7 - 13.7\text{j} & -2.75 + 9.17\text{j} & -0.83 + 3.11\text{j} & -0.12 + 1.42\text{j} \\ -2.75 + 9.17\text{j} & 3 - 14.16\text{j} & -0.25 + 4.99\text{j} & 0 \\ -0.83 + 3.11\text{j} & -0.25 + 4.99\text{j} & 1.08 - 8.1\text{j} & 0 \\ -0.12 + 1.42\text{j} & 0 & 0 & 0.12 - 1.22\text{j} \end{bmatrix},$$

通过导纳矩阵求逆矩阵得到阻抗矩阵为

$$W_z = \begin{bmatrix} 0.059 - 4.3\text{j} & 0.059 - 4.3\text{j} & 0.059 - 4.3\text{j} & -5\text{j} \\ 0.059 - 4.3\text{j} & 0.082 - 4.22\text{j} & 0.077 - 4.25\text{j} & -5\text{j} \\ 0.059 - 4.3\text{j} & 0.077 - 4.25\text{j} & 0.089 - 4.15\text{j} & -5\text{j} \\ -5\text{j} & -5\text{j} & -5\text{j} & -5\text{j} \end{bmatrix},$$

根据公式(8-18)可算得电气距离矩阵为

$$W_d = \begin{bmatrix} 0 & 0.023 + 0.084\text{j} & 0.030 + 0.15\text{j} & 0.059 + 0.70\text{j} \\ 0.023 + 0.084\text{j} & 0 & 0.016 + 0.13\text{j} & 0.082 + 0.78\text{j} \\ 0.030 + 0.15\text{j} & 0.016 + 0.13\text{j} & 0 & 0.089 + 0.85\text{j} \\ 0.059 + 0.70\text{j} & 0.082 + 0.78\text{j} & 0.089 + 0.85\text{j} & 0 \end{bmatrix} 。$$

由此可知，拓扑邻接距离和电气距离是从两个维度描述电网节点间的连接关系。如何将逻辑上的邻接距离和动力学表征的电气距离结合起来共同作用于电网时空轨迹预测问题是一大挑战。此外，电网的功角数据范围大、方差大且分布不均匀，在发生暂态失稳前功角激增，导致直接预测功角时，模型预测结果较为偏向激增后的较大的数据，从而在整体预测效果上表现不佳。

时空图卷积模块[39]将空间卷积层和时间序列卷积层融合在一起，从而建模时间和空间的依赖关系。时空图卷积模块如图 8-16(左边部分)所示，由"三明治"的时空卷积模块和一个全连接输出层组成，"三明治"的模块由 2 个门控时序卷积层和 1 个空间图卷积层堆叠成，这样可以实现时间序列的动态特征与空间特征快速融合。由于对时间特征和空间特征的处理均使用卷积操作，从而减少了参数，提高了训练速度并实现了并行化，因此可以更高效地处理大规模网络。时空图卷积网络总体框架如图 8-16(中间部分)所示，由两个堆叠的时空图卷积模块和一个全连接输出层组成，最终输出单步预测值。其中，堆叠的时空卷积模块的个数可以依据实际问题的复杂程度决定。

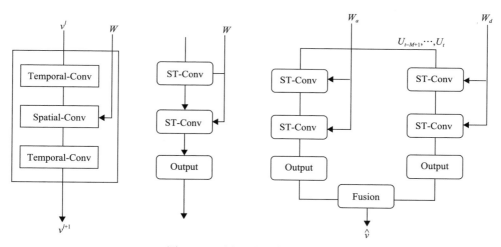

图 8-16 时空图卷积框架示意图

时间卷积模块如图 8-16(右边部分)所示，使用了一个 GLU 线性门控组件和一维宽度为 k_t 的卷积核组成的因果卷积层，用来捕捉功角预测问题的动态特征，输入表示为时间序列长度 M，特征数量为 C_i 的矩阵 $\boldsymbol{X} \in \boldsymbol{R}^{M \times C_i}$。经过卷积核 $\Gamma \in \boldsymbol{R}^{K_t \times C_i \times 2C_0}$ 后，输出为 $[P\,Q] \in \boldsymbol{R}^{(M-K_t+1) \times (2C_o)}$。时间门控卷积可以表示为

$$\Gamma * X = P \odot \sigma(Q) \in \boldsymbol{R}^{(M-K_t+1) \times C_o} \tag{8-19}$$

式中，P、Q 分别为 GLU 门控的输入，代表矩阵的哈达玛积；$\sigma(Q)$ 负责控制 P

中不同状态。

　　在电网功角预测问题中，可采用双重时空图卷积网络，如图 8-16 所示，同时将电网拓扑结构和电气距离输入到网络中进行模型构建，从而获得更为精准的预测结果。

8.2.4　电网智能分析算法库

　　本节融合通用分析算法，基于规范可扩展接口，建立可高效调用的大电网智能认知算法库，为智能业务应用提供电网态势评估、时空特性认知、复杂网络认知、临界特征提取及异常行为检测等智能认知算法，并支持对算法库的高效管理与动态扩展；同时，构建高效的计算引擎，支持云共享模式的远程调用与本地组件化使用，为实现大电网在线主动智能安全防御提供基础算法平台支撑。图 8-17 展示了大电网智能分析算法库架构。

图 8-17　电网智能分析算法库架构

　　如图 8-17 所示，数据源包括仿真数据以及电力自动化生产系统的量测数据，需要对数据进行清洗、填充等预处理操作，并且满足统一数据模型、统一数据结构的要求。

　　算法库包含了通用分析算法，包括聚类分析、回归分析、分类算法、关联关系分析等，同时也包含了针对电网时空特性的智能认知算法，包括静态态势评估、暂态态势评估、故障定位与扰动范围分析、节点/支路相关性与相似性分析等。

　　上述算法基于规范的接口编写，主要包含以下两个方面。

　　(1)算法的输入数据来源于规范可扩展的接口，对于实时生产环境，在基本数据结构不变的基础上，接口所提供的数据是时序变化的，保证了算法的可扩展与通用性；对于离线分析环境，接口提供的是同一批次的数据，模拟现场环境实时发送，保证和生产环境的一致性，减少算法开发调试的工作量。

　　(2)算法的结果输出遵循一定的规范，在存储之前对算法结果进行基本的数据格式的校验，保证数据的可用性和可理解性，然后统一存储在平台上，供实时的结果数据可视化和数据挖掘分析使用。

接口层从数据存储层读取数据，根据具体的业务需求，构建统一全量数据接口供算法使用。算法计算引擎层通过对各类算法封装集成，为上层应用提供统一的计算支撑，同时，完成数据的接入、算法计算过程的管理以及对上层业务应用的支持[45]。

8.2.5　应用计算引擎

1. 计算引擎对计算密集型业务的支持

为了加快密集业务应用的计算速度，智能全景电网大数据平台采用了一种面向海量实时数据的分布式任务调度引擎支撑业务应用的运行。该引擎基于内存计算引擎 Spark 中的有向无环图对计算过程进行建模，并通过提出负载均衡的任务调度算法，充分利用了集群的执行器资源，提高了业务应用的运行性能。

分布式系统下任务调度的示意图如图 8-18 所示，其中 $(t1, t2, \cdots, tm)$ 是一组待分配的任务，$(p1, p2, \cdots, pn)$ 是系统的 n 个执行器，它们通过网络互相通信，任务分配机制 S 将 m 个任务分配给 n 个执行器，主要考虑如何在各个执行器间实现任务的均衡分配，从而使处理任务的时间最小。

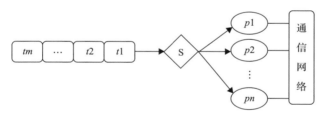

图 8-18　任务调度示意图

负载均衡问题是影响分布式计算系统性能的重要因素，通过研发平衡执行器负载的任务分配策略，降低任务的处理时间，提高系统性能。负载均衡问题定义为寻找一种任务分配策略，使集群中所有执行器的利用率尽量相等。该问题属于NP 完全问题，在多项式时间内无法获得最优解。因此，可利用基于遗传算法的任务分配策略，将任务分配方案表示为遗传算法中的染色体，分配方案的负载均衡指数则作为染色体的适应度。通过染色体的选择交叉及变异操作可以产生新的任务分配方案，并使用种群迭代使染色体向更好的分配方案进化。该任务分配策略可以在较小的时间复杂度内得到一种相对均衡的任务分配方案，从而提高业务应用的计算速度。

2. 计算引擎对在线计算的支持

计算引擎可支持完成实时数据的在线计算并进行可视化展示，方便调度人员实时掌控当前电网的态势，下面以电网故障扰动范围的算法计算过程为例，介绍计算引擎对在线计算的支持。

如图 8-19(a)所示，计算引擎采用时间驱动模式，基于多线程的方式实时启动并运行电网故障扰动范围分析算法模块，通过标准数据接口从时序数据库中读取当前时刻所需数据(如潮流文件、PMU 数据或 SCADA 数据)，完成数据的预处理与业务计算。同时，计算引擎采用多线程方式，在对计算结果进行实时转发以便实时展示的同时，也将其存储在历史数据库中，以便后续进行分析挖掘。计算引擎对计算过程所需的计算资源进行统一管理分配，并记录计算过程中产生的日志。

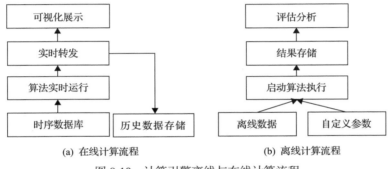

(a) 在线计算流程　　　　　　(b) 离线计算流程

图 8-19　计算引擎离线与在线计算流程

3. 计算引擎对离线计算的支持

计算引擎可支持历史数据的离线计算并进行可视化展示与分析，如图 8-19(b)所示，计算引擎通过标准接口从历史库中读取批量数据(统一数据模型之后的规范数据)，同时接收用户的输入参数(如聚类的个数)，采用事件驱动的模式，启动聚类算法模块，完成数据的预处理与节点聚类计算，并将计算结果进行处理，保存在结果数据库中，以便进行进一步的评估分析与可视化展示。

8.3　智能全景电网调控地图引擎框架

本节基于三维地理信息系统可视化技术，给出智能全景电网调控地图引擎功能框架；同时阐述调控地图引擎的若干关键技术，包括场站精确定位、拓扑连线与潮流信息的绘制等；此外，还对电网智能全景导航地图展开介绍。

8.3.1　智能全景调控地图引擎功能框架

智能全景调控地图引擎通过在地图引擎上叠加区域、厂站、母线等电网基础信息以及在线分析应用运行结果，利用动态着色技术与各类可视化组件，结合三维技术实现态势评估与决策控制结果的分层、分级展示，并通过厂站漫游与定位等功能，使调度员形象、直观地了解大电网运行态势与辅助决策信息。图 8-20 展示了智能全景调控地图引擎功能框架。

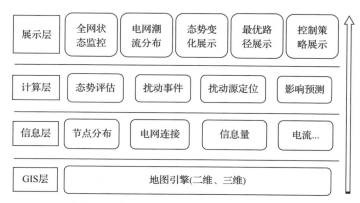

图 8-20　智能全景调控地图引擎功能框架

如图 8-20 所示，智能全景调控地图以三维地图引擎作为底层基础；信息层利用三维绘图技术在地图引擎上展示热力区域、重点场站、节点分布、电网拓扑结构、电力数据和电力能量流信息；计算层进行态势评估、扰动事件、扰动源定位、影响预测等分析；展示层利用多样化图表等可视化构件进行静态稳定、动态稳定、预想故障下断面安全裕度和临界切除时间、暂态电压稳定和功角稳定评估结果及未来态趋势预测结果等数据的直观展示。具体来说，智能全景调控地图引擎需具有如下可视化功能。

电网基本评价指标可视化展示：以汽车仪表盘的形式直观展示电网整体安全稳定指标、各分区安全稳定指标、电网静态稳定指标、动态稳定指标等，使调度员可以在第一时间内感知电网安全稳定程度。

变化曲线可视化展示：以动态曲线的形式展示电网安全稳定曲线、节点电压、支路电流、线路潮流等信息的曲线变化情况，调度运行维护人员可以根据该曲线预测电网未来一段时间内变化趋势，提前做出预决策。

控制策略可视化展示：根据电网安全稳定运行情况，实时动态给出多组优化的切机、切负荷、无功补偿等控制策略，并在电网拓扑图中标记出待选切机、切负荷、无功补偿以及各策略值，以供调度运行维护人员抉择。

　　影响冲击范围可视化展示：用热力图展示电网受冲击后的影响范围以及不同区域的受影响程度。热力图的颜色表示不同区域的受影响程度，颜色越深表示受影响越严重。

　　图 8-21 展示了智能全景调控地图引擎可视化技术实现方案。在此，智能全景地图引擎通过超文本传输协议（hyper text transfer protocol，HTTP）和一种在单个传输控制协议（transmission control protocol，TCP）连接上进行全双工通信的协议 WebSocket 协议，与服务端建立连接并接收地理信息，利用三维可视化技术渲染三维地图引擎；同时利用前端脚本技术实现可拖拽、可旋转的三维地图引擎。接入站点的经纬度信息，经过墨卡托投影转化，实现站点的精确定位；采用贝塞尔曲线绘制站点拓扑结构，计算拓扑结构中潮流的运动轨迹，展示线路潮流动态运动过程。

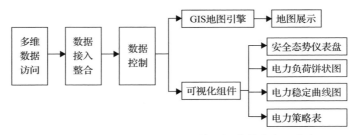

图 8-21　智能全景调控地图引擎可视化技术实现方案

　　同时，通过调用多维数据访问接口接收可视化数据，经过数据整合和数据控制模块，将数据分发给地理信息系统（geographic information system，GIS）地图引擎和安全态势仪表盘、电力负荷饼状图、电力稳定曲线图、电力策略表等可视化组件，直观形象地将态势评估与辅助决策结果进行可视化展示。此外，可利用三维可视化技术，建立虚拟三维场景模型，将电力设备工作状态、拓扑连接状态、设备运行情况等信息直观、形象地在三维漫游平台进行展示。

8.3.2　智能全景调控地图引擎可视化关键技术

1. 地图引擎关键技术

1）站点精确定位

　　在地理信息系统（GIS）中，需要利用投影来将地理坐标系转化为二维坐标系[46]。地理坐标系（geographic coordinate system），是使用三维球面来定义地球表面位置，以实现通过经纬度对地球表面点位引用的坐标系。地理坐标系包括三部分：角度测量单位、本初子午线和参考椭球体。在球面系统中，包含纬线和经线，其中纬线为水平线，也可称为等维度线，经线为垂直线，也可称为等经度线[47]。

与地理坐标系不同，在二维空间范围内，投影坐标系的长度、角度和面积为定值。投影坐标系始终基于地理坐标系，而后者则是基于球体或旋转椭球体。

投影坐标系中包含横轴和纵轴两个坐标轴，记为 x 轴和 y 轴，其中 x 轴表示中央水平线，y 轴表示中央垂直线，两个坐标轴在整个范围内单位保持不变，将整个投影坐标系划分为了四个象限。对于每个位置，可用 (x, y) 坐标来标识，$(0,0)$ 点位于网格的中心。

智能调控地图引擎采用墨卡托投影，即正轴等角圆柱投影[46]。举例说明：假设存在一个与地轴方向一致的圆柱，并且与地球相切或相割，在等角条件下，将所有的经纬网投影到圆柱面上，沿地轴方向将圆柱面展开为平面，即可得到平面经纬线网。在这种模式下，不会产生角度变形的前提条件是一点上任何方向的长度比均相等。

墨卡托投影把纬度为 $\Phi (-90° < \Phi < 90°)$ 的点投影到

$$y = \mathrm{sign}(\Phi)*\ln\{\tan[45° + \mathrm{abs}(\Phi / 2)]\} \tag{8-20}$$

式中，当 $\Phi < 0$ 时，$\mathrm{sign}(\Phi) = -1$；当 $\Phi = 0$ 时，$\mathrm{sign}(\Phi) = 0$；当 $\Phi > 0$ 时，$\mathrm{sign}(\Phi) = 1$；$\mathrm{abs}(\Phi)$ 是 Φ 的绝对值。

经过墨卡托投影后，平面坐标系的原点与经纬度的原点一致，即赤道与 0 度经线相交的位置。可以将经纬度转化为对应的二维直角坐标系中平面坐标 x 和 y。根据 x 和 y 可以在直角坐标系中精确定位站点位置，并在页面中使用 Canvas 坐标系进行标注和绘制。

Canvas 使用的坐标系为窗口坐标，与直角坐标系不同。直角坐标系中原点沿 x 轴向右方向为正值，反之为负值，原点沿 y 轴上方向为正值，反之为负值。如图 8-22 所示，二者都含有 x 轴、y 轴，交点为坐标原点，窗口坐标系中原点沿 x 轴向右方向为正值，不同的是原点沿 y 轴向下方向为正值。窗口坐标系统也有负值，但会在屏幕之外[48]。

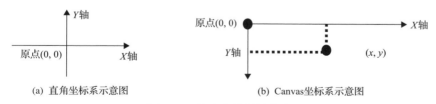

(a) 直角坐标系示意图   (b) Canvas坐标系示意图

图 8-22　站点定位关键技术

二维绘图环境中的 Canvas 坐标系，默认情况下以屏幕的左上角为坐标原点，x 轴右侧为正，y 轴下侧为正，坐标单位为"px"。然而 Canvas 的坐标系并不是固定的，我们可以对坐标系进行坐标变换，包括平移、旋转、缩放等。地图引擎中的 Canvas 坐标系会随着地图的下钻、移动，进行相应的坐标变换，以保证站点的位置定位。

2）图形绘制关键技术

针对电压等级模式，站点的绘制渲染使用 ZRender 二维绘图引擎，利用二维图形渲染出立体效果，再使用三维透视法，将三维立体图形用二维几何图形抽象，实现三维图形绘制。

如图 8-23（a）所示，圆柱上下面使用椭圆平面绘制，下椭圆颜色深，上椭圆颜色浅。圆柱体使用长方形绘制，使用渐变颜色，光源方向颜色浅，阴影方向深。在电压幅值产生变化时，改变上椭圆的坐标位置和长方形的高度可实现重绘。为了实现鼠标的交互，在绘制完成的圆柱上绑定每个站点的 id 位置，每次鼠标点击后，利用 id 进行数据请求，并根据位置信息，计算站点信息窗口的位置。站点上方的圆形文字及圆形转动效果为原生 Canvas 制作，根据每个圆柱的圆心位置和高度计算出圆形的圆心位置并设置合适的半径大小，文字中心与圆心位置相同。

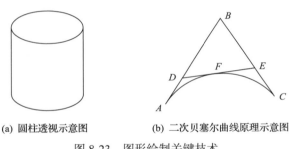

　　（a）圆柱透视示意图　　　　　　（b）二次贝塞尔曲线原理示意图

图 8-23　图形绘制关键技术

在潮流绘制方面，智能全景地图引擎结合动画原理，展示潮流流动效果。动画的产生就是图片快速的连接，通过不断地刷新一张张图片，利用人眼的延迟感应形成动画效果。而这个刷新有三个过程：更新、清除、绘制。制作不间断的刷新，需要一个循环执行的定时任务，每 0.01 秒执行清除、更新、绘制任务。清除时，需要清除整个画布，范围为整个页面的宽度与高度；更新时对运动对象的窗口坐标位置进行更新。

在潮流的圆周运动中，潮流运动经过的路径长度的变化为

$$x = x0 + \cos(angle) * r \tag{8-21}$$

$$y = y0 + \sin(angle) * r \tag{8-22}$$

式中，$(x0, y0)$ 为圆心坐标；(x, y) 为潮流位置点坐标；angle 为潮流位置点角度，且每 0.01s 增加 0.1°；r 为圆周半径。

在潮流的贝塞尔曲线运动中，随着模拟时间的增加，潮流运动路径逐渐改变。

$$x = \mathrm{pow}[(1-t),2]*x1+2*(1-t)*t*x2+\mathrm{pow}(t,2)*x3 \tag{8-23}$$

$$y = \mathrm{pow}[(1-t),2]*y1+2*(1-t)*t*y2+\mathrm{pow}(t,2)*y3 \tag{8-24}$$

式中，$(x1, y1)$ 为起始点坐标；$(x2, y2)$ 为终止点坐标；$(x3, y3)$ 为控制点坐标；(x, y) 为潮流位置点坐标；t 代表模拟时间，时间步长为 0.01s；$\mathrm{pow}(a,b)$ 表示 a 的 b 次方，a、b 为任意实数。

圆形的转动效果分为两个部分，首先绘制一个半径为 2 的小圆，令这个小圆在大圆的边缘上运动，并绘制一个半圆弧，使半圆弧在小球后方运动，二者运动速度相同。小圆的位置和圆弧的始末角度，根据控制变量算出，通过不断的重绘，由于人眼的延时感知，会产生运动的效果。

针对电网拓扑结构的展示，可采用二次贝塞尔曲线进行绘制，Bézier curve（贝塞尔曲线）是应用于二维图形应用程序的数学曲线[49]。曲线定义起始点、终止点（也称锚点）、控制点。通过调整控制点，贝塞尔曲线的形状会发生变化。

如图 8-23(b) 所示，二阶曲线由两个数据点（A 和 C）、一个控制点（B）来描述曲线状态，连接 AB 和 BC，并在 AB 上取点 D，BC 上取点 E，使其满足条件：连接 DE，取点 F，使得

$$AD/AB = BE/BC = DF/DE \tag{8-25}$$

这样获取到的点 F 就是贝塞尔曲线上的一个点。

根据后端拓扑结构数据，计算数据点和控制点的窗口坐标系位置，使用原生 Canvas 进行二次贝塞尔曲线绘制，生成拓扑网络。在电压等级模式、聚类模式、薄弱点模式下，分别使用不同的控制点计算公式，绘制出不同的拓扑结构网络。

曲线上的小球位置可根据式(8-23)与式(8-24)计算而得，小球运动路径和曲线路径相同，因而控制点要设置成相同的位置，使用控制变量的方法，计算出每 0.01 秒小球的位置，并重新绘制，从而在视觉上产生运动的效果。小球运动的拖尾效果是叠加产生的。线是由一个个连续的点形成的，因而在制作拖尾效果的时候，可以根据多个点形成线的思路来制作。每个小球后面跟随 5 个逐渐变小和逐渐透明的点，在视觉上可以产生拖尾的效果。

3) 地图下钻与移动更新的处理

地图移动、下钻后，所有图层的标注位置要进行重新绘制。首先移除所有图层；然后判断当前模式，添加当前模式下的展示图层。由于所有的动画效果均使用定时任务制作，所以在移除图层的同时必须关闭相应的动画效果定时任务。每

次添加图层时, 需要将站点经纬度重新计算为相应窗口坐标, 通过更新画布Canvas坐标系的原点位置实现窗口坐标的重新计算。在添加图层时, 每个图层均为不同的优先级, 最高级为站点标注, 其次为动画效果或高亮图层, 接着是线路动态效果图层, 最低层级为线路图层。添加动画图层的同时, 需打开动画效果定时任务, 使动画效果继续显示。

4) 故障源及波及范围展示

线路故障时, 需要清晰地展示出故障位置和故障波及范围, 故障位置用一个点展示, 故障波及范围使用发散的线路表示。故障数据由后端主动发送给前端, 包括故障点对应线路的始末站点以及故障点在线路上的位置(始末位置的经纬度坐标), 根据故障点及其线路信息, 计算出故障点的窗口位置, 在该位置绘制红色标志, 并叠加故障点图层。波及范围信息和故障点在同一时刻发送给前端, 数据中包括波及范围的站点信息、线路信息, 根据波及范围数据(站点使用经纬度信息, 线路为始末位置经纬度), 绘制相应红色标志线, 向地图中叠加波及范围图层。故障点修复后, 后端发送的数据中不会再包含故障点和故障波及范围的数据, 此时便移除故障点和波及范围的图层。

5) 地理接线展示原理

利用可缩放矢量图形(scalable vector graphics, SVG)可展现各节点间的地理接线。SVG 是一种用可扩展标记语言(extensible markup languag, XML)定义的语言, 用来描述二维矢量及矢量/栅格图形。SVG 提供了 3 种类型的图形对象: 矢量图形、图像、文本。图形对象还可进行分组、添加样式、变换、组合等操作[50], 特征集包括嵌套变换、剪切路径、alpha 蒙板、滤镜效果、模板对象和其他扩展。

SVG 提供了目前网络流行的可移植网络图形格式(portable network graphic format, PNG)和联合图像专家组(joint photographic experts group, JPEG)格式无法具备的优势: 可任意放大图形显示, 但不会牺牲图像质量; 可在 SVG 图像中保留可编辑和可搜寻的状态; 文件小, 下载速度快[51]。使用 SVG, 可以绘制接线图, 根据相对坐标, 可绘制点到点的直线、折线。可在指定位置标注文字信息、数值信息和图标, 能形象生动地展示各个地区的接线关系[50]。

2. 可视化关键技术

1) 安全态势可视化应用架构

安全态势可视化的实现采用如图 8-24 所示的浏览器/服务器模式(browser/server, B/S 结构), 运用先进的三层结构, 实现分布式数据应用, 能够在大用户量和大数据量的情况下, 保证应用的稳定性、可靠性和数据的完整性。采用三层结构是集中式应用和远程服务的基础保证，可以满足管理者的集权和分权的需求，能为用户提供集中式和分布式两种应用的管理模式。

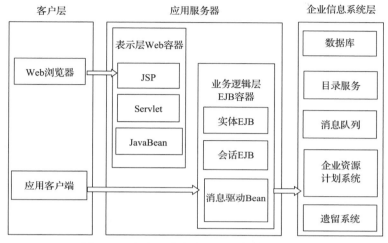

图 8-24　企业级分布式应用程序体系结构图

采用三层结构的设计与解决方案可降低开发多层应用的费用和复杂性，同时对现有应用程序集成提供强有力的支持，有良好的向导支持打包和部署应用，添加目录支持，增强了安全机制，提高了性能[52]。

安全态势可视化系统的技术架构在传统模型-视图-控制器框架(model view controller，MVC)的基础上融入了大数据分析、移动互联网和云计算技术的多层组合设计框架，通过自定制标签库和其他辅助标签库，实现表示层的页面设计，在业务逻辑层通过适配器层与表示层进行互动，实现异步和局部访问。

2) 可视化数据接入与展示

安全态势可视化系统需要根据时空大数据平台提供的多维数据访问接口，来获取原始的可视化数据。但是为了保证数据的可视化展示有效有序，需要将获取到的可视化数据进行序列化处理。可视化系统中前后端的数据交互格式采用目前最流行的轻量级的数据交换格式 JavaScript 对象简谱(JavaScript object notation，JSON)格式进行传输。为了保证实时数据能够快速地展示在可视化界面，可视化系统后台采用传统的 HTTP 连接与 WebSocket 方式相结合模式，与可视化前端进行连接。

在实时数据处理上，使用 WebSocket 技术。在 WebSocket 数据接口中，浏览器和服务器只需要完成一次握手，两者之间就可以创建持久性的连接，并进行双向数据传输。在连接创建后，服务器和客户端之间交换数据时，用于协议控制的数据包头部相对较小；由于协议是全双工的，所以服务器可以随时主动给客户端下发数据。相对于 HTTP 需要等待客户端发起请求服务端才能响应，延迟明显更少；即使是和 Comet 等类似的长轮询比较，也能在短时间内更多次地传递数据，保持连接状态[53]。

可视化系统后台为可视化展示提供数据接口，为了保证数据接口的安全可靠性，制定了相应的数据接口规范，且在编写数据接口时严格遵循接口规范，便于接口的管理与维护。结合目前可视化主流应用，选用 ECharts.js 作为可视化框架，实现各类曲线、仪表盘与热力图等丰富的可视化组件，对态势评估结果、辅助决策信息等进行直观可视化展示；底层依赖轻量级的矢量图形库 ZRender.js，提供直观、交互丰富、可高度个性化定制的数据可视化图表[54]。

3) 图形渲染性能优化

对于三维可视化系统来说，由于需要不断追求场景画面真实感，会让场景越来越复杂，随之使构建的模型也更加精细，对图形硬件带来的负荷极大，从而使得实时绘帧率难以实现。因此，需要对图形渲染做性能上的优化。

在数据处理方面，尽量减少客户端的数据二次加工，将后端传输的数据尽可能直接进行渲染、更新，从而尽可能减少计算。在图形渲染方面，由于智能全景调控地图引擎中需要绘制大量静态图形，传统的采用实体(Entity)创建几何图形的方式存在创建对象数量过多及图形和属性耦合问题，会导致 CPU 开销过大，使客户端发生卡顿。为了提高界面加载和渲染效率，使用图形集合(Primitive)将大量厂站、潮流等静态图形组合成一个大图形，通过减少图形的创建数量，减少 CPU 的开销，更充分利用 GPU。Primitive 由几何(Geometry)和外观(Appearance)构成，将图形创建和属性解耦，可以分别进行修改，提高了开发效率和渲染效率。

8.3.3　智能全景导航地图

基于智能全景调控地图引擎及可视化关键技术，可实现智能全景导航地图。智能全景导航地图具有历史及预想故障下电网最优导航查询功能，可以实时监测不同区域电网的实时工况及预测工况，并根据工况给出优化导航方案；同时，可以实现电网实景查看功能，实时查看关心区域的实际情况。智能全景导航地图主要包括以下几个部分。

(1)巡航地图引擎：建立一套动态实时更新的电网运行导航驱动、管理数据库，为电网智能导航提供线路分析、拓扑分析、优化方案生成、电网数据渲染等功能，在可视化界面上设计完整的巡航地图引擎功能调用接口，对其进行调用。它包含了如下巡航地图引擎调用接口。

①故障查询引擎接口：当电网出现故障时，通过该引擎接口可以快速地对故障进行定位。

②电网工况引擎接口：主要负责对电网全网工况进行展示，包括实时工况与预测工况。

③实时工况引擎接口：主要展示电网实时运行状态，如线路潮流情况，负载情况等。

④预测工况引擎接口：主要负责对未来一定时间段的电网工况进行预测。

⑤区域状况引擎接口：可实现对局部区域电网工况的调用与查看。

⑥电网状态引擎接口：实时调用数据库，以不同的颜色展示电网运行工况，给出过载、重载、轻载、正常等情况。

⑦线路渲染引擎接口：实时自动对电网线路运行工况进行调用、展示。

⑧节点渲染引擎接口：实时自动对电网节点运行工况进行调用、展示。

⑨电网优化方案引擎接口：根据电网运行状况，调用电网当前的具体优化方案，并进行展示。

⑩电网拓扑引擎接口：以可缩放的矢量图形(scalable vector graphics，SVG)地理接线图的形式，调用展示电网全网或局部拓扑。

⑪局部实景引擎接口：对电网局部实际情况进行调用展示，方便查看具体节点的设备、线路布局等。

(2)智能电网导航：主要包括故障情况及实际需求情况下的最优运行导航(迎峰度夏时电网最优运行导航、雪灾等故障时电网最优运行导航、线路检修时电网最优运行导航、电网经济最优运行导航等)、扰动源定位分析、故障传播分析。

最优运行导航：该功能主要通过优化方案引擎接口实现，给出电网不同工况(迎峰度夏、雪灾等故障、线路检修、电网最优经济运行等)下的最优运行拓扑，通过线路渲染引擎接口，以不同的颜色展示线路潮流大小，即展示潮流最优分配方案。在发电节点、负荷节点分别给出具体的发电功率、负荷功率。

扰动源定位分析：该功能主要通过故障查询引擎接口实现，通过接口调用，给出电网故障时间、故障地点、故障类型等信息，对扰动源进行定位。

故障传播分析：该功能通过节点渲染引擎接口实现，通过调用扰动影响范围值、扩散传播信息等，以向外扩展光圈或热力图形式展示故障传播影响范围。

(3)优化路径展示：根据电网实时工况和运行需求，对电网拓扑进行最优规划设计，给出多套运行方案，供运维护人员选择。该功能主要针对电网发生故障时，为维持电网稳定运行，而进行一系列的路径重新规划，给出电网故障后电网局部路径调整示意图。针对发生的故障，对相应的线路进行重新优化，保障电网安全稳定运行。

8.4　智能全景电网语音交互助手

智能全景电网需要提供丰富的人机交互形式，从而满足调度员的不同交互习惯与交互需求，其目的就是要让调度员能够采用最自然的方式与调控系统进行交互，从而降低调度员的工作负荷，减少人为造成的调度错误，提高调控系统的可靠性与实时响应能力。语音则是人机交互中最常用的一种交互方式。语音交互可以使调度员从鼠标、键盘中解放出来，使其更关注业务应用本身，而不是如何和调控系统进行交流。

8.4.1　智库交互

智能调度知识库(简称"智库")是多通道人机交互的基础[55]，其具备独立的人机交互应用。调度员通过可视化界面，能够对智库进行控制并使用各种服务。智库交互系统结合调度员的部门、岗位等特征，根据部门岗位的不同，为调度员提供不同的交互界面，通过前端界面采集到的指令，在后台进行逻辑处理和运算，并将结果反馈给可视化界面，完成人机交互。智能调度知识库的构建流程如图 8-25所示。

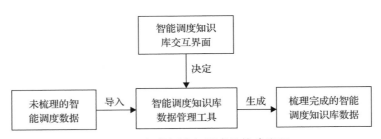

图 8-25　智能调度知识库的构建流程

智库交互系统具备调度员岗位培养功能，根据调度岗位的不同，可灵活定制不同的知识、考试内容及培训内容，使调度员根据所在岗位，获取不同的学习信息。调度员通过键盘、鼠标及文字输入的方式，对系统进行操作，系统将操作结果反馈到可视化界面中。调度员可进行的操作包括知识的浏览、查询，论坛的基础功能及定制功能，考试，以及岗位培养方案制定和学习。

为此，可定义调度员的操作规范，智库交互系统作为 B/S 模式的服务平台，可通过前端界面获取用户指令，并根据调度员的权限，将采集到的有效信息传递到服务器，通过服务器的处理，将结果反馈到前端界面。

智库交互系统的架构如图 8-26 所示。

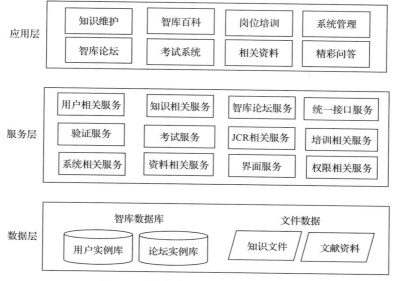

图 8-26　智库交互系统的架构示意图

数据层是整体系统数据资源的保障，包含数据库、模型库、词类库、样例库，智能调度专用语音交互所需的所有数据资源都存储在数据层的各个存储组件中，支持其他系统或服务调用。数据层以智能数据库为载体，提供了智库交互系统的核心知识库。

服务层提供智库交互统一管理能力，是整体应用系统的基础保障，包含用户相关服务、知识相关服务、智能论坛服务、统一接口服务、验证服务、考试服务、JCR 相关服务、培训相关服务、系统相关服务、资料相关服务、界面服务与权限相关服务等。

应用层包含了常用的应用业务，包含知识维护、智库百科、岗位培训、系统管理、智库论坛、考试系统、相关资料和精彩问答等。

8.4.2　智能语音服务机器人

调度员可利用智能调度语音服务机器人与大电网进行交互。调度员只需通过语音，就可以实时查询电网运行状态，例如，查询电网当前的综合安全态势稳定指标、厂站基础量测数据、故障位置及影响范围等；也可通过语音控制业务程序的启停，例如，可语音控制启动仿真程序，从而方便灵活地为调度决策做辅助支撑。同时，调度员还可通过语音向调控系统进行有关电力知识和调度业务知识的询问，从而帮助其做出正确的调度决策。

语音交互是实现智能语音服务机器人的核心关键技术，主要分为四个部分：自动语音识别(automatic speech recognition，ASR)，自然语言语义理解(natural language understanding，NLU）、自然语言生成以及文字转语音。

　　自动语音识别（automatic speech recognition，ASG）是语音交互的第一步，是以语音为研究对象，通过语音信号处理和模式识别让机器自动识别和理解人类口述的语音。语音识别技术就是让机器通过识别和理解过程，把语音信号转变为相应的文本或命令的技术。语音识别是一门涉及面很广的交叉学科，它与声学、语音学、语言学、信息理论、模式识别理论及神经生物学等学科都有非常密切的关系。

　　语音识别系统本质上是一种模式识别系统，包括特征提取、模式匹配、参考模式库等三个基本单元[56]，它的基本结构如图 8-27 所示，首先对输入的语音进行预处理，然后提取语音的特征，在此基础上建立语音识别所需的模板。而计算机在识别过程中要根据语音识别的模型，将计算机中存放的语音模板与输入的语音信号的特征进行比较，根据一定的搜索和匹配策略，找出一系列与输入语音匹配的最优模板。然后根据此模板的定义，通过查表就可以给出计算机的识别结果。显然，这种最优的结果与特征的选择、语音模型的好坏、模板是否准确都有直接关系。

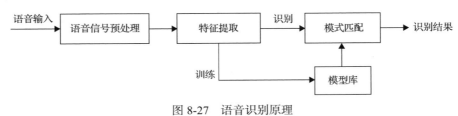

图 8-27　语音识别原理

　　自然语言语义理解则是语音交互的最核心部分。其工作流程分为以下四个阶段。

　　（1）意图表示：表示调度员使用调控系统时所做的动作（例如：问一个询问当前电网状态的问题或发送一条调度指令），语音交互的核心功能通过这些意图来表示。当调度员意图被识别后，完成目标动作之后，将结果反馈给调度员。

　　（2）识别意图：即语义解析。对语音识别结果进行进一步分析理解，即将调度员的语音输入映射到机器指令。在库中定义了一种映射结构，调度员通过说出满足这种结构的语句，来调用意图。

　　（3）处理意图：将意图请求发送到服务器，服务器应用程序处理用户的请求，然后给出解决问题的答案。

　　（4）语言合成：主要用于组织机器语言输出成自然语言的句子。将生成的文本句子转换成自然语音进行输出。

　　在以上流程中，最为关键的是意图识别，也就是语义解析环节。在该环节，主要进行了如下工作。

1) 词法分析

词法分析包含形态和词汇。形态主要体现在单词的前缀和后缀的分析上，词汇反映在整个词汇体系的控制上。

为此，围绕调度员语音交互的需求，进行调度员词典的构建以及上下文的建模。在词义表示方面，采用了词嵌入（Word Embedding，又称词向量）的表示方法。关键词提取就是从文本中把与内容意义最相关的词语抽取出来。通过提取语音中的关键词，快速实现语音指令匹配，及时反馈相应的结果。

2) 句法分析

句法分析是对调度员输入的自然语言进行词汇短语的分析，目的是识别句子的句法结构，实现自动句法分析过程。句法分析的常用方法包括线图分析法、短语结构分析、完全句法分析、局部句法分析、依存句法分析等。句子级的语义分析基于句子中的词和词法结构，进行某种形式化的表示。根据语义分析的深浅，又可划分为浅层语义分析和深层语义分析[57,58]。

(1) 浅层语义分析。语义角色标注（semantic role labeling，SRL）属于浅层的语义分析。SRL 首先找出句子中的核心语义，包括动作的发出者和动作的接受者，然后再搜索出附属语义，包括方式、地点、起因等。首先需要找出句子中的主语、谓语与宾语，然后实现 SRL[58]。

(2) 深层语义分析。深层的语义分析（可直接称为语义分析，semantic parsing），将完整的句子转化为某一种形式化的语义表示，而不以谓语为主要的研究对象。其组成通常包括关系谓词。例如，如下调度问题的一阶谓词逻辑语义表达式如下。

中文：列出江宁站的当前 PMU 数据

英文：List all the PMU data in JiangNing

语义表达式：answer(PMU data(loc_2(stateid('JiangNing'))))

其中，关系谓词为 in、实体为 JiangNing。同时，深层语义分析需要知识库的支持。为此，通过构建调度知识库，对基本调度知识进行了初步表达[58]。

3) 篇章级语义分析

可采用循环神经网络（recurrent neural networks，RNN）以时间序列的模式来处理输入数据，从而进行篇章级语义分析。这样，给定一段通过语音识别所获得的调度员语音文本，便可自动识别出该文本中的所有篇章结构，包括其中的层次结构和语义关系。

自然语言生成（natural language generation，NLG）是语音交互中的另一重要环节，其主要目的是能够用汉语、英语等其他人类语言生成解释、摘要、叙述等，它将结构化数据转换为文本，以人类语言表达。可以通过使用语言模型来实现自然语言生成。语言模型是对词序列的概率分布，可以在字符级别、短语级别、句子级别甚至段落级别构建。神经网络的最新进展如 RNN 和 LSTM 允许处理长句，显著提高了语言模型的准确性。

在上述语音交互技术的基础上，调度员通过智能语音服务机器人的语音采集系统，对机器人下达指令。机器人通过语音转换识别算法解析出调度员输入的语音指令，在此基础上，对调度员输入的语音指令进行理解，识别调度员的意图，并将识别出的有效信息通过接口传输到后台，在后台做出查询或者计算，访问知识库或调用计算接口，之后将操作结果反馈在可视化界面中并进行语音播报。调度员可进行的典型操作包括：电网运行状态、调控知识的查询以及启动电网仿真计算等。图 8-28 展示了智能语音服务机器人的工作流程。

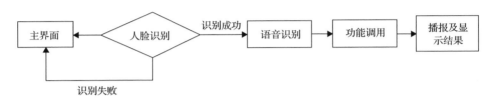

图 8-28　智能语音服务机器人的工作流程

智能语音服务机器人可支持深度推理问答，具备多轮对话、动态场景、多句组合意图、深度推理、多意图理解与自动上下文与意图推荐等能力，可解决特定场景下的复杂问题，从而提高交互系统的智能化程度，对调度员体验和服务效果带来更多改善与提升。

智能语音服务机器人可支持交互界面。其中，调度员可通过态势评估交互界面，采用语音交互方式查询态势评估的主要指标，通过模型测辨语音交互界面，采用语音交互方式查询模型测辨的参数结果，从而实现与大电网的自然人机交互。

此外，调度员在知识问答界面可以通过语音交互方式实现电网调度知识的查询，并支撑调度员实时查询调度系统动态数据、进行多轮对话和深度推理问答。

8.5　智能全景电网虚拟推演

智能全景电网虚拟推演利用大电网仿真引擎，综合运用虚拟现实、人工智能、多点触控、三维仿真、可视化等计算机信息技术，结合二维、三维地理信息系统数据以及电网实际量测数据，构建虚拟智能全景电网沙盘，同时结合电网调控业务及人机交互功能实现智能沙盘推演。通过多点触控、手势识别、语音识别、多屏互动等智能交互手段，模拟演示电网进行智能调度的过程。

8.5.1　智能全景电网虚拟推演体系框架

虚拟现实交互技术是当前智能交互技术发展的重要内容，其融合了数字图像处理、多媒体技术、计算机图形学、传感器技术等多方面信息技术。近年来，人与实际环境的虚拟并自然的交互技术和集成系统的应用，在很大程度上帮助解决了许多实际问题。但是针对一定级别的指挥调度机构，传统的沙盘无法完全满足实际需求。电子沙盘是现代化信息显示手段，满足当前指挥调度高度自动化、应急指挥快速反应可视化、大纵深模拟演练可视化、展示空间立体态势真实化的需求。在虚拟沙盘中，调度人员身处在虚拟的全景宏观电力系统中，可以身临其境地在地图上移动和查看各控制节点状态，并通过多点触摸控制、智能手势识别等交互手段，自然友好地与系统进行交互。虚拟现实交互沙盘无缝对接电网调度系统，在很大程度上帮助解决了真实工作与模拟演练中的许多实际问题。

　　智能全景电网虚拟模拟推演系统结合了虚拟现实、人工智能、可视化等计算机信息技术，依据电网数据构建三维电子沙盘，展现电网运行状态，并采用多种交互方式在电子三维沙盘上进行电网模拟推演。采用三维建模技术对地图、电网厂站、杆塔等建模，构建大电网三维沙盘；基于电网断面数据文件完成大电网虚拟沙盘的创建、载入、查询、删除功能，对大电网虚拟沙盘进行管理；使用大电网多通道智能交互技术实现文本交互、语音交互、沙盘交互等多通道智能交互功能；基于仿真数据，在大电网三维沙盘上操作厂站或线路，实现对大电网的模拟推演。智能全景电网虚拟推演系统的体系框架如图 8-29 所示。

图 8-29　智能全景电网虚拟推演体系框架

8.5.2　智能全景电网虚拟推演核心功能

1. 大电网多通道智能交互

　　三维虚拟沙盘需具有多通道智能交互功能，以实现文本交互、语音交互、人脸识别交互、沙盘交互等操作内容。

　　文本交互：调度人员通过文本数据操作，实现对电网运行状态的了解，其交互流程为调度员通过鼠标和键盘等操作形式，向电网多通道智能交互系统输入文本信息指令,电网多通道智能交互系统对指令进行分析,然后做出响应,进一步展示出调度员想要了解的电网状态信息。

语音交互:调度人员可向电网多通道智能交互系统发送语音指令,了解当前电网运行状况,并可控制电网运行方式。利用语音识别技术,在对调度员语音进行识别的基础上,实现对给定询问与控制命令的实时语义理解;基于语义理解信息,利用知识库信息匹配,实现有关电网运行状态的智能问答以及控制命令的自动响应。

沙盘交互:调度人员可通过鼠标、键盘等硬件设备,通过拖拽、点击、选中、滚动等交互,实现对虚拟沙盘的数据交互。调度人员还可以利用给定的动作,对电网运行状态进行查询,并对电网进行相关调控操作。

2. 大电网模拟推演及展示

大电网模拟推演操作是在三维虚拟沙盘装载仿真数据之后进行,其主要功能包括潮流推演和稳定推演。

1)潮流推演

潮流推演沙盘操作对象包括厂站和线路。调度人员可针对特定厂站查询其运行状态,同时,可以选择厂站设备进行投运/退运操作(厂站设备包括机组、变压器、厂用电负荷、电抗器、电容器等),并且可以对设备的运行参数进行调整。调度人员也可针对线路查询其运行状态,并对线路进行断开操作。模拟推演系统将展示调度员模拟操作下的潮流信息。在此,潮流推演的统计信息结果通过列表、曲线图、柱状图等方式显示,包括厂站母线电压越限预警、交流线电流重载预警、变压器容量重载预警等报警列表,以及总发电、总负荷、总无功、越限等信息。潮流推演的地图信息通过地形图的方式直接展示在 GIS 地图上,利用在线路上运动的小箭头表示潮流信息;以柱状图或多种热力图的形式来呈现负荷/出力情况,为调度人员提供便捷直观的体验效果。

2)稳定推演

稳定推演沙盘操作对象主要为线路。调度人员可针对特定线路预设故障,模拟推演系统在预设故障下,分析电网的稳定情况。稳定推演的统计信息结果通过列表、曲线图、柱状图等方式显示,包括母线电压曲线、母线电压相角/频率曲线、发电机功角曲线。同时,调度人员可利用曲线阅览室,对上述曲线进行详细分析。

8.5.3 智能全景电网虚拟推演关键技术

智能全景电网虚拟推演的关键技术包括智能图表展示技术、三维建模技术、虚拟电子沙盘技术等。

1. 数据可视化智能图表展示技术

数据可视化是一种使复杂信息能够容易和快速被人理解的手段，是一种聚集在信息重要特征的信息压缩语言，是可以放大人类感知的图形化表示方法。数据可视化也称为可视化技术，它不仅能够用图形图像表示数据，还能发现隐藏在其中的信息和知识。运用可视化技术不仅可以得到直观的图形数据，还能补充数据的不足、缺陷，增加对数据的理解。在处理数据的过程中，要求操作快速、思维敏捷、对信息理解要全面，对庞大的数据库要有准确的把握及定位。数据可视化是传达数据分析与数据挖掘结论的重要环节，是对所获取信息、知识、模式的图形化展现，其核心目的是清晰、美观、有效地传达与沟通信息[59]。

数据可视化可结合大数据分析技术实现对数据的精细化运用，从而驱动业务增长。将大数据技术与可视化技术相结合，可为数据分析人员提供一种强大、高效的数据分析工具，能以一种更加直观的方式揭示数据背后隐藏的业务价值[60]。对于多维度数据，选择高效、灵活的可视化方式进行展示，并且在可视化图表中实现交互，用户可通过图表透视数据库具体内容。常见的智能分析图表包括基础统计图(如柱形图、条形图、饼图、折线图等)、交互仪表盘、各类报表、地图统计图、三维统计图、二维统计图(散点图、气泡图、热点图等)等。

2. 三维建模技术

针对电网中的某些元件、设备、电网多通道智能交互场景，构建三维模型，并附加三维动画、特效，以确保 360 度动态展示电网模拟推演过程，达到生动演示电网模拟推演过程的目的，在此可采用 3DMAX 进行建模。

3D Studio Max，简称为 3D Max，是基于个人计算机系统开发的的动画渲染与制作软件。是在 DOS 操作系统的 3D Studio 系列软件上发展而来的[61]，具有强大的角色(character)动画制作能力、可堆叠的建模步骤，可使制作模型具有非常大的弹性。大电网三维可交互沙盘通过对电网虚拟推演系统中应用的地图、电网厂站、杆塔等设备进行三维建模，利用中、低精度模型，制作高精度模型，将实际电力设备利用三维模型的形式直观地呈现在系统中。除使用 3D Studio Max 建模之外还将完成三维动画制作、渲染等工作。同时，为了进一步提升三维虚拟沙盘的操作效果，可采用 Unity3D 引擎技术进行开发制作，该技术整合了编辑器、跨平台发布、着色器、脚本、网络、物理及版本控制等工具，为虚拟现实开发提供了强大的技术支撑[62]。

3. 虚拟电子沙盘技术

电子沙盘是在矢量地图数据管理与显示子系统和多媒体信息管理与显示子系

统的支持下，把虚拟现实的理论与技术应用到真实地形环境仿真领域形成的技术系统，是认识地形环境、替代或部分替代实地考察工作的有力工具[63]。电子沙盘又称三维地理信息系统，是遥感、地理信息系统、三维仿真等高新技术的结合，通过模拟真实的三维地理信息，产生微缩模型。可利用先进的控制技术，实时动态查找每一个点的地理信息，如三维坐标、高度、坡度、河流、道路及各种人工工程与设施、远景规划等信息。并能通过先进的三维仿真功能，实时在电脑上进行三维单点显示、路径显示、绕点显示、工程设施查询、经济效益的分析以及其他各种智能分析等[63]。

　　虚拟现实技术是虚拟电子沙盘的核心技术，利用虚拟现实技术可实现对三维仿真场景及场景中元件、动画等的 360 度展示，实现拖拽、旋转、放大、缩小等操作。基于虚拟现实技术，调度人员可利用电子沙盘所呈现的实时、可观测、可交互的动态孪生模型在虚拟的环境中进行实时的推演模拟操作，从而极大地提高了监控和调控效果。

8.6　示　范　工　程

　　基于智能全景理念，结合先进的大数据与人工智能技术，研建了大电网在线综合动态安全稳定智能评估系统。该系统是智能全景电网理论与方法具体应用的产物，已在华中、华东和东北三个分中心区域调度进行部署。本节以华中区域调度为例，阐述大电网在线综合动态安全稳定智能评估系统的应用情况，进而展示智能全景电网理论与方法在电网调度中的应用。

8.6.1　华中电网背景

　　目前，华中电网现有智能调度调控系统中的 SCADA、RTU 前置采集采用直采和转发两种方式获取变电站的数据。重要变电站都采用直采方式获取数据，由于有些变电站对于多个调控中心都属于重要变电站，所以需要建立多达四百九十条左右的链路，通过一二平面网络与主站进行通信。对于转发的数据，220kV 数据经过省调转发，110kV 数据经过地、省调转发。由于层层转发，目前有一定程度(10s)的时延，在没有时标的条件下形成统一潮流断面必须经过状态估计，估计断面与实际断面差别较大。WAMS 对电网事故分析支撑能力较强，具备低频振荡分析和扰动源定位等功能，但效果和精度有待提高，应用功能尚需改进和完善。

　　(1)电力系统元件模型参数通常由厂家离线试验获得，并未考虑实际运行时参数的可能变化，这使得仿真分析所用模型参数与实际元件参数存在一定误差。

　　(2)具有间歇性和不确定性特征的新能源发电广泛接入，以及大量电力电子元器件的应用，使得电力系统模型的在线测辨更加复杂和困难。

（3）RTU/PMU 需要为电力系统模型测辨提供更加翔实的元件实时运行数据，为提高模型参数精度提供重要支撑。

华中电网现有智能调度调控系统中的在线安全稳定分析和预警应用建立了大规模并行计算平台，实现了在线数据整合、暂态稳定评估、稳定裕度评估、辅助决策、断面实时限额以及 N–1 闭环计算等高级应用功能。该系统具备 104 个在线计算节点的仿真能力，实现了 5～15min 一次的在线安全评估。该系统已经实现了正常运行并起到了支撑作用，但仍然存在如下不足。

（1）可再生能源高渗透率及电力电子化，电网将呈现出更加复杂的随机特性、多源大数据特性及多尺度动态特性，传统状态估计方法和离线仿真模型已难以满足当前电网安全稳定分析的准确性要求。

（2）电力系统的电力电子化特征愈发凸显，目前在线分析采用机电暂态仿真难以满足现代电网动态特性分析需求。

（3）现有的在线分析采用周期扫描和事件触发的仿真计算模式，耗时 5～15min，难以满足电网风险实时掌控的时效性要求，亟须信息驱动的大电网在线运行态势感知与趋势预测。

针对目前电网存在的问题，应用智能全景电网理论与方法实现电网在线安全防御，在调度中心搭建在线综合动态安全稳定智能评估系统，对提升电网智能调控水平，提高其可靠性具有至关重要的意义。在线综合动态安全稳定智能评估系统基于大数据和高性能存储查询技术，实时接收一体化基础状态信息和动态模型测辨结果，并将测辨结果转发给机电-电磁混合仿真程序，实现了数据的秒级获取与转发；基于内存计算引擎，搭建高性能分布式应用运行环境，支撑电网稳定态势在线秒级评估，并将评估结果以毫秒级的速度推送到态势感知主题界面，整体实现了互联大电网高性能分析与态势感知系统功能，方便调度运行人员直观洞察电网运行态势，提升大电网在线智能全景安全主动防御水平。

8.6.2　系统主要功能模块

在线综合动态安全稳定智能评估系统面向互联大电网在线安全防御，集成先进的实时状态感知、高效混合仿真、智能量化评估等技术，搭建智能全景电网系统，为实现大电网安全运行的实时分析和精准控制提供关键技术支撑，具体包括五大部件：多元基础信息一体化感知、电网动态设备元件集测辨建模、电网在线超实时机电-电磁混合仿真、信息驱动的电网在线安全稳定态势量化评估以及智能全景电网大数据平台。

多元基础信息一体化感知：主要包括动态数据接入、稳态数据接入、全网同时断面生成、智能状态估计、多元信息主题化展示、特征事件智能感知等。

电网动态设备元件集测辨建模：主要包括新能源场站建模与参数辨识、柔直输电与控制设备参数测辨、复杂异构负荷建模与参数测辨、大规模电力系统模型参数校正、设备异常检测及告警等。

电网在线超实时机电-电磁混合仿真：主要包括高性能混合仿真计算、大规模并行计算平台、严重故障智能筛选等。

信息驱动的电网在线安全稳定态势量化评估：主要包括正常态现状安全评估、正常态预想故障安全评估、故障态安全评估、未来态趋势预测等。

智能全景电网时空大数据平台系统：利用时空大数据平台、集成各智能态势评估业务应用，完成大电网全景安全稳定态势可视化及智能人机交互等。

利用高性能服务器与海量存储设备实现在线综合动态安全稳定智能评估系统硬件环境搭建，其具体用途如下。

(1)多元信息一体化实时感知应用服务器 1 台，用于实现全网断面生成、物理模型、计算模型以及在线运行数据生成等功能。

(2)在线高性能混合仿真计算服务器 9 台，其中 8 台为刀片服务器，用于实现在线高性能混合仿真分析，1 台为 2U 机架服务器，用于大规模并行计算平台调度。

(3)数据学习服务器 1 台，需配置主流机器学习计算显卡 GPU 和高配 CPU/内存，主要运行数据学习与分析应用。

(4)数据接入服务器 4 台，用于对调控云/D5000 数据的接入、整合、分发；

(5)数据接入整合、存储、访问与实时计算服务器 1 台，为刀片服务器(8 个刀片)，其中，3 个刀片实现海量量测/仿真数据的接入与数据整合；3 个刀片作为统一分布存储，存储每年 PB 级的海量量测与仿真数据，并运行分布式文件系统，包括存储控制、在线数据存储、历史数据存储；1 个刀片提供数据访问接口；1 个刀片负责进行实时计算。

(6)离线仿真应用服务器 2 台，用于运行和管理离线仿真工具，提供离线仿真服务。

(7)可视化应用服务器 1 台，支撑可视化服务器的部署运行与可视化数据服务的运行。

(8)数据平台管理服务器 2 台，包括实时监控应用、数据学习与分析应用、离线仿真应用等应用的准入、生命周期管理等。

(9)光纤磁盘阵列 1 台，用于海量历史数据压缩归档持久化存储，通过光纤交换机与存储服务器连接，服务器需配备 HBA 光纤卡，从而实现快速数据交换。

(10)万兆交换机 4 台，用于集群间数据的传输；Ib 交换机 1 台，用于混合仿真计算服务器网络连接。

8.6.3　实际应用案例

以示范应用中的真实场景为例，2021 年 8 月 6 日，河南 220kV 惠柳 II 线发生单相短路故障，导致天中直流发生一次换相失败，中州站送出功率从稳态值 572 万 kW 经过约 90ms 跌落至最低 335 万 kW，200ms 后基本恢复至稳态值，菊城站母线频率最小值 49.67Hz。取故障前时间点的断面数据，传统技术给出的有功最大相对误差达到 30.20%，而系统一体化实时感知功能的投运，得到的有功最大相对误差降为 1.59%，大幅提升了电网状态感知精度，为后续分析提供了优良的基础数据。

同时，通过仿真误差溯源，确定了天中直流、柳林站负荷为模型测辨关键元件，故障线路附近惠济站、柳林站、果岭站为受扰严重厂站，如图 8-30 所示。对直流模型电压/电流控制器参数进行修正，并将原恒阻抗负荷模型修改为感应电动机+静态负荷模型。参数测辨后受扰严重厂站各观测量拟合度达到了 95.64%～99.79%，其中，柳呈 I 线有功功率拟合度由测辨前的 88.10% 提升到测辨后的 95.64%，大幅提升了电网模型的准确性。

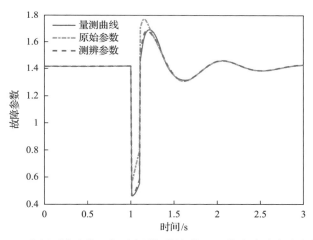

图 8-30　动态测辨建模运行示例(柳林站-柳呈 I 线有功功率响应曲线)

天中直流换相失败过程中，中州站送出功率最小值 335 万 kW，采用机电暂态仿真功率最小值 544 万 kW，与实际差别较大；在线机电-电磁混合仿真中，功率最小值 330 万 kW，与实际情况基本一致。频率方面，机电仿真没有仿真出直流换相失败现象，频率最小值为 49.97Hz，仿真结果比实际乐观；在线混合仿真成功计算出该现象，频率最小值为 49.75Hz，动态过程与实际故障基本一致，大幅提升了在线分析的精准度，为调度运行人员提供了更准确可靠的分析手段。

系统的稳定态势评估功能对电网安全稳定态势进行了在线快速评估，30s 内计算完成节点静态稳定裕度、断面稳定极限和安全裕度、关键故障临界切除时间。

结果显示系统稳定程度较高，该故障下不会发生稳定问题，未达到安全预警阈值，系统安全风险较小，帮助运行人员准确高效地掌握了系统的安全稳定态势，如图 8-31 所示。

节点	静态稳定裕度
华中.托口厂/10kV.#2机	0.79001
华中.托口厂/10kV.#1机	0.79470
华中.托口厂/10kV.#4机	0.79940
河南.栾川站/220kV.栾220kV南母	0.85298
湖北.太阳坪站/220kV.#1母线	0.85333
湖北.袁市站/220kV.#2母线	0.87052
江西.叶家山站/220kV.I段母线	0.87063
河南.铜山站/220kV.铜220kV西母	0.87097
湖南.汉昌站/220kV.II母	0.87592
湖北.守金店站/220kV.#1母线	0.87753
湖北.丹江厂/110kV.#5母线	0.87883

(a) 节点静态稳定裕度结果

断面	断面极限/p.u.	断面潮流/p.u.	安全裕度
双玉断面	23.1	12.6	45.37%
花祥断面	30.5	15.8	48.31%
卧咸断面	23.2	10.5	54.63%
邵花断面	29.3	9.3	68.27%
军夏断面	25	6.83	72.67%
梦厚断面	23.6	4.52	80.87%
爆邵断面	25.4	4.42	82.57%
夏凤断面	20.6	2.17	89.49%

(b) 断面稳定极限和安全裕度裕度结果

关键故障	临界切除时间/s
华中.葛岗线	0.24631
国调.南荆线	0.69464
华中.兴咸回线	0.21626

(c) 关键故障临界切除时间

图 8-31　稳定态势评估运行示例

在线综合动态安全稳定智能评估系统在华中、华东、东北电网的搭建示范，进一步提高了电网基础运行状态信息的质量、仿真模型的精度、机电电磁混合仿真的时效性，实现了电网不同运行状态的稳定态势的秒级智能量化评估，加强了调度运行人员与系统的智能交互水平，提升了区域电网在线安全运行和智能主动防御水平。同时，为智能全景电网理论与方法在大电网调控领域的核心业务创新及价值创造提供了系统平台技术支撑。

8.6.4　性能测试

1. 量测仿真数据接入整合

结合华中应用工程，从一体化实时感知应用接收量测仿真数据，其中 PMU 测试地址总量为 44675 个，SCADA 一个断面总量为 10.1MB，状态估计结果一个断面总量为 11.2MB，仿真文件一个断面总量为 48.1MB。根据量测仿真数据接入整合方案进行接入性能测试，测试结果如表 8-5 所示。

表 8-5　量测仿真数据接入性能

数据类型	接入整合方式	接入整合性能	数据量
PMU 数据	消息总线	每秒接入整合 44675 个 PMU 测点	每秒 44675 个测点，共 10.65MB
SCADA 数据	实时库与消息总线	一个时间断面接入整合耗时 0.75s	一个断面约为 10.1MB
状态估计结果数据	Protobuf 协议	一个时间断面接入整合耗时 0.25s	11.2MB
仿真文件	Secure Copy	一个时间断面接入整合耗时 0.02s	48.1MB

从测试结果来看，PMU 接入整合模块能够在一秒内完成所有测点数据接入整合，未造成数据堆积，满足实时性要求；SCADA/状态估计结果数据接入整合模块能够在一秒内完成一个断面的数据接入整合，满足实时性要求；仿真数据接入整合模块能够在 1s 内完成一个断面的数据接入整合，满足实时性要求。

2. 量测仿真数据分布式存储

结合华中应用工程，将实时接入整合的量测仿真数据进行分布式存储，其中一秒钟的 PMU 数据总量为 10.65MB，SCADA 一个断面总量为 10.1MB，状态估计结果一个断面总量为 11.2MB，仿真文件一个断面总量为 48.1MB。根据量测仿真数据分布式存储方案，进行分布式存储性能测试，测试结果如表 8-6 所示。

表 8-6　量测仿真数据分布式存储性能

数据类型	数据库	存储性能	数据量
PMU 数据	分布式内存数据库	存储 1s 的 PMU 数据，耗时 0.5s	每秒 44675 个测点，共 10.65MB
SCADA 数据	关系型数据库/分布式列式数据库	存储一个时间断面的 SCADA 数据性能如下： 物理模型存储耗时 2.3s 运行数据存储耗时 0.7s	10.1MB
状态估计结果数据	关系型数据库/分布式列式数据库	存储一个时间断面的状态估计结果数据性能如下： 物理模型存储耗时 2.3s 运行数据存储耗时 10s	11.2MB
潮流文件	分布式文件系统	存储一个时间断面的潮流文件耗时 5.5s	48.1MB

从测试结果来看，存储 1s PMU 数据仅耗时 0.5s，存储性能满足实时性要求；存储一个断面下的 SCADA 物理模型数据耗时在 3s 左右，SCADA 物理模型数据实际更新周期远大于 3s，其存储性能满足实时性要求；存储一个断面下状态估计数据耗时在 15s 左右，其实际更新周期远大于 15s，其存储性能满足实时性要求；存储一个断面下仿真数据耗时在 6s 左右，其实际更新周期远大于 6s，其存储性能满足实时性要求。

3. 量测仿真数据查询

结合上层业务应用实际需求，按照实际数据访问场景，对量测仿真数据查询性能进行测试，测试结果如表 8-7 所示。

从测试结果来看，针对任意访问场景，其量测仿真数据查询耗时均在 1s 以内（0.3～0.6s），能够有效支撑智能全景电网核心业务应用的秒级响应。

表 8-7　量测仿真数据查询性能

数据类型	访问场景	查询性能/s
PMU 数据	一分钟内华中本地所有有功出力	0.57
	一分钟内所有发电机的 PMU 数据	0.62
SCADA 数据	获取任意时间断面的母线/线路、发电机/负荷/变压器绕组信息	<0.6
状态估计结果数据	获取任意时间断面的母线/线路、发电机/负荷/变压器绕组信息	<0.6
潮流文件	获取任意时间断面的潮流文件	0.3

4. 电网在线安全稳定量化评估

结合华中示范工程实际应用情况，利用实时生产数据对信息驱动的电网在线安全稳定态势量化评估模块计算耗时进行测试，测试结果如表 8-8 所示。

表 8-8　电网在线安全稳定量化评估耗时

模块名称	子模块名称	评估耗时/s
电网小扰动稳定在线评估	静态电压稳定评估	25
	动态稳定评估	12
多源信息驱动的电网正常态安全稳定评估	断面极限和安全裕度评估	6
	故障临界切除时间评估	8
多源信息驱动的电网故障态安全稳定评估	暂态电压稳定评估	1
	暂态功角稳定评估	1

从测试结果来看，信息驱动的电网在线安全稳定态势量化评估能够实现正常态安全评估 30s 内完成，故障态稳定评估 2s 内完成。

8.7　本　章　小　结

时空大数据平台是构建智能全景电网的基础，其难点为海量异构数据的实时高性能管理与分析。本章围绕智能全景电网时空大数据平台架构及其关键技术，从智能全景电网时空大数据平台架构、时空动力学行为认知框架、地图引擎与安全态势可视化、智能语音交互技术、虚拟模拟推演、实际工程应用这几个方面展开论述，具体内容如下。

在智能全景电网时空大数据平台架构方面，阐述了三级时空大数据平台架构，并对大电网多源广域信息分布式存储与高性能查询技术进行描述，通过制定大数据平台数据接口规范，为上层业务应用提供统一高效的数据接口。

　　在时空动力学行为认知框架方面，对电网时空关联性分析、电网扰动传播特性分析、电网时空趋势预测以及电网智能分析算法库的构建进行详细阐述。

　　在智能全景地图引擎及安全稳定态势可视化方面，给出智能全景地图引擎功能框架，实现信息分层展示；利用多元可视化组件，结合动态着色技术，实现大电网实时运行状态与安全稳定态势直观展现。

　　在智能语音交互技术方面，阐述了智能调度知识库构建流程，并通过语音交互技术，实现调度员与智能全景电网的友好交互。

　　在实际工程应用方面，基于智能全景电网理论与方法，通过融合机电-电磁混合仿真，集成一体化状态信息感知、动态测辨建模与稳定态势评估算法，研建大电网在线综合动态安全稳定智能评估系统，并在华中、华东、东北分部进行部署应用。

参 考 文 献

[1] 刘振亚. 全球能源互联网[M]. 北京: 中国电力出版社, 2015.

[2] 李柏青, 刘道伟, 秦晓辉, 等. 信息驱动的大电网全景安全防御概念及理论框架[J]. 中国电机工程学报, 2016, 36(21): 5796-5805.

[3] 袁宝超, 刘道伟, 刘丽平, 等. 基于 Spark 的大电网广域时空序列分析平台构建[J]. 电力建设, 2016, 37(11): 48-54.

[4] 宋墩文, 温渤婴, 杨学涛, 等. 广域量测信息大数据特征分析及应用策略[J]. 电网技术, 2017, 41(1): 157-163.

[5] 闫湖, 李立新, 袁荣昌, 等. 多维度电网模型一体化存储与管理技术[J]. 电力系统自动化, 2014, 38(16): 94-99.

[6] 刘道伟, 李柏青, 邵广惠, 等. 基于大数据及人工智能的大电网智能调控系统框架[J]. 电力信息与通信技术, 2019(3): 14-21.

[7] 刘道伟, 张东霞, 孙华东, 等. 时空大数据环境下的大电网稳定态势量化评估与自适应防控体系构建[J]. 中国电机工程学报, 2015, 35(2): 268-276.

[8] 周晓场. 基于 Redis 的分布式 Key-Value 系统的优化研究[D]. 广州: 华南理工大学, 2018.

[9] 卓海艺. 基于 HBase 的海量数据实时查询系统设计与实现[D]. 北京: 北京邮电大学, 2013.

[10] 吴骅跃. 传感器网络基站的数据存储与查询算法研究[D]. 西安: 长安大学, 2015.

[11] 赵高尚. 基于数据挖掘的临界暂态稳定边界特征提取方法研究[D]. 吉林: 东北电力大学, 2019.

[12] 毕天姝, 燕跃豪, 杨奇逊. 基于分段均匀介质模型的非均匀链式电网扰动传播机理[J]. 中国电机工程学报, 2014, 34(7): 1088-1094.

[13] 鞠平, 刘咏飞, 薛禹胜, 等. 电力系统随机动力学研究展望[J]. 电力系统自动化, 2017, 41(1): 1-8.

[14] 吴茜, 张东霞, 凌雪峰, 等. 基于传染病模型的电网扰动传播动力学分析[J]. 中国电机工程学报, 2019, 39(14): 4061-4070.

[15] He X, Ai Q, Qiu R C, et al. A big data architecture design for smart grids based on random matrix theory[J]. IEEE Transactions on Smart Grid, 2017, 8(2): 674-686.

[16] Qiu R C, Hu Z, Li H, et al. Cognitive Communications and Networking: Theory and Practice[M]. New York: John Wiley and Sons, 2012: 42-43.

[17] Qiu R, Antonik P. Big Data and Smart Grid: A Random Matrix[M]. New York: John Wiley and Sons, 2015.

[18] Xu X Y, He X, Ai Q, et al. A correlation analysis method for power systems based on random matrix theory[J]. IEEE Transactions on Smart Grid, 2017, 8(4): 1811-1820.

[19] 张晓华, 刘道伟, 李柏青, 等. 智能全景系统概念及其在现代电网中的应用体系[J]. 中国电机工程学报, 2019, 39(10): 2885-2895.

[20] 袁季修. 试论防止电力系统大面积停电的紧急控制——电力系统安全稳定运行的第三道防线[J]. 电网技术, 1999, 23(4): 1-4.

[21] 汤涌. 基于响应的电力系统广域安全稳定控制[J]. 中国电机工程学报, 2014, 34(29): 5041-5050.

[22] 李国庆. 电力系统暂态稳定预测控制的研究[J]. 电力系统自动化, 1994, 18(3): 25-31.

[23] 郭强, 刘晓鹏, 吕世容, 等. GPS 同步时钟用于电力系统暂态稳定性预测和控制[J]. 电力系统自动化, 1998, 22(6): 11-13.

[24] 林飞, 张文, 刘玉田. 基于同步相量测量技术的暂态稳定性实时预测[J]. 继电器, 2000, 28(11): 33-35.

[25] 苏建设, 陈陈. 基于 GPS 同步量测量的时间序列法暂态稳定预测[J]. 电力自动化设备, 2001, 21(9): 7-9.

[26] 毛安家, 郭志忠, 张学松. 一种基于广域测量系统过程量测数据的快速暂态稳定预估方法[J]. 中国电机工程学报, 2006, 26(17): 38-43.

[27] 宋方方, 毕天姝, 杨奇逊. 基于 WAMS 的电力系统受扰轨迹预测[J]. 电力系统自动化, 2006, 30(23): 27-32.

[28] 邓晖, 赵晋全, 柳永军, 等. 基于改进灰色 Verhulst 模型的受扰轨迹实时预测方法[J]. 电力系统保护与控制, 2012, 40(9): 18-23.

[29] 黄丹, 杨秀媛, 陈树勇. 基于自忆性灰色 Verhulst 模型的暂态稳定受扰轨迹实时预测[J]. 高电压技术, 2018, 44(4): 1285-1291.

[30] Ji L Y, Wu J Y, Zhou Y Z, et al. Using trajectory clusters to define the most relevant features for transient stability prediction based on machine learning method[J]. Energies, 2016, 9(11): 898-916.

[31] 刘俐, 李勇, 曹一家, 等. 基于支持向量机和长短期记忆网络的暂态功角稳定预测方法[J]. 电力自动化设备, 2020, 40(2): 129-139.

[32] 叶圣永, 王晓茹, 刘志刚, 等. 基于支持向量机增量学习的电力系统暂态稳定评估[J]. 电力系统自动化, 2011, 35(11): 15-19.

[33] 姚德全, 贾宏杰, 赵帅. 基于复合神经网络的电力系统暂态稳定评估和裕度预测[J]. 电力系统自动化, 2013, 37(20): 41-46.

[34] 安军, 艾士琪, 刘道伟, 等. 基于短时受扰轨迹的电力系统暂态稳定评估方法[J]. 电网技术, 2019, 43(05): 1690-1697.

[35] Zhou Y Z, Guo Q L, Sun H B, et al. A novel data-driven approach for transient stability prediction of power systems considering the operational variability[J]. International Journal of Electrical Power & Energy Systems, 2019, 107: 379-394.

[36] Tan B D, Yang J, Pan X L, et al. Representational learning approach for power system transient stability assessment based on convolutional neural network[J]. The Journal of Engineering, 2017, 2017(13): 1847-1850.

[37] Liu Y B, Liu Y, Liu J Y, et al. High-performance predictor for critical unstable generators based on scalable parallelized neural networks[J]. Journal of Modern Power Systems and Clean Energy, 2016, 4(03): 414-426.

[38] 杨佳宁, 黄向生, 李宗翰, 等. 基于双层栈式长短期记忆的电网时空轨迹预测[J]. 计算机科学, 2019, 46(S2): 23-27, 32.

[39] Yu B, Yin H, Zhu Z. Spatio-temporal graph convolutional networks: a deep learning framework for traffic forecasting: Proceedings of the 27th International Joint Conference on Artificial Intelligence(IJCAI'18)[C]. Menlo Park, CA: AAAI Press, 2018: 3634-3640.

[40] 冯宁, 郭晟楠, 宋超, 等. 面向交通流量预测的多组件时空图卷积网络[J]. 软件学报, 2019, 30(3): 759-769.

[41] Li C, Cui Z, Zheng W, et al. Spatio-temporal graph convolution for skeleton based actionrecognition. In 2018 AAAI Conference on Artificial Intelligence, 2018.

[42] Lu P, Bai W, Ruechert D, et al. Modelling Cardiac Motion via Spatio-Temporal Graph Convolutional Networks to Boost the Diagnosis of Heart Conditions[C]//International Workshop on Statistical Atlases and Computational Models of the Heart. Springer, Cham, 2020: 56-65.

[43] 谭玉东, 李欣然, 蔡晔, 张宇栋. 基于电气距离的复杂电网关键节点识别[J]. 中国电机工程学报, 2014, 34(1): 146-152.

[44] Bompard E, Napoli R, Fei X. Analysis of structural vulnerabilities in power transmission grids[J]. International Journal of Critical Infrastructure Protection, 2009, 2(1-2): 5-12.

[45] 闫鑫, 陆晓, 翟明玉, 等. 人工智能应用于电网调控的关键技术分析[J]. 电力系统自动化, 2019, 43(1): 49-57.

[46] 刘灿由. 电子海图云服务关键技术研究与实践[D]. 郑州: 解放军信息工程大学, 2013.

[47] 杨洪宁, 周乃恒. 水动力模型的地形前处理方法研究——以辽河铁岭段为例[J]. 吉林水利, 2017(1): 8-11, 15.

[48] 穆星. WebGIS 多级瓦片数据更新机制研究[D]. 淮南: 安徽理工大学, 2019.

[49] 张祖媛. 贝塞尔曲线的几何构型[J]. 四川工业学院学报, 1998(4): 33-36, 45.

[50] 戚后英, 施运梅, 李宁, 等. UOF 图表到 SVG 矢量图转换的研究与实现[J]. 计算机工程与设计, 2014, 35(9): 3148-3155+3278. DOI: 10.16208/j.issn1000-7024.2014.09.027.

[51] 孙国强. 基于计算机图像处理的人眼球变化识别系统[D]. 沈阳: 沈阳理工大学, 2008.

[52] 张轲, 龙杰, 张晓伟, 等. 云南省烟草专卖品检测业务管理系统设计与实现[J]. 现代农业科技, 2021(20): 192-196.

[53] 李炳辰, 田好雨, 熊磊, 等. 楼宇中耗能设备用户侧控制智慧管家系统[J]. 办公自动化, 2021, 26(2): 6-8, 50.

[54] 刘国英, 李建平. ECharts 在短波监测数据可视化中的应用[J]. 中国无线电, 2022(02): 59-60.

[55] 徐家慧, 叶健辉, 殷智. 电力调度知识领域的智能搜索关键技术研究[J]. 中国科技信息, 2018, No.592(20): 80-81.

[56] 侯一民, 周慧琼, 王政一. 深度学习在语音识别中的研究进展综述[J]. 计算机应用研究, 2017, 34(08): 2241-2246.

[57] 李玲, 魏国华, 胡峰, 等. 自然语言分析技术在合同管理中的应用研究[J]. 中国信息化, 2020(4): 97-100, 104.

[58] 刘鹏远, 刘玉洁. 中文基本复合名词短语语义关系体系及知识库构建[J]. 中文信息学报, 2019, 33(4): 20-28.

[59] 云子航, 彭文成. 基于信息系统的指挥数据可视化研究[J]. 网络安全和信息化, 2021(9): 86-88.

[60] 陈岳军, 毛水凌. 基于 Apache Superset 的商务智能数据可视化研究[J]. 软件导刊, 2019, 18(6): 115-120, 124.

[61] 汤晶. 3Dmax 绘图软件在高职室内设计专业中的教学思路[J]. 群文天地, 2012(2): 145-146.

[62] 曾朝洋, 李旺平, 马海政. 基于 AutoCAD 和 3D Max 的建筑物三维建模[J]. 甘肃地质, 2021(3): 89, 93.

[63] 郭岚, 杜建丽. 电子沙盘的概念及其制作方法的比较与分析[J]. 测绘科学, 2009, 34(S1): 108-109, 84.

第 9 章 工 作 展 望

在信息化、网络化、数字化、智能化的万物互联社会发展模式下，智能全景系统是面向社会各行业智能应用的通用而泛化的概念和框架体系，可为社会各行业智能大脑架构设计和大数据平台建设提供通用指导思想，并为实现信息驱动的各工业物联网场景的智能分析和精准决策提供理论参考及工程经验。

目前，全球正在发生一场前所未有的数字革命、智能革命和能源革命，绿色化、网络化和智能化成为变革的主旋律。能源与"互联网+"的深度融合催生能源互联网，掀起新的工业革命浪潮。

在"碳达峰、碳中和"国家战略发展目标下，能源是主战场，新型电力系统是主力军，科技创新是主旋律。要用绿色、开放、共享、协同、创新的理念，从国家战略高度，采用全局统筹思维模式，做好系统顶层设计、生态科技规划、重大项目示范等各项工作，将国家双碳战略和能源创新工作落到实处。

9.1 智慧社会系统赋能

对于任意一个现实工程系统，如果它是可观测的，则可以将其改造升级为智能全景系统，实现"智能 AI+"，从而提高对其精确控制的效率效益。对于多个可观测现实在运行工程系统，如果彼此能互联，则可以实现泛在物联的智能全景系统，这将在更大范围内提高现实混联系统的运营效率。

推而广之，对于整个人类社会系统，只要其分类系统具有可观测性，则可将其升级改造为智能全景系统，从而为人类社会进步做出更大贡献，让人们生活在高级社会当中，享受高级社会的自主、可控、高效、升华。

同时，智能全景系统理论还告诉我们，如果现实各级社会系统能按照智能全景系统的概念建设和改造，则将极大提升现实社会系统的和谐、稳定、高效、优质水平，从而极大提升社会系统运行效率。例如，交通系统、油气系统、水电系统、通信系统等社会工程系统，如果能改造和建设成为智能全景系统，将极大改善其综合运营效率和安全水平。再如，人体系统，如能植入(注入)可观测信息物，使人体系统变成可观测系统，则对人体的健康状况和改善状况的监测都将大有裨益，并彻底改变当代人体健康管理模式。

智能全景系统和智能全景电网为实现信息驱动模式的智能分析和精准管控提供理论参考及工程经验，可扩展到智能交通、智慧农业、智慧教育、智慧医疗、智能安防、智能建筑、智慧园区、智慧城市等新一代工业物联网领域，促进多行业、多学科、多产业的深度跨界融合及成果转化工作。

9.2 助力新型电力系统建设

2020 年 9 月 22 日，习近平主席在第七十五届联合国大会上发表重要讲话："中国将提高国家自主贡献力度，采取更加有力的政策和措施，二氧化碳排放力争于 2030 年前达到峰值，努力争取 2060 年前实现碳中和。"[①]

"十四五"是碳达峰的关键期、窗口期，要构建清洁低碳安全高效的能源体系，就要控制化石能源总量，着力提高利用效能，实施可再生能源替代行动，深化电力体制改革，构建以新能源为主体的新型电力系统。实现"碳达峰、碳中和"及新型电力系统是一场广泛而深刻的经济社会系统性变革，国家抓住新一轮科技革命和产业变革的历史性机遇，也预示着人类社会将走向新的时代。

构建新型电力系统，核心是新能源成为电力供应的主体，具有广泛互联、智能互动、灵活柔性、安全可控的特征。新型电力系统是由传统电力系统、能源互联网到绿色化、网络化、智能化过渡的发展新形态，涉及能源供给和消费的完整业务体系，尤其需要发展清洁可再生的新能源技术。新型电力系统具有日益复杂的随机非线性波动特性、多源大数据特性、多时间尺度动态特性、多元化开放互动特性等形态，电力系统可靠、安全、经济运行和调控面临巨大挑战。

实现"双碳"目标、构建新型电力系统是一项极具开创性、挑战性的系统工程，在能源主体、能源生产、能源传输和能源消费方面，将出现颠覆性变化及新的模式。涉及源-网-荷-储各环节、全链条，面临基础理论突破、核心技术攻关、关键装备研制等多项难关，也面临着能源新形态的构建和新的社会业态及生态体系的变革和适应。

新型电力系统是一种开放包容的复杂能源互联系统，可用智能全景系统理念和体系进行顶层设计、项目牵领、生态布局，加强人工智能、大数据、物联网等先进信息技术与能源互联网的深度融合，指导新型电力系统建设发展路径。智能全景系统理论的深化研究将带动复杂网络、系统论、协同论、非线性动力学、时空动力学、数理统计及数据挖掘等基础共性理论科学的研究，同时，推动智能终端、5G、芯片、边缘计算、互联网、物联网、大数据、人工智能、虚拟现实、机器人等现代信息产业技术的快速发展，全面提高行业科技创新水平和自主研发能力，引领科技创新潮流。

---

① 习近平在第七十五届联合国大会一般性辩论上发表重要讲话[EB/OL].（2022-10-22）[2020-09-23]. http://news.cnr.cn/native/gd/20200923/t20200923_525272428.shtm.

新型电力系统通过装备技术和体制机制创新，建设多能互补能源体系、坚强智能输电网络、灵活智能配电网络和多源新型用电负荷等能源互联网络设施，推动多种能源方式互联互济、源网荷储深度融合，来实现清洁低碳、安全可靠、智慧灵活、经济高效等目标。

新型电力系统核心骨干网架是坚强智能电网，而智能全景电网的平台架构、理论方法和技术体系，可为新型电力系统基础理论研究、核心算法体系及各类平台建设提供技术支撑。同时，有助于进一步提高电网各类方式、规划、仿真数据的智能分析水平和效率，还可为新型电力系统科研和实验室建设提供基础工具。

9.3　打造协同创新生态体系

在新一代信息通讯、物联网、大数据、人工智能技术支撑下，智能数字化建设给全球经济带来了新的活力，有效提升经济结构和工作效率，成为拉动全球经济重新向上的核心引擎。

响应中央经济工作会议新要求，在绿色、开放、共享、协同、创新发展理念下，要加强顶层设计、应用牵引、整机带动能力，加强产业链供应链创新发展能力，攻克基础理论和关键技术。尤其在智能制造、工业软件、工业物联网、知识工程等领域，打造现代制造业发展的新模式、新平台、新体系和新业态，推动技术体系、生产模式、产业形态的科技创新和价值重塑。

以智能全景系统理念为核心，发挥新型电力系统、电力物联网和智能全景电网的行业基础和资源优势，在统一思想和系统顶层框架指导下，建立与国内外知名大学、科研机构、顶尖企业、地方政府、金融资本等的常态合作模式，完善新兴智能生态产业孵化、成果转化、市场推广等运营机制，搭建全链式、生态化、系统化、聚合化、规模化的智能全景系统综合协同创新体系与综合服务平台。组建产业联盟，开放合作，共建共享，打造智能全景系统生态圈，带动上下游产业链共同发展。建设好国家双创示范基地，与国内外知名企业、高校、科研机构等建立常态合作机制，形成新兴产业孵化运营机制，积极培育新业务、新业态、新模式，同时服务中小微企业，拉动产业聚合成长，打造智能全景系统基础生态产业集群。

联合各方资源，积极策划和推动智能全景系统领域的国家重大科研项目和智能大脑示范工程建设，如智能电网、智能交通、智慧城市乃至智慧社会等场景应用。深化研究智能全景系统战略规划、系统科学、顶层框架、重大项目、技术方案和标准体系，建设信物融合驱动的数字孪生、智能分析和精准管控基础理论体系，推动"信息+物理+社会"深度融合的发展理念和科技创新模式。依托国家重点项目、高端学术交流、技术研讨会、产品成果推介会、各类评奖等活动，加强跨学科研究与合作，推动数学、信息、仿真、分析、控制等通用技术领域的协同创新，培养适应创新要求的多学科交叉人才，促进多元学科交叉创新和重大工程落地。

提供学术交流、成果转化和技术推广平台，组织信息采集、数据传输、信物融合、数字孪生、数据中台、智能分析、优化控制及智慧服务等领域的国内外学术交流，加强国内外跨界科技团体的友好交流和深度合作。促进多行业、多学科、多产业的深度跨界融合及成果转化工作，助推"碳达峰、碳中和"、"新型电力系统"、"新工科"和新型基础设施建设，促进数字经济与实体经济的深入融合，加快战略新兴产业转型升级和健康可持续发展，为科技强国、网络强国、人工智能及创新驱动国家发展战略贡献核心理念和发展模式。